世界で一番美しい猫の図鑑

THE BEAUTY OF THE CAT

世界で一番美しい猫の図鑑

THE BEAUTY OF THE CAT

タムシン・ピッケラル

五十嵐友子［訳］｜アストリッド・ハリソン［写真］

X-Knowledge

THE BEAUTY OF THE CAT
BY TAMSIN PICKERAL
PHOTOGRAPHY BY ASTRID HARRISSON

COPYRIGHT © 2013 QUINTESSENCE EDITIONS LTD
PHOTOGRAPHS COPYRIGHT © 2013 ASTRID HARRISSON

JAPANESE TRANSLATION RIGHTS ARRANGED WITH
QUINTESSENCE EDITIONS LTD
THROUGH JAPAN UNI AGENCY, INC., TOKYO

装丁・本文デザイン：ネウシトラ
本文組版：有朋社
翻訳協力：喜多直子／（株）トランネット

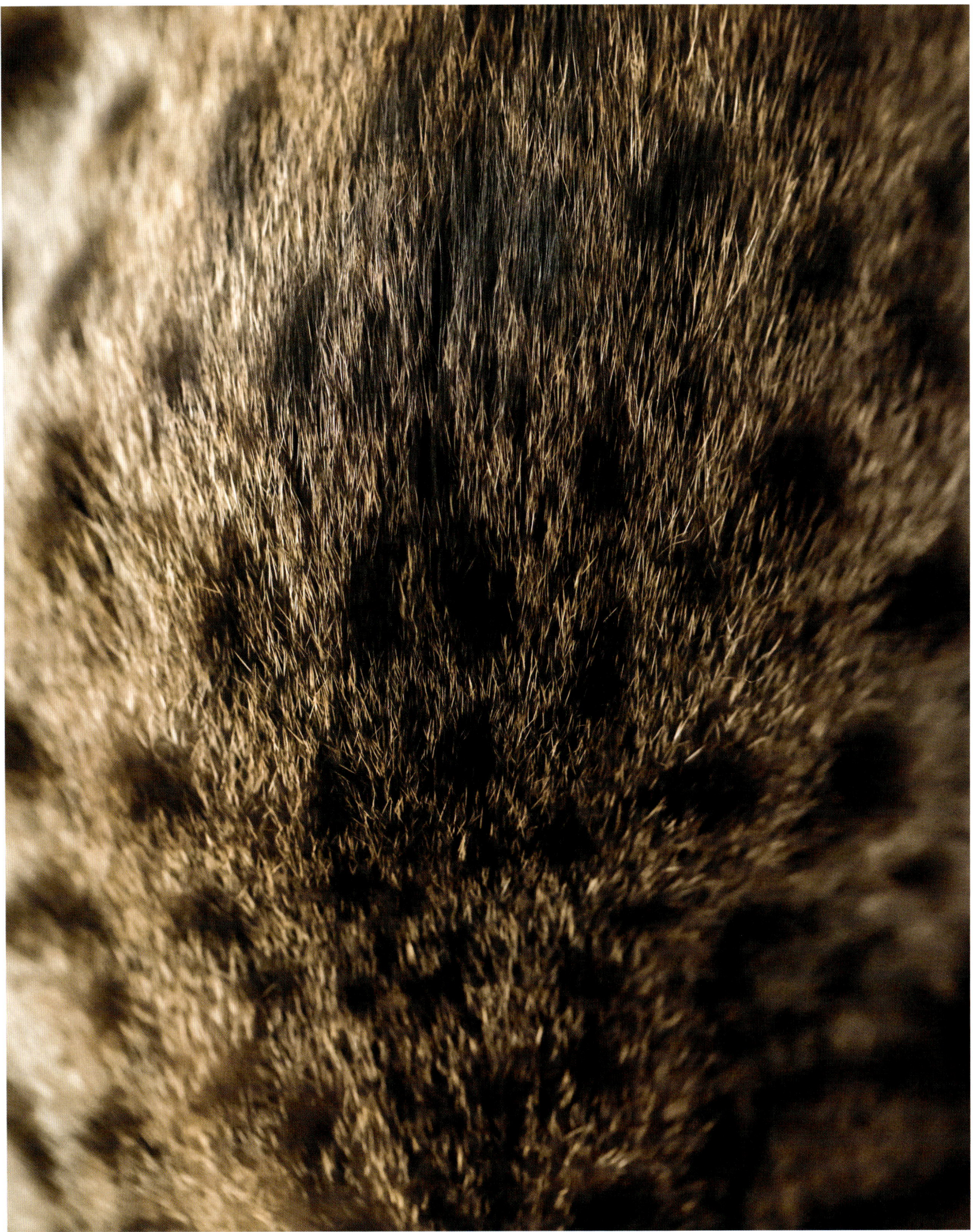

CONTENTS

17　序文

20　**第1章**
古代から中世の血統

24　エジプシャンマウ
28　ターキッシュバン
30　ソコケ
32　マンクスとキムリック
36　ノルウェージャンフォレストキャット
40　サイベリアン
44　ブリティッシュショートヘア
50　ジャパニーズボブテイル
54　ドラゴンリー（チャイニーズリーファ）
58　シャム（サイアミーズ）
66　コラット
72　バーマン
76　ペルシャ

82　**第2章**
中世から19世紀の血統

86　ターキッシュアンゴラ
90　ロシアンブルー
96　アメリカンショートヘア
100　シャルトリュー
104　メインクーン
112　クリリアンボブテイル（クリルアイランドボブテイル）
114　アビシニアン

118　**第3章**
19世紀後半から1959年の血統

122　タイ
124　バリニーズ
128　バーミーズ
134　ヒマラヤン
136　カラーポイントショートヘア
140　オリエンタル
146　ハバナブラウン
148　ソマリ
152　コーニッシュレックス
156　ボンベイ

160　**第4章**
1960年から1969年の血統

164　デボンレックス
168　スコティッシュフォールド
174　ラグドール
178　エキゾチックショートヘア
182　スノーシュー
186　オシキャット
192　アメリカンボブテイル
194　スフィンクス
198　トンキニーズ
204　アメリカンワイヤーヘア
206　チャウシー
212　ベンガル

220　**第5章**
1970年から現在の血統

224　シンガプーラ
228　アメリカンカール
232　ラパーマ
238　マンチカン
240　ネベロング
244　ピクシーボブ
248　サバンナ
254　ドンスフィンクス
258　セルカークレックス
262　トイガー
268　ピーターボールド
274　ラガマフィン
278　セレンゲティ

282　索引
285　クレジット
287　謝辞

序文 INTRODUCTION

愛玩動物として不動の人気を誇っていながら、謎に満ちた猫。人の心を惹きつけてやまない優美な容姿。つんとすまして、人に媚びない独立心と知性。そのミステリアスさゆえか、猫をこよなく愛する人もいれば、嫌悪感を抱く人もいる。だから、猫の歴史には人に愛されたエピソードだけでなく、血塗られた悲惨なエピソードも数多い。

一方、猫と並んで愛玩動物として親しまれている犬は、戦争を勝利に導いたとか、新しい陸地を発見したとか、行方不明の人や羊の群れを見つけたとか、強盗を追い払ったとか、そういった逸話に事欠かない。猫は手柄を立てるより居心地のよい場所を探し、ごろごろと寝ころがっているほうを選ぶだろうから、犬のように人の幸せに寄与した逸話が残っていないのも不思議ではない。だが、猫が人間の歴史にまったく関わっていないのかというと、そんなことはない。実際には、猫も人間の歴史の中で大事な役割を果たしてきた。

神として崇拝の対象となることもあれば、忌み嫌われ、殺されることも多かった猫。しかし、何世紀も昔から今に至るまで、その運命は大きく浮き沈みを繰り返しながらも、世界のあらゆる文化の中で重要な位置を占めてきた。猫が重宝されてきた理由の1つに、ネズミを捕まえるという「仕事」が挙げられる。ただし、人に命じられてではなく、猫は自らの意志でネズミを捕まえる。それが猫自身の楽しみであり、エサとなるから捕まえるのだ。

猫のネズミ駆除における功績は馬鹿にしたものではない。中世ヨーロッパでは、猫は魔女の手先とされ、大量虐殺が行われていた。そのヨーロッパにアジアから黒死病（ペスト）が広がったのには、いくつかの要因が複雑に絡まり合っているが、確実に言えるのは、伝染病の媒体となったのはネズミについたノミだということ。つまり、猫狩りによって猫の数が激減したために黒死病の感染が拡大したのだ。

ネズミを駆除する能力とエキゾチックな容姿のおかげで、猫は貴重な商品として中東からヨーロッパへ、そしてアジアへと広がった。西のギリシャとローマから、メソポタミア（イラク、シリアのティグリス・ユーフラテス両河川に挟まれた地方）とインド、そして東の中国を結ぶシルクロードを経て取引されたのである。また、軍隊が猫を伴って移動することもあった。勢力を拡大しつつあったローマ帝国の軍隊も、ネズミから食糧を守るため猫を連れていた。さらに、帆走船やガレー船（櫂で漕いで進む軍用船）の船乗りたちもネズミを退治させるために猫を船に乗せていた。やがて、猫は船乗りたちに幸運を運ぶマスコットとして、あるいは商品として航海を共にするようになった。

こうして猫は、紙でも何でも食べられそうなものはかじってしまうネズミを駆除するために、博物館や政府機関、企業、宮殿、警察署、ホテル、学校など、あらゆる場所で飼われるようになった。たとえば、英国郵政公社では1868年から1984年まで猫を雇っていたし、米国郵政公社でも長年にわたって猫が活躍していた。

ペットの話になると、必ずと言っていいほど話題にのぼる猫だが、飼い主と猫では思惑にズレがあるようだ。人間に言わせれば、一生懸命に世話をし、遊ばせるのもすべて自分。なのに、猫ときたら気まぐれそのもの。気が向いたときにしか寄ってこない。まったく理不尽な話だ。

一方、猫のほうはどうだろうか。屋内限定で飼育されている例外を除けば、ペットや家畜の中で活動範囲が制限されず、自由な行動が許されているのは猫だけ。好きなときに好きなところへ出かけていくし、好きなときに家の中のお気に入りの場所でくつろぐ。自立できる能力を持っているといっても、飼い猫はひとり立ちを強要されるわけではない。気まぐれにどこかへ出かけても、最終的には大好きな飼い主とふかふかの寝床が待つ家に戻ればいいのだから。

しつけは犬の専売特許ではない。猫だってしつけることができる。ただし、しつけが成功するのは、猫にとってそれが嫌なことではなく、むしろ何か得になったり、好奇心をくすぐられたりする場合に限られる。しかし本当のところは、猫のほうが快適な暮らしを手に入れるため、周囲の人間をしつけ、動かしているのかもしれない。こうした自立心や賢さが、猫好きを虜にし、猫嫌いをイライラさせる。猫を認め、認められて初めて本物の猫好きと言えるのだろう。

本書は、さまざまな面から猫の素晴らしさを伝えるものだ。人気が高い種も珍しい種も含め、それぞれの猫種が誕生したおおよその年

代順に、その歴史をひもといていく。ただし、自然に発生した種に関しては、祖先の記録が残っていないものが多いので、最も古いと思われる記録を参考にした。ほとんどの種が人の手で改良・交配されているが、そうした種については、各国の猫種登録団体に公認された年月ではなく、開発が始まった時期を採用した。種ごとの解説ページには、まず登場した年代（古代、中世〜近世、近現代）／原産地／生息数（一般的、比較的多い、少ない、希少）を掲載している。

愛猫家が盛んにブリーディングやショーへの参加を行うようになったのは19世紀後半になってからのことで、現在の一般的な猫種の多くは、この時期以降に生まれたものとされている。ちなみに世界初の愛猫協会は、1887年にイギリスで設立されたナショナル・キャット・クラブだ。猫の純血種を登録するシステムはこのクラブが基盤を作り、その後1910年に設立されたGCCF（Governing Council of the Cat Fancy ＝ 育猫管理評議会）に引き継がれた。GCCFはキャット・ショーを開催し、純血種の保護と交配を行っている。

アメリカでは1899年にACA（American Cat Association ＝ 全米猫協会）が、1906年にCFA（Cat Fanciers' Association ＝ 愛猫協会）が設立された。CFAは現在では世界最大の愛猫家協会となっており、1979年に同じくアメリカで設立されたTICA（The International Cat Association ＝ 国際猫協会）が世界第二の規模を誇る。また、1949年にパリで設立されたFIFe（Fédération Internationale Féline d'Europe ＝ 国際猫種協会）はおよそ40カ国にまたがる40数団体が登録する連盟であり、WCC（The World Cat Congress ＝ 世界猫議会）は世界の主要団体が互いに連携し、猫の幸せと繁栄を守ることに主眼を置いた団体だ。ほかにも、独自に猫種登録やショーの開催を行う小さな協会は枚挙にいとまがない。

現代は、猫にとっても愛猫家にとっても良い時代と言えるだろう。猫をはじめとする動物たちが虐待される例もなくなったわけではないけれど、その幸せはかつてないほどに考慮され、守られるようになった。とはいえ、流行遅れとなり人気がなくなったから数が減った、あるいはまだ人気がさほど出ていないから数が増えないという種も多い。新旧を問わず、こうした希少な種が消え去らないことを切に願う。

なお、新しい種を生み出すには大きく分けて2つの方法がある。1つは、複数の種を交配させて作る方法。もう1つは、自然発生的な遺伝子の突然変異を定着させる方法だ。本書に掲載した猫種はいずれも1つの種として認知されている。つまり、CFA、TICA、GCCF、FIFeなどの主要団体の少なくとも1団体が独立した種として認めているということだ。

各団体は、それぞれ独自に段階的なシステムを採用して、新しい種を認定している。たとえば、TICAにある種の登録を申請すると、まず新種としてプレリミナリー・ニュー・ブリードに認定され、その後アドバンスト・ニュー・ブリードと呼ばれる段階に進む。最終的にはチャンピオンシップへの認定を目指すのだが、この段階に到達するまでには何度も審査が繰り返されるので、かなりの年月を要する。今現在も開発の途上にあって、まだ公式に認められていない猫は何種類もいる。いずれ認定される種もあれば、却下される種もあるだろう。

新しい猫が独立した種として認定されるにはブリーダー数や個体数を証明する書類と申請書を提出すること、種としてのスタンダード（理想とされる姿）が決まっていることなど、いくつかの要件を満たすことが必要だ。猫種登録団体は多数あるが、それぞれの団体が独自に理想とする姿をスタンダードとして発表している。団体が違えばその判断基準も違うので、理想の色や体型などにばらつきが出てくることもある。本書に採用したスタンダードは、特定の団体に偏ることのない、最もベーシックなものだ。詳細な特徴については、各団体が発表しているスタンダードを参照するのがよいだろう。また、国によって種の名称や分類が異なることもあり、特にアメリカとイギリスでの違いが大きい。いずれにせよ、ブリーダーは新種を開発する際には体型や被毛などの流行に左右されることなく、猫の幸せと健康を第一に考えなければならない。

最後に、本書ではショーに登場する純血種を列挙してはいるが、どのような猫も、猫は猫。血統書があろうとなかろうと、ショーに出ていようと出ていまいと、猫はどこまでも優美で、個性的な動物だ。猫を知っているということは素敵なことだけれど、本当に誇るべきは猫に愛される人間であるということかもしれない。

CHAPTER 1

第1章 古代から中世の血統

　人と猫は遠い遠い昔に出会い、さまざまな形で関わり合ってきた。遺跡からの出土品を見ると、われわれの付き合いは9500〜1万年前に始まったことがわかる。2004年、およそ9500年前の墓が地中海のキプロス島で発見された。埋葬されていたのは、成人と生後8カ月の子猫。どちらも顔が西に向くように寝かされていた。島国であるキプロスには元来、猫はいなかったが、野生の猫をわざわざ持ち込んで人と一緒に埋葬するとも思えないので、その子猫は当時すでに飼いならされていたうちの1匹と考えるのが妥当だ。キプロスの猫たちの祖先はおそらく、レバント（トルコ南部からエジプト北部に至る地中海東部の沿岸地方）から連れてこられたのだろう。

　近年の遺伝子分析によると、イエネコの起源はおよそ1万年前の中東にあるという。中東で遊牧生活をしていた人々が定住し、農耕を始めた頃だ。人の生活が変われば、人と動物の関係も、また動物を取り巻く環境も変化する。つまり、人間が遊牧をやめ、1つの地域に定住したことで、動物たちには繁栄の機会が与えられたのだ。

　たとえば、人が家を建てると、そこへ招かれざる客——ハツカネズミ——がやってくる。イスラエルで見つかった古代の穀物庫には、ハツカネズミが侵入した痕跡が残っている。他のげっ歯類との競争を避けて人の居住地に移動してきたハツカネズミは、そこでねぐらとエサを見つけたのだ。この地域に住むリビアヤマネコもまた、人間の居住地に惹きつけられるようにして移動してきたと考えられる。生ゴミの山と、そこに集まるネズミたち、そして雨風や寒さをしのぐ場所という魅力があったからだ。猫の中には、うまく人のそばに暮らせる性質のものがいて、そうした猫たちが何世紀もの歳月を経て、イエネコになったのである。

　人間にしてみれば、比較的身体の小さいヤマネコはさほど恐ろしい動物ではなく、逆にせっせとネズミを退治してくれるありがたい動物だった。こうして人間社会の周辺で生きていた猫は人間に飼われるようになり、人間と共生するようになった。とはいえ、野生の猫が人間社会に入り込み、飼いならされるようになるには、かなりの年月が必要だったと思われる。

　つかず離れずの関係が20世紀になっても続いていたことは、アフリカでソコケという種が発見されたときの状況を見るとわかる。ソコケは、原産地ケニアでは今でも人間社会のすぐそばで半野生の生活をしていることが少なくない。この種は古い時代から存在するが、新種として公認されたのはつい最近のこと。今なお希少な種ではあるが、人なつこい性格もあって、現在では原産地を遠く離れた土地でも人気が出てきた。

　キプロスの遺跡以外にも、何千年も前から猫が人と関わってきたことを示す痕跡はいくつか見つかっている。たとえば、エリコ（パレスチナの古都）からはおよそ9000年前の猫の臼歯が、パキスタンのインダス川流域にあるハラッパー遺跡からは4000年前の歯が発見されている。

　飼い猫の存在を示す重要な出土品もある。1つは、イスラエルで出土したおよそ3700年前の素朴な像。象牙で作られたこの猫の像は現在、エルサレムのロックフェラー博物館に収蔵されている。もう1つは、エジプトで見つかった紀元前1900〜同1800年頃のアラバスター（雪花石膏）製の像。こちらはかなり写実的で、現在、ニューヨークのメトロポリタン美術館で見ることができる。どちらも丁寧に彫られた小像で、猫が人にとってとても身近な動物であったことをうかがわせる。また、イスラエルとエジプトは地理的に離れているので、猫が当時すでに広い地域で人間の社会に入り込んでいたことがわかる。

　なお、古代エジプトでは、猫の目は太陽と月の回転に結びつけて考えられており、すべてを見通すものとされていた。そのため、アラバスター製の像の目には貴重な銅と水晶が埋め込まれており、この像は相当な財を費やして作られた重要な宝物だったと思われる。

　古代エジプトでは、中王国時代（紀元前2030〜同1640年頃）の工芸品や美術品にも猫がよく登場する。絵画の中の猫たちは丁寧かつ詳細に描かれており、そのほとんどが人間のそば、あるいは椅子の足元にうずくまっている。また、豪華な首輪をつけて皿からエサを食べている様子も見られる。すでにこの頃には、猫は人間社会の周辺から真ん中へ入り込み、人間にとって身近な存在になっていたのだ。

今日の愛猫家たちの興味を引くのは、現在エジプシャンマウとして認知されている種と、古代エジプトの人たちが描いた猫が非常によく似ているという事実だ。人間の手で改良されたのではない自然発生のスポット（斑点模様）を持つのは、現存する猫ではエジプシャンマウともう1種しかいないが、紀元前1900年頃のエジプトの美術品に登場する猫にも、同じようなスポットが見られる。それだけでなく、体つきや頭、目、耳の形、王者のような風格を備えているところまでエジプシャンマウと古代エジプトの猫は不思議なくらい似ている。こうしたことから、エジプシャンマウの祖先は古代エジプト文明までさかのぼることができると考えてよいだろう。

　独特の美しさと風格を持つアビシニアンもまた、古代エジプトの猫になぞらえられることが多い。しかし近年の遺伝子分析から、アビシニアンはおそらくインド洋沿岸地域から東南アジアにかけての地域で生まれたらしいことが明らかになった。そのため、現在公認されているアビシニアンは近代種であり、古代にまでさかのぼることができる種ではないと考えられている。

　古代エジプトでは、猫は早い時期から女神イシスと結びつけられていた。すべてを包み込む母であり、良き妻であるイシスに対する信仰はエジプトから広い地域に伝わり、多くのイシス神殿が造られた。その神殿に猫を住まわせていたので、イシス信仰が広がると同時に、猫の分布範囲も広がったのだろう。

　太陽神ラーの娘であり、「イシスの魂」とも呼ばれる女神バステトは、古くはライオンの頭を持つ姿で表され、獰猛さや勇敢さ、あるいは優しさや美の象徴とされていた。そしてバステト信仰が盛んになる紀元前950年頃には、バステトの姿は猫の頭を持つもの、あるいは完全な猫の姿になっていく。古代ギリシャの歴史家ヘロドトス（紀元前484～同425年頃）は紀元前450年頃にエジプトを訪れた際、同信仰の中心地であるブバスティスで見たバステト神殿について、次のように書き残している。「神殿は赤色花崗岩でできた四角く壮大な建造物で、曲線のある石でできた壁に囲まれた中央には、女神を祀る堂がある。神殿では聖なる猫が何匹も飼われていた。これらの猫は、古代エジプトの主要な祭りの1つである年に1度の大祭の折に、生け贄として捧げられた。その際には、大量のワインが消費されたという」

　バステト信仰はエジプトに定着し、猫の絵や小像があちこちで作られるようになった。猫を祀る儀式も恒例行事となり、特にナイル川流域では盛んに行われ、猫の形のお守りや像も多数出土している。そのほか、宝飾品や美術品、壺などの日用品にも猫のデザインが数多く採用されている。また、飼い主が亡くなると、猫もミイラにして一緒に埋葬されることも少なくなかった。逆に、飼っていた猫が死ぬと葬式

ANCIENT TO MIDDLE AGES ｜ 古代から中世の血統

が執り行われ、食べ物を入れた小さな器と一緒に埋葬するのが常だった。飼い主は眉をそり落として喪に服したとする説もある。

だが、皮肉なことに、猫をこよなく愛するこの文化は、前述のように猫を生け贄としてバステトに捧げる文化でもあった。ただし、選ばれし人々が儀式の中で猫を神に捧げるのと、無分別な猫殺しは明らかに別物で、後者は死をもって償うべき重罪だった。それでも、バステト信仰が広がるにつれて相当数の猫が生け贄にされ、ミイラになったのもまた事実である。実際、ブバスティスをはじめとする発掘現場からは、猫のミイラが数十万体も発見されている。また、調査の結果、ミイラにされるのは1歳未満の子猫が多かったことも明らかになっている。

なお、古代エジプトでは、崇拝の対象である猫を国外に連れ出すことは禁じられていた。けれども、おそらく不法な闇取引は行われていただろうし、猫自らが国境を越えてエジプトを出ていくことも当然あっただろう。当時のギリシャに猫がいた証拠も発見されているし、エジプトのアレキサンドリアからローマへ穀物を輸送する船にはネズミを退治する猫が同乗していたと思われる。こうして猫はヨーロッパ中に徐々に広がることになるのだが、乾燥したナイル川流域でのように崇拝の対象になることも、生け贄やミイラにされることもなかった。

古代ローマのモザイク画やギリシャの陶器などにも猫は数多く描かれているが、最も有名なのは大英博物館に収蔵されている紀元前600年頃のギリシャの壺だろう。2人の女性が鳩を使って猫を遊ばせている絵が描かれており、猫がペットとして飼われていたことがわかる。この猫にもスポットがあるので、エジプシャンマウが広く分布していたものと思われる。

そしてローマ帝国の勢力拡大に伴って、猫の分布も確実にヨーロッパ全土に拡大していった。ローマ軍とともに進軍する猫の役割は、大切な穀物を攻撃するネズミの軍団と闘うことだった。このとき活躍した短毛の猫が、現在のブリティッシュショートヘアの祖先だと考えられている。分布の広がりを示す証拠として、ドイツのシュレースヴィヒ＝ホルシュタイン州トフティングにある2000年前の遺跡からも猫の骨が見つかっているし、ハンガリーのフェイェール県タックでもローマ帝国の荘園跡地から49体もの猫の骨が出土している。そのほかイギリスでも、ケント州ラリングストンにあるローマ帝国の邸宅跡をはじめ、いくつもの場所で猫の骨が見つかった。ただし、イギリスではローマ軍が到達（紀元前43年）する以前から猫がいたという証拠も発見されている。それらの猫は、紀元前1550～同300年頃まで地中海を中心に幅広く海上交易を行っていたフェニキア人の船によってもたらされたのだろう。

ブリティッシュショートヘアと同じく、ターキッシュバンもヨーロッパ大陸からイギリスまで広く分布した古代種だが、その到来時期はもう少し新しく、十字軍の時代（1095～1272年頃）である。騎士たちが戦利品として、トルコのバン湖周辺を原産とする珍しい猫を連れて帰ったのだ。

猫は西方のヨーロッパ全土に広がったばかりでなく、ギリシャやローマと極東を結ぶ通商路が開かれると同時に、東方にも広がっていった。メソポタミア地方からインドを経由して中国へと続くルートは陸路、海路ともに発達し、ついに猫はアジアに到達した。

アジアで猫は独自の進化を遂げる。遺伝子は不思議なもので、環境への順応に有利であるか否かにかかわらず、ある形質が長い年月の間に特定の集団の中で定着することがある（これを「遺伝的浮遊」と言う）。たとえば、被毛の色や手触りなどは環境に関係なく進化し、変化してきた。

一方で他の特徴——被毛の長さなど——は、環境に順応するために進化したものだと考えられている。古代にも被毛の長い種はいくつか存在したが、現存する長毛種との関係は定かではなく、1つまたは複数の地域で劣性遺伝が続いた結果だという説も否定はできない。たとえば、現存する長毛または半長毛の代表格であるペルシャは、分布範囲が最も広い種の1つだが、ペルシャ（現在のイラン）の人里離れた山間の寒冷地に昔から存在していると思われるものの、中世以前の記録は見つかっていない。

イエネコの中で最も大型のサイベリアンは希少な古代種で、ボリュームのある被毛はロシア中央部で進化した。証拠となる文献が残っているわけではないが、サイベリアンはノルウェージャンフォレストキャット、ジャパニーズボブテイル（ロングヘア）とともに、人の手が加わることなく自然発生的に長い毛を手に入れたとされる。

ANCIENT TO MIDDLE AGES | 古代から中世の血統

中国や韓国から日本に伝わった、ウサギのような短い尾のジャパニーズボブテイルが初めて美術品に登場したのは、6世紀のこと。短尾または無尾の古代種にはほかに、マンクス（および長毛種のキムリック）がいる。マンクスはジャパニーズボブテイルとは遺伝的な関連性はなく、イギリスのマン島という小さな島で生まれた希少種だ。その祖先はフェニキア人とともに島に上陸したか、8世紀末にバイキングに連れてこられたと考えられている。

タイとミャンマーでは3つの古代種が生まれた。そのうちの2つは、アユタヤ王朝時代(1351～1767年)にタイのある高僧が書いた『Tamra Maew（猫の詩）』という文献に登場するシャムとコラットだ。シャムは古くから「シャム（現在のタイ）王室の猫」として知られるとおり、王室との関わりが深く、コラットはハート型の頭部とブルーグレーの被毛が特徴的な希少種だ。

もう1つの古代種はバーマンで、「ビルマ（現在のミャンマー）の聖なる猫」と呼ばれたと伝えられている。1999年にマリリン・メノッティ＝レイモンド、レスリー・ライオンズらが行った遺伝子分析の結果、これら3種の猫の起源は少なくとも700年ほど前までさかのぼることができること、ヨーロッパ生まれの種とは遺伝子の違いが明白であることがわかった。

アジアでは猫は霊的な力と結びつけて考えられ、特に死や死後の世界、魔力との関わりが強いとされる。古今東西、共通した考えに、猫が死者の魂を最後の休息場所、すなわち墓へ運ぶというものがある。タイではかつて支配者が死ぬと、その魂が1匹の王室の猫、シャムの中に入ると考えられていた。

希少種のドラゴンリー（チャイニーズリーファ）の故郷、中国ではその昔、猫には悪霊の存在を感知し、退治する力があると信じられていた。これは、猫は夜目が利くので、すべてを見通すことができると考えられていたからだろう。古代中国の家には、入口の上に土で作った猫の像が魔除けとして飾られることも多かった。また、養蚕農家でも、蚕や繭をネズミから守るために猫が大活躍した。猫の数を揃えられないときには、猫の像を蚕や繭の周囲に置いていたという。

さらに中国や日本では、猫は魔除けとしてのみならず、幸運や繁栄に直接結びつけられてきた。その代表例が、手招きをしている猫の置物、すなわち「招き猫」だ。モデルはジャパニーズボブテイルで、招き猫は今も日本の店先をはじめ、あちらこちらで見ることができる。現在では日本における幸運のシンボルとして、海外でも広く見られるようになっている。

EGYPTIAN MAU
エジプシャンマウ

古代 – エジプト – 希少

APPEARANCE | 外見

エレガントな風格をたたえている。身体は筋肉質で長く、中くらいの大きさ。エジプシャンマウと認定されるためには、ランダムに入る美しいスポット、まるで顔をしかめているかのように額に縦に入るラインと少しつり上がった目、脇腹から後肢にかけての皮ひだなどの特徴を備えていなければならない。脇腹に皮ひだがあるので、走るときのストライドが大きく、ジャンプの能力も高い。また、前肢より後肢のほうが少し長いため、つま先で歩いているように見える。頭部はやや丸みのあるくさび型（V字型）。目はアーモンド型で、色はグーズベリー（スグリ）のような淡いグリーン。耳は中くらいから大きめで、基部の幅が広く、先端に飾り毛がつくことも多い。尾は中くらいから長め。

SIZE | 大きさ

中型

COAT | 被毛

中くらいの短毛で、つややかな光沢がある。キャット・ショーに出場できる個体（ショー・タイプ）の毛色はシルバー、ブロンズ、スモークの3種類のみ。ショーに出ない個体（ペット・タイプ）であれば、黒または薄めのシルバーやブロンズ、スモークも認められている。スモークの毛は細くて絹のような手触りだが、シルバーとブロンズは密で硬め。

PERSONALITY | 性格

活発で賢く、遊び好き。飼い主にはとても従順だが、人見知りが激しい個体もいる。

見る者の心をとらえて離さないエジプシャンマウは、イエネコの中で最も古い種の1つ。自然発生的なスポットを持つ猫は世界でも、エジプシャンマウを含め2種しかない。その姿は、祖先であるリビアヤマネコとよく似ていると言われるが、ランダムに入るスポットと、脚と尾の縞を一目見ればすぐエジプシャンマウだとわかるだろう。額には「スカラベマーク」とも呼ばれるM字型の模様。淡いグリーンにきらきら輝く瞳と、それを取り囲む上下2本のアイラインもまた特徴的だ。古代エジプトの女性たちは、崇拝するこの猫の顔をまねて目に化粧を施したという。

個性的なのは外見だけではない。性格もとても愛嬌がある猫で、要領よく人の心をつかみ、かわいがられるのが得意だ。また、優雅でいながらもエネルギッシュで、遊ぶのが大好き。生まれ持つ狩猟本能をくすぐるような遊びなら何でも好きで、猫には珍しく投げたボールを追いかけるような遊びも楽しむ。知らない人には近づかなかったり、知っている人であってもよそよそしかったりすることもあるが、基本的に人なつこく、人と一緒にいることや遊んでもらうことを好む。うれしいときには尾を激しく振り、前肢で足踏みをしながら声高に鳴くことが多い。

祖先の記録が残っている種は少ないが、エジプシャンマウはその数少ないうちの1つだ。紀元前1900年頃以降の古代エジプトでは、斑点模様の猫がさまざまな美術品に描かれている。作品の背景はさまざまだが、人々の生活を描いたものが多く、なかでもよく見かけるのが女性の足元に猫がいる光景。こうした猫は多産や豊穣の象徴とされた。

また、女神のバステトやマフデト（正義と成就の象徴）として、時にはラー神として、エジプシャンマウに似た姿を描いたものも数多く残っている。たとえば、紀元前1100年頃のパピルス（紙の1種）に描かれたラー神はスポットのある猫の姿で、悪の化身である蛇アペプと戦っている。また、新王国時代の高官ネブアメンの墓の壁画（紀元前1400年頃）にも、エジプト人の狩りに同行する斑点模様の猫が描かれている。その舞台は鳥がたくさんいる沼地なので、狩った野鳥を猫に取ってこさせていたと思われる。ちなみに「マウ（mau）」とは、古代エジプトの言葉で「猫」を意味する。

このように古代エジプトではエジプシャンマウの祖先が数多く記録されているが、古代ギリシャやローマの像や絵画にも似たようなスポットを持つ猫がわずかながら登場する。前述のように大英博物館に収蔵されている紀元前600年頃のギリシャの壺には、2人の女性と一緒に鳩で遊ぶ斑点模様の猫が描かれているし、ローマのモザイク画にも同じような猫が描かれている。

12世紀の初め頃になると、エジプシャンマウはフランスやイタリア、スイスなど、ヨーロッパ大陸の国々で愛玩動物として飼われるようになった。おそらくエジプトから輸入し、繁殖を盛んに行っていたものと思われる。ところが第一次世界大戦中に繁殖数が激減し、第二次世界大戦の終戦間際には絶滅の危機に瀕するほどになった。種として生き残ることができたのには、ロシアの亡命貴族ナタリー・トルベツコイの功績が大きい。当時イタリアのローマに住んでいたトルベツコイが、エジプト旅行の際にこの種と出会い、2匹を独自の外交ルートに乗せてイタリアへ輸入したのだ。

トルベツコイがエジプト旅行に出かけたのは1950年代初めのこと。その旅路の途中で、1人の少年が箱の中に隠していたシルバーのスポットが入った子猫をトルベツコイに手渡した。少年に猫を与えたの

は、中東の大使館で働いていた外交官だった。この猫に心奪われたトルベツコイはそのルーツを探り、エジプシャンマウという種であることを突き止めた。最初に手に入れたのはルルというシルバー・スポッテッドの雌と、グレゴリオというブラックの雄。それからもトルベツコイはエジプシャンマウを入手しようと努め、シリア大使館経由で、あるいはエジプトから直接、猫を輸入しつづけた。その中にはゲッパという名のスモークの雄もいた。初めて子猫たちが生まれたのは1953年で、翌年にも生まれている。

トルベツコイは1956年になると、3匹のエジプシャンマウを連れてアメリカに移住し、猫の繁殖・飼育を行うキャテリー(名称はファティマ・キャテリー)を設立した。正統なエジプシャンマウの血統は、3匹のうちの2匹、シルバーの雌ファティマ・ババと、その息子であるブロンズの雄ファティマ・ジョジョ(愛称ジョルジオ)に始まる。

だが、遺伝子プール[訳注:交配可能な同種個体の遺伝子を集めたもの]はあまりに小さく、また当時、エジプトからアメリカに直接エジプシャンマウを輸入することは不可能に近かったので、種として確立させるためには近親交配だけでなく、異種交配も必要だった。こうした交配は、種の質を保ちながら、初期の猫に見られた性質上の問題を解消させるため慎重に行われた。その後、少しずつ愛好家が増えたことによって交配は軌道に乗り、1970年代にはアメリカとカナダでエジプシャンマウのブリーディングを行う大手キャテリーは少なくとも8つにのぼっていた。

そして1980年、遺伝子プールを大きくしようと、ミルウッド・キャテリーのジーン・サグデン・ミルがインド、ニューデリーの動物園からエジプト原産の2匹、トビーとタシを輸入する。この2匹がもとになったインド系のエジプシャンマウは、1980年代の終わりにCFAに公認されている。ブリーダーの中には、インド系が入ってきたことにより、本来の頭の形が損なわれたと言う者もいれば、逆に模様が鮮やかになり、色が美しくなったと言う者もいる。その後1980年代から1990年代初頭にかけて、ブリーダーのキャシー・ロワンが13匹を、J・レン・デビッドソンが4匹をエジプトから直輸入している。

イギリスでエジプシャンマウが定着したのは、メリッサ・ベイトソンの功績による。ベイトソンはアメリカに住んでいた1990年代に最初の2匹を、それから間もなくさらに3匹を手に入れた。ベイトソンの猫たちはアメリカのショーで優秀な成績を収め、4回出産をした。1998年にベイトソンは帰国するが、その際に連れて帰った5匹がイギリスで最初のエジプシャンマウだとされている。ベイトソンは今もなおニュー・キングダム・キャテリーで交配を続けており、現在ではエジプシャンマウを扱うイギリス人ブリーダーも少なくない。

ANCIENT TO MIDDLE AGES | 古代から中世の血統

TURKISH VAN
ターキッシュバン

古代 – トルコ – 希少

APPEARANCE｜外見

がっしりした筋肉質の身体にセミロングの被毛。胴は長めで、胸のあたりまでが幅広、脚も長く筋肉質で、後半身が特に力強い。くさび型の頭部は幅が広く、鼻は中くらいの長さ。目の下にはかすかなくぼみがある。離れてついている耳は大きく、先端が丸みを帯びている。目は比較的大きくて丸く、ややつり上がっている。目の色はブルー、アンバー(淡い琥珀色)、もしくは左右の瞳の色が違うオッドアイ。尾は長く、毛がふさふさしている。

SIZE｜大きさ

中型〜やや大型

COAT｜被毛

セミロングのシングルコート[訳注：オーバーコートと呼ばれる上毛のみ、またはアンダーコートと呼ばれる下毛のみの一重の被毛。ターキッシュバンはオーバーコートのみ]で、やわらかくシルキーな手触り。耳の内側、四肢、足先、腹部には長い飾り毛が、首周りには襟毛があり、尾もふさふさとしている。登録団体によって認められる色が異なり、白1色のものから、毛の先から根元までが1色のみのソリッド&ホワイト、縞模様のタビー&ホワイト、2色以上がカラフルなモザイク模様になっているパーティカラー&ホワイトなど、さまざまなバリエーションが見られる。

PERSONALITY｜性格

非常に知性が高くて活発。遊びも大好きで、友好的。いたずら好きだが、飼い主には忠実。

ターキッシュバンはとても希少な種ではあるが、一目でそれとわかる特徴的な姿をしていて、その模様は現在では「バンパターン」と呼ばれている。理想とされるのは、胴はまじりけのない白で、頭と尾だけに色があり、その中に色の濃い縞模様が入るもの。最も正統とされる色は、白の胴にレッド（茶がかった赤）の縞模様。肩甲骨の間にスポットや大きな斑が入ることもある。また、その被毛は表面を水滴がころがるほど撥水効果が高く、暑い日にはプールや風呂に飛び込むなど、水遊びを好む。そのため、1950年代にヨーロッパデビューを果たしたターキッシュバンは、1970年代にアメリカに入ると「スイミングキャット（泳ぐ猫）」という愛称で呼ばれるようになった。

ターキッシュバンはかなり古い時代にトルコのバン湖地方で自然発生した、猫の中でも最古の種の1つと考えられており、新石器時代（紀元前8000〜同3500年頃）のトルコのハジュラル遺跡から、紀元前5000年頃の粘土製の小像が複数発見されている。猫を連れた女性をかたどったものだが、その猫がターキッシュバンの祖先ではないかと考えられているのだ。そのほか、紀元前1600〜同1200年頃の古代オリエント強国ヒッタイトの宝飾品にも尾に縞模様のある猫がデザインされているし、同じ模様の猫が描かれた西暦75年頃の軍旗も発見されている。

ターキッシュバンはまずヨーロッパ大陸で広がり、十字軍の時代（1095〜1272年頃）にイギリスに渡ったとされる。騎士たちが戦利品として、エキゾチックなこの猫をイギリスに連れ帰ったのだろう。それでも、ターキッシュバンの数が多かったのはやはりトルコだった。しかし、その数は減少の一途をたどり、20世紀前半にヨーロッパでは絶滅寸前にまで追い込まれた。

その危機を救ったのは、2人のイギリス人女性──ジャーナリストのローラ・ラシングトンとカメラマンのソニア・ハリデイ──だ。2人は1954年にトルコ観光局の依頼でトルコに取材に訪れたところ、ターキッシュバンのペアを贈られた。2匹とも白にレッドのマーキング[訳注：縞や斑点など、いろいろな形の模様]が入った典型的なバンパターンの子猫だった。2匹は車中で過ごしながら、その後の取材の旅に同行し、それが終わると彼女たちと一緒にイギリスに渡った。それから間もなく2匹の間に3匹の子猫が生まれた。その子猫たちもまた典型的なバンパターンだった。さらにその後4年間、雌猫はほぼ同じ模様の子猫を産みつづけた。

そして1959年、ラシングトンとハリデイは再びトルコのバン市を訪れ、さらに雄と雌のペアを手に入れると、イギリスで種として確立させるために動き始めた。そうした活動の中で有力なブリーダーであるリディア・ラッセルのサポートも得ることができ、1969年にターキッシュバンはGCCFに純血種として認定された。

アメリカでは1970年代に初めて輸入されたものの、しばらくはなかなか数が増えなかった。人気が出始めたのは、フロリダ在住のリアーク夫妻が1982年に販売を拡大してからのこと。その後も繁殖努力を続けた結果、主だった猫種登録団体で認定を受けることができたが、今も希少種であることに違いはない。トルコでも何百年も前からペットとして大事にされてきたにもかかわらず、種として認定されたのはごく最近のことだ。現在では、アンカラ動物園とトルコ農業大学が手を取り合い、種の保存に努めている。

SOKOKE
ソコケ
古代 ─ アフリカ ─ 希少

APPEARANCE | 外見
エレガントで特徴的な模様を持つ。細身だが筋肉質で、脚がすらりとしている。頭部はやや丸みのあるくさび型で、胴に対して小さめ。アーモンド型の大きな目はアンバーから淡いグリーン。耳は中くらいの大きさで直立しており、背中は水平。尾は中くらいの長さで先が細い。

SIZE | 大きさ
中型

COAT | 被毛
とても短く密なシングルコートで、触ると硬く感じられる。渦巻き模様のクラシック・タビーで、茶の濃淡がある。ベースカラーとなる毛にも、色の濃い部分にもティッキング[訳注:1本の毛自体が3〜4色の縞模様になっていること]が見られる。

PERSONALITY | 性格
非常に知的で、遊び好き。人なつこくて、飼い主に忠実。

風格をたたえ、エレガントで独特の模様を持つソコケ。身体は細身ながら筋肉質で、脚も尾もすらりと伸びている。後肢のつま先で歩いているような特徴的な歩き方は、興奮してくるとさらに顕著になる。くっきりとしたタビー・パターンもまた、ソコケの特徴だ。ひとりぼっちが苦手なソコケは、人と一緒に過ごす時間が大好き。かといって、飼い主に過度に依存するわけではなく、性格的にもペットに最適だ。

ソコケは自然発生した数少ない種の1つで、今もなお希少な猫だ。主な原産地は、アフリカ・ケニアの沿岸部に広がる現在のアラブコ・ソコケ・フォレスト国定保護区。ギリアマ族の居住地周辺で暮らしていて、ギリアマ族の人たちからは「おいで、かわいい子」という意味の「カゾンゾ（Khadzonzo）」という名で呼ばれていた。ただし、ソコケがギリアマ族のペットとして飼われていたのか、その居住地周辺で野生生活を送っていたのかは明らかになっていない。わかっていることは、ソコケは生まれながらにして人なつこく、人間と強い絆を築くことができる猫だということだ。

ソコケの起源について明確な記録は残っていないが、近年、S・J・オブライエン、C・A・ドリスコル、J・クラットン＝ブロックらが行った遺伝子研究によると、ケニア沖のラム島の猫とケニア沿岸部の野良猫、そしてソコケに遺伝子レベルでの類似点があることがわかった。この3種の猫はエイジアン・グループ[訳注:アジアの土着猫（アラビアン・ワイルドキャット）を祖先とし、際立った特徴を持つ猫のグループ]の中で独立した系統を形成し、アラビアン・ワイルドキャットと遺伝子的に共通点がある。

ソコケが種として初めて記録に登場するのは1978年になってからのこと。イギリス人のジェニ・スレイターが、ケニアにある自分のココナツ農園で見つけた野生の数匹の子猫たちだ。その美しい姿に魅了された彼女は、そのうちの2匹を連れ帰って飼い始め、やがて交配させた。そして、彼女の猫たちに種としての可能性を感じたデンマーク人の友人グロリア・モールドラップが1984年に2匹、1991年に3匹をデンマークに、1992年に1匹をイタリアに送る。その結果、この6匹がソコケのオールドライン（古来の特徴を保持している猫たち）の礎となり、1994年1月にFIFeがチャンピオンシップに認定するに至ったのである。

オールドラインのソコケは特に引き締まった筋肉質の身体をしているので、立っているときもうずくまっているときも硬直しているように見える。尾もムチのように細く硬い。しかし、ニューライン（古来の特徴が改良された猫たち）では、こうした特徴が薄まっている。オールドラインはポインテッド[訳注:頭や顔、尾、足先などが他の部分より濃い色になっていること]の遺伝子も持っているので、ポインテッド・タビーの子猫が生まれることもある。

ケニアのスレイター農園の近くには、同じくイギリス人のジーニー・ノッカーが住んでいた。ヨーロッパでソコケが知られるようになって10年経つか経たないかの頃、ノッカーはソコケについて調査を始めた。そしてノッカーが見つけた8匹のソコケを交配させると、ソコケの特徴をしっかり受け継いだ子猫が生まれた。そこでノッカーの息子が、ヨーロッパのブリーダーたちに純血のソコケがたくさん生まれていることを知らせると、遺伝子プールを拡大したいと願っていたブリーダーたちは純血種を競い合うようにして手に入れ、ノッカーのソコケとその子孫はニューラインと呼ばれ、知られるようになった。こうしてニューラインはデンマーク、スウェーデン、ノルウェーに数匹が輸入され、2003年にはFIFeに登録された。

さらにアメリカにも7匹が渡り、TICAは2004年にレジストレーション・オンリー（登録のみ）というグレードに認定し、その4年後にはショーに出陳できるプレリミナリー・ニュー・ブリードに昇格させた。今でもソコケは希少ではあるが、ヨーロッパでもアメリカでもその人気は上昇中だ。

ANCIENT TO MIDDLE AGES | 古代から中世の血統

ANCIENT TO MIDDLE AGES | 古代から中世の血統

MANX & CYMRIC
マンクスとキムリック

古代 − マン島 − 希少

APPEARANCE | 外見
身体は筋肉質でがっしりとしており、全体的に丸みを帯びている。胴は厚くて短く、肩から腰にかけてゆるやかなアーチを描く。骨太の前肢は、後肢よりも短い。頭部は大きくて丸っこく、頬が高い。特に成長した雄は、マズル［訳注：顔の突き出た部分。口と鼻を含む］がはっきりしていて、顎ががっしりしている。大きくて丸い目は被毛の色に準じるが、カッパー（赤銅色）が多い。尾はないもの、短いもの、他の猫種より少し短いくらいのタイプがある。

SIZE | 大きさ
中型

COAT | 被毛
短く、密なダブルコート［訳注：アンダーコートと呼ばれる下毛と、オーバーコートと呼ばれる上毛が二重に生えている被毛］。オーバーコートはつややかで硬く、アンダーコートはやわらかい。キムリックと呼ばれる長毛種は、ミディアムロングのダブルコートで、首回りと胸部の毛が長いこともある。色はバラエティに富んでいる。

PERSONALITY | 性格
知的で穏やか。社交的で遊び好き。

グレートブリテン島とアイルランドにはさまれたアイリッシュ海に浮かぶ小さな島、マン島。マンクスとその長毛種であるキムリックは、この島で生まれた。マンクスとキムリックの外見の最大の特徴は尾がない、もしくはほとんどないところだろう。また、後肢の脚力が非常に強く、猫の中でもチャンピオン級のジャンプ力を誇る。

マンクスとキムリックは遊びが大好きで、好奇心も旺盛。とても賢くて、まるで犬のように人が投げた玩具を取ってきたり、土の中に埋めたりすることもあるし、水で遊ぶことだってある。そして人なつっこく、人間と一緒に暮らすことを好む上、とても落ち着いていて他の動物にもあまり驚かないので、子どもとの触れ合いも得意だ。

尾がないことで有名なマンクスとキムリックだが、なかには他の猫種とほぼ同等のものもおり、尾の長さによって、ランピー、ランピーライザー、スタンピー、ロンギーの4タイプに分類される。ショーでいちばん高く評価されるのは、まったく尾がないランピーで、尾のあるべきところがくぼんでいる。ランピーライザーは尾椎［訳注：脊柱の尾部に位置する椎骨］が1〜3個でとても尾が短く、スタンピーの尾はもう少し長くてねじれたり、カーブしたりしている。ロンギーの尾は、他の猫より少し短いくらいだ。

マンクスとキムリックの外見的な特徴は、尾だけではない。ブリティッシュショートヘアと同じように、頬が高い丸顔、短くてがっしりした胴、それに肩から腰にかけてゆるやかなカーブを描く背部を持つ。これらの要素が組み合わさって、全体的に均整のとれた丸っこい印象を与える。また、後肢が前肢より少し長いので歩き方がややぎこちなく見え、ウサギが跳ねるように走るその様子は「マンクスホップ」と呼ばれる。

種の起源については、さまざまな伝説や言い伝えがある。最もよく知られているのは、ノアの方舟にまつわる逸話だろう。出航を急ぐノアが扉を閉めたときに、最後に飛び乗ったマンクスの尾がはさまって切断されてしまったというものだ。

また、アイルランドからやってきた侵略者がマンクスの尾を切り取って、かぶとの飾りにしたという話もある。さらに、フェニキアの商人たちが盛んに海洋交易を行っていた頃（紀元前1500〜同300年頃）に地中海地方から、あるいは日本からマンクスを船に乗せてマン島に連れてきたとする説や、8世紀の終わり頃にバイキングが連れてきたとする説もある。

そのほか、アルマダの海戦中の1588年、イングランドに侵攻するスペインの無敵艦隊の1艘がアイルランド沖で座礁した際に、航海を共にしていたマンクスが海を泳いでマン島にたどり着いたのだと言う者もいる。残念ながら、どの説にしても裏づけとなる証拠は見つかっていない。

ただし、尾がないことについては明らかになっていることもある。その昔、マン島に突然変異で無尾になった猫がおり、その無尾の遺伝子が、小さく外界から孤立していたマン島で長い年月をかけて定着したと考えられているのだ。

他の無尾の猫と違うのは、通常、短尾や無尾は劣性遺伝子によるものであるのに対し、マンクスとキムリックの無尾は優性遺伝子によるものであることだ。この遺伝子のせいでマンクスは繁殖が難しく、なかなか数が増えない。無尾の遺伝子を持つ両親から生まれた子猫は25％の割合で死産になるか早いうちに死ぬし、片親だけが無尾の遺伝子を持つ場合にも奇形で生まれる割合が高く、特に脊椎や尾に奇形が出ることが多い。ちなみに、ブリティッシュショートヘアとは頭

部の形やがっしりした体つきが似ていることから、同じ祖先を持つと考えられている。

マンクスに関する記録で最も古いのは1844年のもの。歴史家のジョゼフ・トレインが、マン島で見た猫がウサギに似ているので、その祖先はウサギと猫の雑種ではないかと書いている。また、画家のJ・M・W・ターナーについて記した『Turner's Golden Visions（ターナーの金視野）』(1910年)の中で、著者のC・ルイス・ハインドは、ターナーが30代半ばだった1810年、マン島からやってきた猫7匹を飼っていると話していたと述べている。

ほかにも、マンクスが世に出始めた1902年に作家のフランシス・シンプソンが、当時すでにマンクスがショーに出陳されていたことを記事にしている。今日、ショーに出陳できるマンクスはまったく無尾のランピーか、ほぼないランピーライザーのみだが、シンプソンによると、当時は短尾のスタンピーもショーに参加していたという。

マンクスが初めてアメリカの地を踏んだ時期は明らかではない。1820年頃、ニュージャージーのトムズリバーに住むハーレー家の人たちが船旅から戻った際、尾のない猫をマン島から連れてきたという説があるが、文献として最古のものは1908年にやってきたマンクスについてのもので、1920年代にCFAが種として認定したとされる。

1930年代になると、ショーで初めてチャンピオン猫の中でも優秀な猫に与えられるグランド・チャンピオンの称号を獲得したマンクスを飼っていたシカゴのカールソン姉妹が、マンクスのブリーダーとして名を上げた。カールソン姉妹は1935年にマン島からさらに1匹を輸入している。グレン・オリーが育てたジンジャーという雄で、この猫が姉妹のブリーディングに大きな影響を与えることとなった。

長毛種はマンクスの歴史の初期からマン島にいたとされているが、1960年代になるまであまり知られた存在ではなかった。当初、長毛種の起源についてはさまざまな説が飛び交っていて、その中にマンクスとペルシャの交配によって生まれたとする説もあった。確かに1930年代にはマンクスとペルシャの交配が行われていたが、キムリックはそれよりずっと以前から存在していたことがわかっている。

なお、長い間、マンクスの長毛種とされていた猫をウェールズ語で「ウェールズの」を意味する「キムリック」と名づけたのは、ブレア・ライトとレスリー・ファルテイセクという影響力のある2人のブリーダーである。

ANCIENT TO MIDDLE AGES | 古代から中世の血統

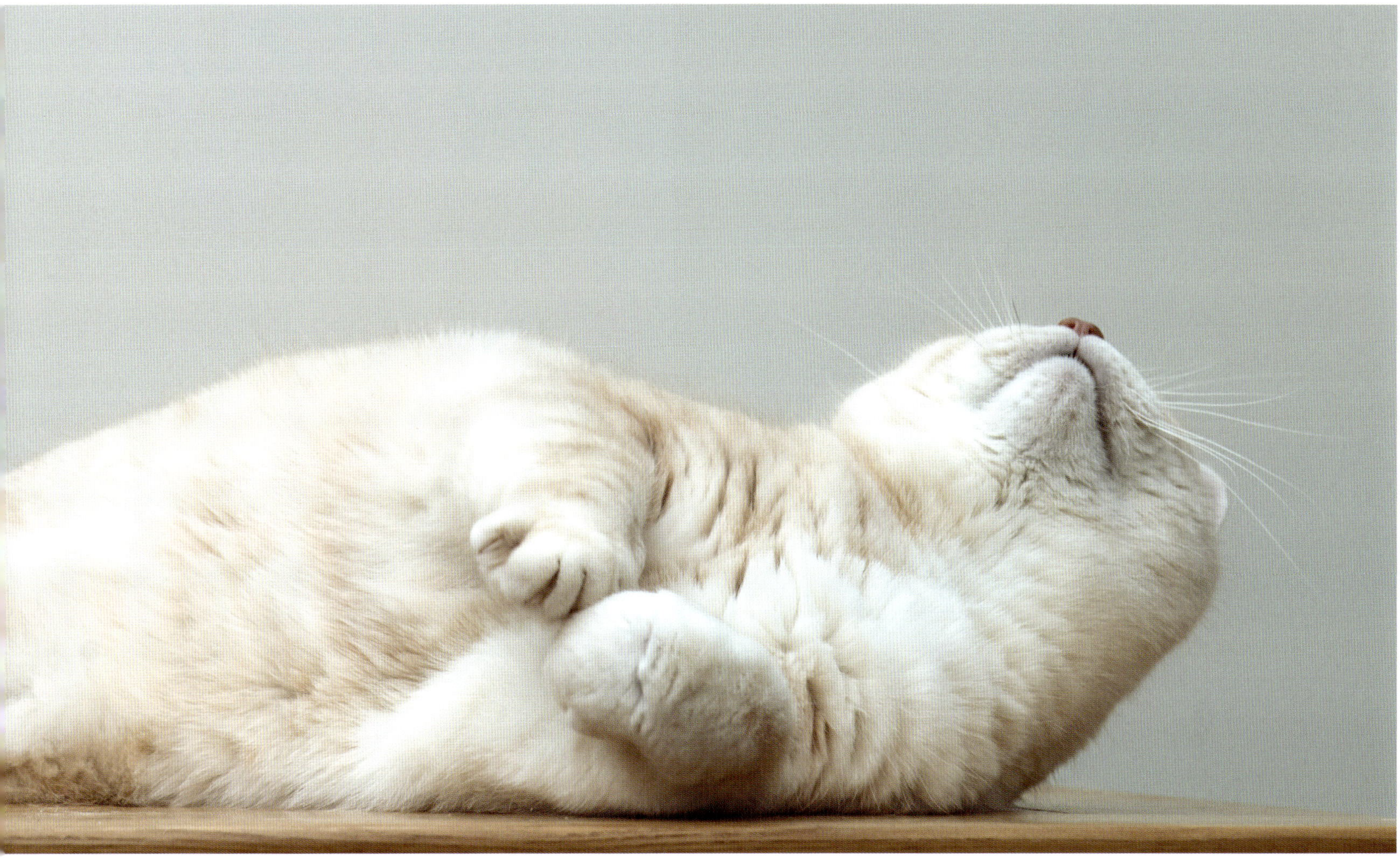
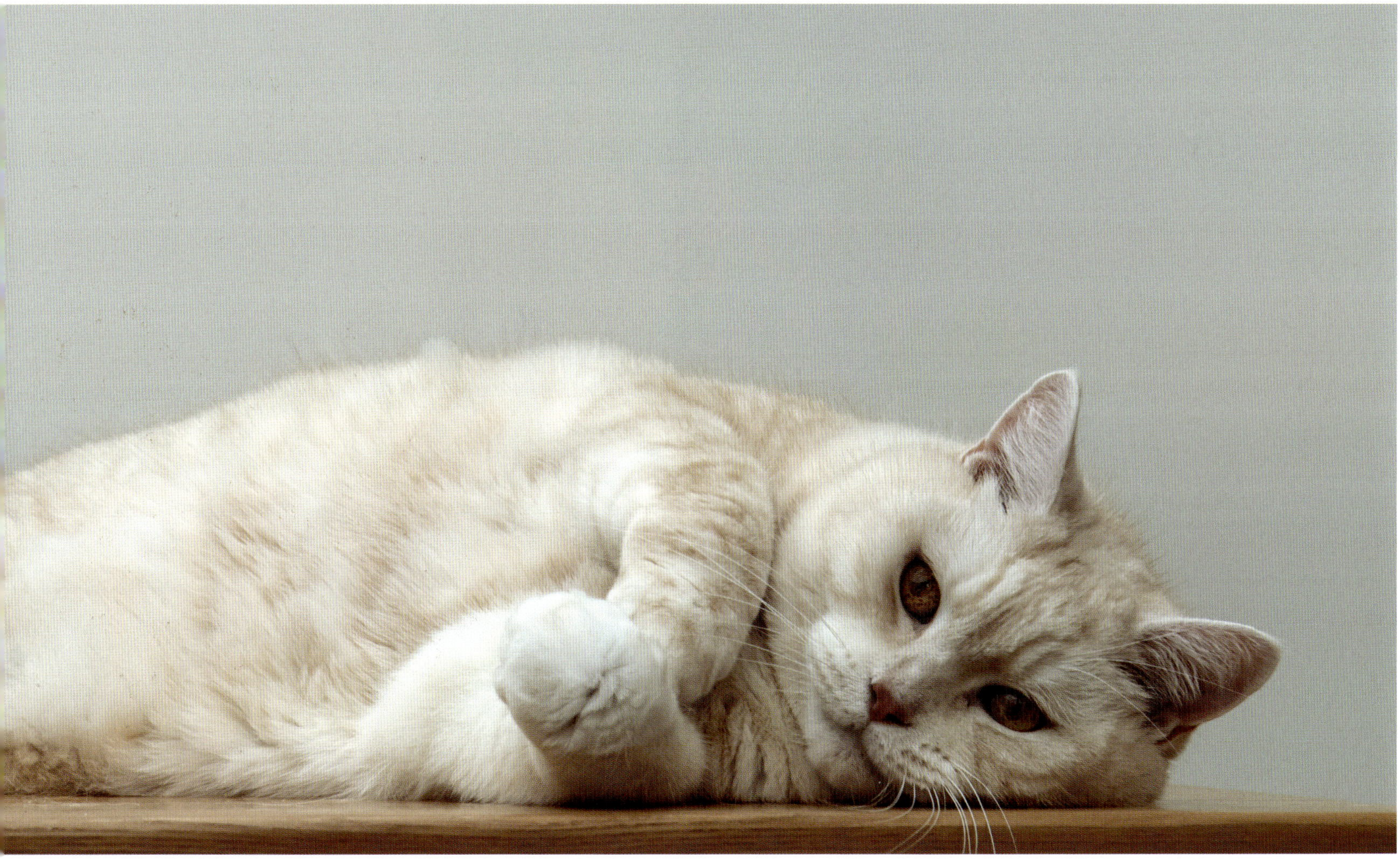

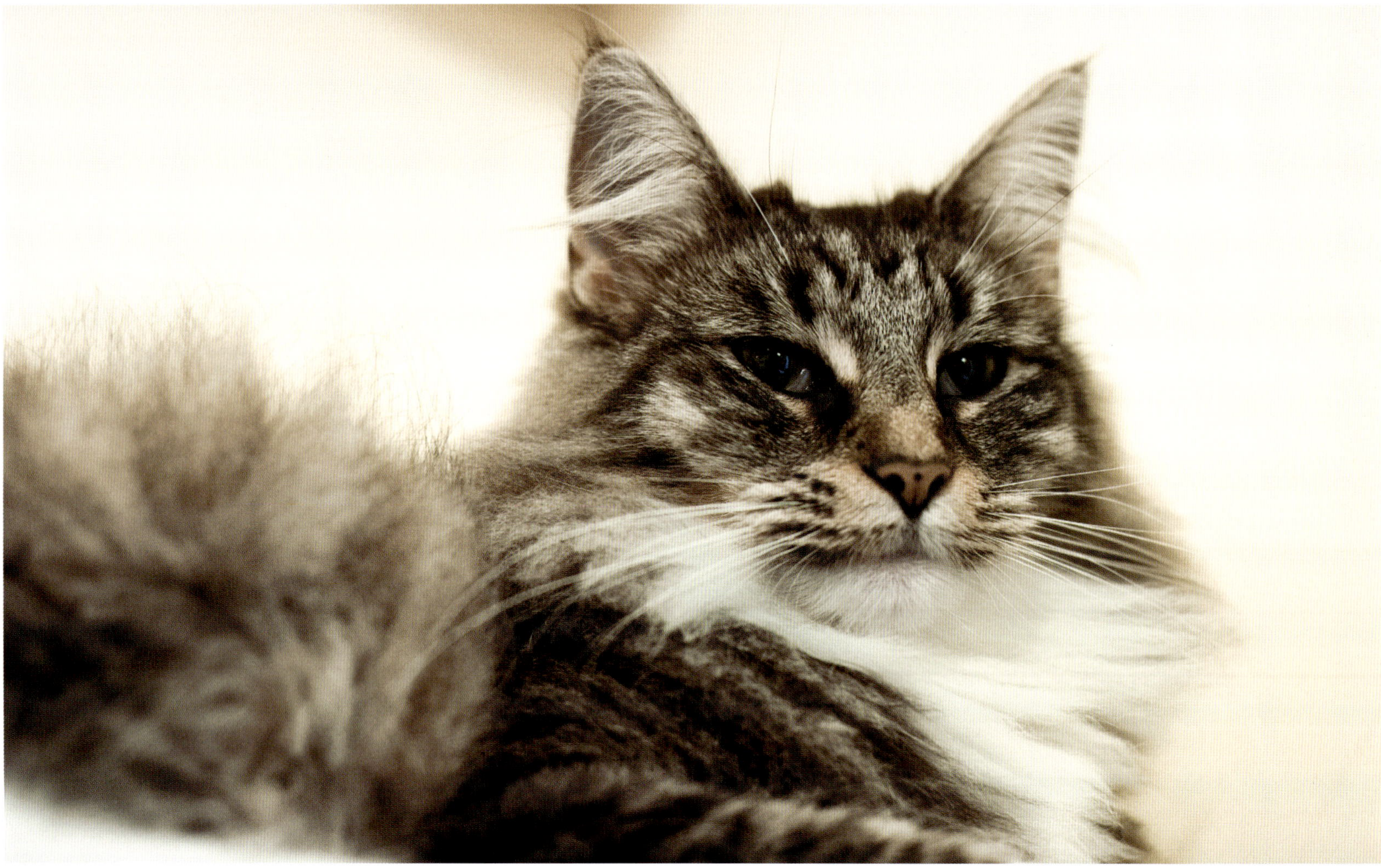
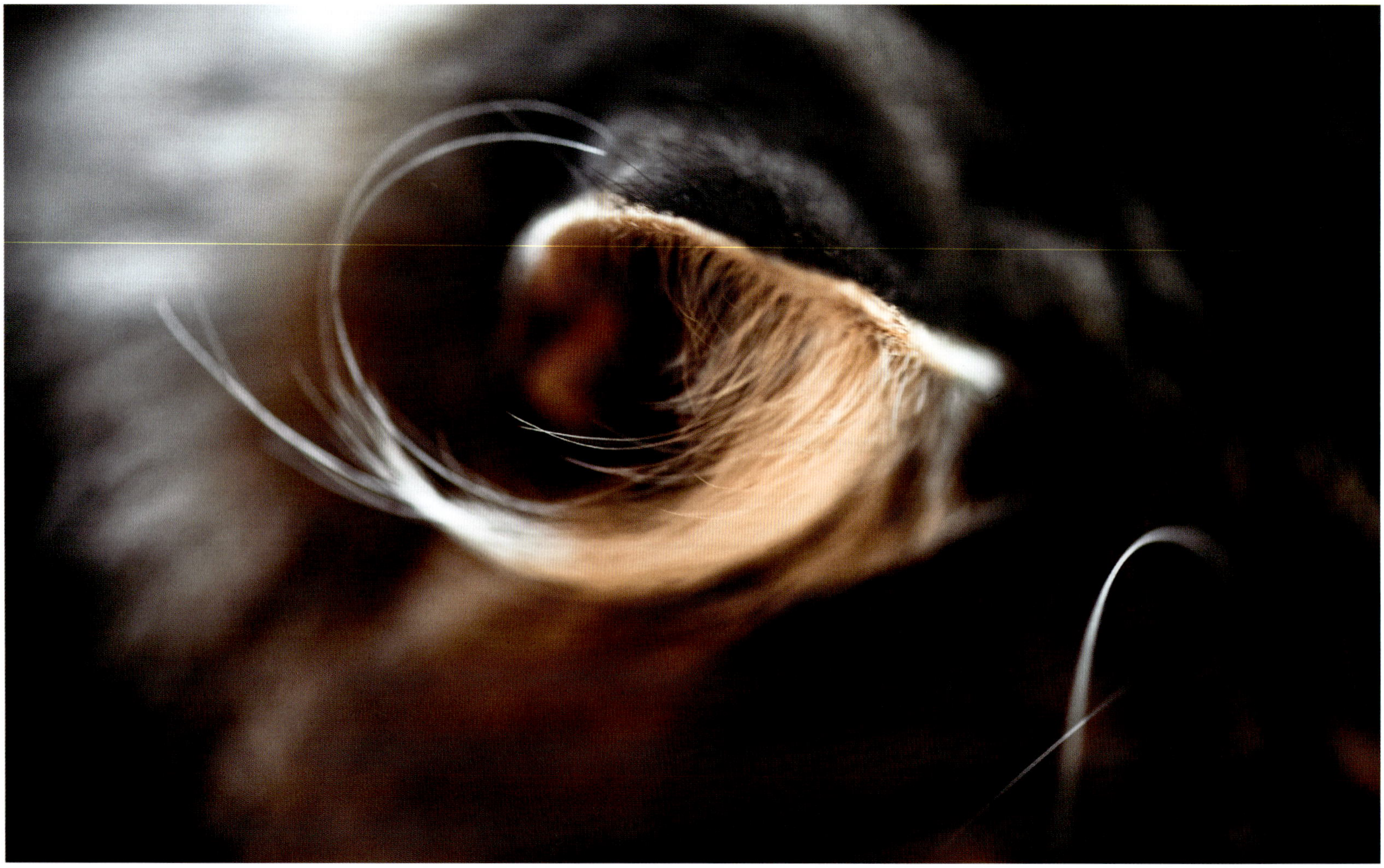

NORWEGIAN FOREST CAT
ノルウェージャンフォレストキャット
古代－ノルウェー－比較的多い

APPEARANCE | 外見

骨格がしっかりしていて、大型で筋肉質。一番の特徴は、長くて美しい被毛。頭部は正三角形で、目の上あたりから鼻先まで鼻筋がまっすぐ伸びている。豊かな飾り毛を持つ大きな耳は基部が幅広で、個体によっては先端がとがっている。アーモンド型の大きな目は、ややつり上がっていて、色はグリーン、ゴールド、グリーンゴールド、カッパーなど。ただし、被毛が白1色または白がベースの場合は、ブルーかオッドアイ。前肢より後肢が長いので、肩より腰のほうが高い。尾は中くらいの長さで、根元が太く、ふさふさしている。

SIZE | 大きさ

中型～大型

COAT | 被毛

美しいロングヘアのダブルコート。アンダーコートは密で、オーバーコートには光沢がある。首回りから胸部にかけての襟毛、後肢の半ズボンのような飾り毛、足先や耳の飾り毛がふさふさしている。色はチョコレート、ライラック(少しピンクがかったグレー)、身体の末端部が濃い色になるヒマラヤンパターン、およびこれらと白の組み合わせを除くすべての色。

PERSONARITY | 性格

好奇心旺盛で、遊び好き。順応性が高く、愛情深い。

愛情を込めて「ウェジー」あるいは「NFC」とも呼ばれるノルウェージャンフォレストキャットはいつも楽しげで、落ち着きがある。犬や子どもと一緒でも、新しい体験でも、新しい環境でも、たいていの状況に静かに、そして機嫌よく順応できるので、家族の一員として溶け込みやすい。愛情深く、社交的で、まるで犬のように玄関で人を出迎える光景もよく見られる。そして好奇心が旺盛で、運動能力も非常に高く、高いところにのぼるのも大得意だ。

しかし、身体ができあがるのは5歳頃と、成長はゆっくりだ。体重は、成猫の雄で5.5～7kg、雌で4～5kg。被毛は美しく、毛が長いわりに手入れはさほど大変ではない。ただし、春には冬毛から夏毛へ、秋には夏毛から冬毛へ変わるので、ごっそりと毛が抜け落ちる。この時期にはグルーミングをして、抜けた毛を取り除いてやるとよい。いったん新しい毛が生えそろえば、あまり手入れは必要としない。

「スコグカット(森林の猫)」とも呼ばれるNFCは古くからノルウェーにいる猫で、長い年月をかけて、豊かな被毛やがっしりした身体などの特徴を備えるようになった。いつ頃からいるのか、その起源は明確ではないが、8世紀末～11世紀後半にかけてスカンジナビア半島に住んでいた北方ゲルマン族(バイキング)とは密接な関係があり、北欧神話にもよく登場する。

スコグカットは、ローマ軍がヨーロッパ北部に侵攻する際、食糧をネズミから守るために連れていたショートヘアのイエネコが、北欧の厳しい寒さにさらされるうちにロングヘアへと進化したものと考えられている。事実、ノルウェーの森に住むスコグカットは極寒の地で生きるため、厳しい寒さにも耐えうる撥水効果の高い分厚い被毛を持っている。特に雪や氷から足先を守ってくれるふさふさの毛は、ノルウェーの冬を乗り切る上で大いに役立つ。そして、厳しい環境にも生き残る能力を身につけた結果、スコグカットはとても丈夫で健康的な猫になった。

スコグカットであろうと思われる大型の猫がたびたび登場する北欧神話が誕生した年代は不明だが、初めて文字になったのは、アイスランドのスノッリ・ストゥルルソン(1179～1241年)が著した『Prose Edda(散文のエッダ)』においてである。愛と豊饒の女神フレイヤが2匹の猫に馬車を引かせたという話や、雷神トールですら持ち上げることができなかった巨大なグレーの猫の話などがよく知られている。

スコグカットはバイキングとも関係が深い。バイキングには結婚式当日、花嫁に猫を贈る風習があった。これは、おそらく愛の女神フレイヤと関わりがあるからだろう。もっと現実的な話をするならば、猫は食糧や住宅をネズミの害から守ってくれるから、という理由もあったに違いない。実際にバイキングはスコグカットと思われる猫を飼っていたし、戦いに出るときにも連れていったという。

文学でも、ペーター・クローソン・フリース(1545～1614年)によって書かれたものがある。フリースはデンマーク人の聖職者で、生涯の大半をノルウェーで過ごした。ストゥルルソンの『Prose Edda』をデンマーク語に翻訳したのもフリースだ。それとは別にオオカミタイプ、キツネタイプ、猫タイプの3種類のオオヤマネコについて彼は書いているのだが、そのうちの猫タイプがスコグカットだと考えられているのだ。

それから数世紀ののち、明らかにスコグカットだと思われる猫が登場する童話が生まれた。ペーター・クリステン・アスビョルンセンと

ヨーレン・モーによる妖精物語である。登場するのは「フルドレカット(妖精の猫)」と呼ばれる猫で、森に住んでいて、長くてふさふさの尾を持つ。それはまさしく現代のスコグカットと言える。

20世紀に入ると、NFCを種として認定させようという動きが出てくる。ノルウェージャンキャットの愛好家たちが集まり、初めてクラブを設立したのが1934年、オスロで初めてキャット・ショーにNFCを出陳したのが1938年のことだ。

だが、種を確立しようという努力は第二次世界大戦に阻まれ、ノルウェーでの個体数は終戦間際には著しく減少してしまう。ノルウェー生まれの素晴らしい猫を認知してもらおうという動きは、1970年代に入ってようやく再開され、1972年に「ノルスクスコグカット」という公式名称を与えられてプレリミナリー・ニュー・ブリードに認定されたのだが、実際のところ純血と呼べる猫は皆無に近かった。

しかし1973年、ノルウェージャンキャット協会のエデル・ルナスと、ヘレン＆カール・フレデリック・ノルダン夫妻が純血のNFCを2匹——ピパ・スコグプス(ルナスの飼い猫)とパンス・トルルス——手に入れたことにより、転機が訪れる。このペアから生まれた2匹、ピウィクス・フォレスト・トロルとピウィクス・フォレスト・ニッセが、新しいラインの礎となったのだ。熱心なブリーダーたちのサポートもあり、1975年にはノルウェージャンフォレストキャット・クラブが設立された。

だが、FIFeの認定を受けるまでには、純血種が3世代続いていることという条件を満たさなければならない。1977年当時、150匹のNFCがノルウェー国内で登録されていた。そこでFIFeはオスロで開催されたキャット・ショーに審査員を派遣し、この「新種」についての調査を行った。それから数カ月後、今度はカール・フレデリック・ノルダンがFIFeの決定を聞くため、パンス・トルルスをはじめ、何匹かのNFCの写真を携えてパリを訪れた。そうしてパンス・トルルスの写真を見た審査員たちは、この猫にチャンピオンシップ・ステータスを与え、今後はパンス・トルルスをスタンダードとすることに決めたのだった。これは、ノルウェーにとっても名誉な瞬間だった。

NFCはあっという間に愛猫家たちを虜にした。アメリカには、1979年に初めて1組のペアが、翌1980年に3匹目が輸入された。その後も輸入は続き、1980年代にはアメリカの主だった猫種登録団体の認定を受けることとなった。さらに1986年にイギリスに渡ったNFCは、1990年にはGCCFの認定を受け、1997年にチャンピオンシップ・ステータスに昇格した。その後、数多くのNFCがイギリスをはじめとするヨーロッパ各国、オーストラリア、日本へと渡っている。

ANCIENT TO MIDDLE AGES | 古代から中世の血統

NORWEGIAN FOREST CAT | ノルウェージャンフォレストキャット

SIBERIAN
サイベリアン
古代−ロシア−希少

APPEARANCE｜外見
身体は大きく、長めでパワフル。胸周りが樽型で、全体的に丸っこい印象を与える。筋肉は力強く、脚は骨太で長い。前肢より後肢がやや長く、丸い足先に飾り毛がある。丸めのくさび型をした頭部に、丸くて幅広のマズル。額はゆるやかにカーブを描く。耳は中くらいからやや大きめで、飾り毛がついているのが好ましい。目は大きくほぼ丸型で、少し離れてついている。尾は中くらいの長さで、根元が太い。尾の脇には長くて分厚い毛が垂れている。

SIZE｜大きさ
中型～大型

COAT｜被毛
とても分厚いトリプルコート。アンダーコートは密でやわらかく、オーバーコートは長い。いちばん上のガードヘアは水をはじくよう、脂でコーティングされている。すべての色とパターンが認められているが、団体によってはポインテッドカラーを除外している。

PERSONALITY｜性格
活発で、とても遊び好き。非常に知的で愛情深く、飼い主に忠実。

イエネコとしては最大級のサイベリアン。丸みを帯びた身体ががっしりとしていて、美しい被毛に包まれている。体重は雄が7.5～12kgで、雌はそれより少し軽い。大きな身体からは想像がつきにくいが、ジャンプ力の高さで知られるほど身のこなしは軽い。その上、とてもエネルギッシュで遊びも大好き。水も怖がらず、お湯を抜いたばかりの風呂や、蛇口から落ちる水滴にも興味津々で、水飲み用の器に玩具をわざと落として遊ぶことすらある。そして、非常に知的で問題解決能力も高く、留め金を外してドアを開け、隠してあった食べ物を見つけたりすることもある。

サイベリアンは遊びだけでなくコミュニケーションも楽しめる猫で、ソフトな高い声で鳴くときも、低い音で喉を鳴らすときも、まるで美しい音楽を奏でているかのようだ。また、サイベリアンは犬みたいだと言われることもしばしば。玄関で人を出迎えることもあれば、飼い主について回ることもあるし、投げたボールをうれしそうに取ってくることもある。交流を好む社交的なところも犬のようで、子どもに対する忍耐力も相当なものだ。さらに、サイベリアンの毛は、他の猫種の毛に比べてアレルギーの原因になりにくいという説もあるが、これについてはまだまだ研究の余地がある。

サイベリアンは古代から存在する種だと考えられているが、その歴史については記録があまり残っていない。しかし、シベリアの地で発達したことは確かだ。分厚い被毛や飾り毛がふさふさした足先など、寒冷地で生きるために必要な特徴が、それを証明している。ただし、ロシアでは20世紀になるまで純血種の猫を繁殖させることに関心が低かったので、猫たちはシベリアに限らず、国中至るところで好き勝手に交配を行っていた。さらに農園でも街中でも、ネズミ退治の能力が広く利用されていたため増加の一途をたどり、半野生で生きるものも多かった。

ロシア帝国(1721～1917年)の首都サンクトペテルブルクでも、たくさんの猫が見られた。ピョートル大帝(在位1682～1725年)の娘であるエリザベータも、冬宮(宮殿)のネズミを駆除するため、1774年にネズミ退治が得意な何匹かの猫を当時のカザン県から取り寄せたという。これらの猫が、現在のサイベリアンの祖先なのかもしれない。

ロシアでは何世紀も昔から猫の人気が高く、民話にも大型の猫がしばしば登場する。そして、その多くが子どもを守る、あるいは魔力を持つ存在として描かれている。さらに猫は、昔から幸運と繁栄の象徴とされてきた。たとえば引っ越しのとき、新しい家に最初に足を踏み入れるのが猫であれば、その家は祝福されると言われている。

サイベリアンの公式デビューは1871年。数匹が故郷を離れ、ロンドンのクリスタル・パレス(水晶宮)で開かれたキャット・ショーに出陳されたもの。そのショーの主催者であり、「愛猫家の父」と呼ばれるハリソン・ウィアーは1889年に出版した『Our Cats and All About Them (私たちの猫とそのすべて)』の中で、初めて見たこの「ロシア生まれの毛が長い猫」について、多くのページを割いている。

ほかにも、ジョン・ジェニングスの『Domestic and Fancy Cats(愛すべきイエネコ)』(1901年)、ヘレン・ウィンスローの『Concerning Cats(猫について)』(1900年)など、さまざまな本の中で愛好家や作家たちがサイベリアンについて言及している。

しかし20世紀初め、ロシア共産党は食糧不足などを理由に、猫をペットとして飼うことを禁じた。そのため、ヨーロッパやアメリカでは猫をペットとして飼うことが楽しまれていたのに対し、ロシアでは愛玩動物という概念がなかなか根づかなかった。

ANCIENT TO MIDDLE AGES｜古代から中世の血統

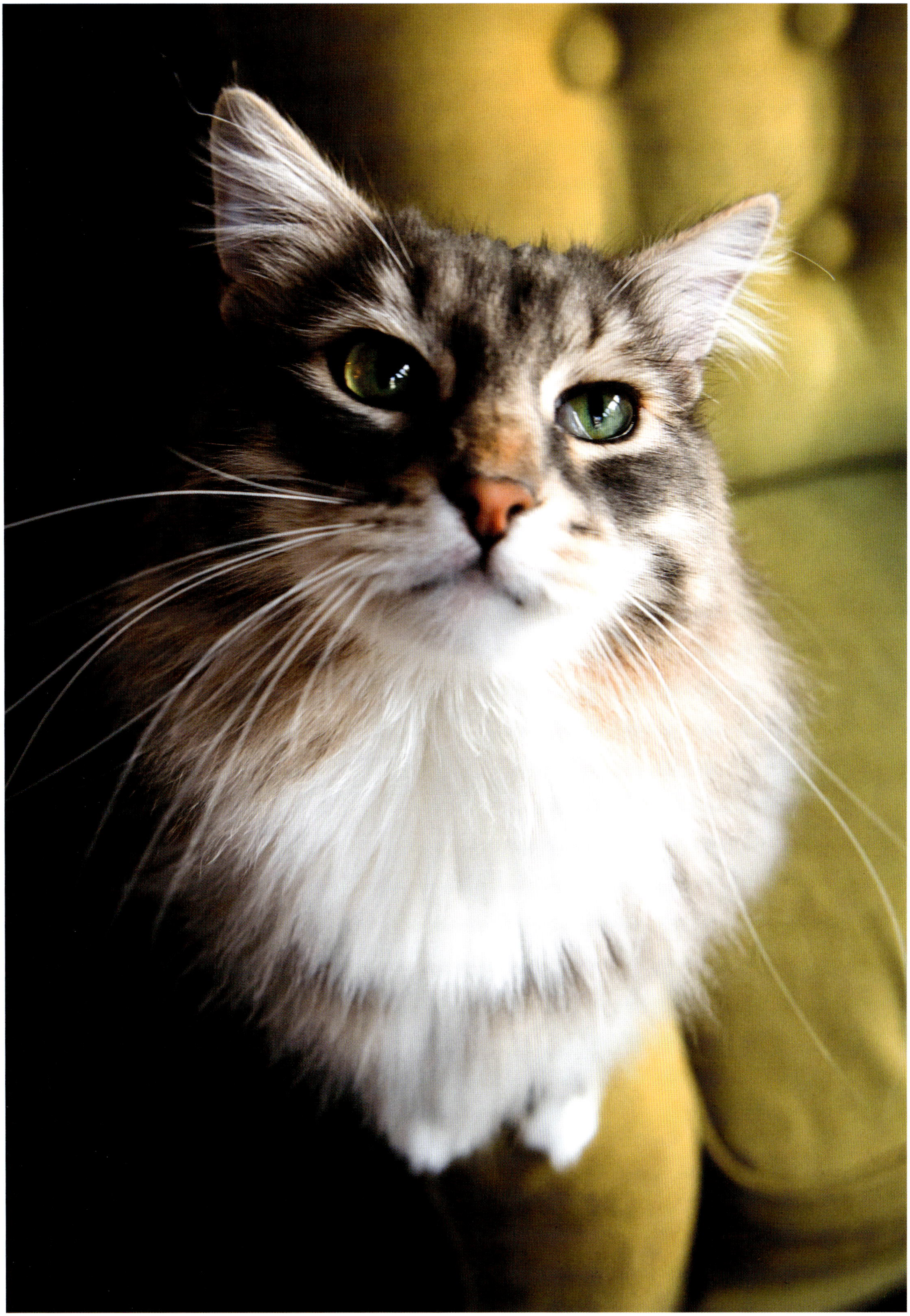

ANCIENT TO MIDDLE AGES | 古代から中世の血統

ロシアで猫のブリーディングが盛んに行われるようになったのは、1980年代に入ってからのことだ。この時期になってようやく、自国で生まれた猫の素晴らしさにロシアのブリーダーたちも気づいたのだろう。ペットとして飼われるだけでなく、半野生で暮らすケースも多かったサイベリアンが突然、表舞台に立たされた。ブリーダーたちはサイベリアンという種を確立しようと、コトフェイ・キャット・クラブを創設し、1987年にはサンクトペテルブルクで初のキャット・ショーを開催した。これを契機に、サンクトペテルブルクはサイベリアンのブリーディングの本拠地となっていく。

このとき初めてサイベリアンのスタンダードが設定されたのだが、その基準となったのは、ローマンという名のブラウン・タビー＆ホワイトと、マルスという名のブルー・リンクス・ポイント［訳注：リンクス・ポイントとはポインテッドに縞が入った模様］の2匹だった。ソビエト猫連盟（Soviet Felinology Federation）もこのスタンダードを採用し、ローマンとマルス、マルスの息子ネストルの3匹が今日のサイベリアンの血統のもとになっている。そして1989年、モスクワで開催されたオール・ユニオン・キャット・ショーにマルスを含めた12匹のサイベリアンが出陳されたのをきっかけとして、ロシアのキャット・ショーでサイベリアンを見られる機会が激増した。

アメリカにサイベリアンが上陸するのは1990年のこと。1988年のある日、ヒマラヤンのブリーダーであるスターポイント・キャテリーのエリザベス・テレルが、ロシアでヒマラヤンを定着させたいので寄付してほしいという記事を読んだ。そこで、コトフェイ・キャット・クラブのネッリ・サチュクと連絡を取ったテレルは4匹のヒマラヤンをロシアに送り、代わりに3匹のサイベリアン（オフェリア、ナイナ、カリオストロ）を受け取ったのだった。ローマンの子孫であるこの3匹が上陸した後は、アメリカ国内でサイベリアンを輸入するブリーダーが次々と現れた。

その中の1人、ウィローブルック・キャテリーのダナ・オズボーンは、1997年に初めてポイントカラーのサイベリアンを輸入した。一方、テレルはサイベリアンのブリーディングを進め、なおかつ純血を守るため、1991年にTAIGAサイベリアン・ブリード・クラブを設立する。だが、1990年代にはかなりの数がロシアから輸出されるようになり、残念ながら雑種の猫をサイベリアンとして売るという事例も出てきた。

イギリスでブリーディングが行われるようになったのは2002年以降のことで、あっという間に人気の猫種になった。今日では、ヨーロッパ各国やアメリカをはじめ、世界中の至るところでサイベリアンに会うことができる。

SIBERIAN｜サイベリアン

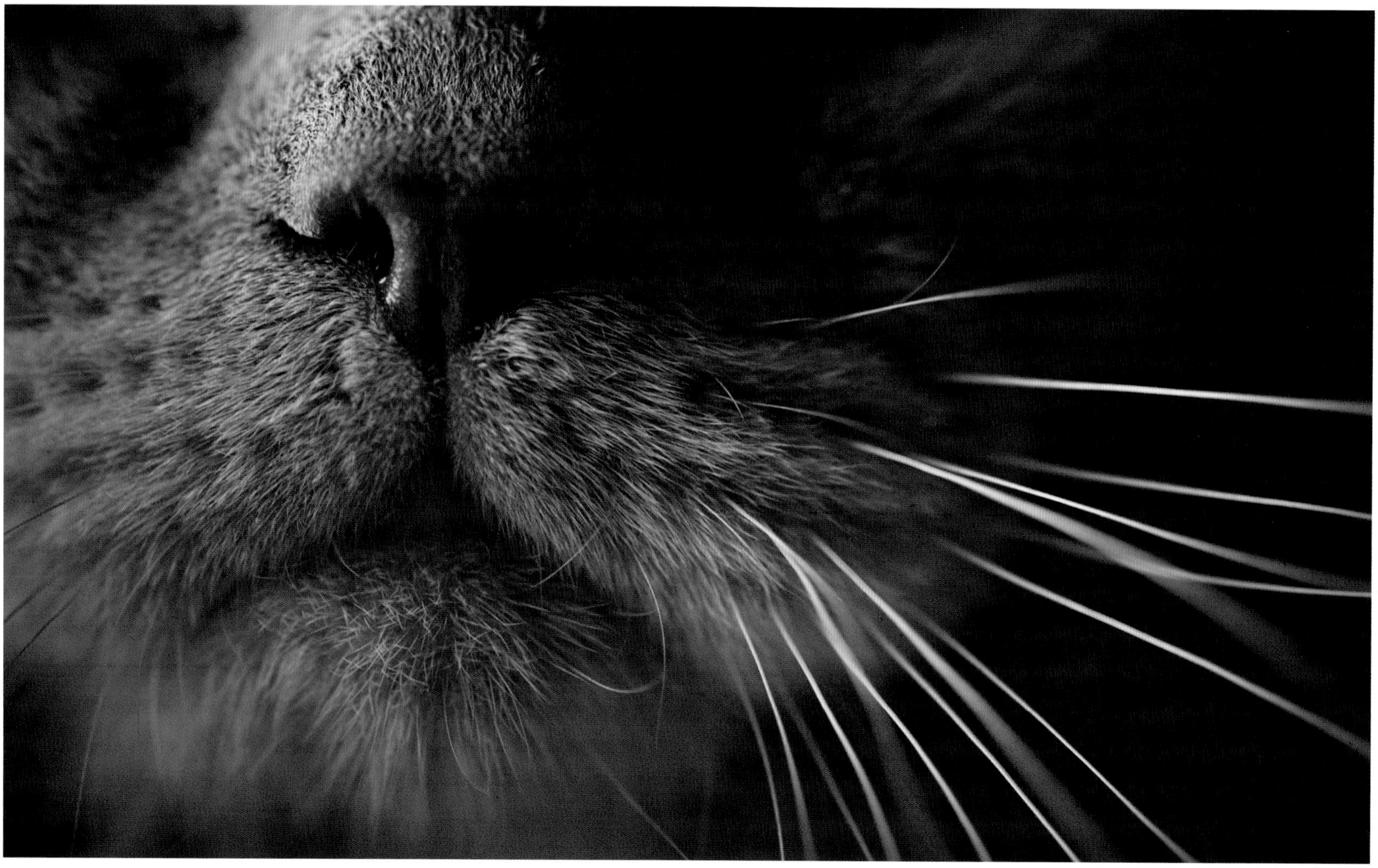

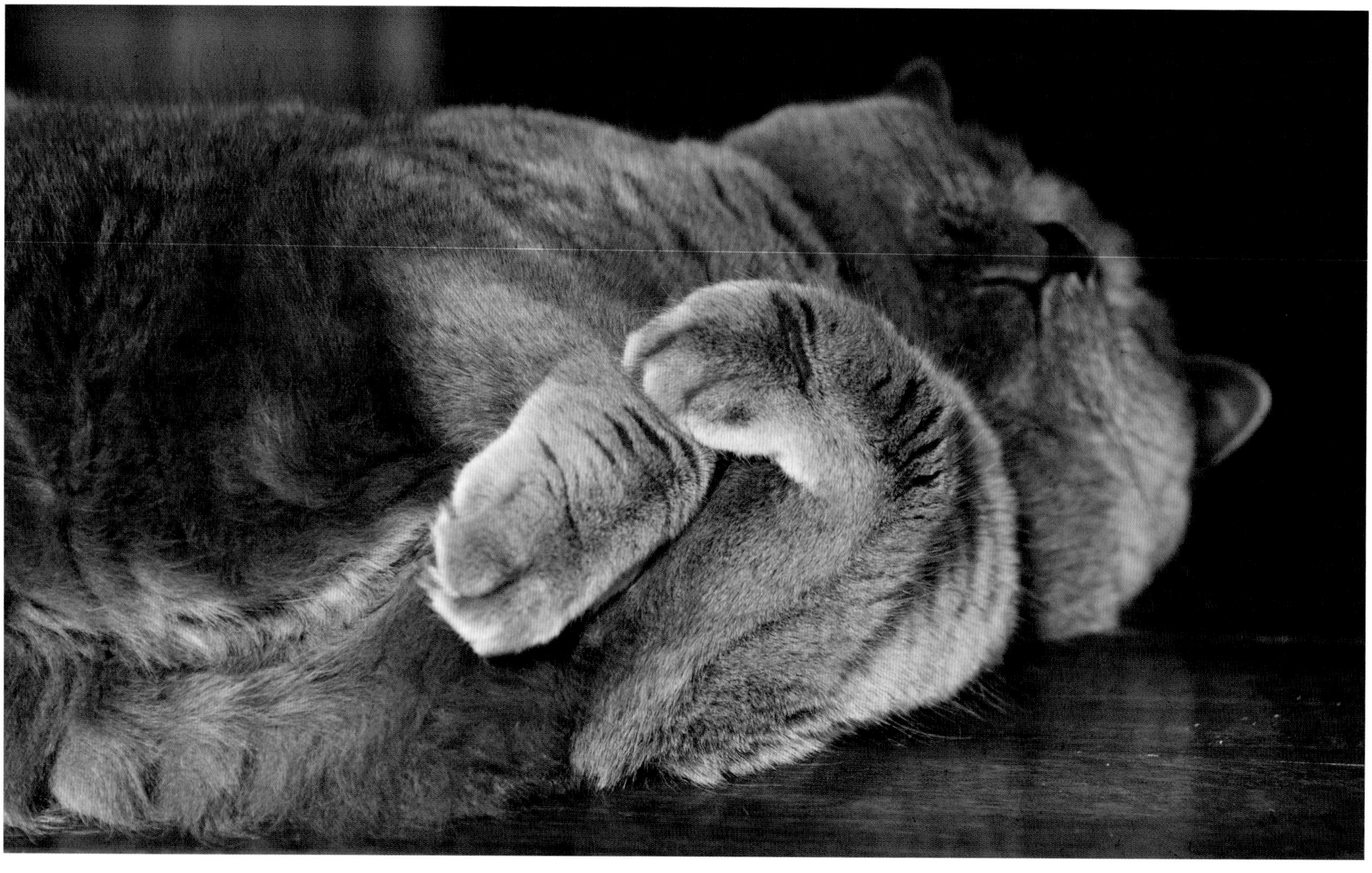

BRITISH SHORTHAIR
ブリティッシュショートヘア

古代―イギリス―一般的

APPEARANCE | 外見
力強く、がっしりとしたボディ。脚は骨太で、短めから中くらいの長さ。尾も中くらいの長さで、先端が丸い。頭部は丸くて大きく、顎が発達している。目も丸く、鼻は短い。耳は少し離れていて、基部が幅広で、先端が丸い。

SIZE | 大きさ
中型～大型

COAT | 被毛
とても密な短毛で、手触りは硬い。アンダーコートはない。毛色はもともとはブルー（濃いブルーグレーから濃いグレー）のみだったが、現在はさまざま。目の色は被毛の色によって決まる。被毛のパターンも多様。

PERSONALITY | 性格
物静かで堂々としている。飼い主に忠実で、愛情深い。

物静かなブリティッシュショートヘアは自立心の強い堂々とした猫だが、人と一緒にいることも好む。世話をしてくれる飼い主だけでなく、家族みんなに忠実で、愛情深く、むやみに騒ぐこともない。だが、知らない人にはあまり愛想がよくない。また、特に活動的というわけではないが、遊び好きな一面もある。

美しい被毛にはさまざまな色合いが見られるが、人気の色はブルー。毛はかなり密で硬く、ふわふわした感じはない。アンダーコートがないので、手入れは楽だ。その昔は、農園でネズミを捕って暮らすという厳しい生活を強いられていたせいか、きわめて健康で丈夫なので、ペットとして飼うには理想的な猫だ。

イギリスにブリティッシュショートヘアの祖先を持ち込んだのはローマ人だとされている。紀元前55年に始まるローマ帝国による統治時代のことだ。古代エジプトと同様に、ローマ人の文化にも猫が深く関わっていた。ただし、ローマ時代になると宗教色は薄れ、猫はネズミを退治する動物として重宝された。ローマ軍にとってもそれは同様で、備蓄品や食糧をネズミの害から守るため、猫を海外遠征に伴っていた。かくして、ショートヘアの猫はイタリアからヨーロッパのほぼ全土に広がることになり、ついにイギリスにも上陸する。

その後、猫は人間社会の周辺で半野生の生活を送りながら数を増やし、やがて少しずつ人間の家庭に入り込んでいった。ただ、犬とは異なり、猫は人間と共生する関係を築いた。つまり、猫は伝染病を媒介する害獣を退治し、人間の家や農園を守るけれど、人間には多くを求めない。こうして、ブリティッシュショートヘアは何百年もかけて現在のような自立心を身につけた。それだけではなく、がっしりとした身体と、どんな天候にも耐えうる被毛も長い年月をかけて手に入れたのだ。

このブリティッシュショートヘアが1つの種として知られるようになったのは、19世紀になってからのことだ。それは、ブリティッシュショートヘアと言えばこの人というくらい名の知れた愛好家、ハリソン・ウィアーの努力による。

ウィアーとロンドンのクリスタル・パレスの支配人であったウィルキンソンは1871年、世界初のキャット・ショーを開催する。ウィアーが目指したのは、猫にも長い毛や短い毛のものがおり、黒や白だけでなく、いろいろな色や模様のいろいろな種がいることを世間に知らしめること、そして登録と認定というシステムを確立することだった。ちなみに、このショーで優勝したのは、ウィアーの雌のブリティッシュショートヘアだ。

19世紀末になると、ブリティッシュショートヘアの色や体型、血統を選別して交配させるブリーダーが増え、純血種の猫に対する関心も高くなる。当時は、ブリティッシュショートヘアの特徴がはっきりしてきた時代でもあった。その美しい被毛に、がっしりとした体つき、丸い顔と頭部――。ルイス・キャロルの『不思議の国のアリス』（1865年）に登場する架空のチェシャ猫も、頬が大きく丸顔で、その顔がいつも笑っているように見えることから、ブリティッシュショートヘアがモデルだと言われている。

20世紀の初めにはその人気が爆発的に高まり、キャット・ショーにおいてさまざまな色のクラスに出陳されるようになった。1910年までに最も多くの賞を獲得した猫はヘリング夫人所有のブリティッシュショートヘアの雄で、雌でいちばん多くの賞を獲得したのも同じ親から生まれた子だった。この2匹がシルバー・タビーだったことから、この色のブリティッシュショートヘアの人気が特に高まった。

その後もブリティッシュショートヘアの時代は続いたが、第一次世界大戦が始まると、その影響によって数が一気に減り、戦後は絶滅寸前にまで激減した。そこで、安定した数を確保するため、ペルシャと

の異種交配が行われるようになる。すると、数を確保することには成功したが、ペルシャの血が加わったことにより、ロングヘアの遺伝子も取り入れることとなった。そのため、GCCFは種の違う血を加えることに異を唱え、異種交配によって生まれた猫はブリティッシュショートヘアとして認定しないという規則をつくった。ただし、公認されたブリティッシュショートヘアとの交配が3世代にわたって続けば、また純血種として登録できるようになる。

面白いことに、この時期、ブリティッシュショートヘアの数が減少する一方で、ショーに出陳されるペルシャの数が大きく増えた。そして、ペルシャの数が増えたおかげで、ブリティッシュショートヘアの数が復活することとなった。

その後、第二次世界大戦の勃発で再び絶滅の危機に瀕したブリティッシュショートヘアを救ったのは、シャルトリュー、バーミーズ、ロシアンブルーの血だった。しかし、その交配によってブリティッシュショートヘアの体型が少し細身になったので、本来の体型に近づけるため、再びペルシャの血が取り入れられた。そうしてブリティッシュショートヘアの数はぐんと増えたのだった。

一方、アメリカにはブリティッシュショートヘア、もしくはその祖先である猫は17世紀に移民たちとともに船でやってきたが、血統書付きのブリティッシュショートヘアが初上陸を果たしたのは1900年代初めのことだった。当初、最も数が多かった色はシルバー・タビーで、この猫たちがもとになってアメリカンショートヘアが生まれたと思われる。アメリカにやってきた当時、ブリティッシュショートヘアはこの国では1つの種としては認められず、単に「ショートヘアのイエネコ」とされていた。だが、1950年代になってブルーのブリティッシュショートヘアの人気が高まると、「ブリティッシュブルー」という種として認められるようになった。ただし、ほかの色に関しては相変わらず「ショートヘアのイエネコ」という認識にとどまっていた。

その後アメリカでも、1970年代になってようやくすべてのカラー・バリエーションについてブリティッシュショートヘアと認知させようという動きが始まり、熱意あふれる愛好家たちの強い決意と努力の結果、それ以降、特に1980年代にはブリティッシュショートヘアという名が定着し、アメリカ国内で人気の種となった。今日では、ペルシャの血を取り入れたことによって生まれたブリティッシュロングヘアもまた、アメリカやヨーロッパで人気が高まっている。

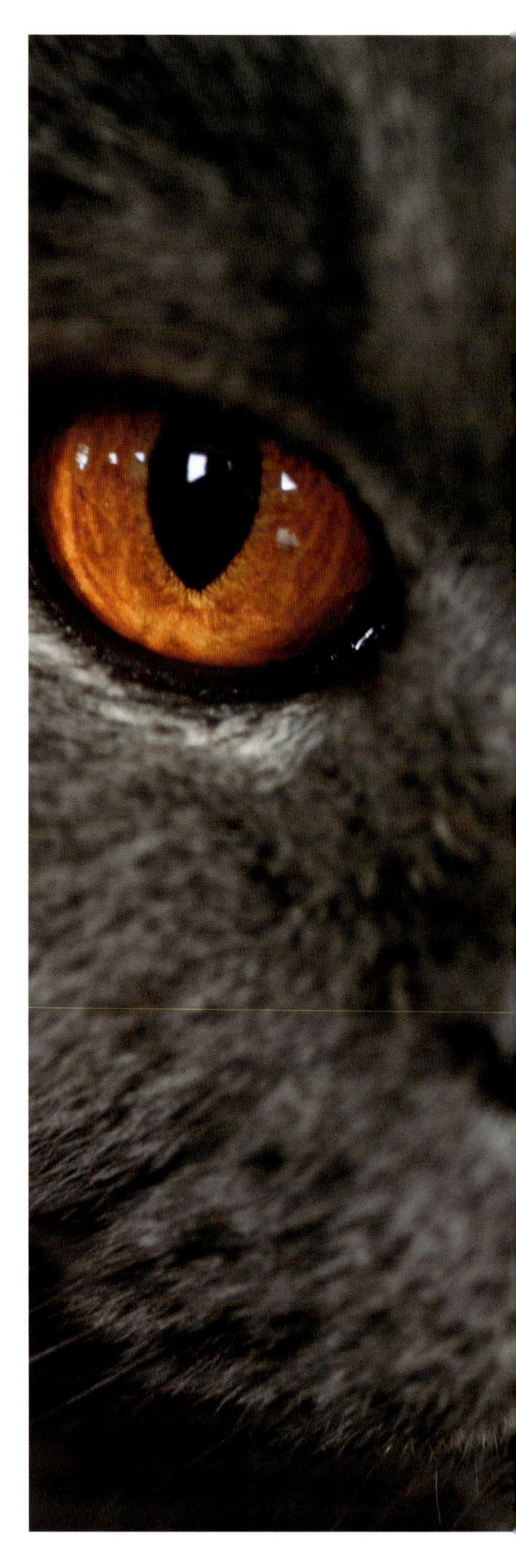

ANCIENT TO MIDDLE AGES | 古代から中世の血統

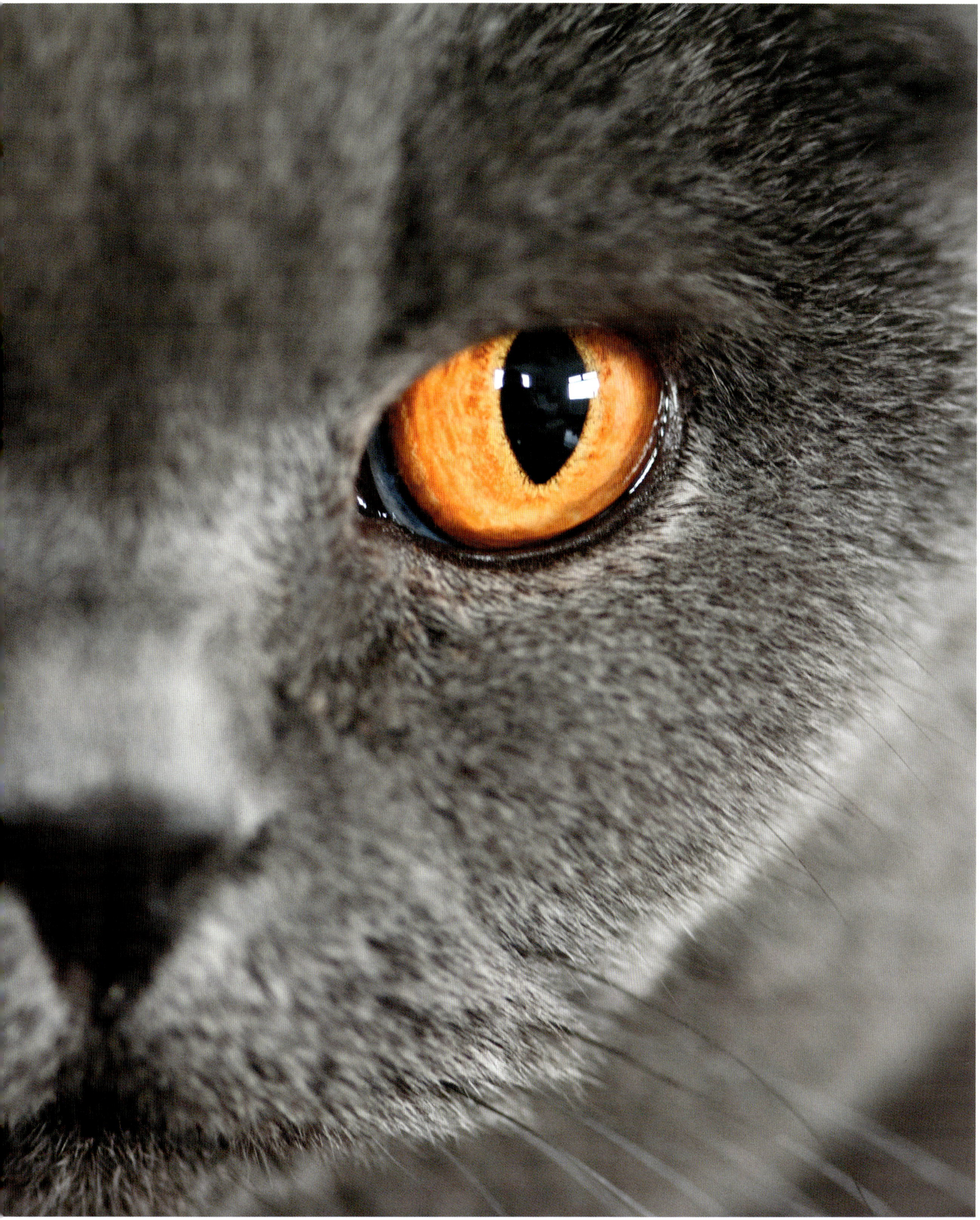

ANCIENT TO MIDDLE AGES | 古代から中世の血統

BRITISH SHORTHAIR | ブリティッシュショートヘア

50

JAPANESE BOBTAIL
ジャパニーズボブテイル

古代―日本―希少

APPEARANCE | 外見
エレガントで細身。運動能力の高い猫で、スレンダーながら筋肉質な身体、長い脚と力強い後半身を持つ。後肢は前肢より長い。頭部は三角形で、頬骨が高い。耳はピンと立ち、高い位置についている。目はつり上がっていて、色は毛色によって決まる。オッドアイも可。尾は巻いたり曲がったりしていて短く、長い毛に覆われているためポンポンのように見える。

SIZE | 大きさ
中型

COAT | 被毛
短毛種はやや短めのやわらかくて、つややかな被毛を持つ。長毛種の被毛は中くらいから長めで、やはりやわらかくつややか。どちらの種も明確なアンダーコートを持たない。色はさまざま。

PERSONALITY | 性格
好奇心旺盛で、遊び好き。活動的で、社会性があり、愛情深い。

　ジャパニーズボブテイルは、他の無尾または短尾の猫とは一味違う容姿を持つ。尾がないことで有名なマンクスとは、遺伝的な関連性はない。マンクスの尾は優性遺伝によるが、ジャパニーズボブテイルのポンポンのような尾は劣性遺伝によるもので、1匹1匹、特徴的な形をしている。ジャパニーズボブテイル同士で交配しなければ、かわいらしい尾の子猫は生まれない。

　特徴的なのは尾だけではない。つり上がった美しい目、ピンと立った賢そうな耳――そうした要素が組み合わさって、ジャパニーズボブテイルの顔はオリエンタルな雰囲気を漂わせている。体型はスレンダーで、運動能力が高く、ボールを取ってくるなど、人と遊ぶのが大好き。時には水遊びをすることもある。その高い声は、まるで「歌っているよう」と形容されることもある。そんなジャパニーズボブテイルは、必ずや家族の一員としてかけがえのない存在となるだろう。

　この猫も古代から続く種だが、その起源についてはさまざま伝説が残っている。昔々、日本でのこと。1匹の猫が囲炉裏のそばでうずくまっていると、残り火からパチパチとはぜた火花が尾に燃え移った。驚いた猫が飛び上がり、都を駆け抜けると、その通り道にあった家々に火が燃え広がり、翌日には辺り一面が焼け野原になってしまった。怒った帝は、「二度とそのようなことを起こしてはならぬ。すべての猫の尾を切り落とせ」とお触れを出した――これが、ジャパニーズボブテイルの起源とされる伝説の1つだ。

　実際、猫が中国や韓国から日本にやってきたのは、6世紀頃までのことと思われる。それ以降、日本の美術品には猫がしばしば登場するようになった。その多くがボブテイルで、長毛のボブテイルもたくさん描かれている。つまり、長毛種（ロングヘア）と短毛種（ショートヘア）は同じ頃からいたということだ。

　中国や日本では、古くから猫は幸福と繁栄の象徴とされており、福や客を招く幸運のシンボル「招き猫」のモデルとなったのがジャパニーズボブテイルだ。この陶器の置き物は、今では海外でも広く知られるようになったが、初めて作られたのは江戸時代（1603～1868年）だとされる。

　また、17世紀には絵画にもボブテイルがよく描かれるようになった。白い身体に赤と黒の模様がある三毛猫だ。この3色の組み合わせは、海外でも「ミケ」または「トータシェル＆ホワイト」「キャリコ」として知られる。そんなジャパニーズボブテイルは、もともとは日本の至るところでネズミを退治して生きてきた。そのためかとても丈夫で、病気に強い猫種である。

　アメリカで人気が出始めたのは、1960年代後半になってからのこと。1968年にアビシニアンのブリーダーでもあるエリザベス・フリーレットが、当時、日本に住んでいたアメリカ人、ジュディー・クロフォードの協力を得て、3匹のジャパニーズボブテイルを輸入したのがきっかけだった。日本にいた純血のジャパニーズボブテイル36匹の子猫の中から選ばれたこの3匹は、その後アメリカで交配を繰り返し、「アメリカ・ライン」と呼ばれる血統を築いた。同じ頃、CFAの審査員であるリン・ベックもクロフォードのサポートにより、数匹のジャパニーズボブテイルを輸入した。フリーレットとベックはジャパニーズボブテイルのスタンダードを最初につくった人物であり、アメリカ国内での認知度を高める原動力となった。

　今日では、主だったアメリカの猫種登録団体がジャパニーズボブテイルを公認しており、最近では長毛種も知られるようになった。一方、イギリスではいまだ数が少なく、GCCFの認定を受けるには至っていない。

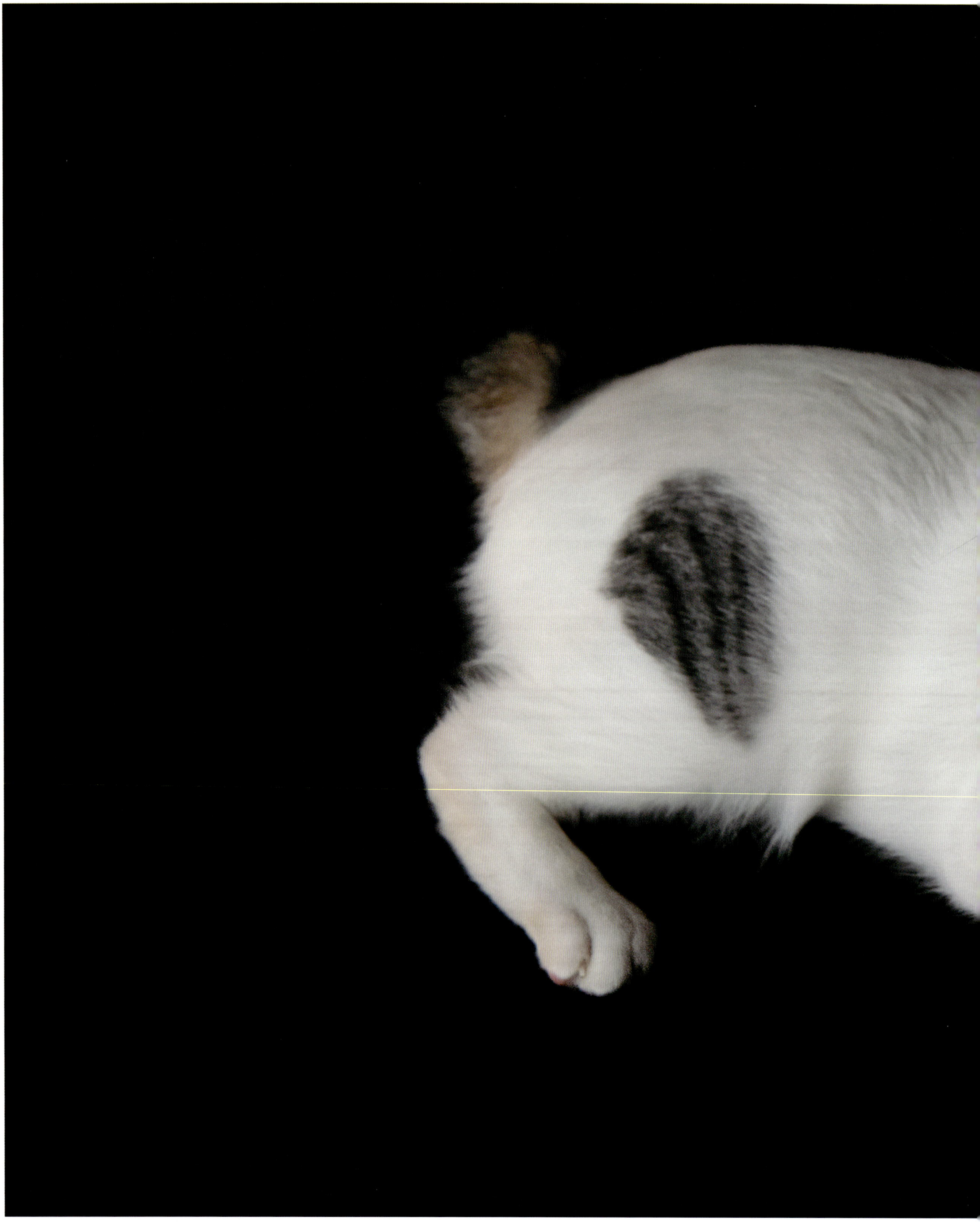

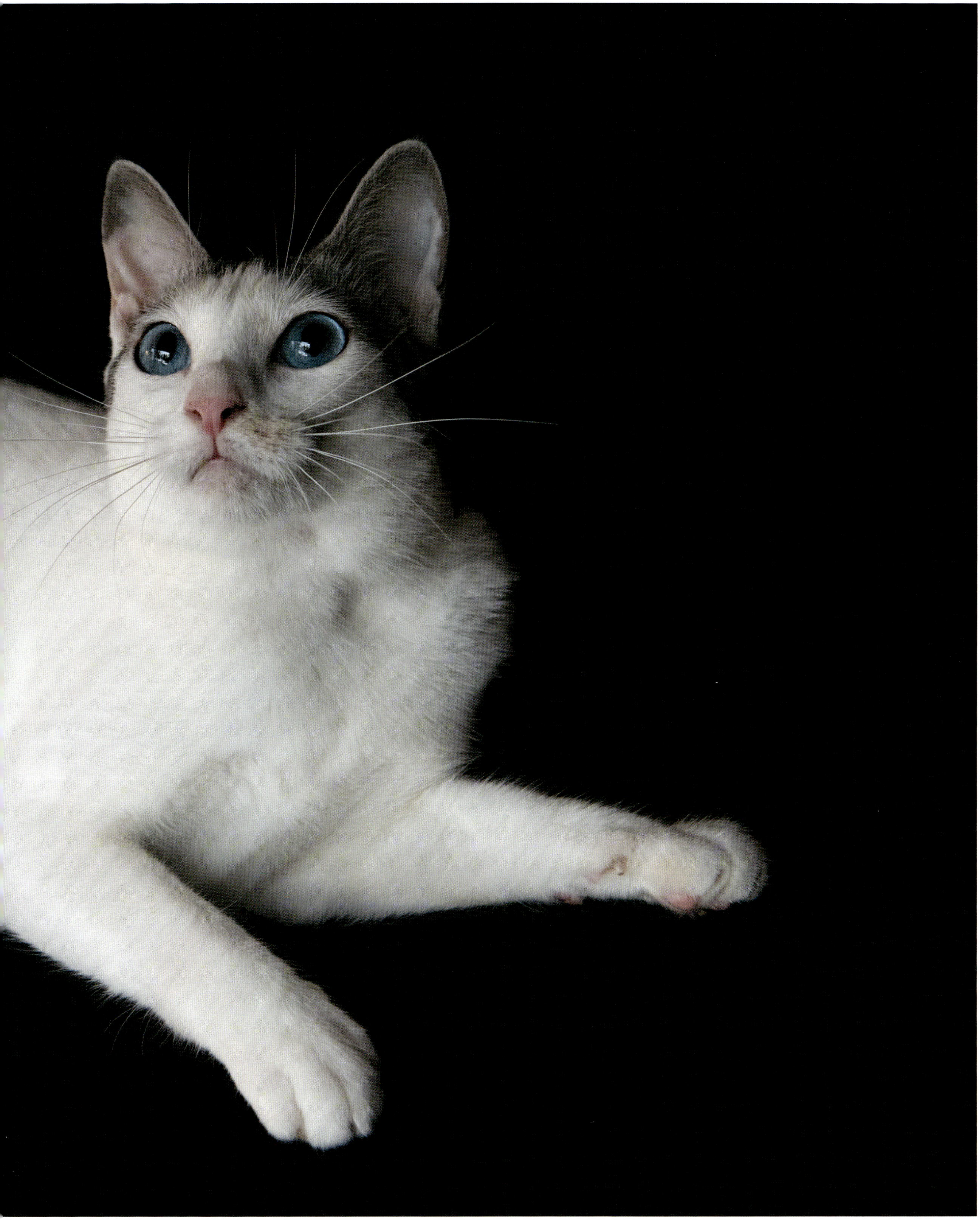

CHINESE LI HUA
ドラゴンリー（チャイニーズリーファ）
古代―中国―希少

APPEARANCE｜外見
ずんぐりして筋肉質。胴はがっしりした長方形で、胸部の幅が広い。頭部は横幅より縦の長さのほうがあり、両耳の間に丸みがある。鼻は長く、両目の間がわずかにくぼんでいる。大きな目はアーモンド型で、色はグリーンが好ましいが、ブラウンかイエローも可。四肢はまっすぐで力強く、前肢は後肢と同じ長さか、わずかに短い。尾は胴体より少し短い。

SIZE｜大きさ
中型

COAT｜被毛
短い毛が身体にぴったり沿うようにびっしり生えている。色はブラウン・マッカレル・タビー［訳注：マッカレル・タビーとは、魚のサバを思わせる細い縞模様］のみ。毛そのものは根元が黒、真ん中が明るめで、先端が茶色。または根元が淡い色で、真ん中が濃く、先端が黒。下腹部は茶色がかった黄色。

PERSONALITY｜性格
従順で、知的。穏やかな性格で、愛情深く、飼い主に忠実。

希少な種であるドラゴンリーは物静かで騒ぐことはないし、とても愛情深い猫だ。中国の革命家、チャオ・シャンツァイ（1908～1942年）が新聞を取ってくるよう、飼っていたドラゴンリーをしつけたという話があるくらい、知能も高い。また、のんびりとしていて、よっぽど機嫌を損ねるようなことをしなければ、他の猫や動物、子どもたちともうまくやっていくことができるので、ペットとして非常に飼いやすい猫種だ。とはいえ、今も中国以外ではめったにお目にかかることができない。

ドラゴンリーがアメリカのCFAに認定されたのは2010年2月のことだが、故郷の中国では古代に自然発生した種と認識されている。自然発生とは、人の干渉も人為的な異種交配もなく、何世紀もの時間をかけて自然に進化・発生することだ。一説には、ドラゴンリーと似ている点がいくつかある野生のハイイロネコが祖先だと言われているが、今のところ、この説の真偽を確かめられるような科学的根拠は見つかっていない。

その起源についてはほとんど記録がないが、中国には遠い昔からドラゴンリーらしき猫が登場する民話がいくつも伝わっており、その中にはとても興味深い話がたくさんある。たとえば、その昔、猫は世界に君臨し、言葉を手に入れたものの、あまりの重労働に、その支配力と言葉を人間に譲り渡して引退したおかげで、1日のんびりと過ごすことができるようになったのだという。

また、中国では昔から猫は特殊な能力、特に未来を見ることができる力を持つとされていて、地震を予知する能力があるという迷信が今でも残っている。このように中国では、猫は古くから霊的存在、さらには幸運の象徴と考えられ、人々から愛されていた。もちろんネズミ退治がうまいというのも人気の秘密であり、なかでもドラゴンリーは狩りが上手だった。

猫の瞳孔は夜明けから昼にかけて細くなり、最終的には髪の毛1本ほどの細さになる。それから夜に向けてまた大きく開いていくのだが、その開き具合を見れば時間がわかることに最初に気づいたのも古代の中国人だった。

ドラゴンリーにはチャイニーズリーファ、リーマオ、リーファマオなど、別名がたくさんある。ちなみに「マオ」は中国語で「猫」を意味し、リーファマオを漢字で書くと狸花猫となる。「狸」はイヌ科の動物、「花」はくっきりしたマッカレル・タビーの縞模様のことだ。最近では、中国内外でドラゴンリーという呼び名が定着してきている。というのも、中国国民はドラゴンという伝説上の生物をこよなく愛していて、ドラゴンリーという「新種」を誇りに思っているのだ。なにせ中国では、ドラゴンリーの結婚式まで行われるのだから。

古い時代から親しまれていたドラゴンリーだが、アメリカのみならず、中国国内でも1つの種として認知されるようになったのは、愛猫家がぐんと増えたごく最近のことだ。2001年に設立された中国最大の猫種登録団体、CAA（Cat Aficionado Association＝愛猫分会）は、アジアから世界へと名が知られるようになり、2003年に北京でキャット・ショーを開催した。このときドラゴンリーはエクスペリメンタル（実験的）ブリードのクラスでショー・デビューを果たす。このショーにはアメリカのCFAから2人のゲスト審査員が訪れていた。その後もドラゴンリーを種として確立させるべく、アメリカの審査員が北京のショーにたびたび招かれた。

そのうちの1人、ボブ・ゼンダはドラゴンリーをアメリカで紹介しようと考え、北京のチャイナ・グレートウォール・キャットファンシアーズ・クラブの代表、チャン・リーユの協力と、クラブ・メンバーのユ・

CHINESE LI HUA ｜ ドラゴンリー（チャイニーズリーファ）

インによるサポートを得て輸送を実現させた。そうして2010年2月、ゼンダはCFAの委員会で2匹のドラゴンリーのプレゼンテーションを行った。ドラゴンリーが中国国外で紹介されたのは、これが初めてのことだ。そして、ドラゴンリーはついにCFAの公認を受けることができたのだった。

同じ年の10月18日、中国からロサンゼルス国際空港に、さらに2匹のドラゴンリーが到着した。この2匹は、10月末にテキサス州ダラスで行われたCFA加盟のフォート・ワース・キャット・クラブとローン・スター・キャット・クラブのショーでミセラニアス（その他）クラスに出陳され、新種として華々しいデビューを飾った。これは、チャン・リーユとCFAインターナショナル部門のフィービー・ローの尽力があったからこそ実現したことだった。

ダラスのショーでデビューした2匹のうち、リーファ・チャイナ・ナオナオという名の雄はサウスダコタに引き取られ、もう1匹の雄、リーファ・チャイナ・ツォン・グオ・オブC2Cはジェーン＆エスターのホワイト姉妹と一緒にカリフォルニアへ戻っていった。愛情を込めて「チャイナ」と呼ばれるこの雄は、その後も数多くのショーに出場し、新聞やテレビなどのマスコミを含め、たくさんの人たちの興味を集めた。

そのチャイナにも最近になってリーファ・チャイナ・シャオ・ラン・オブC2Cという雌の仲間ができた。ホワイト姉妹が飼育しているこの2匹が現在、アメリカで唯一のペアだ。アメリカにはほかにも4匹のドラゴンリーがいるが、いずれも中国国内の飼い主と共有する形になっている。

ANCIENT TO MIDDLE AGES | 古代から中世の血統

CHINESE LI HUA｜ドラゴンリー（チャイニーズリーファ）

ANCIENT TO MIDDLE AGES | 古代から中世の血統

SIAMESE
シャム（サイアミーズ）
古代－タイ－一般的

APPEARANCE｜外見
スレンダーな身体ながら、筋肉質。脚もほっそりとして、エレガントで優美な容姿が特徴的。くさび型で細長い頭部に、まっすぐな鼻。大きな耳は基部が幅広で先端がとがっており、そのラインは顔の輪郭になめらかにつながっている。アーモンド型のつり上がった目はブルー。尾は長く、先端が細い。

SIZE｜大きさ
中型

COAT｜被毛
光沢のある短毛が密生している。登録団体によって、認められる色が異なる。CFAではシール・ポイント［訳注：シールは濃い茶色。ポイントは顔、耳、四肢、尾の色が濃いこと］、ブルー・ポイント、チョコレート・ポイント、ライラック・ポイント。GCCFではタビー・ポイントやレッド・ポイントも認められる。

PERSONALITY｜性格
気難し屋だが、とても賢く、遊び好き。寂しがり屋でよく鳴くが、愛情深い。

猫の中でも高い人気を誇るシャムは、一目でそれとわかる特徴的な姿をしている。性格も人の心を惹きつける魅力がいっぱいで、家庭を明るくしてくれること間違いなしだ。知的だけれど、甘えん坊なシャムは、飼い主に忠実で、長い間ひとりっきりになるのは苦手。周囲と関わり、コミュニケーションを取るのが好きなので、大きなしゃがれ声で長時間鳴くこともある。だから、積極的に猫と関わりたいという家族におすすめだ。

シャムの側から言うならば、たっぷり遊んでくれるのがいい。どのような遊びも好み、ボールを取ってくることだってできる。おちゃめな一面を見せることもあり、ユーモアのセンスも持ち合わせているらしい。遊びに満足すると、家の中でいちばん快適で、温かい場所でうとうとするのが常なのだが、その場所を飼い主の膝と決めている子も多いのだ。そんなシャムと一緒にいるのは楽しいし、素晴らしいペットになるだろう。

王者の風格をたたえたシャム。明確な原産地はわかっていないが、エジプトからシャム（現在のタイ）にやってきたとする説もある。タイではその昔、シャムは富裕層や支配階級、あるいは聖なる寺院の猫とされていた。また、王室の飼い猫でもあったので「シャム王室の猫」とも呼ばれている。迷信や伝説にもよく登場する猫で、特に王族が亡くなると、シャムの身体の中にその魂が入り込み、来世に旅立つとされていた。そのため、王族が亡くなったときには1匹の特別なシャムが選ばれた。体内に故人の魂を宿らせたそのシャムは以後、寺院で僧たちに囲まれて余生を過ごすのだった。この選ばれたシャムは神秘の力を持つ猫として崇められ、極上のエサだけを与えられた。そして守護者として、不審者が近づくと大きな鳴き声で僧たちに知らせたという。

また、寺院の特別な壺を守る役目を与えられた聖なる猫の伝説もある。このシャムは長い尾を壺に巻きつけ、じっと壺を見つめたまま時を過ごした。そのために、シャムは内斜視（寄り目）になったというのだ。ただし、昔のシャムに内斜視が多かったのは事実だが、慎重な交配を繰り返した結果、今ではほとんど見られなくなった。シャムには内斜視と同じく、今ではあまり好ましくないとされる特徴がかつてもう1つあった。巻き尾だ。伝説によると、王女の指輪を守る役目を与えられたシャム猫がおり、この猫が指輪に尾をしっかり巻きつけて守っていたため巻き尾になったのが、その始まりだという。

シャム猫が登場する最も古い文献は、バンコクの国立図書館に所蔵されている『Tamra Maew（猫の詩）』だ。前述のように、これはアユタヤ王朝時代（1350～1767年）にある高僧によって書かれたもので、シャム猫のイラストも載っている。

シャムがタイ以外で知られるようになるのは、19世紀に入ってからのことだ。1871年に世界初のキャット・ショーがロンドンのクリスタル・パレスで開かれ、そこに2匹のシャムが出陳された。このショーはイギリス国内のマスコミから大きな注目を集めた。ただし、イギリスの一般庶民に馴染みのなかったシャムについては、良い評も悪い評もあったようだ。たとえば『デイリー・テレグラフ』紙は、「魅力のない猫で、色はあのパグの子犬そのもの」と書いている。一方で、「唯一無二のなめらかな手触りとエレガントさ」と絶賛する記者もいた。いずれにせよ、当時シャムの知名度は無いに等しかった。

初めてイギリスに渡った血統書付きのシャムは、1884年にタイの王族からバンコクのイギリス総領事エドワード・ブレンコウ・ゴールドに贈られた2匹、フォーとミアだ。ゴールドが女きょうだいのリリアン・ベリーにこの2匹を譲ったところ、ベリーは翌1885年にクリスタル・パレス

で開かれたキャット・ショーに出陳した。そして1892年、イギリスで初めてシャムのスタンダードが作成される。1901年にはベリーとシャムのブリーダーであるフォレスチャー・ウォーカー、その姉妹であるビビアンがサイアミーズ・キャット・クラブを設立した。このクラブはイギリス初期の猫種登録団体の1つであり、GCCFにも設立当初から参加している。

アメリカに初めて渡ったのは、1879年にバンコクのアメリカ領事デイビッド・スティックルスからアメリカ大統領ラザフォード・B・ヘイズの夫人に贈られた、「シャム」という名の小柄な雌だ。シャムはすぐにホワイトハウスに馴染み、大統領の一家もスタッフたちもこの猫の虜になり、惜しみない愛情を注いだという。その後も、アメリカ大統領はホワイトハウスでシャムを飼っている。ジミー・カーター然り、ジェラルド・フォード然り。ただし、アメリカで初めて猫種として登録されたシャムは、1899年にベレスフォード・キャット・クラブを創設したロバート・ロック夫人の猫だった。

以降、特に1940年代から1950年代にかけて、シャムの人気は急上昇した。ヒマラヤンやバーミーズ、トンキニーズ、スノーシュー、オシキャット、バリニーズ、ジャバニーズ、オリエンタル、カラーポイントショートヘア、カラーポイントロングヘアなどといった新しい猫種にもシャムの血が入っている。

1960年代になると、ブリーディングに対する考え方が少しずつ変化していき、ブリーダーたちの間で論争が巻き起こった。従来は頭部が丸くて、がっしりした体型が良しとされていたが、くさび型で細長い頭部と究極のスレンダーボディを目指すブリーダーが増えたのだ。こうして、理想とされるシャムの容姿は真っぷたつに分断された。

なお、究極のスレンダーボディを持つシャムは「エクストリーム」と呼ばれ、キャット・ショーでは「モダン」「ウェッジシェイプ」と分類される。現在の主流は、このエクストリームだ。一方、もう少しがっしりした従来のタイプは「トラディショナル」「オールドスタイル」「アップルヘッド」などと呼ばれる。このトラディショナル・タイプを独立した種として認定しようという動きもあり、本書では「タイ」として別に分類した（122ページ参照）。

ANCIENT TO MIDDLE AGES | 古代から中世の血統

SIAMESE | シャム（サイアミーズ）

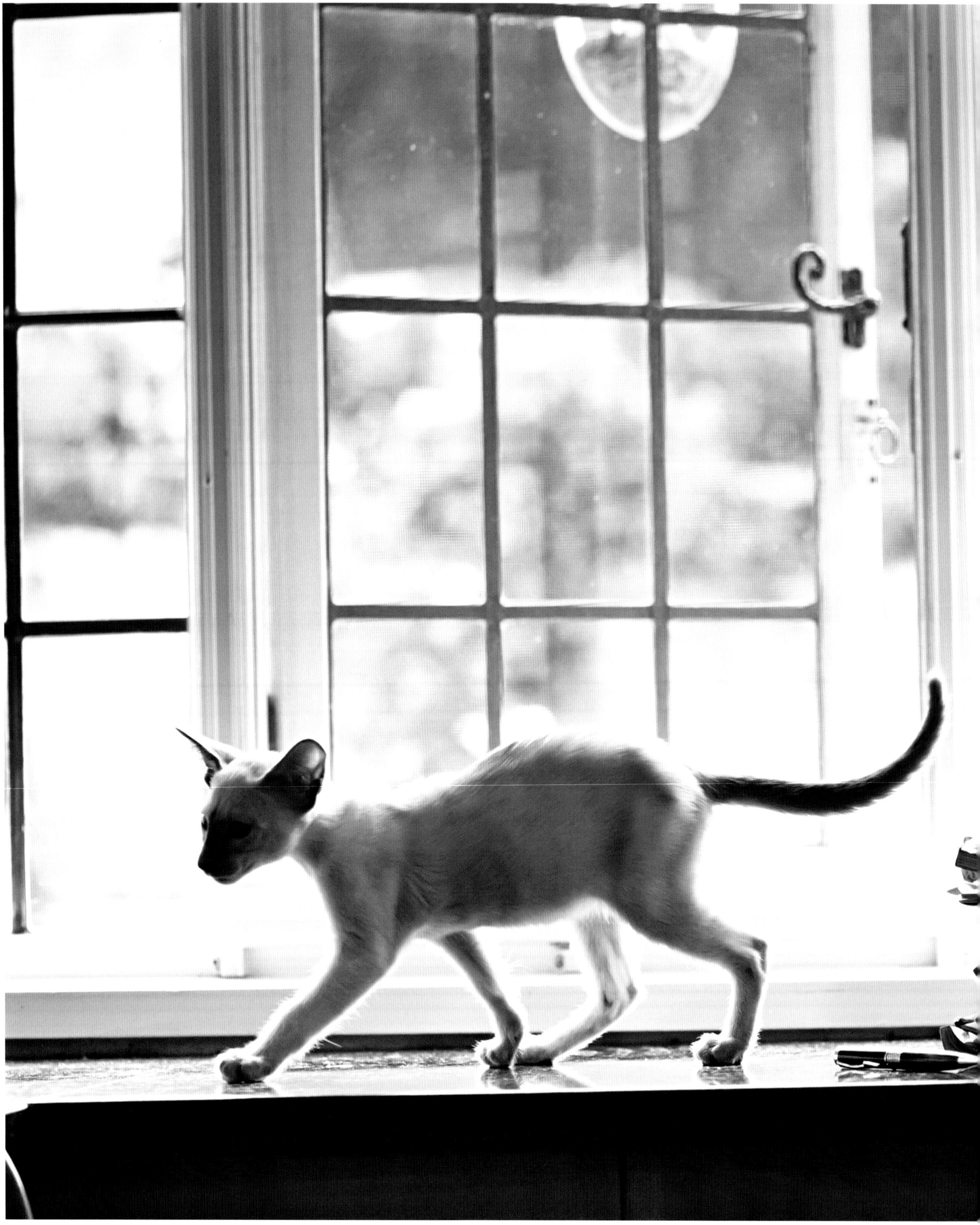

SIAMESE | シャム（サイアミーズ）

ANCIENT TO MIDDLE AGES | 古代から中世の血統

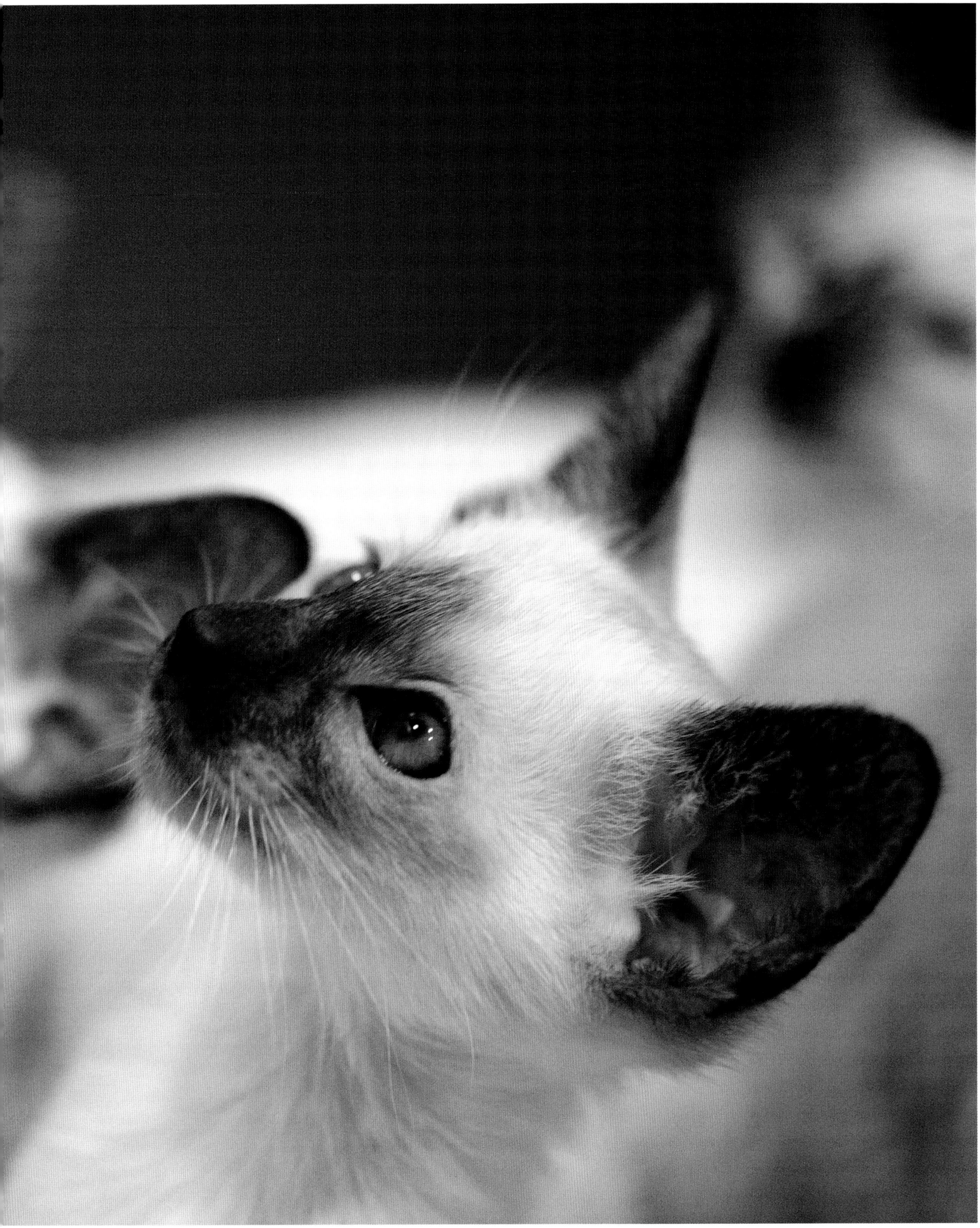

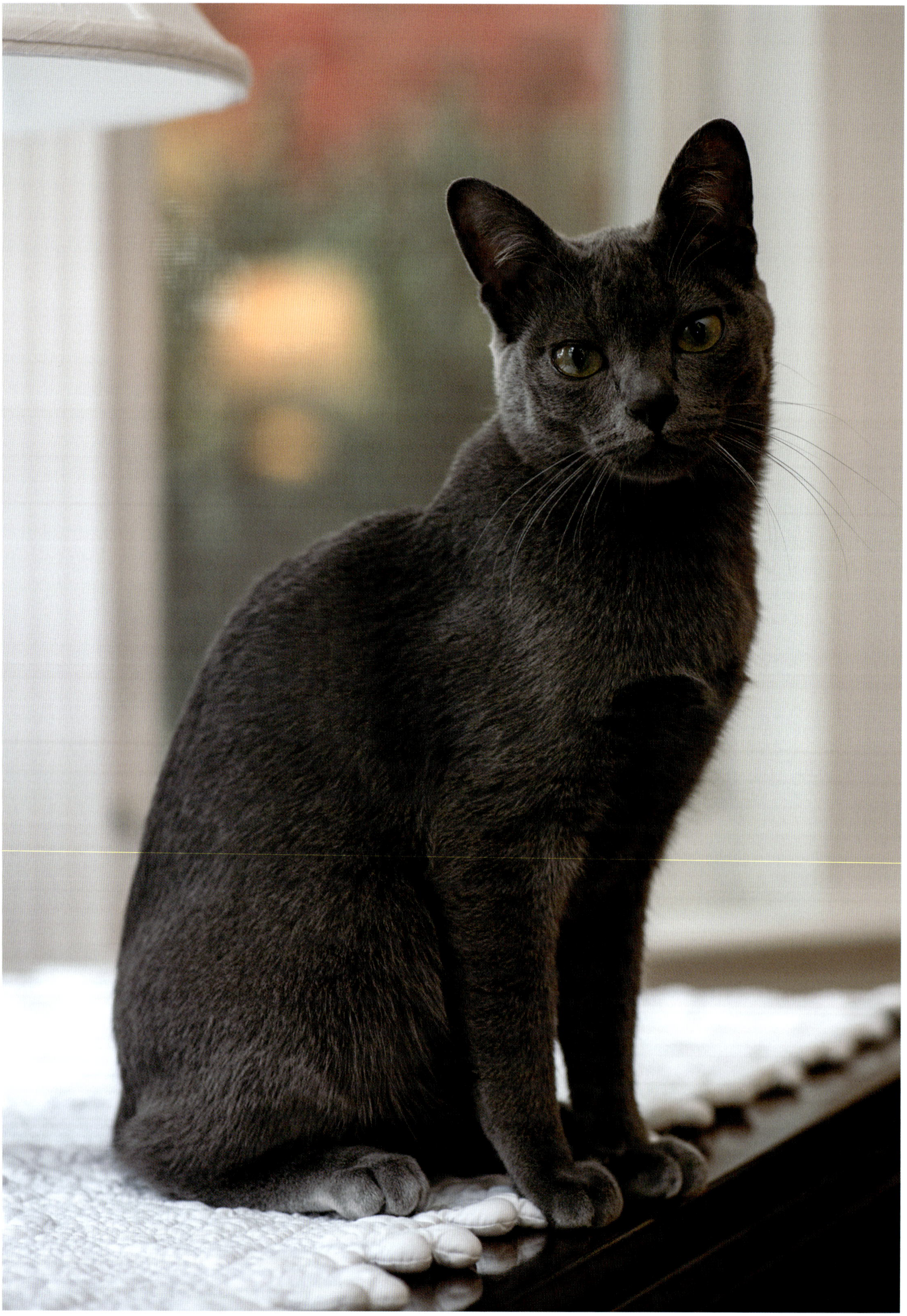

KORAT
コラット

古代―タイ―希少

APPEARANCE | 外見

シルバーブルーの身体は若干ずんぐりしていて、胸部の幅が広い。抱いてみると意外に体重があるが、小柄で引き締まった身体は筋肉質だ。顔の形は、離れた目から発達した顎を結ぶラインが特徴的なハート型をつくっている。目は閉じるとつり上がっているように見えるが、開くと大きい丸型で、色はきらきらと輝くペリドット・グリーン。尾は中くらいの長さで、根元が太く、先端が細い。

SIZE | 大きさ

小型～中型

COAT | 被毛

短く、つややかなシングルコート。全身がシルバーブルー1色で、輝くような光沢がある。

PERSONALITY | 性格

とても愛情深く、賢い。遊び好きで、活力にあふれている。

美しい古代種、コラット。もともとはシャム（現在のタイ）でよく見られた猫で、昔からその姿はほとんど変化していない。昔も今も幸運のシンボルとされているのは、おそらく頭部が珍しいハート型だからだろう。しかもハート型なのは頭だけではない。顔も鼻もハート型だし、幅広い胸にも毛並みが作るハート型の光の輪が見られる。身体の色にも特徴があり、模様も色の濃淡もなく、全身がシルバーブルー1色だ。毛は根元が淡い色で、毛先に向かうにしたがってブルーが濃くなり、先端はシルバー。そのため被毛が輝いて見える。これにきらきらと美しいグリーンの目が合わさり、実に美しい姿になるのだ。

コラットはとても愛情が深く、遊び好きなので、ペットに適している。ボールを投げれば取ってくるし、人との交流も大好きだ。飼い主に忠実で、大きな音は苦手だが、子どもとも上手に接することができる。他の猫や動物ともうまくやっていけるが、やはりコラット同士でいるのがいちばん落ち着くようだ。

コラットに関する記録は何百年も前にさかのぼることができる。シャムのアユタヤ王朝時代（1350～1767年）に高僧によって書かれ、現在はバンコクの国立図書館に収蔵されている『Tamra Maew（猫の詩）』にコラットが登場する。この本には幸運の象徴とされる17種の猫についてのイラストと詩が載っているのだが、コラットは「体色はドクラオのよう。毛並みはなめらかにして、毛の根元は雲のよう。先端は銀色。目は蓮の葉に光る露のしずくのように輝く」とある。ドクは「花」を、ラオは「レモングラス」または「パンパスグラス」「葦（あし）の花」など、コラットの被毛のようなシルバーがかった色の草を指す。なお、バンコクの国立図書館にはほかにも動物に関する古い本が15冊ほどあるのだが、そのうちの9冊に猫が描かれており、猫がシャムでどのように扱われてきたのかがよくわかる。

コラットという名前は、国王ラーマ5世（1853～1910年）が「このかわいらしい猫の原産地はいずこか」と尋ねた際、「コラート地方です」という答えを得たことから与えたと伝えられる。コラートとは、タイ北東部にあるナコーンラーチャシーマー県の略称だ。このあたりは花崗岩がむき出しになっていて、シルバーブルーの体色はこうした地質の環境にうまく紛れるので、コラットは内戦続きの厳しい時代を生き延びることができたのだと言われている。

コラットには数多くの言い伝えがある。たとえば、先端がシルバーの被毛は富と幸運の象徴とされる。また、グリーンの目は青々とした植物と結びつくので豊作の象徴であり、雨雲を連想させるシルバーブルーの被毛も豊作と結びつけられている。西洋ではあまり好まれない尾のねじれも、タイでは幸運の印とされる。こうしたことからタイではとても大事にされてきたコラットだが、その数は少ない。そのためタイ人はこの猫を幸運を運ぶ大切な贈り物として、結婚のお祝いに贈ったりしてきた。

なお、コラットのことをタイでは「シ・サワット」と呼ぶことがある。「シ」は色を、「サワット」は幸運、またはグレーと淡いグリーンが混じり合った色を指す。

初めてイギリスにやってきたコラットは、1972年に輸入されたブランディウッド・サーング・デュアンという雌と、2匹の雄サメルコ・サームとサーング・ジャンズ・ティー・ラークの3匹だというのが定説になっている。サーング・デュアンがイギリスで初めて出産したのはその2年後なのだが、その頃には20匹を超えるコラットがイギリスで生活していた。

ただし、1896年にイギリスでコラットらしき猫がショーに参加したという記録も残されている。そのときは「シャムからやってきたブルーキャット」と紹介され、シャム猫（サイアミーズ）の名で出陳されていた。

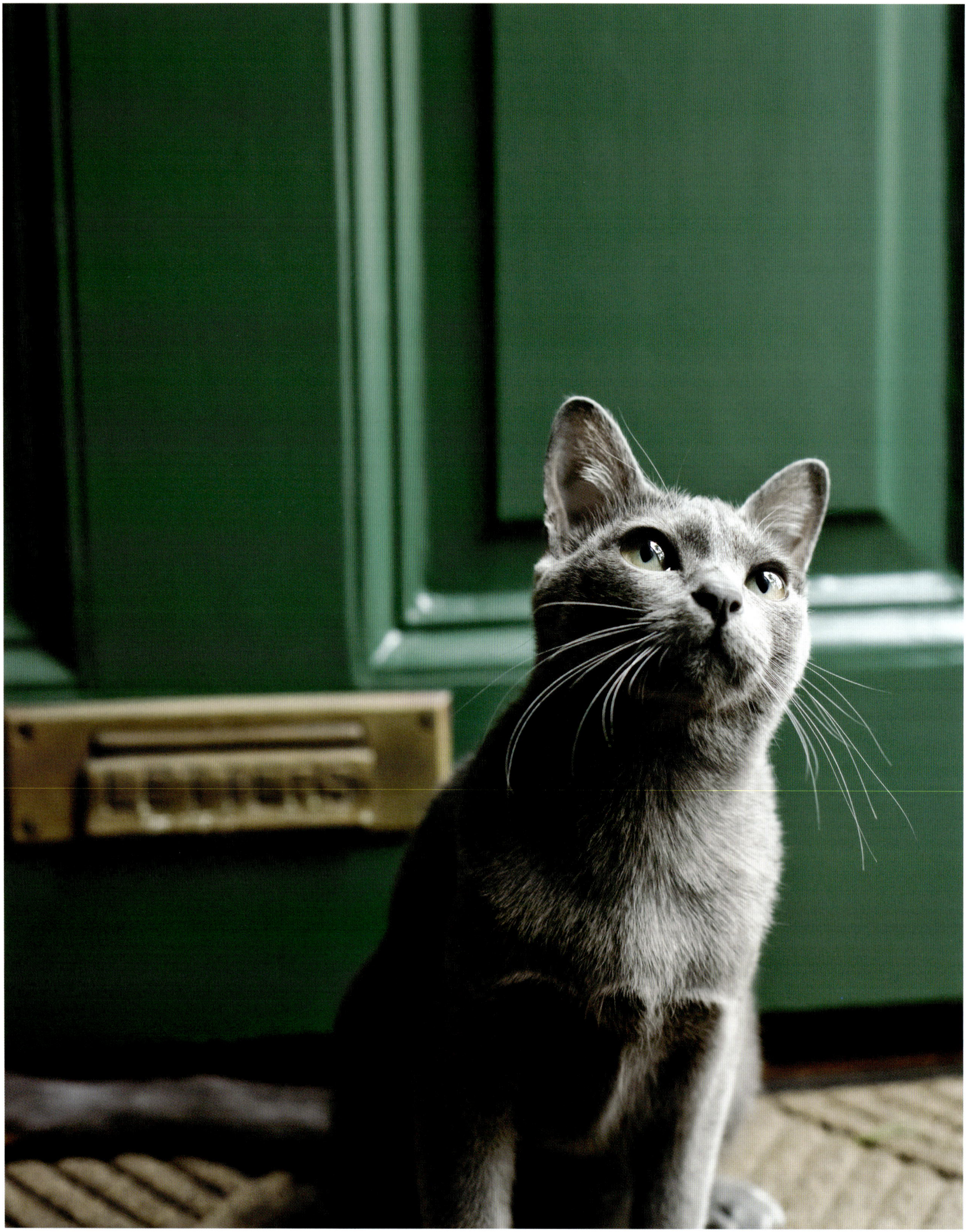

だが当時、シャムの色は淡い黄褐色と規定されていたので、名高い審査員のルイ・ウェインはブルーの色を見て、これはシャムではないと宣言した。この猫がコラットだったと思われるのだ。

アメリカには、シダー・グレン・キャテリーのオーナー、ジーン・ジョンソンの尽力によって、1959年に初上陸した。その数年前からバンコクに住んでいたジョンソンは、なかなかコラットを入手できずにいたが、粘り強い努力の結果、マハジャヤ・キャテリーのクンニング・アブヒーバル・ラジャマイトリが育てたナナとダーラという2匹を手に入れることができた。このときからコラットという種を確立させるための計画交配が始まり、コラットに対する関心が少しずつ集まるようになっていく。

1962年にはゲイル・ランクノー・ウッドワードというブリーダーが雌のマハジャヤ・ドク・ラク・オブ・ガラと、雄のナイ・スリ・サワット・ミオウ・オブ・ガラを入手した。さらに、ガートルード・ゲッキング・セラーズが雌のメルク・オブ・トルルを輸入し、この3匹がアメリカでのコラットの血統を築いていくことになる。そのほか、ダフネ・ニーガスが9匹を輸入したことも付け加えておかなければならない。ちなみに「9」という数字は、タイではラッキーナンバーとされる数字だ。

そうして1965年には十分な数のブリーダーとサポーターが集まり、コラット・キャット・ファンシアーズ・アソシエーション（コラット愛好家協会）が設立されてスタンダードが作成された。そして同年末には、コラットはカナダとアメリカのほとんどの猫種登録団体の公認を受けるほどになった。

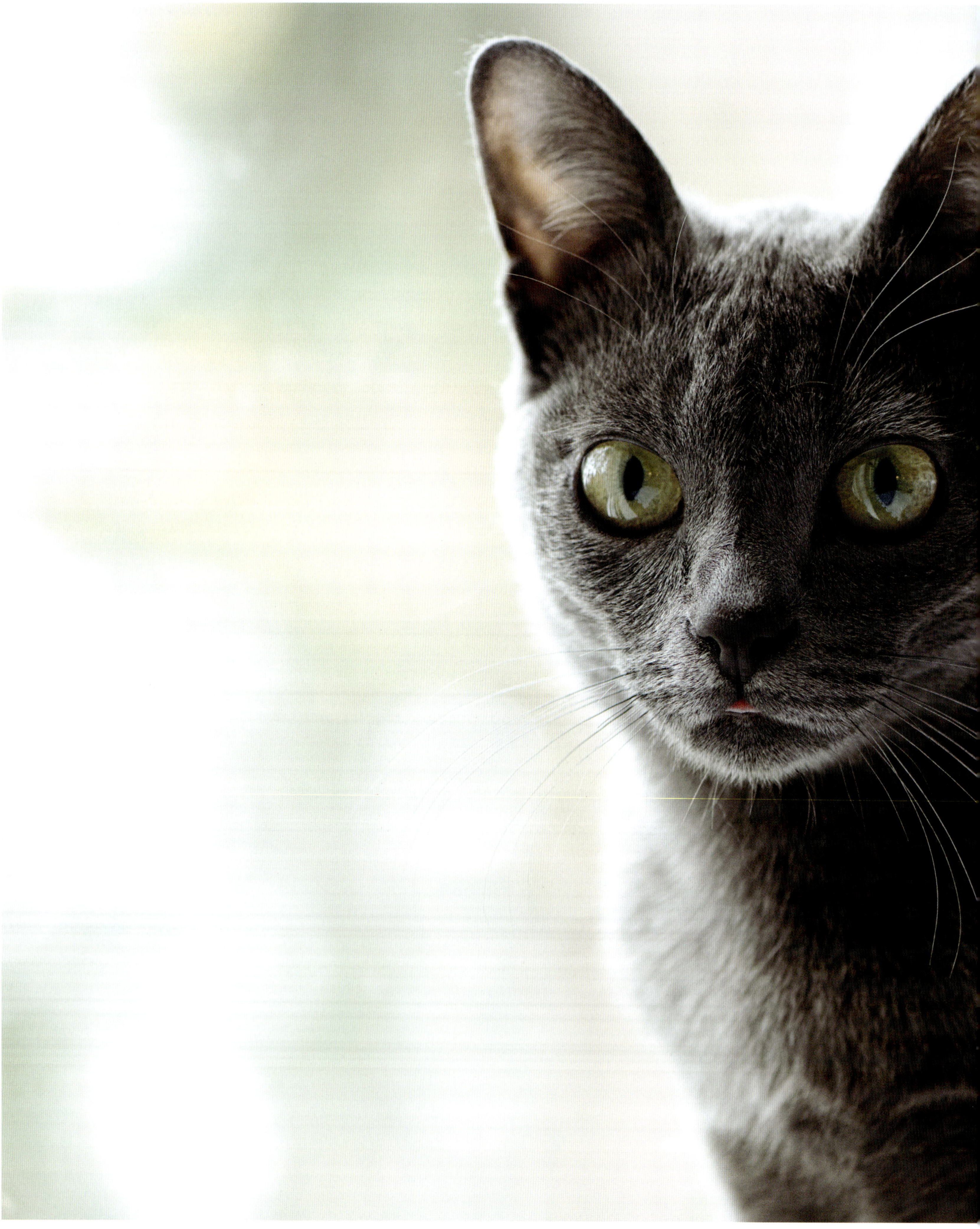

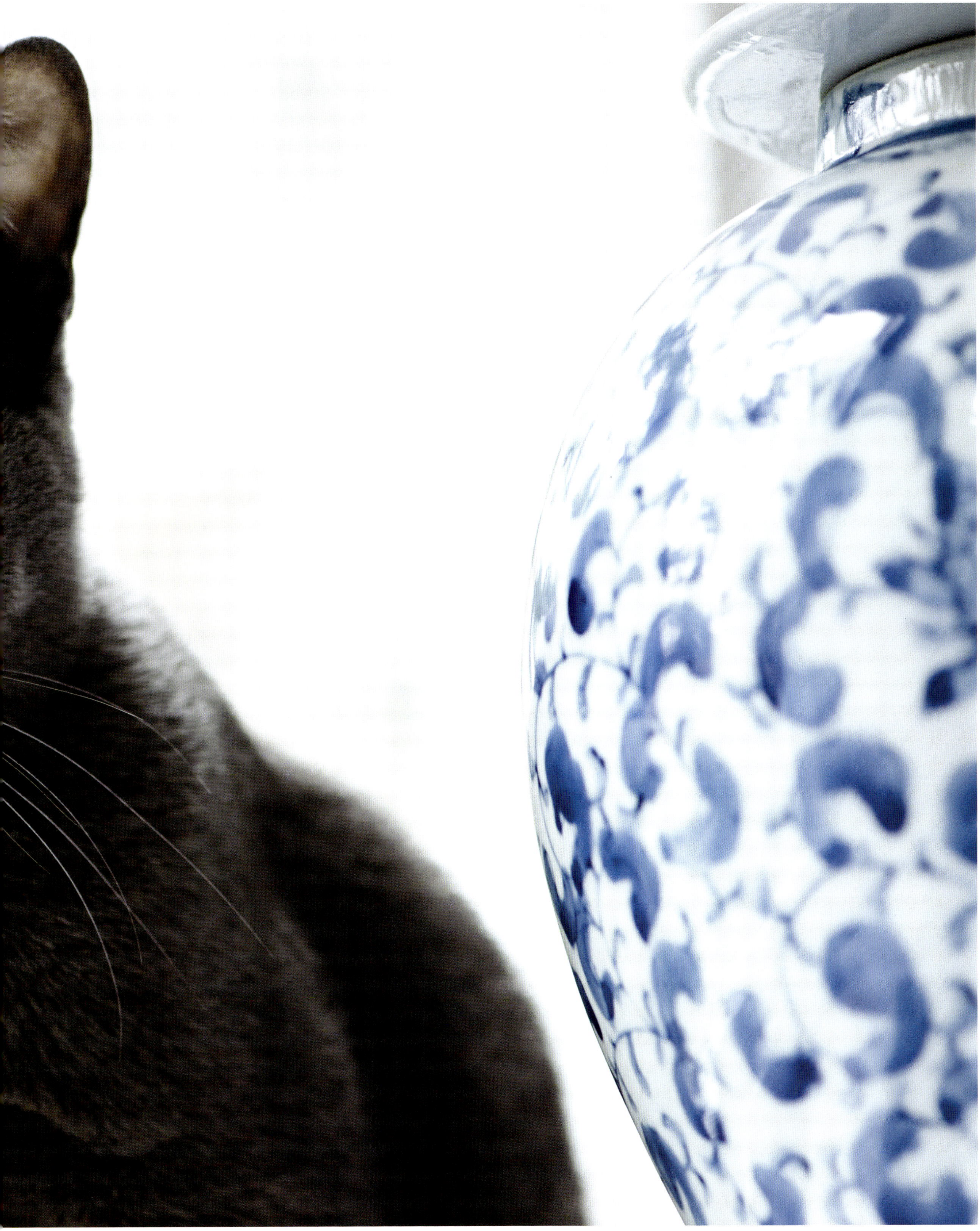

BIRMAN
バーマン

古代―ビルマ（現ミャンマー）―一般的

APPEARANCE | 外見

ずんぐりした体型と、足先の白い模様が特徴的。身体は長くて、がっしりしている。脚は中くらいの長さで、骨太。足先は丸くて大きい。頭部は幅広で、やや丸みがあり、横から見ると、額から鼻にかけたラインが盛り上がる、いわゆるローマンノーズ。頬骨は高く、顎が発達している。耳は基部の幅が広く、その幅と高さは同じくらい。ほぼ丸に近い目は離れてついていて、色はブルーのみ。尾は中くらいの長さで、胴とのバランスがよい。

SIZE | 大きさ

中型〜やや大型

COAT | 被毛

ミディアムロングからロングの美しい被毛にはシルキーなつやがあり、首回りに飾り毛がある。色はシール・ポイント、チョコレート・ポイント、ブルー・ポイント、ライラック・ポイントの4つ。登録団体により認められるカラーは異なるが、すべてのポイントカラーを認める団体もある。足先はいずれも白。前肢の先の白い模様は「グローブ」と言い、後肢の裏側の足先からホック［訳注：飛節。人間で言うかかと］に至る白い模様は「レース」と言う。

PERSONALITY | 性格

穏やかで、物静か。愛情深く、飼い主に従順。

　バーマンの起源についてはさまざまな説があるが、いずれも真偽は定かでない。しかし、特に熱心な愛好家の間では、古代ビルマ（現在のミャンマー）の寺院で飼われていた聖なる猫が祖先であるという説が支持されている。

　バーマンの特徴は、がっしりした体型と独特の模様だ。「グローブ」と呼ばれる白い模様は、前肢のつま先から第2または第3関節まで。後肢の裏側の「レース」と呼ばれる白い模様は、足先からホックまでで、理想はその終わりが逆V字型になっているものだ。前肢と後肢の白がバランスよく整っているのが望ましいとされる。当然、ブリーダーはすべての模様がきれいに配置されることを目指すが、なかなか理想的な模様が出ることはない。

　面白いことに、バーマンは生まれたときは全身白1色で、しばらく模様が出てこない。そのため、ブリーダーはグローブとレースがきれいに出ることを願いながら、気をもみつつ待たなければならない。バーマンは色だけでなく、被毛そのものも美しい。シルキーで、豊かな被毛は手触りも見た目も申し分ない。その上、もつれることが少ないので、他の長毛種と比べて手入れも楽だ。

　バーマンはとても穏やかでおとなしく、愛情豊かで家族と一緒に過ごすことが大好きだ。要求の多い猫ではないが、コミュニケーションを楽しみ、遊んでもらう時間をこよなく愛している。そして、子どもとも他の動物ともうまく付き合うことができる。また、さほど鳴き声を上げることはないが、よく話しかけていると、おしゃべり好きになることもある。飼い主の反応に応じてゴロゴロのどを鳴らしたり、ニャーニャー言ったりするようになるのだ。

　バーマンの起源についてはたくさんの伝説があるが、最もよく聞かれるのはムンハという高僧にまつわる話だ。ビルマの人里離れた山の中に、女神ツン・キャン・クセを祀るラオ・ツン寺院があった。ツン・キャン・クセはサファイアブルーの瞳で人の輪廻転生を見守り、僧侶が亡くなるとその魂を聖なる動物たちに宿らせて、転生させるとされた。

　ラオ・ツン寺院の僧ムンハは100匹の聖なる猫とともに暮らしており、その中にシンという猫がいた。シンは神の使いであり、ムンハにとっても特別な猫だった。シンはツン・キャン・クセの黄金に輝く身体を見つめつづけていたため、その瞳は黄色かった。また、大地の茶色に染まった四肢、足先、尾、鼻、耳は、地に触れるすべてのものの不純さを表していた。

　ある夜、寺院が侵略者に襲われ、ムンハは瀕死の重傷を負った。そんな主人の身体にシンは足を乗せ、女神を見つめた。そしてムンハの命の火が消えるとき、奇跡のような変化がシンに起こった。シンの身体が女神の身体と同じ黄金に輝き、瞳もまた女神と同じサファイアブルーに、愛する主人の白い髪に触れていた足先は清浄の白に変わったのだ。亡骸（なきがら）となった主人のもとを離れようとしなかったシンも、それから7日後にこの世を去り、ムンハの魂を伴って永遠の眠りが待つ場所へと旅立った。

　そして翌朝、ラオ・ツン寺院の僧たちを守っていた他の聖なる猫たちも、シンと同じように白い足先、サファイアブルーの瞳、黄金に輝く身体に変化していた。その聖なる猫たちは僧たちの魂を黄泉の旅路に連れていったという。伝説の真偽はともかく、バーマンは実際に昔からよく寺院で飼われ、ネズミ退治の役割を与えられていた。

ANCIENT TO MIDDLE AGES | 古代から中世の血統

BIRMAN | バーマン

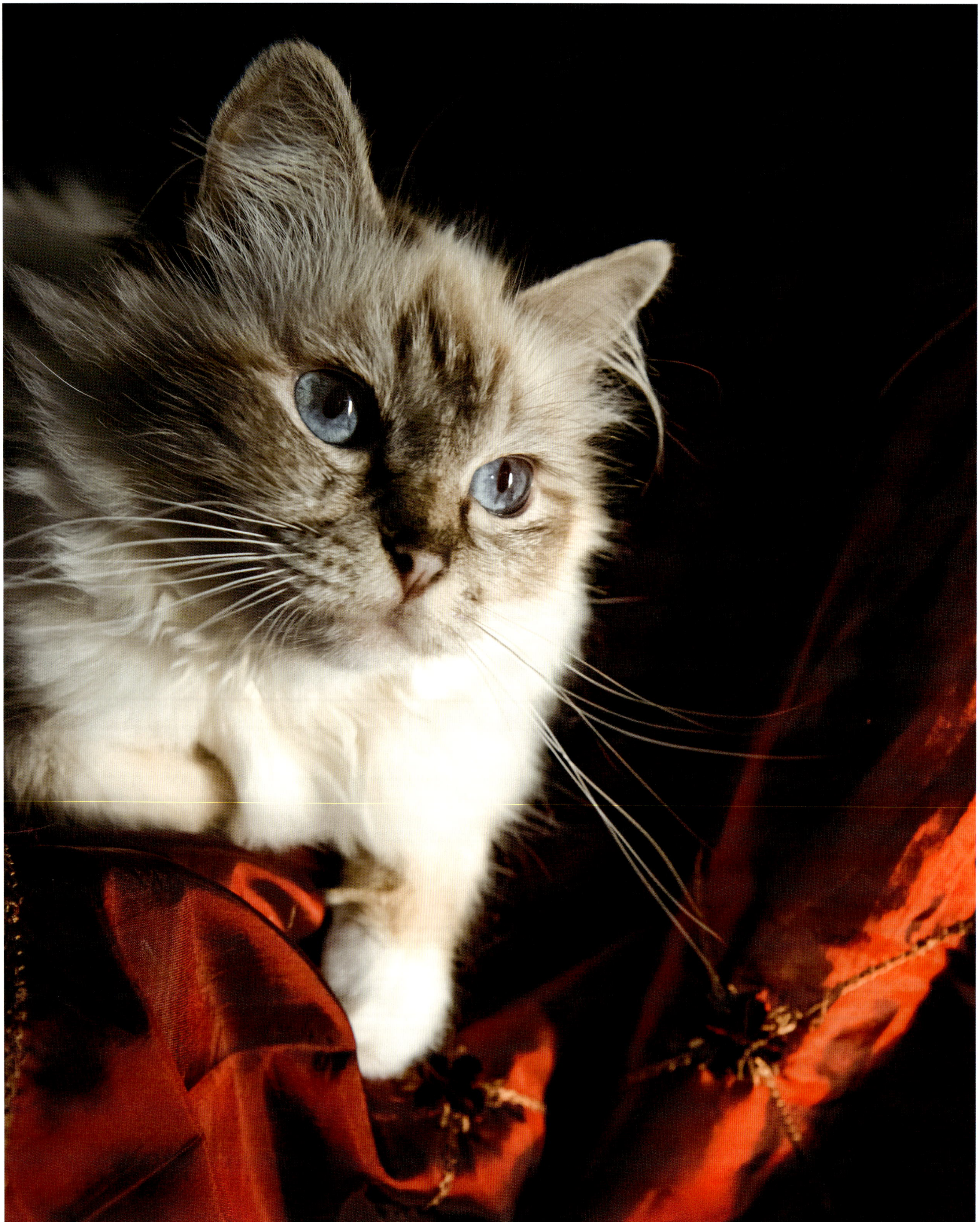

それから数百年後の、こんな話も残っている。第三次イギリス・ビルマ戦争（1885〜87年）の最中、再びラオ・ツン寺院が襲撃を受けた際に、イギリス陸軍のゴードン・ラッセル少佐とその友人であるフランスの文官、オーギュスト・パヴィが寺院を守るために力を貸した。このとき寺院を救ってもらったお礼に、僧たちは2匹の聖なる猫を2人に贈った。ラッセルとパヴィはその2匹を連れてフランスに渡り、これがバーマンのヨーロッパ初上陸となったというものだ。

ただし、この話には疑わしい点がいくつかある。探検家であり、外交官でもあったパヴィが任務にあったのは1894〜95年だし、その場所はメコン川左岸から紅河に至る中国とビルマの国境地帯だった。また、ラッセル少佐に関しても、架空の人物だとする説と、ライフル旅団に所属していたレオナード・ジョージ・ラッセル少佐ではないかとする説がある。さらに、後述するように最古の記録では、バーマンは1919年にヨーロッパ（パリ）に初めて渡ったと記されているので、年代的にも矛盾があるのだ。また、これも信憑性に欠ける話だが、大富豪のバンダービルト一族のアメリカ人がビルマ探検に出かけた際に、ある寺院から譲り受けた2匹のバーマンをフランスへと密輸したのがヨーロッパ初上陸だとするものもある。

今となってはそれらの真偽は定かではないが、いずれにせよ最も古く、かつ信頼の置ける記録は、1919年頃にビルマからフランスに1組の雄と雌が送られたとするものだ。雄のマダルプールは輸送中に死んでしまったが、妊娠中だった雌のシータは無事に旅を終え、出産した。種の存続のため、この子猫たちとおそらくシャムとの異種交配が行われた結果、プペという雌が子猫を生み、「グランド・デイム（バーマンの母）」と呼ばれるようになった。

そして、1926年にパリで開催された国際キャット・ショーにプペを含めた3匹のバーマンが出陳され、センセーションを巻き起こした。シャムやペルシャをはじめ、300匹を超える猫が集まる中、珍しいバーマンが人々の心を奪ったのだ。その後、慎重な交配を繰り返した結果、フランスでバーマンは確実に根づき、ヨーロッパ各地に輸出されるまでになった。

しかし第二次世界大戦が勃発し、バーマンの数は再び激減して絶滅の危機に瀕した。そこで2度目の計画交配が秘密裏に進められたのだが、このとき異種交配に使われたのは、おそらくシャムとカラーポイントペルシャだったと思われる。ブルー・ポイントのバーマンが初めて出てきたのもこの頃だ。

なお、バーマンを初期から扱っていたフランスのキャテリーには、マダルプール・キャテリーやダ・カーバー・キャテリーがある。また、バーマンの交配を行っていた中心的人物として、シモーヌ・ポワリエ、イボンヌ・ドロジエ、アンヌ・マリー・ムーランらが挙げられる。

イギリスにバーマンが初めて渡るのは、1965年のこと。パリ・キャット・ショーでバーマンに恋をしたエルシー・フィッシャーとマーガレット・リチャーズが、シモーヌ・ポワリエから手に入れたシール（濃い茶色）の雄、ヌーキー・ドゥ・モン・レーブを連れて帰ったのだ。ヌーキーを引き取ったマーガレットは、まずハーツ＆ミドルセックス・ショーに、続いてロンドンの見本市会場オリンピアのナショナル・ショーに出陳した。翌1966年に2人はさらに2匹の雌を輸入し、今度はエルシーが引き取った。

マーガレットとエルシーは力を合わせてパランジョティというキャテリーも創設し、イギリスにおけるバーマンの種の確立に努めた。また、1966年には初めて子猫が8匹生まれ、さらにGCCFのチャンピオンシップ・ステータスも獲得した。1968年にはエルシーの尽力によってバーマン・キャット・クラブが設立され、イギリスでもバーマン人気は徐々に高まっていった。その後、パランジョティは解散し、エルシーはプラハというキャテリー名で、マーガレットはメイ・ファというキャテリー名でブリーディングを継続している。

バーマン人気はアメリカにも広がった。アメリカ初上陸は1959年。ザイパル博士夫妻が輸入した1匹だ。その2年後に輸入された2匹は、グリスウォルド・キャテリーの創設者であるグリスウォルド夫人に引き取られた。そして、そのうちの1匹、コリガン・オブ・クローバー・クリークがバーマンとして初めてCFAのグランド・チャンピオンの称号を与えられた。アメリカではその頃、フランスとイギリスから輸入された猫を中心に計画交配が始まっていたが、その中にはエルシー・フィッシャーのプラハ・キャテリー出身の猫も含まれていた。

類まれな容姿とチャーミングな性格で愛されるバーマン。現在では、ヨーロッパでもアメリカでも数は安定している。

ANCIENT TO MIDDLE AGES | 古代から中世の血統

PERSIAN
ペルシャ

古代 – ペルシャ(現イラン) – 一般的

APPEARANCE | 外見
どっしりとした身体で、脚は骨太でやや短く、胴に対して尾も短め。顔は丸く、鼻は短くてずんぐりしている。目も丸くて大きく、表情が豊か。小さな耳は離れてついていて、前に傾いている。

SIZE | 大きさ
中型〜大型

COAT | 被毛
長くて分厚く、非常に美しい。首回りには豊かな飾り毛。左右の前肢の間にも「フリル」と呼ばれる豊かな飾り毛があり、尾もふさふさしている。模様はソリッド、シルバー&ゴールド、シェーデッド&スモーク[訳注：いずれも毛の根元が白または薄い色。シェーデッドは白の部分が多く、スモークは少ない]、タビー、パーティカラー、バイカラー[訳注：四肢や腹部が白で、背や頭などが別の1色]、ポインテッド(ヒマラヤンとして別種に分類されることもある)などで、色のバリエーションも豊富だ。

PERSONARITY | 性格
穏やかで、物静か。用心深いが、遊び好きで賢い。

世界で最もよく知られた猫種の1つ、ペルシャの姿は見間違えようがないほど特徴的だ。長くて美しい被毛、色鮮やかで表情豊かな瞳、そして堂々たる風格。猫界の王、女王と言ってもよいだろう。けれども、ペルシャは生まれつき愛情深く、家族と深い絆を結ぶことができるし、性格もとても優しく穏やか。家の中でいちばん気持ちのよい場所でのんびり過ごすのが大好きだけれど、遊ぶのが嫌いなわけではない。もっとも、思いっ切り遊んだ後は長い休憩に入るのだが。なお、長くて分厚い被毛はこまめな手入れが必要なので、家庭に迎える際にはその点に留意しなければならない。

カラー・バリエーションが豊富なペルシャは、長年にわたって異なる色同士で交配が行われてきた。しかし1900年代に入ってすぐ、イギリスのGCCFは、ペルシャはロングヘアであることと規定し、色のバリエーションごとに別種に分類した。一方、アメリカではソリッドもシルバー&ゴールドもシェーデッド&スモークもタビーも、またパーティカラーやバイカラー、ポインテッドもひっくるめて1つの種とされ、目のカラー・バリエーションも認められている。ペルシャがこうした美しい毛色を手に入れたのは、慎重な交配を繰り返した結果であり、ブリーダーたちの努力によるものだ。

なお、登録団体によってはヒマラヤンをペルシャのカラー・バリエーションとするところと、独立した種と考えるところがあるが、本書では独立した種として135ページで取り上げる。

古代から存在する猫は起源についての明確な記録が残っていないものだが、ペルシャもその例に漏れない。最も古い記録は1500年代半ばのものだが、ペルシャ自体はそれよりずっと前から存在していたと思われる。しかし古代エジプトの時代までさかのぼってみると、絵に描かれている猫はどれもショートヘアだ。イエネコの祖先とされるリビアヤマネコもショートヘアだった。そのため18世紀後半、ドイツの自然学者ペーター・ジーモン・パラスは、ペルシャとアンゴラの祖先はマヌルネコであると主張した。

マヌルネコはパラスが1776年に初めて記事にした猫で、英語名は「Pallas's Cat (パラスの猫)」と言う。中央アジアで見つかったマヌルネコは平たい顔のがっしりしたロングヘアの猫で、ペルシャによく似た姿をしていた。だが、パラスの持論は科学的に証明されたものではなく、1868年にはチャールズ・ダーウィンもパラスの理論について言及しているが、20世紀初めにはマヌルネコとペルシャやアンゴラの頭骨には形態学的な違いがあるとして否定された。

今のところ最もそれらしいのは、遺伝子変異によってロングヘアになったとする説だ。寒冷地に生息していた猫が気候に適応すべく進化したというものだが、実際にこの進化がどこで起きたのかなど議論は尽きない。ペルシャ(現在のイラン)の凍てつく山間部と主張する者もいれば、サイベリアンやロシアンアンゴラを引き合いに出してロシアだと主張する者もいる。

後者の説では、異種交配が続いてロングヘアが定着した後、周辺各国に広がったことになる。そして、イランに至った猫はペルシャに、トルコに流れ着いた猫はアンゴラに、日本に到着した猫はジャパニーズボブテイルになったのだという。あるいは、このすべての地で遺伝子変異が起きた可能性もあるし、陸海の通商路を経由してヨーロッパや中東、そして極東へと広がったのかもしれない。

ロングヘアの猫について記された古い文献に、イタリアの旅行家ピエトロ・デッラ・ヴァッレの旅行記がある。そこには、ペルシャのホラーサーン州原産のペルシャ猫はつややかでとても長いグレーの被毛を持つと記されているほか、ロングヘアの猫はポルトガル人旅行者

がインドからイタリアへ持ち込んだとも書かれている。イタリアにロングヘアの猫が渡った記録としては、これが最古のものだ。

また、フランスの旅行家たちが旅先から連れて帰ったペルシャやターキッシュアンゴラはイギリスに渡ると、「フレンチ・キャット」と呼ばれるようになった。同様に、中国から来た猫は「チャイニーズ・キャット」と呼ばれた。どの猫も起源は不祥ではあるが、ペルシャ王が中国の皇帝にロングヘアの猫を贈ったという可能性はある。中国では14世紀にはすでに猫は当たり前にいる動物だったし、美術品にもよく描かれているのだ。

18世紀には、フランスの修道院長ジャン＝バティスト・グロジエが『General Description of China（中国概論）』(1788年)の中で、長い被毛がとてもつややかな白猫を中国の宮廷で見たと書いている。さらに19世紀になると、外交官や探検家たちが旅先でエキゾチックな顔立ちの猫を見たとか、イギリスやヨーロッパ各国に連れ帰ったという記録が残されている。その猫たちはペルシャやターキッシュアンゴラのように、原産国の地名が名前につけられることが多かったが、ロシアの名がつく長毛種は少なかった。

ヨーロッパにやってきた長毛の猫たちは、それまでにないかわいらしいルックスが愛されてもてはやされたが、その後、穏やかな性格も注目されるようになった。現在のペルシャ猫は、こうしてペルシャやトルコ、あるいはロシアから持ち込まれた猫たちを交配させて生まれたと考えられる。そして、この猫への関心が高まると、今度は特定の色やパターンを出現させるための交配が行われるようになった。

猫の交配が盛んに行われるようになると各地でキャット・クラブが設立され、1871年には前述のように世界初の大規模なキャット・ショーが、「愛猫家の父」と呼ばれるハリソン・ウィアーによってロンドンのクリスタル・パレスで開かれた。ウィアーの著書『Our Cats and All About Them（私たちの猫とそのすべて）』(1889年)にはさまざまな種類の猫が描かれているが、彼が理想とする姿形と、現在各登録団体が規定するスタンダードに大きな違いは見られない。つまり、猫の外見は19世紀からさほど変化していないということだ。ペルシャもその例外ではない。

ウィアーはペルシャとターキッシュアンゴラを明確に区別していて、アンゴラのほうがペルシャよりも被毛がつややかで長く、ほぼ白1色で、ペルシャのほうがどっしりした体つきであると記している。当時の文書や絵を見ると、ペルシャは色のバリエーションが豊富で、シルバー＆スモーク、レッド、バイカラー、パーティカラー、タビーなども人気だったが、単色のソリッドが最も好まれていたことがわかる。イギリ

ANCIENT TO MIDDLE AGES | 古代から中世の血統

PERSIAN | ペルシャ

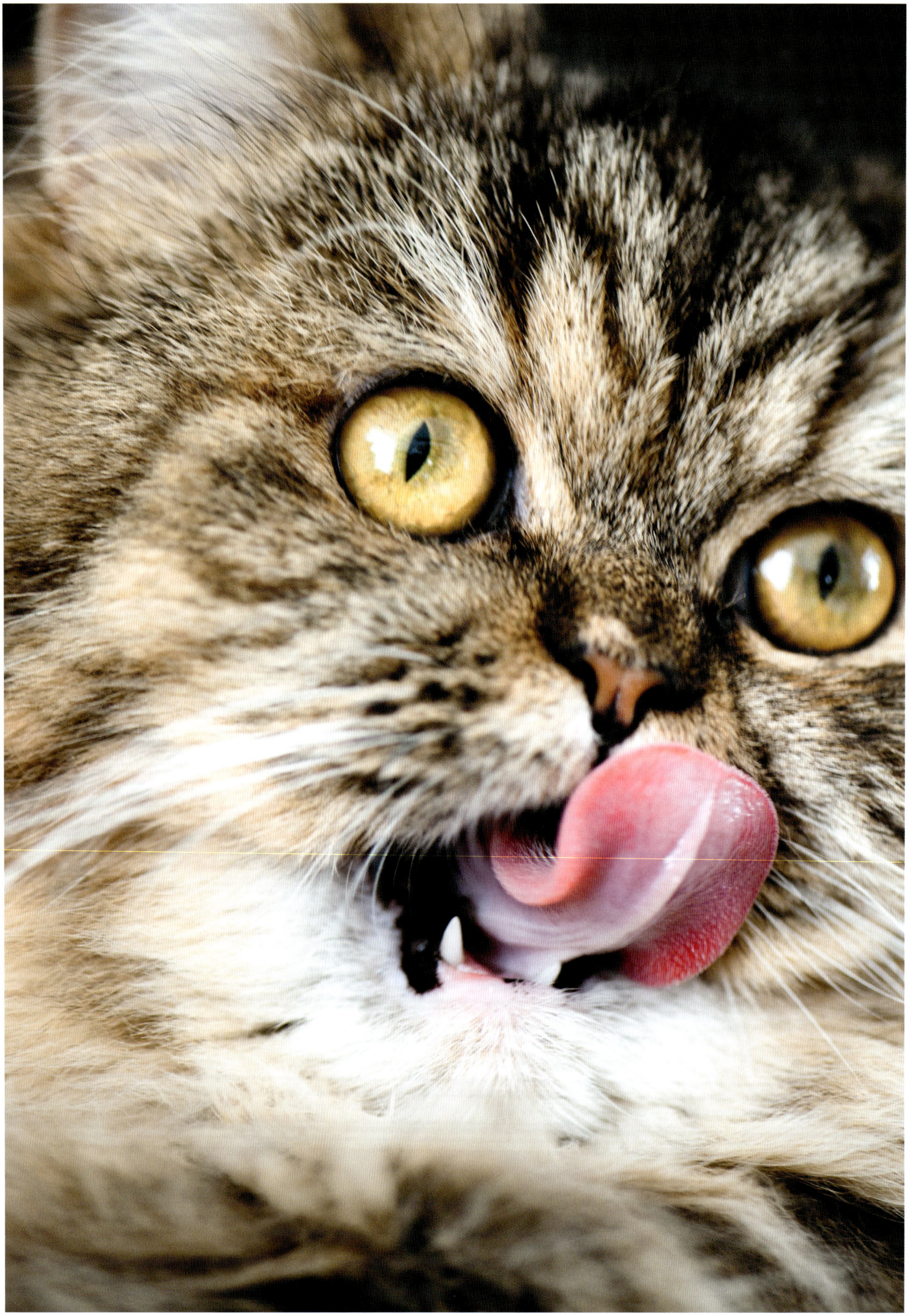

スでは、ビクトリア女王（在位1837〜1901年）がブルーのペルシャを2匹所有していたことからペルシャ人気が高まり、とりわけブルーが好まれるようになった。

その頃アメリカでも、キャット・ショーやブリーディングに対する関心が高まりつつあった。『Concerning Cats（猫について）』（1900年）などの著書があり、愛玩動物としての猫の歴史に詳しいヘレン・ウィンスローによると、初めてアメリカに輸入されたロングヘアの猫は、スペインからやってきたマダムという名の黒いペルシャだという。2匹目はウェンデルという名の白のペルシャで、1875年頃にシカゴのクリントン・ロック夫人がペルシャから直接買いつけた。ロック夫人はベレスフォード・キャット・クラブ・オブ・シカゴの創設者であり、アメリカでは女性として初めてキャテリー（ロックヘイブン・キャテリー）を開いた人物でもある。20世紀に入って間もなくの数年間は、ロック夫人のペルシャがあらゆる賞を独占していた。

しかし、ウィンスローの説明に異を唱えた人物もいる。ブリーダーで『The Book of the Cat（猫の本）』（1903年）の著者でもあるフランシス・シンプソンだ。シンプソンは、1869年に嵐に遭遇し、修理のためにアメリカに立ち寄った外国船の乗組員から自分が譲り受けたブルーの目をした白いペルシャのペアこそ、アメリカで初のペルシャなのだと主張したのだ。今となっては真相は闇の中だが、いずれにせよペルシャがアメリカにやってきたのは1870年前後であることは間違いないだろう。

アメリカ初の大規模なキャット・ショーは、1895年5月にニューヨークのマジソン・スクエア・ガーデンで開催された。人々の注目を集めたこのショーには176匹の猫が出陳され、その中にはクリントン・ロック夫人の白いペルシャ数匹をはじめ、数多くのペルシャがいた。1909年には、D・B・チャンピオンの『Everybody's Cat Book（みんなの猫の本）』が刊行された。ショーに出ていたペルシャに関する記述を見ると、現在のスタンダードと共通する点がある。ただし、当時のアメリカでは古いイギリスの考えを踏襲し、体色と模様によって種を区別する考えが主流だった。つまり、色と模様に重きを置くため、異種交配も多く行われていたのだ。

ちなみに、アンゴラが異種交配に使われることも多かったので、正統なアンゴラはほぼ消滅。その後、1960年代に新しい種として生まれ変わることになった。

最近の調査により、ペルシャにどれほどの異種交配が行われていたのか明らかになった。リピンスキーほかによる論文『The Ascent of Cat Breeds, Genetic Evaluations of Breeds and Worldwide Random Bred Populations（猫種の改良および進化と無作為交配）』（2008年）によれば、中近東ではなく西ヨーロッパやアメリカで無作為交配を続けてきた猫がペルシャに近いとしている。つまり、ペルシャはいくつかの血統から派生していて、トルコやロシアのロングヘアともイギリスの猫とも同系交配を続けてきたのだ。

ペルシャの魅力はいくつもあるが、20世紀後半になると、愛好者たちの間で頭の形をさらに特徴的なものにしようとする潮流がまずアメリカで起き、続いてイギリスに及んだ。平らな頭に高い位置にある鼻、そしてちょっと噛み合わせの悪い口元──まるで子豚のような少し渋い表情が良しとされるのだが、つぶれたような鼻の形のせいで、鼻からのどにかけての呼吸器官に問題が出たり、涙が過剰に分泌されたりすることがある。また、頭の形のせいで出産時にトラブルが誘発されることもある。そのため、現在の潮流は本来の穏やかな顔つきに戻ってきている。

なお、アメリカにはペキフェース・レッドペルシャという猫がいる。他のカラーのペルシャとは少し表情が違い、ペキニーズという犬のような顔をしているこの猫は、頭骨が丸くて、鼻はぺちゃんこ。離れた目の間がくぼんでいて、耳は高い位置についている。このペキフェース・レッドペルシャが突然変異で登場したのは1950年代のことで、まだ1つの種として定着するほどではなく、現在でも数匹が登録されているにすぎない。

最後に、ペルシャにまつわる感動的な秘話を述べておきたい。2001年9月11日のアメリカ同時多発テロでツインタワーが崩れ去ったそのとき、通りをはさんだ向かい側のアパートで留守番をしていた猫がいた。プレシャスという名のペルシャだ。巨大ビル崩壊の衝撃で周囲の窓ガラスは粉々に吹き飛び、アパート自体、深刻な被害を受けたため、住人たちは自宅に戻ることを許されなかった。それでもプレシャスは耐え、なんと事件から18日後、レスキュー隊によってアパートの屋根にいたところを発見された。それまで屋外で暮らしたことのなかった猫が、飼い主が戻るのをひたすら待ちながら、たった1匹で生き延びたのだった。

CHAPTER 2
第2章
中世から19世紀の血統

　猫が霊的な存在であり、崇拝の対象とされた古代から中世に入ると、その運命は下降線をたどることになる。引き続き猫を崇拝する地域もあったが、特にヨーロッパではキリスト教の時代を迎えたことにより、古代世界の多神教崇拝と結びつく猫は迫害を受けるようになった。猫がどこかしら謎めいた動物であることに議論の余地はない。それゆえ猫は、神秘的な存在として崇められることもあれば、魔力や悪霊と結びつけられて抹殺されることもあり、その浮き沈みの歴史を繰り返してきた。黒犬もまた悪魔と関連づけられることがあったが、猫、なかでも黒猫ほど広い地域に、しかも深く浸透したわけではない。イタリアの詩人ダンテ・アリギエーリ（1265〜1321年）の詩にも一度だけ猫が登場するが、残念ながら悪魔の手先として語られている。

　いつの時代にもネズミが大繁殖すると、ろくなことにならない。ネズミは農作物や食糧、家財道具、書類など、あらゆるものに被害を与えるし、伝染病をもたらすこともある。14世紀には、アジアから移動してきたネズミについたノミを媒介として、ヨーロッパで黒死病（ペスト）が猛威を振るった。1347年から1351年にかけて感染はピークに達し、ヨーロッパの全人口の40〜60％が命を落としたと言われている。折しもヨーロッパは猫受難の時代。何千匹もの猫が虐殺されていた。その結果、ネズミが増えすぎて黒死病が大流行したのだ。これを契機に猫は再びネズミ退治の能力を買われることとなった。

　猫の世界も、言ってみれば格差社会だ。エキゾチックな魅力を持った種、あるいは海外から輸入されてきた猫が裕福な家で手厚くもてなされるのに対し、半野生の野良猫たちは社会の底辺で日々なんとか生き長らえている。それは10世紀頃のウェールズでも同じで、野良猫は人々から嫌われていた。そんな中、良王と呼ばれたハウェル（在位942〜950年）が猫の価値を法律で定める。この法律は3つの条例からなり、たとえば北ウェールズの条例では、ネズミを狩ることができる成猫の価値は4ペニーとしている。また南部と南東部の条例では、王家に仕える猫と庶民の猫の間で線引きがなされている。つまり、能力や種類によって猫の待遇も変わったということだ。

　中世になると、修道院でも猫が飼われていた。ただし、それはネズミ退治のためだけでなく、猫の毛皮が修道衣を飾るのにちょうどよいためでもあった。フランスでは美しいブルーのシャルトリューの毛皮が珍重されていて、中世以降は毛皮用としての繁殖も行われていたほどだ。このシャルトリューとフランスの修道院にまつわる、こんな伝説が残っている。十字軍遠征に参加したフランスの騎士たちは、北アフリカの沿岸地域にいた猫を集めて持ち帰った。彼らは神の教えに従って余生を静かに暮らすため、猫を連れてグランド・シャルトリューズ修道院をはじめとする修道院に入った。この猫たちが、シャルトリューの祖先だというのだ。

　しかし14世紀の記録を見る限り、猫はネズミ退治のために農園や家庭、寺院や修道院、あるいは船上で飼われていたものの、まだペットとして愛情を注がれるようになったわけではなかった。それでも例外もいる。たとえば、イタリアの学者にして詩人のフランチェスコ・ペトラルカ（1304〜1374年）は晩年、飼っていた猫を溺愛した。だがペトラルカの死後、猫は殺処分となり、防腐処理を施された後、アルカにあったペトラルカの屋敷の敷地内に埋葬された。その埋葬場所にはのちに大理石の猫の像が建てられ、「ラウラの次に愛された」という意味の碑文が彫られている。なお、ラウラというのはペトラルカが詩を捧げたとされる女性の名前だ。

　この頃、アジア、特に中国では依然として猫崇拝が続いていた。明朝（1368〜1644年）の宮廷では特に大事にされており、歴代皇帝にかわいがられていた。大理石で囲まれた宮廷の中には猫の世話をする専属の宦官［訳注：去勢を施された官吏］もいて、贅沢三昧の生活が約束されていた。宮廷画家が描いた美しい猫の肖像も数多く残されている。宮廷の猫たちは町中で暮らす猫とは違い、ネズミを追いかける必要もなかった。1644年に明の時代が終わっても猫の人気は衰えることなく、生涯のほとんどを宮廷から出ることなく過ごす王女たちの遊び相手として、宮廷に居場所を与えられていた。

　一方、ヨーロッパの猫たちには、16世紀から17世紀にかけてまた苦難の時代が訪れる。超自然の力を恐れる狂信的なキリスト教徒による魔女狩りが最盛期を迎え、それに付随して猫も捕獲・虐殺されたの

だ。それは、猫は魔女の優秀な助手であり、別の何かに姿を変えたり、魔女の魂を宿らせたりする魔力を持つ存在と見なされたためだ。また、猫は昔から女性、特に独身女性や老婆を連想させると言われることがあり、それも魔女との結びつきを強くする一因となっていた。西ヨーロッパには、出産と猫にまつわる迷信も数多く伝わっている。その1つに、妊婦が腹に痛みを覚えるのは、悪魔が子宮に送りこんだ子猫が身体の中を引っかき回しているからだ、というものがある。誰かがひどく慌てたり、パニックに陥ったりする状態を意味する「子猫が宿る(having kittens)」という表現は、この迷信に由来する。スコットランドでも猫を生け贄とする儀式が文化の中にしっかりと根づき、ハイランズ地方では17世紀中頃までこうした儀式が続けられていた。

この時期、猫は人間の快楽のために残虐な扱いを受けることも多かった。特に黒猫は妖術の儀式に利用され、たとえば豊作祈願のために生け贄とされた。錬金術においても猫の身体は重要な道具で、心身のあらゆる苦痛を取り除くために必要なものだった。また、エドワード・トプセルは1607年に出版した『The History of Four-footed Beasts(四足獣の歴史)』の中で、猫は人の魂にとって有害であり、危険な存在だと記している。トプセルの書が世に出たのはジェームズ6世/1世［訳注：1566～1625年。スコットランド王ジェームズ6世がイングランドで即位しジェームズ1世となった］の統治時代。妖術禁止法が制定され、魔女狩りがピークを迎えていた頃だ。

イギリスではまた、1644年から2年の間、マシュー・ホプキンスという男が自称「政府公認魔女狩り将軍」としてイギリス東部を回り、残虐非道の限りを尽くした。その犠牲者は300人にのぼると言われ、彼女たちに飼われていた多くの猫たちも犠牲になった。イギリスでの魔女の処刑は17世紀後半まで続いた。

フランスでは、リシュリュー枢機卿(1585～1642年)による迫害が熾烈を極めた。リシュリュー自身は猫好きで通っていて、ターキッシュアンゴラ(当時はイタリア人商人たちによってトルコからフランスへ連れてこられていた)を含めた14匹の猫を「猫かわいがり」していたという。にもかかわらずリシュリューは、魔女として捕らえた飼い主もろとも数多くの猫を処

刑した。その後もヨーロッパで続いた魔女狩りは、18世紀半ばにバイエルン地方で行われた魔女裁判を最後に、ようやく幕を閉じた。

一方、アメリカには入植者によって猫が持ち込まれた。ピューリタン（清教徒）の非国教徒派を乗せて1620年にアメリカに到着したメイフラワー号にも、猫が同乗していたという記録が残っている。こうした猫たちはやはりネズミ退治のために船に乗せられていて、やがてアメリカンショートヘアやメインクーンへと進化したと思われる。祖先たちとはずいぶん姿形が変わってしまったアメリカンショートヘアやメインクーンだが、もともとネズミを捕獲して暮らしていただけあって、今も丈夫かつ健康的な猫種で通っている。

なお、入植者たちがアメリカに渡ってきたのは、ヨーロッパで魔女狩りが盛んだった時代でもあり、その風潮は徐々にアメリカにも浸透していった。なかでも、1692年から翌年にかけてマサチューセッツ州のセーラム村で行われた魔女裁判［訳注：200名近い村人が魔女として告発され、19名が処刑死、1名が拷問中に圧死、5名が獄死した一連の裁判］が有名である。また、17世紀以降のアメリカでは、猫と言えば魔女を連想させるだけではなく、娼婦そのものを指すようにもなり、売春宿は「キャット・ハウス」と呼ばれていた。特に17世紀後半になると、ギャンブルの町として知られるサウスダコタ州のデッドウッドで、アレキサンダー・デビッドソンという男がネズミ退治用の猫を手に入れては売春宿に売りつけ、巨額の富を築いたことから、「キャットハウス」という言葉は広く使われることとなった。

16世紀から17世紀にかけて、猫がヨーロッパで広く虐殺されていた時代にも、熱烈に猫を愛好する者はいた。レオナルド・ダ・ヴィンチ（1452〜1519年）もその1人だ。ダ・ヴィンチは数多くの猫の素描を描いているし、「ネコ科の最も小さな動物は最高傑作だ」という言葉も残している。イギリス国王ヘンリー8世の助言者であったトマス・ウルジー枢機卿（1475〜1530年）も猫好きで通っていた。大法官となってからは、執務の際にも猫を伴っていたと言われている。

また、ロンドンの牢獄で囚われの身となっていたイギリス貴族のサー・ヘンリー・ワイアット（1460〜1536年）は、日々生きるのがやっとの量しか食べ物を与えられていなかったが、あるときから彼がかわいがっていた猫が鳩を捕まえては彼のもとに運んでくるようになったという。ワイアットは看守を説得して鳩を調理してもらい、命をつなぐことができたのだそうだ。そのほか、ロンドン塔に幽閉されていた第3代サウサンプトン伯爵（1573〜1624年）は、飼い猫のトリクシーも一緒に牢獄で過ごせるよう嘆願し、これを許されたという。

時代が下ると、猫をかわいがる作家や画家が増えてくる。猫は他者に媚を売らず、ひょうひょうとしているので、芸術家たちと気が合うのかもしれない。たとえば、フランスの作家であり、ルイ15世に仕える修史官だったフランソワ＝オーギュスタン・ド・パラディ・ド・モンクリフ（1687～1770年）は『Histoire des Chats（猫の歴史）』を執筆した。しかし、この本は猫の歴史に焦点を当て、人間社会にとっての猫の重要性を初めて説いたものだったので、モンクリフは出版当初は馬鹿にされ、酷評を受けた。

　イギリスでは政治家であり小説家のホレス・ウォルポール伯爵（1717～1797年）が飼っていた猫、セリマが金魚鉢で溺れて死んだ後に有名になった。それは、ウォルポールの嘆きにヒントを得た詩人のトマス・グレイが、1748年に猫に捧げる詩を書いたことによる。また、偉大な文学者サミュエル・ジョンソン（1709～1784年）も、無類の猫好きで知られる。ジョンソンは飼い猫のホッジにカキを食べさせていたという。今でもロンドンにあるジョンソンの家の前にはホッジとカキの像が建っている。

　ほかにも同時代の猫愛好家に、ロマン主義の詩人バイロン男爵（1788～1824年）がいる。バイロンは猫5匹のほかに、馬や犬、猿、鳥なども飼っていた。詩人ジョン・キーツ（1795～1821年）とその友人であり、同じく詩人のパーシー・ビッシュ・シェリー（1792～1822年）、そしてスコットランドの作家サー・ウォルター・スコット（1771～1832年）も猫を愛した。スコットは猫にヒンス・オブ・ヒンスフェルトという仰々しい名前をつけていた。また、18世紀末から19世紀にかけての絵画にはよく猫が登場するが、アトリエに猫を1、2匹住まわせている画家も多かった。

　18世紀の終わり頃、猫にとっての暗黒の時代がようやく終わりを告げ、新しい時代がやってきた。猫が重宝されるようになったのには、ドブネズミの存在があった。この大きなネズミは、当時ヨーロッパにいたクマネズミを駆逐する勢いで中国北部からヨーロッパに広がっていった。ドブネズミは伝染病を媒介するため、その退治に最適な猫の人気が急上昇したのだ。やがて、フランスの微生物学者ルイ・パスツール（1822～1895年）の論文が発表され、猫人気は不動のものとなった。細菌に関するパスツールの研究により、不衛生な環境が病気の原因になることが明らかになり、きれい好きな猫はさらに好まれるようになったのだ。

　19世紀になると、猫への関心はさらに高まった。イギリスのチャールズ・ディケンズ（1812～1870年）の小説にも、たびたび猫が登場する。ディケンズ自身も、後半生には気が進まないながらも猫を飼い始めている。娘のマミーが飼っていた猫が子猫を生んだ際、そのうちの1匹だけ手元に残しておくことを許し、自ら面倒を見たのだ。この猫はやがて「マスターズ・キャット（大作家の猫）」と呼ばれて広く知られるようになり、文壇の巨人と小さな猫は深い絆で結ばれた。

　インド出身の作家、ウィリアム・メイクピース・サッカレー（1811～1863年）も熱烈な猫愛好家で、ルイーズという猫を目の中に入れても痛くないほどかわいがっていた。ルイーズはいつもサッカレーと一緒に過ごし、時にはサッカレーの皿から豪華なおこぼれを頂戴していた。サッカレー家はみな猫が大好きで、庭にやってくる野良猫たちにも家族の誰かしらが毎日エサを与えていたという。

　画家兼作家で詩人のエドワード・リア（1812～1888年）は、かわいがっていたフォスという雄猫を「Heraldic Blazon of Foss the Cat（雄猫フォスの輝かしき紋章）」と題した風刺画のシリーズに描いた。フォスが死んだ際には本格的に葬式を執り行い、墓石まで建てたという。そして、フォスの死からわずか2カ月後、リア自身も天に召されたのだった。

　近代看護教育の母、フローレンス・ナイチンゲール（1820～1910年）も猫をこよなく愛した。そのおかげで、猫は不潔ではないという認識が定着することとなった。ナイチンゲールが生涯に飼った猫の数は60匹にのぼるというが、なかでもミスター・ビスマルクという名の大きなペルシャをかわいがっていた。

　そのほか、フランスの詩人シャルル・ボードレール（1821～1867年）が「人と一緒にいるより猫と一緒にいたい」と言ったというのは有名な話だ。同時代のフランスに生きた小説家、アレクサンドル・デュマ（1802～1870年）が猫を愛するあまり設立した猫愛護団体には、ボードレールをはじめ、猫の幸せを願う数々の著名人が加わった。

　19世紀になると、アメリカでも猫愛好家が増えてくる。アメリカでは秋になると各地でカウンティ・フェアという農産物・家畜品評会が行われるのだが、1860年代にはその中でキャット・ショーが開かれるようになった。出陳されたのはメインクーンが多く、身体が大きければ大きいほど高く評価された。作家のマーク・トウェイン（1835～1910年）も大の猫好きで、常に数匹の猫を飼っていた。最も多いときには、19匹の猫と一緒に暮らしていたという。トウェインは作品の中にも猫をよく登場させていて、読者の子どもたちが難しい単語のつづりや意味を勉強できるようにと、ゾロアスター（ゾロアスター教の開祖）だのブラザースカイト（ほら吹き）だのといった複雑な名前をつけることもあった。

　この時代には猫を計画的に交配させるブリーダーはまだほんの一握りしかいなかったが、外国産の猫に人気が出始めたのもこの頃で、イギリスには初めてロシアンブルーやアビシニアンがやってきた。こうして、猫の人気は急上昇することとなった。

TURKISH ANGORA
ターキッシュアンゴラ

中世〜近世 − トルコ − 希少

APPEARANCE｜外見
細身で優美な容姿。長くてしなやかなボディはスレンダーで、骨格もほっそりしている。肩幅と腰の幅は同じだが、肩より腰のほうが若干高い位置にある。四肢は長く、足先は丸い。頭部は少し長いくさび型。耳は大きく、基部が幅広で、先端がとがっている。両耳の間は狭い。目は大きなアーモンド型で、色はグリーン、グリーンゴールド、ゴールド、カッパー、ブルー、またはオッドアイ。尾は長く、毛がふさふさしている。

SIZE｜大きさ
中型

COAT｜被毛
シングルコートで毛の長さはさまざまだが、尾、後肢の太もも、首回りの飾り毛は長い。被毛自体はとても細く、手触りがとてもなめらか。色や模様に制限はないが、明らかに異種交配があったことを示すものは除外される。

PERSONALITY｜性格
非常に賢く、問題解決能力が高い。活発で遊び好き。

　ターキッシュアンゴラはとてもエレガントな猫だ。すべての動きが優美で、時に思わぬ敏捷さを見せることもある。また、好奇心が旺盛で、あらゆる面で飼い主の生活に関わりたがる。さらに問題解決能力、学習能力、理解力が高く、自己防衛本能も高い。こうした能力を備えているからこそ、何百年も前から生き残ることができたのだろう。

　ターキッシュアンゴラの原産地はトルコのアンゴラ（現在のアンカラ）。この地方で生まれたウサギやヤギと同じように長くてつややかな被毛をまとっており、動きによって被毛に光の輪が見えることがある。けれども、この長くて美しい被毛の手入れは案外簡単。グルーミングも頻繁に行う必要はない。

　ターキッシュアンゴラは、長毛種としては最も古い種だとされる。元来、猫というものは短毛で、長毛の猫はいなかった。ところがあるとき、おそらく地理的条件による影響を受けて遺伝子に変異が生じ、被毛の長い猫が生まれたと思われる。そして、この劣性遺伝が時を経て定着したのではないかと考えられている。自然発生した長毛種の猫にはサイベリアンやノルウェージャンフォレストキャットなどがいるが、いずれの種も厳寒な地域で生まれている。それは決して偶然の出来事ではなく、アンカラ周辺もまた冬は気温が非常に低くなる地域なのだ。

　トルコでは何百年もの昔から長毛の猫がいたという記録がある。預言者ムハンマド（570〜632年頃）は猫が大好きで、ムエザという名のターキッシュアンゴラを飼っていたと伝えられる。ムハンマドとムエザにまつわるこんな逸話が残されている。ある日、置いてあったムハンマドの服の袖の上でムエザが寝てしまった。起こすのはしのびないと思ったムハンマドはその袖を切り落とし、片袖のない服を着ていた。その後、目を覚ましたムエザが頭を下げて感謝の意を表したので、ムハンマドはムエザの額に3度手を当て、7つの生命と、高いところから飛び降りたときにもちゃんと足で着地できる能力を吹き込んだのだという。被毛が白いターキッシュアンゴラにはオッドアイがよく見られるが、これもムハンマドが手を当てたことによって生まれた色だとされ、トルコでは最も評価が高い。

　17世紀には、トルコやペルシャ、ロシアからさまざまな長毛種の猫がイギリスやフランスに入ってきていた。イタリアの旅行家ピエトロ・デッラ・バッレ（1586〜1652年）はターキッシュアンゴラを初めてイタリアに連れ帰った人物だとされるが、同国に初めてペルシャを紹介したのもデッラ・バッレだとする説があるので、アンゴラとペルシャが混同されているのかもしれない。

　フランスに初めてアンゴラを連れてきたのは、フランスの天文学者ニコラ＝クロード・ファブリ・ド・ペーレスク（1580〜1637年）だとされる。文献によっては、ヨーロッパに初めてアンゴラを紹介したのもペーレスクだとするものもある。ペーレスクは連れて帰ったアンゴラのうちの1匹をリシュリュー枢機卿に見せた。リシュリューは猫好きで知られており、亡くなる頃にはさまざまな種類の猫を合計14匹飼っていたという。ヨーロッパではこの当時から、アメリカでは1700年代後半になってから長毛種の猫の人気が出始めた。そして、1800年代の終わりになるとアンゴラの価値は急上昇し、1890年にロンドンでキャット・ショーが開催されたときにはなんと5000ドルの値がつけられたという。

　しかし、その後ペルシャの人気がアンゴラを上回るようになり、アンゴラはペルシャの被毛をつややかなものに改良するため、異種交配の相手として利用されるようになった。こうした異種交配が積極的に行われるようになった結果、純粋なアンゴラは絶滅寸前にまで追い込まれてしまった。登録団体によっては、遺伝子的な違いはともかく、長毛であればすべて「ロングヘア」と分類されていたため、ペルシャ

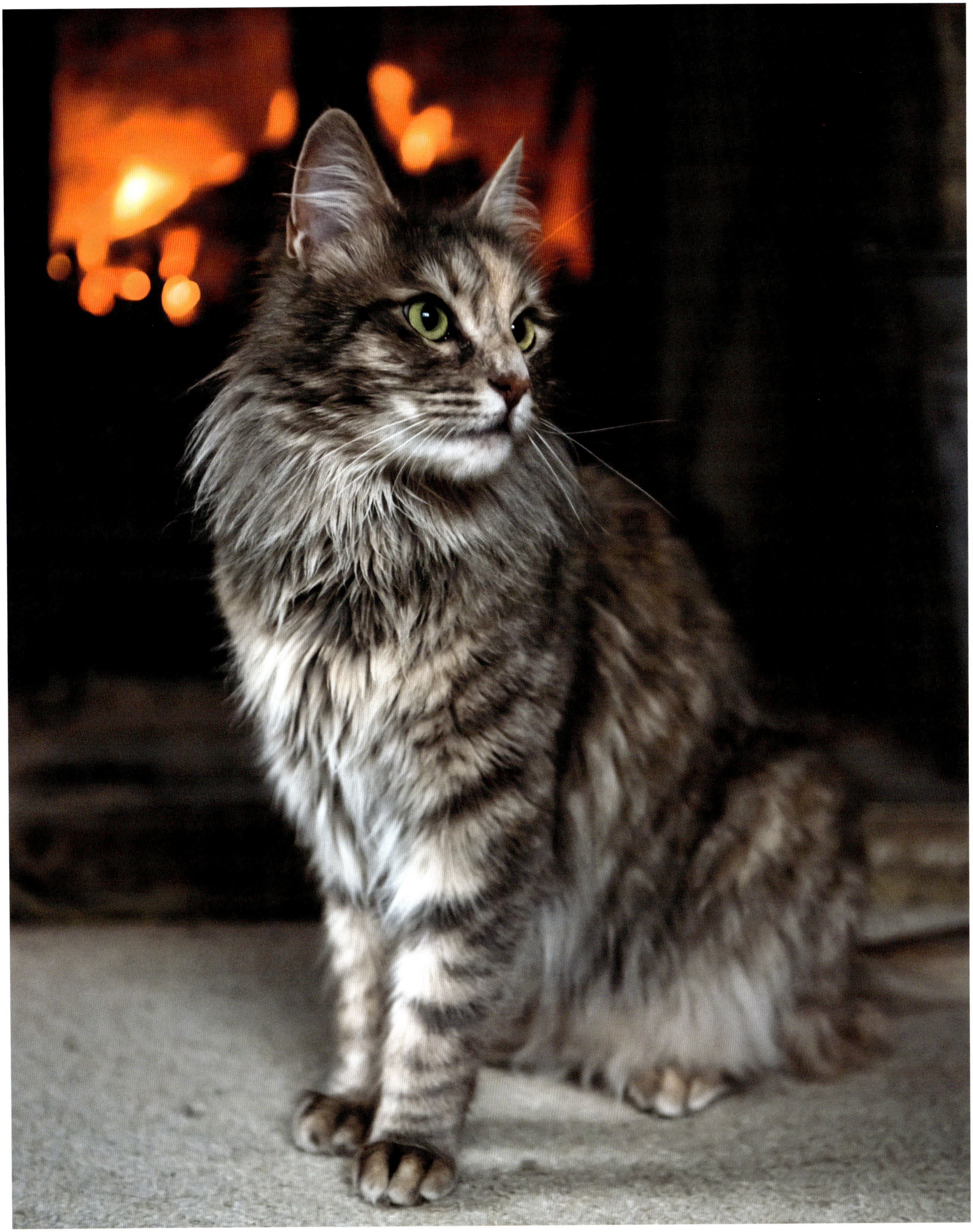

88

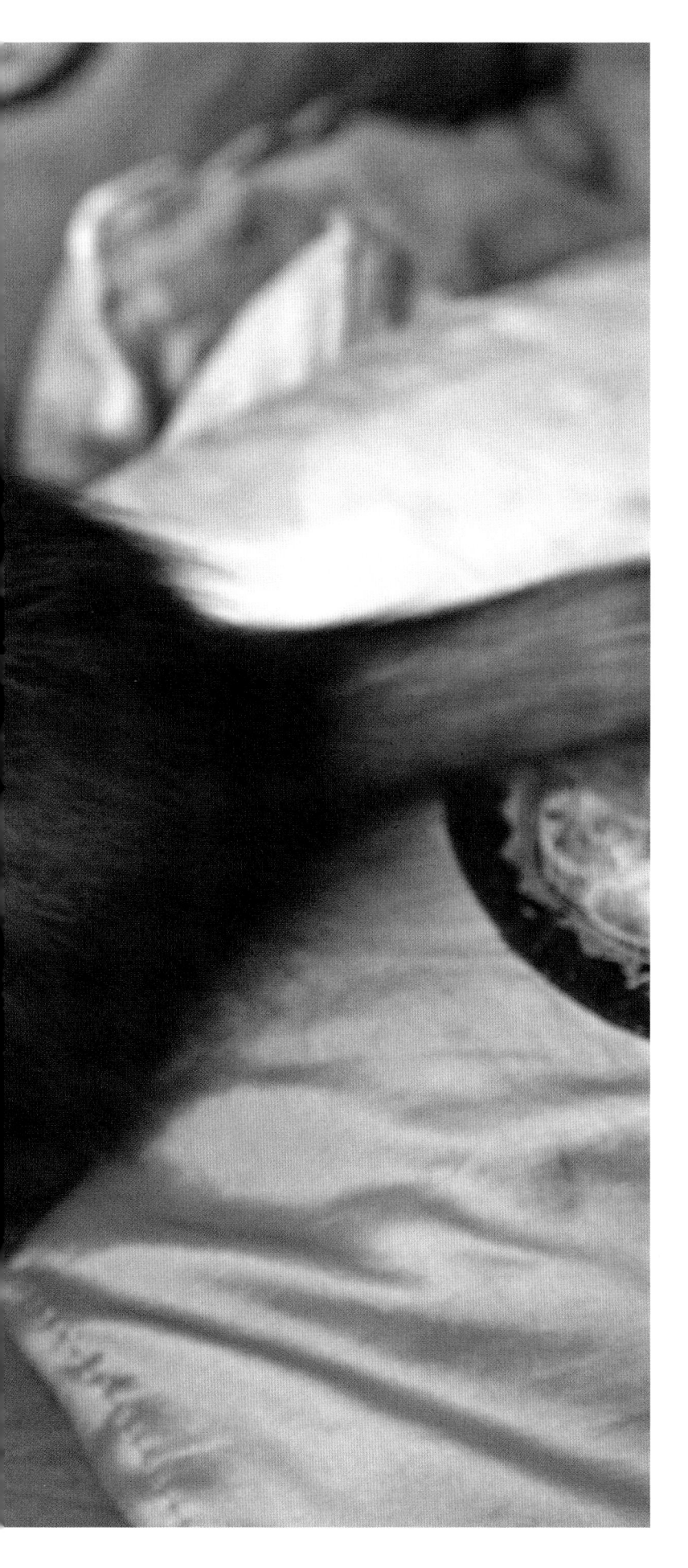

もアンゴラもそれぞれ独立した種である必要もなかったのだ。今日のペルシャとターキッシュアンゴラは見た目もまったく違っているので理解に苦しむが、2つの血を盛んに混じり合わせていた当時は2つの種は同じものとされていたのだった。しかも、ロシアンロングヘアの血を混じり合わせようとするブリーダーまでいたので、純血のターキッシュアンゴラはさらに数を減らすこととなった。

その結果、1900年代になると、本来の姿を保ったターキッシュアンゴラはヨーロッパやアメリカのキャット・ショーから姿を消し、その数は故郷トルコで細々と生きる程度まで激減してしまった。だが幸いなことに、トルコ政府がアンゴラという種を守るために動き出し、アンカラ動物園で計画交配に着手した。この計画ではまず、最も価値が高いとされるブルーの目もしくはオッドアイを持つ白のターキッシュアンゴラが集められた。そうして十分な数が集まると、慎重な交配が始められた。この計画は今も続いており、動物園は猫たちを厳重に保護し、正確な血統の記録を残している。

アンカラ動物園で生まれたターキッシュアンゴラは、アメリカにも渡った。トルコに駐屯していたアメリカ陸軍のウォルター・グラント大佐が、1962年にオッドアイで白の被毛を持つ雄イルディスと、アンバーの目と白の被毛を持つ雌のイルディツェクのペアを動物園から譲り受け、連れて帰ったのだ。この2匹が初めてアメリカに上陸した純血のターキッシュアンゴラとなり、アメリカでの計画交配の中心的役割を担うことになった。1964年にはサム・オルガムとアリヤズ・スノーボールのペアも輸入され、その後もアンゴラは続々とやってきたため、アメリカでは一定数を保てるまでになった。

ちなみに、当初ターキッシュアンゴラと認められていたのは白の被毛のものだけで、CFAが白以外のものを認めたのは1978年のことだ。今日では、数は依然として十分とは言えないものの、主だった猫種登録団体がさまざまなカラー・バリエーションのターキッシュアンゴラを認定している。

なお、被毛が白で、目が青いターキッシュアンゴラには聴覚障害が出ることがある。これは白の被毛と青い目に関連する優性遺伝子の影響によるものだ。こうした障害は種を問わず、白い猫であれば出る場合があるのだが、ターキッシュアンゴラにその傾向が特に目立っている。また、白い毛でオッドアイのアンゴラも、片耳または両耳に障害の出る場合がある。聞こえないのが片耳だけであれば生活に支障はほとんどなく、屋内で飼育するぶんにはなんら問題はない。とはいえ、聴覚障害は好ましくないと考えるブリーダーも多く、彼らは白以外のターキッシュアンゴラを繁殖させようと努めると同時に、白同士の交配は避けるよう推奨している。

TURKISH ANGORA | ターキッシュアンゴラ

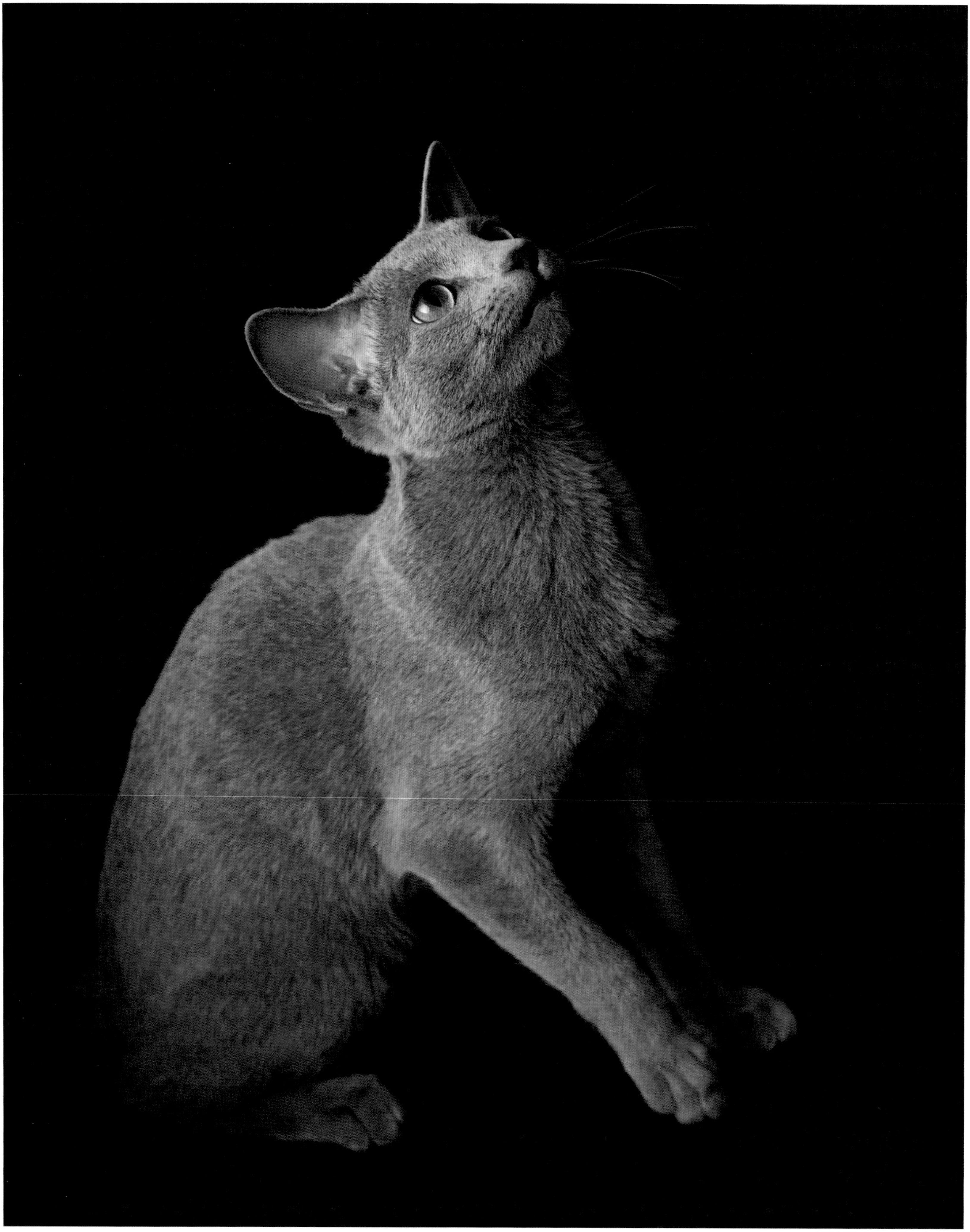

RUSSIAN BLUE
ロシアンブルー

中世〜近世 − ロシア − 比較的多い

APPEARANCE｜外見
シルバーブルーの身体はほっそりしているが筋肉質で、貴族のような優雅さを持つ。脚は細長く、足先が小さくてやや丸い。頭部はくさび型で、顔は横から見ると平たい。鼻は中くらいの長さで、マズルは低い。耳はやや大きめで離れている。丸くて、輝きのあるグリーンの目も離れている。長い尾は、先細り。

SIZE｜大きさ
中型

COAT｜被毛
非常に密で短いダブルコート。毛並みは身体に沿わず、立ち上がるように生えている。手触りはやわらかく、まるでベルベットのよう。色はブルーで、淡いほうが好ましい。オーバーコートは先端がシルバーなので、メタリックな輝きが生じる。

PERSONALITY｜性格
人見知りをするが、飼い主には忠実で愛情深い。物静かで賢く、わがままを言わない。

ロシアンブルーは姿形の美しい魅力的な猫だ。立ち上がるように生えた毛は短く密で、手触りはまるでベルベットのよう。色は昔からブルーのみだが、毛先がシルバーなので光沢感がある。そして、きらきらとしたグリーンの目はエメラルドの輝きそのものだ。穏やかな微笑みをたたえているような表情もロシアンブルーの特徴である。

実際、ロシアンブルーはとても物静かで、貴族的な優雅さと落ち着きを備えている。人見知りをすることでも知られていて、初めての環境や人に慣れるまでに時間がかかるが、一度慣れてしまえばとても愛情深く、人なつこい猫だ。飼い主と一緒に過ごす時間も大好きだし、わがままを言うこともない。ただし、時間には厳しく、食事の時間になるとしっかりと鳴き声を上げる。このように魅力がいっぱいのロシアンブルーは、歴代のロシア皇帝に愛されてきた。

ロシアンブルーは自然発生した種で、原産地はロシア北部の白海に面した港町アルハンゲリスク。寒冷地で生まれたため、被毛が密で分厚くなったと考えられている。何百年もの間、野生生活を送ってきた猫だが、その美しい毛皮を狙った狩猟が行われていたおかげと言うべきか、本来持っていた知性をいっそう高め、生き残るための能力を身につけることができたのだとか。

一方で、アルハンゲリスクの港は白海経由の海上交易で栄えていたことから、水夫たちがネズミ駆除のために猫を飼っていただろうし、別の港町で商品として取引するために船に乗せることもあっただろう。

いずれにせよ、ロシアンブルーは船でロシアからヨーロッパに渡ったと考えられる。

イギリスに初めてロシアンブルーが到着したのは1860年代のこと。1871年に「愛猫家の父」ハリソン・ウィアーがロンドンのクリスタル・パレスで開催した世界初のキャット・ショーに出陳されたという記録も残っている。

1890年代には、アビシニアンやブリティッシュショートヘア、マンクスを育てていたコンスタンス・カリュー＝コックス夫人が、ロシアから数匹のロシアンブルーを買いつけた。リングポポ、オルガ、ファショーダ、バヤード、ムチャチョ、イワノビッチ、ピーター・ザ・グレート（ピョートル大帝）などと名づけられた猫たちは、ロシアンブルーのイギリスでの血統を築くことになる。カリュー＝コックス夫人は、1890年に初めて飼ったコルヤというロシアンブルーについて、白海とバレンツ海にはさまれたコラ半島から海を渡ってロンドンにやってきたと話したと伝えられている。

また、フランシス・シンプソンは1903年に出版した『The Book of the Cats（猫の本）』の中で、ロシアンブルーについて多くのページを割いているが、そこにカリュー＝コックス夫人もロシアから輸入された猫とイギリス生まれの猫の違いについて、次のようなコメントを寄せている。「輸入されてきたロシアンブルーの中にはマズルと頭部に丸みがあって耳が小さく、両耳の間が離れているものがいる。アルハンゲリスクから来た猫たちは身体全体が深いブルーで、イギリス生まれの猫たちよりも目と耳が大きく、頭と脚が長い」

当時、ロシアンブルーは、同じくブルーの被毛を持ったブリティッシュショートヘアと一緒のカテゴリーに分類されていた。けれども、ずんぐりとして頭も丸いブリティッシュショートヘアとロシアンブルーでは、体型からして明らかに違う。そもそも人気が高かったのはブリティッシュショートヘアのほうで、ロシアンブルーは美しい猫ではあるが、あまり賞をもらうことはなかった。GCCFがついに両者の違いを認め、ロシアンブルーを別の種として分類したのは1912年のことである。

その後、2つの世界大戦の影響により、イギリス国内のロシアンブ

ルーは激減し、絶滅の危機に瀕した。そこで当時、ブリーダー界でも名の知れたダンロー・ロシアンブルーズ・キャテリーのマリー・ロシュフォードは、レラ・ドゥーというブルー・ポイントの雌のシャムに、数匹のロシアンブルーを交配させた。そうして生まれた子猫のうち、ダンロー・ドモホビッチと名づけられた雄は、キャット・ショーでチャンピオンの称号を獲得する。レラ・ドゥーとダンロー・ドモホビッチは、その後も数々の交配を重ね、現存するロシアンブルーの血統を築いた。他方で、イギリスにおけるロシアンブルーは19世紀の姿とは少し違う、ほっそりした体型になっていった。

同じ時期、スカンジナビアでもロシアンブルーを復活させるため、イギリスの猫とシャムやフィンランド産のブルーの猫との交配が行われていた。スカンジナビアの猫はイギリスの猫よりも大型で、被毛は短く密だった。そうしてイギリスの猫とスカンジナビアの猫の血が混じり合って生まれたのが、現在のスカンジナビアのロシアンブルーだ。

ロシアンブルーが初めて北米大陸の地を踏んだのは1900年代初頭だと思われるが、その後の数十年間は続くものがなかったため、計画交配はなかなか進まなかった。ダンロー・ジャンとダンロー・ブルーシルクという2匹がCFAに認定されるのは、1949年のことだ。なお、当時のアメリカにおけるブリーディングは、イギリスの血統かスウェーデンの血統をもとにして行われたため、かなりバラエティに富んだ姿になっていた。しかし1960年代に入ると2つの血統が結びつき、そのばらつきは解消された。

そして1964年、ロシアンブルーはついにCFAのチャンピオンシップ・ステータスを与えられ、雄のマヤ・エーカー・イゴール2世がグランド・チャンピオンの称号を獲得した。その後、ロシアンブルーは急速に数を増やし、ブリーダーだけでなく一般の人もこぞって欲しがる猫となった。

だが、1980年代に入ると、その人気にも陰りが見られるようになる。それは、ショーに出るには性格的に問題があったことが大きい。ロシアンブルーはもともとおとなしく、人見知りが激しいので、ショー会場のざわめきや物音が精神的に大きな負担となったのだ。その対策として、ブリーダーたちは性質の改善を目指して交配計画を立てたり、ショーに出陳する猫は幼い頃から刺激に慣れさせるようにしたりと、さまざまな工夫を重ねた。そうした努力の結果、ロシアンブルーはショーでも堂々とふるまうようになり、再び数々の賞を獲得するようになったのである。

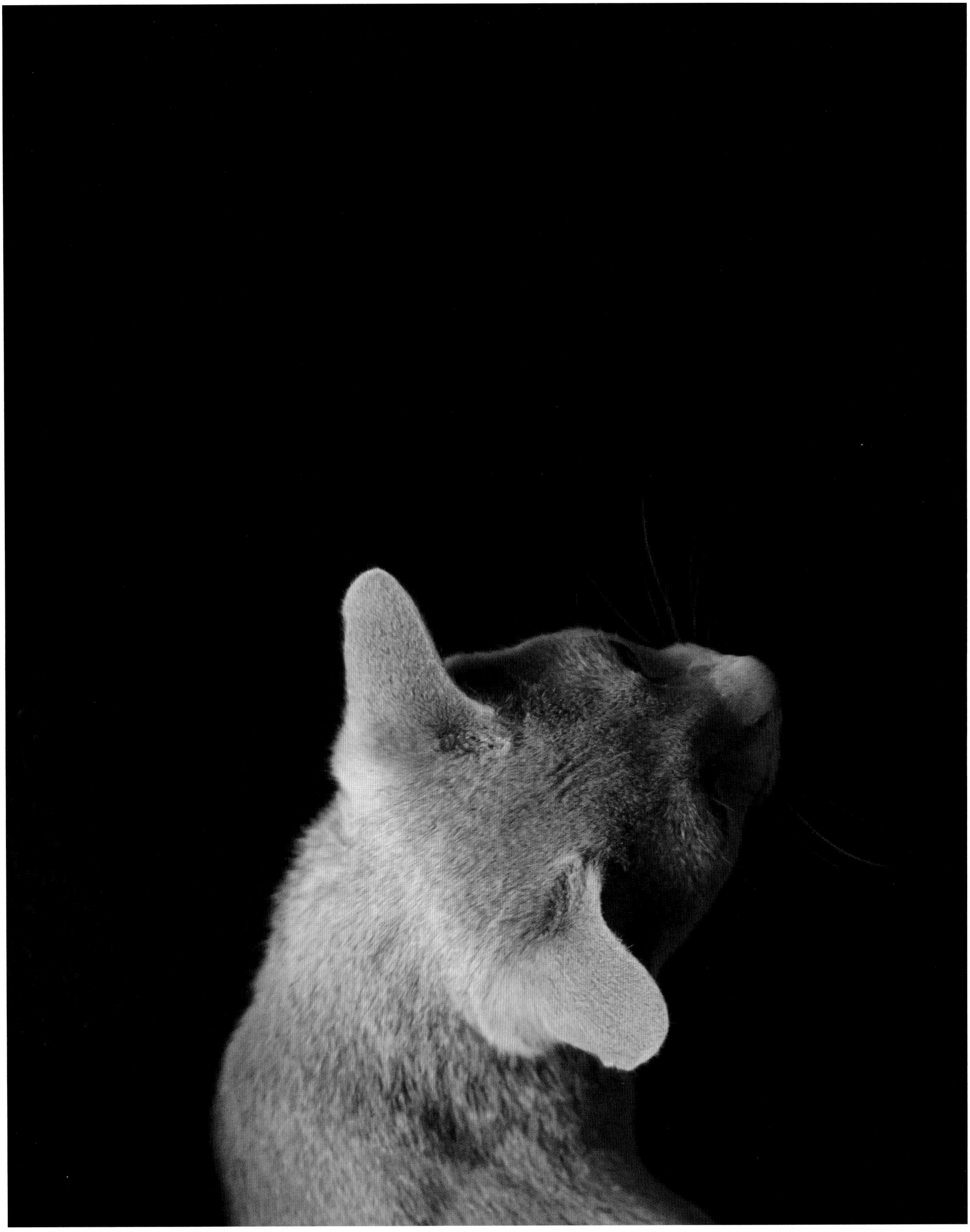

MIDDLE AGES TO NINETEENTH CENTURY | 中世から19世紀の血統

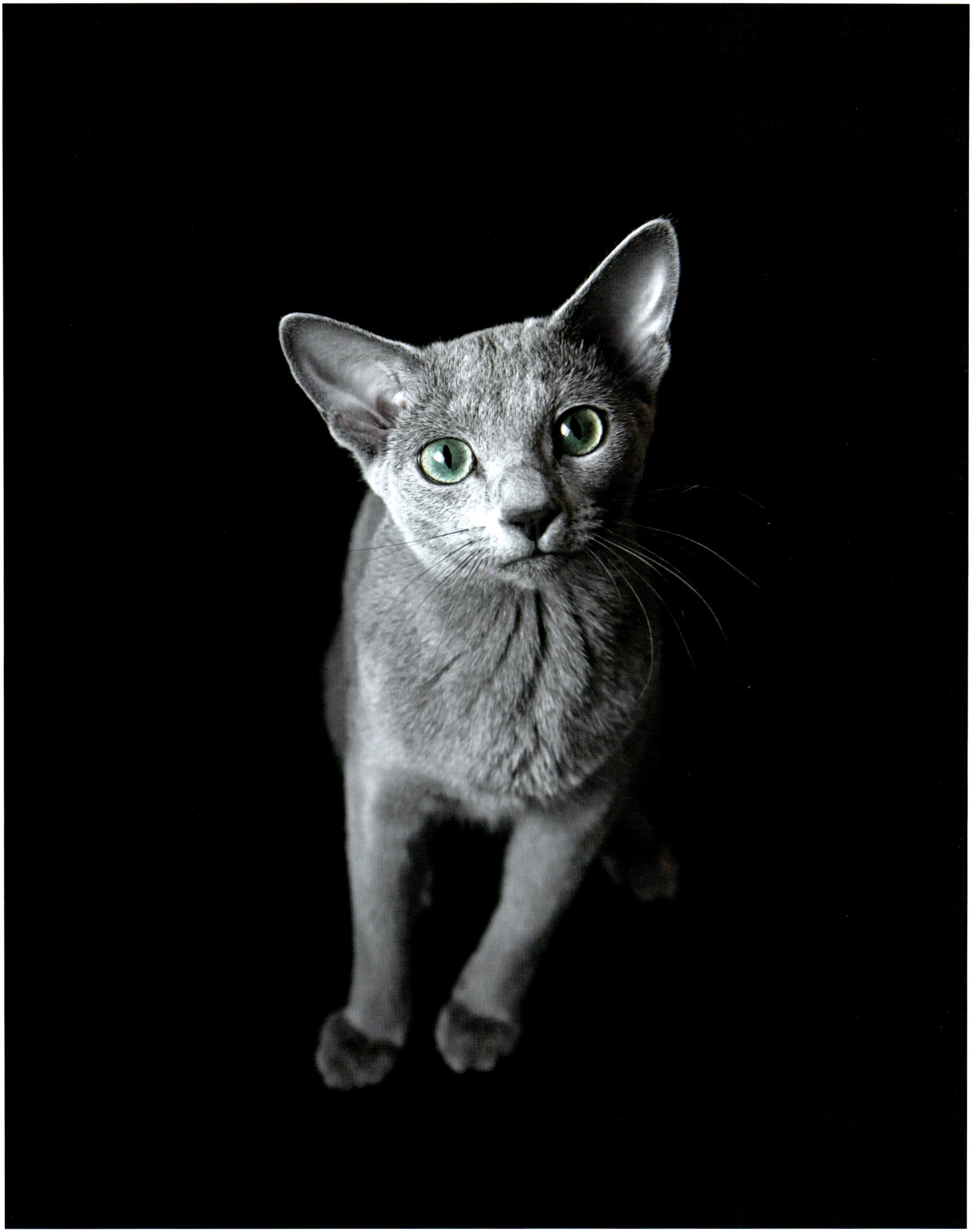

AMERICAN SHORTHAIR
アメリカンショートヘア

中世〜近世 – アメリカ – 一般的

APPEARANCE｜外見
身体はがっしりした筋肉質で、とても力強い。背中は幅が広く、まっすぐに伸びて平ら。脚は中くらいの長さで、足先が丸い。頭部は幅が広くて丸みがある。頬が発達しており、顎は頑強。鼻も中くらいの長さで、幅と長さが同じくらい。耳は大きくもなく小さくもなく、先端がやや丸い。目は丸く、色は被毛の色によって異なる。ほどよい長さの尾は根元が太くて、先端は細く丸い。

SIZE｜大きさ
中型

COAT｜被毛
短い毛が密生し、厚みがある。手触りは硬い。色はバラエティ豊かで、ソリッド、パーティカラー、トータシェル［訳注：黒と赤のまだら模様］、タビーなど。

PERSONARITY｜性格
あまり鳴かず、物静か。おおらかで物おじや人見知りをしない。社交的で遊び好き。

全米を代表する猫種であるアメリカンショートヘアは、性格も見た目もバランスのよい猫と評されることが多い。均整のとれた中型の身体はがっしりとしていて、非常に健康的。性格的にも魅力がいっぱいだ。おおらかで要求は多くないし、人の膝の上でくつろぐことも大好き。加えて、あまり鳴き声を上げて騒がないし、順応性と忍耐力の高さにも定評がある。そのため、子どもや他の動物がいる家庭で飼うにはもってこいの猫だ。

種としての歴史は、1620年にメイフラワー号に乗ってアメリカに上陸したイギリス人入植者が連れてきた猫から始まる。船に乗ればネズミが侵入しないように見張り、上陸すれば農園や住宅で害獣を退治する。猫たちの戦いが終わることはなかった。メイフラワー号には「いろいろな色が交じった短毛の猫」も乗っていて、のちに縞模様の子猫を産んだという記録があるので、この雌のほかに雄も少なくとも1匹は乗っていたと考えられる。

船に乗ってきたのはおそらくブリティッシュショートヘアのような猫で、アメリカに上陸した後にさまざまな特徴を身につけたのだろう。アメリカンショートヘアの祖先であるこの猫たちは船上でも入植地でもネズミ・ハンターとして働いていたため、丈夫で健康的な身体を手に入れることができた。

たくましいアメリカンショートヘアは、長い間、猫愛好家たちの注目を集めることはなく、1900年代の初めになってようやくアメリカ原産のこの種の保存に努めようというブリーダーのグループが現れた。しかし、ここで問題になったのは、慎重な交配によって生まれるアメリカンショートヘアと、短毛の猫同士が無計画に掛け合わされた結果生まれたアメリカンショートヘアっぽい猫との違いが周知されていなかったことだ。前者の場合、交配を繰り返せば、この猫種の特徴が色濃く表れた純血種が生まれてくるが、後者はそうではない。

慎重な交配から生まれた猫も、当初は単に「ショートヘア」と呼ばれていて、1895年にアメリカ初の大規模なキャット・ショーがマジソン・スクエア・ガーデンで開催されたときのカタログにも「ショートヘア」と紹介されている。このショーに出陳されたショートヘアは46匹。そのうちの1匹には1000ドルという驚くような値段がつけられた。翌年の2回目のショーには35匹のショートヘアが出場し、その中の1匹の値段はなんと2500ドルに達した。

CFAに初めて登録されたアメリカンショートヘアは、1900年にイギリスで生まれたベル・オブ・ブラッドフォードという名のオレンジ・タビーの雄だ。ベルはアメリカに輸入された後、9年の間に数々のショーに出場したが、賞を逃したのはわずか1回のみという負け知らずの猫だった。

そして、アメリカンショートヘアとして初めてCFAのチャンピオンの称号を獲得したのは、有名なブリーダーであるミッチェルソン夫人のバジング・シルバー。この猫はシルバー・タビーの雄で、アメリカンショートヘアのシルバー・タビー・クラスで初のチャンピオンとなった。彼の美しいシルバーは今でも人気の高い色になっている。

なお、ブリティッシュショートヘアと区別するため、アメリカンショートヘアの名称は一時、「ドメスティックショートヘア」と変更されたことがあった。だが、これは「国産の短毛猫」という意味にもなるので、アメリカで生まれたすべてのショートヘアを指すものと誤解されることもあった。そのため、1965年に「アメリカンショートヘア」という名称が正式に与えられたのだった。それ以降、アメリカンショートヘアは物おじしない性格と美しい容姿が愛される、全米で人気ナンバーワンの猫となっていったのである。

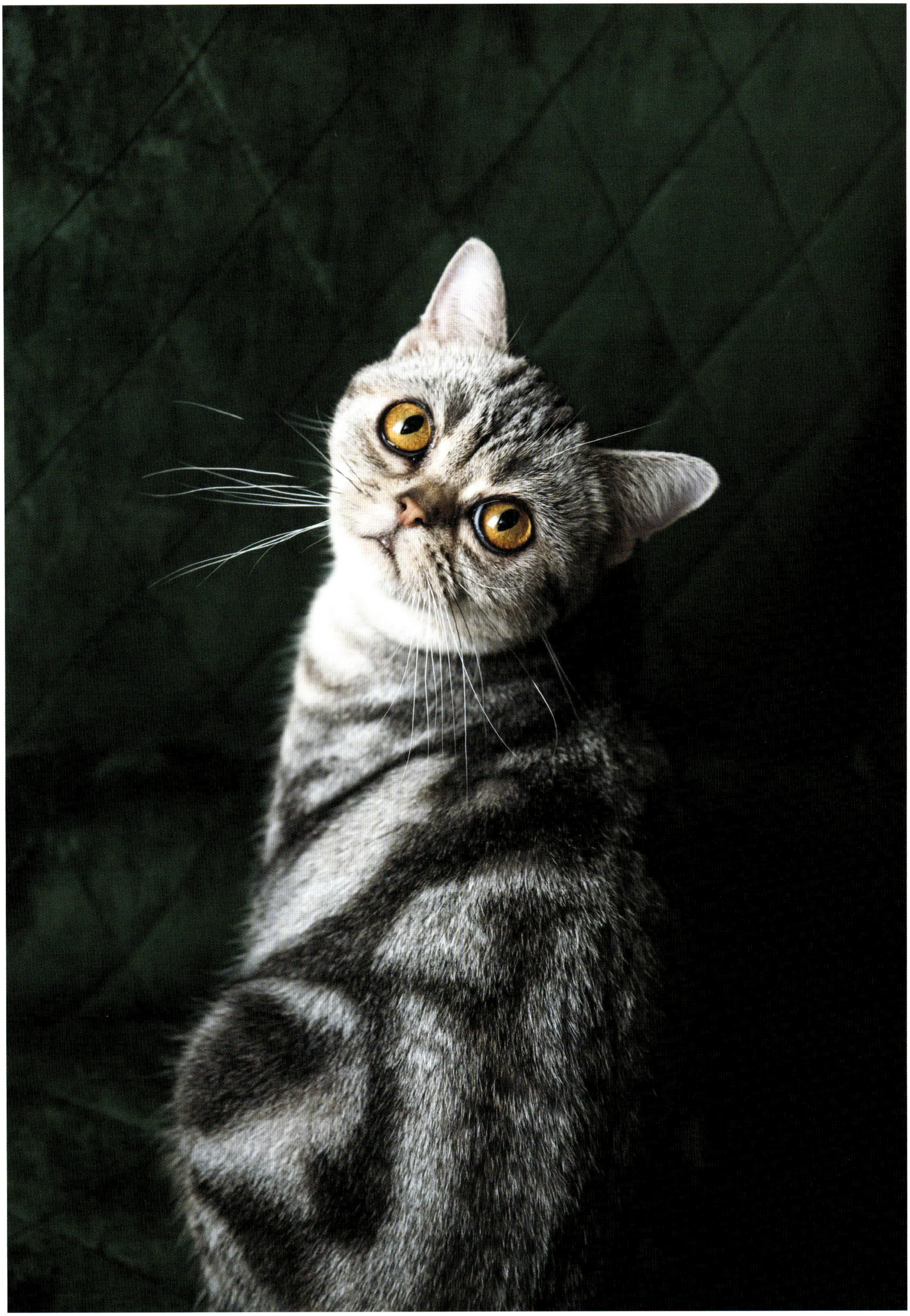

98

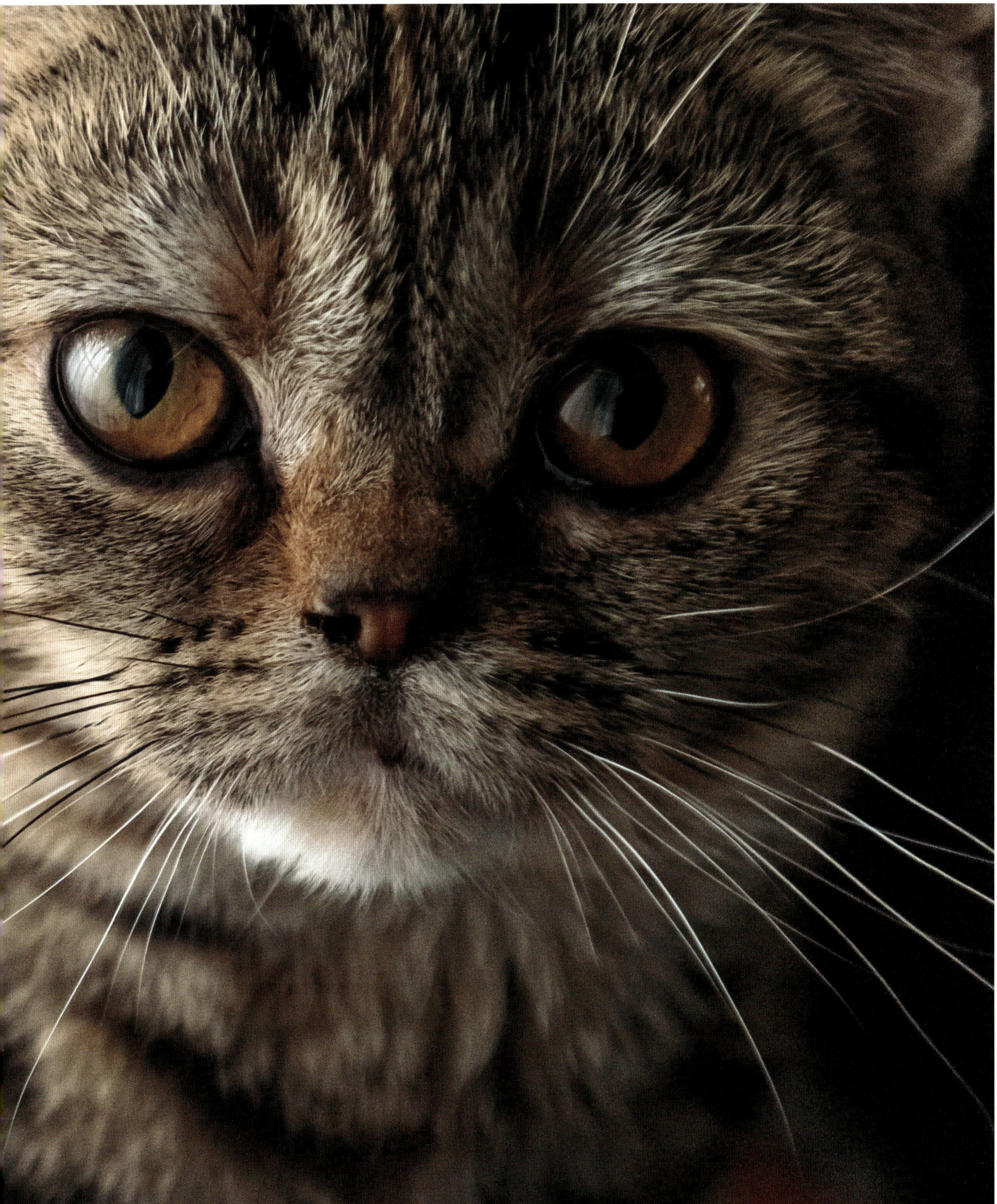

CHARTREUX
シャルトリュー
中世〜近世 ─ フランス ─ 比較的多い

APPEARANCE | 外見
美しいブルーグレーの身体で、がっしりとした体格。肩幅が広く、発達した筋肉のついた胸部は厚い。脚の骨格はやや細め。幅広の頭は丸く、頬も丸みを帯びて口元が微笑んでいるように見える。鼻はまっすぐで、耳は高い位置にまっすぐ立っている。丸い目の色はカッパーからゴールドだが、輝くようなオレンジが好ましい。ほどよい長さの尾は根元が太く、先端は細くて丸みがある。

SIZE | 大きさ
中型〜やや大型

COAT | 被毛
中くらいの長さの毛は密で、ウールのようにふわふわしている。オーバーコートは硬くて撥水効果があり、アンダーコートは分厚くて弾力がある。色はブルーグレーのみ。

PERSONARITY | 性格
あまり鳴かないが、用心深い。飼い主には忠実で、茶目っ気がある。

フランスの美猫、シャルトリューの起源は中世にまでさかのぼることができる。身体の色はブルーグレーのみで、目の色は鮮やかなオレンジからゴールド系。被毛は中くらいの長さだが、分類上は短毛で、手触りはふわふわだ。シャルトリューという名称の由来については諸説あるが、その1つに、18世紀に人気を博した同名のスペイン製ウールにちなんだというものがある。まさしくウールのような被毛はダブルコートで、アンダーコートはとても密。オーバーコートはやや長くて硬く、撥水効果がある。

シャルトリューがフランスで飼育されていたのは、その美しい毛皮を取るためであったことをジャック・サバリ・デ・ブリュロン（1657〜1716年）が『Universal Trade Dictionary of Natural History and Applied Arts（自然史と応用美術における総合商業事典）』（出版は1723年で、デ・ブリュロンの死後）に書いている。これが、この猫種を公式に記録した最初のものだ。シャルトリューの毛皮の取引は20世紀初め頃まで続いた。

名称の由来のみならず、起源についても正確なところはわからないが、十字軍遠征に出た騎士たちが北アフリカ沿岸地域から連れ帰った猫が始まりだという説がある。騎士たちはグランド・シャルトリューズなど、終の住み処に選んだアルプスの修道院に猫を連れて入ったという。しかし、もともと修道院ではネズミ対策として猫を飼っていたとも考えられるので、シャルトリューの祖先が本当に北アフリカ沿岸原産かどうか定かではない。いずれにせよ、アルプスの山中という孤立した場所は、猫たちにとって特徴的な容姿を手に入れやすい場所だったに違いない。

1700年代には、博物学者のビュフォン伯が『ビュフォンの博物誌』を記している。そこには当時、ヨーロッパで一般的だった4種の猫が挙げられている。イエネコ、シャルトリュー、アンゴラ、スパニッシュだ。その4種に関する記述や図版は、現在の私たちから見ても詳細かつ正確で、それぞれの種の特徴をよく表している。

20世紀に入ると、計画的な交配プログラムが始まる。その先駆けとなったのはクリスティーヌ＆シュザンヌ・レジェ姉妹だ。あるとき、フランス北部ブルターニュ地方のベルイル島に出かけた姉妹は、この小さな島に住む猫たちが、他の地域から来た猫たちと無作為に交配していたであろうはずなのに、みな同じようなブルーだったことに感銘を受け、数匹を連れて帰った。そして、その猫たちを姉妹の所有するドゥ・ゲルブール・キャテリーで交配させ、マルキーズという雄とコンキートという雌の間に初めて生まれたのがミニョンヌという子猫だ。ミニョンヌが国際的なキャットー・ショーでチャンピオンの称号を獲得した翌年の1931年、姉妹はフランス国内のショーにもシャルトリューを初めて出陳している。

その後、第二次世界大戦の勃発により、交配プログラムは中断。シャルトリューという種の存続のためには、終戦を待ち、ブリティッシュショートヘアやペルシャ、ロシアンブルーなどの血を借りなければならなかった。また、ヨーロッパのショーでは種を明確に分類するというより、色によってカテゴリー分けがなされていたので、異種交配はさらに進み、結果としてシャルトリューの特徴が薄れ、遺伝子プールに保存される遺伝子にもばらつきが出ている。

一方、アメリカの登録団体は純血であることにこだわるので、ヨーロッパのシャルトリューより、むしろアメリカのシャルトリューのほうが本来の姿に近いのかもしれない。そのアメリカでの血統の礎となったのは、タカン・ド・サンピエール・オブ・ガモナル。1970年代前半、カリフォルニア州ラジョラ在住のヘレン＆ジョン・ギャモン夫妻が、バスティード夫人のキャテリーから買い取った雄だ。

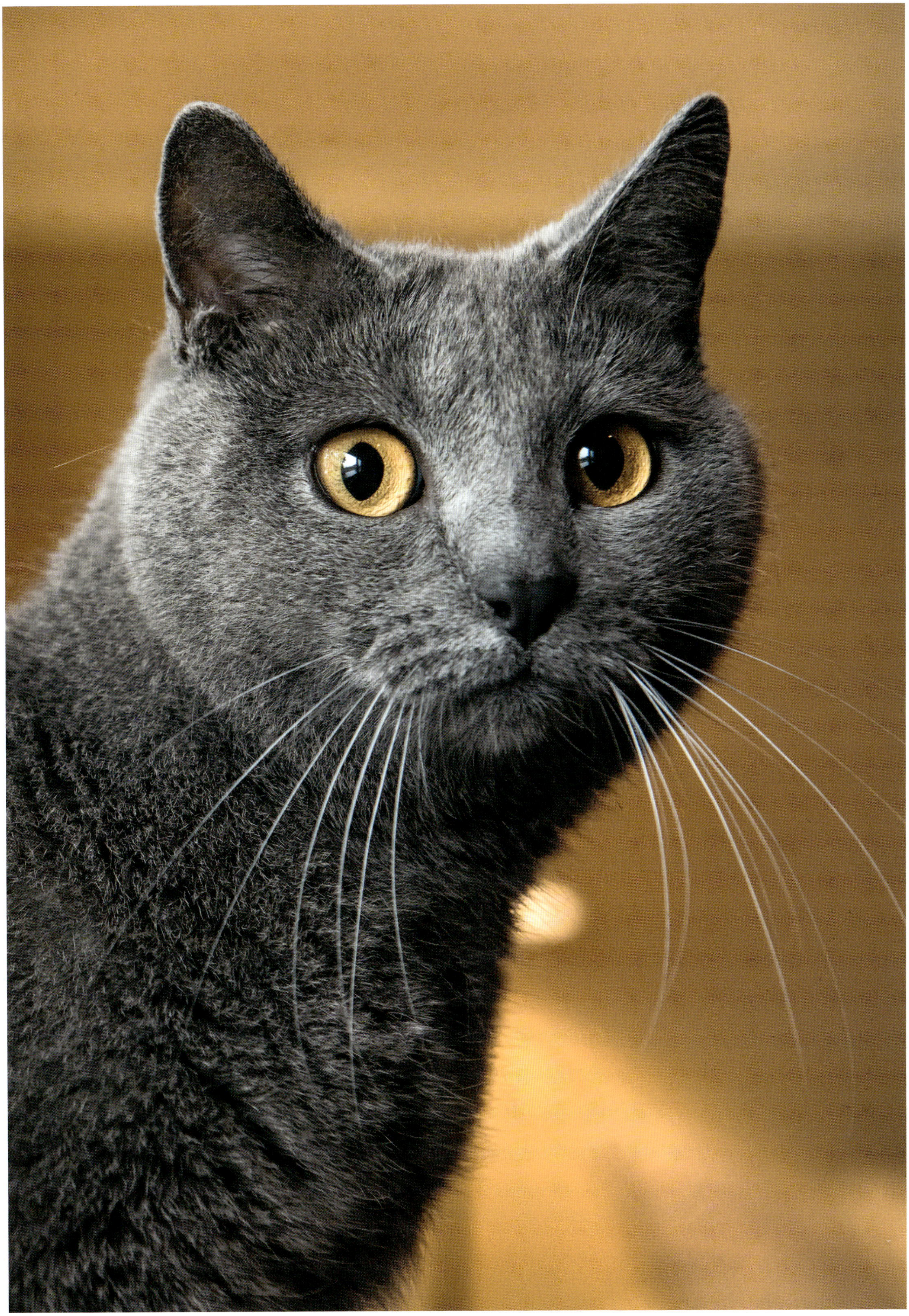

MIDDLE AGES TO NINETEENTH CENTURY | 中世から19世紀の血統

CHARTREUX | シャルトリュー

MAINE COON
メインクーン
中世〜近世 ─ アメリカ ─ 一般的

APPEARANCE │ 外見
身体は筋肉質で、大型。胸部の幅が広く、胴が長い。両脚の間も広く、骨格がしっかりしている。大きな足先は丸く、飾り毛がふさふさしている。頭部は中くらいの大きさで、マズルは四角く、頬骨が高い。大きな耳には豊かな飾り毛。卵型の目も大きく、色はグリーン、ゴールド、カッパー。被毛が白であれば、ブルーとオッドアイも認められる。尾は長く、たっぷりとした毛で覆われている。

SIZE │ 大きさ
中型〜大型

COAT │ 被毛
ゴージャスで長い被毛は、シャギー(ふぞろいな感じ)。肩のあたりだけは毛が短い。身体に沿って流れ落ちるように生えた毛は、なめらかな手触り。色や模様に制限はない。

PERSONALITY │ 性格
自立心が強いが、飼い主には忠実。賢くて度胸があり、遊び好き。

北米生まれのメインクーンは、家の外を冒険したり、木登りを楽しんだり、ネズミ退治に励んだり、活動的に遊ぶのが大好き。水にも動じないのは、分厚く、撥水効果の高い被毛を持つためだろう。外遊びが大好きなメインクーンだが、家の中で飼われていてもさほどストレスを溜め込むことはない。順応性が高いので、暖かい場所があれば機嫌よく過ごせるのだ。性格的にも文句なし。飼い主に忠実で、家族と深い絆を結ぶことができるだけでなく、知的で遊び好きなので申し分ないペットになるだろう。

メインクーンの原産地は、アメリカ本土の最東北部に位置するニューイングランド地方のメイン州。景観の美しいところではあるが、冬の寒さが厳しく、いささか孤立した場所でもある。だからこそ、メインクーンは過酷な寒さの中でも身を守ることができる分厚い被毛を手に入れ、身体がとても丈夫になったのだ。

大きな身体と飾り毛のついた耳が独特の魅力を放つメインクーンは、あっという間にアメリカ人の心を虜にし、ペルシャに次ぐ人気者になった。メインクーンの「メイン」はもちろん原産地の名前から、「クーン」はふさふさした長い尾がアライグマ(ラクーン)に似ていることからつけられた。大型の猫とアライグマをたまたま交配した結果、メインクーンが生まれたなどという、遺伝子学的にありえない話もある。メインクーンのふさふさした尾と、木登りがうまくて水が好きなところをアライグマから受け継いだというのだ。それと同じく信憑性に欠けるが、ボブキャット[訳注：北米から中米にかけて生息するオオヤマネコ科の中型獣]とイエネコとの交配によって生まれたため、メインクーンは他の猫より身体が大きく、耳の先と丸くて大きな足先に飾り毛がついているのだという説もある。

スカンジナビアのバイキングにまつわる、こんな話もある。1000年頃のこと。現在のメイン州の北に位置するニューファンドランドにバイキングがやってきた際、彼らが船内のネズミを退治させるために乗せていたノルウェージャンスコグカット(フォレストキャット)が陸に上がり、やがてメインクーンとなったというのだ。

それからずっと後になると、別の説も生まれた。1700年代にイギリスのクーンという船長が船にたくさんの猫を乗せて、ニューイングランドの沿岸を航海していた。そのほとんどはペルシャとアンゴラの血を引いており、船長が上陸した際、この猫たちも一緒に浜に下りた。その後ほどなくして現地の猫たちは毛の長い子猫を生むようになり、「クーンズキャット」と呼ばれるようになるが、これがメインクーンの始まりだとするものだ。

さらに、18世紀のフランス王妃マリー・アントワネットにまつわる話も残っている。メイン州ウィスカセット出身のクラフ船長が中心となり、囚われの身となっていた王妃をギロチンにかけられる前に救い出す計画が立てられた。クラフはフランス脱出に備え、自身のサリー号に王妃のペルシャとアンゴラ6匹と持ち物を乗せた。結局、その計画は失敗し、王妃は刑に処せられてしまったが、王妃の猫を乗せたクラフの船は追っ手から逃れ、メインにたどり着くことができた。そして、王妃の猫たちとメインの猫との交配の結果生まれたのが、メインクーンの祖先なのだという。

いずれの話も真偽は定かでないが、今日のメインクーンにはアンゴラの血が入っていると思われる。というのも、北米大陸にやってくる船はたいがい、ネズミを退治するために猫を乗せて東海岸に到着したのだが、それらの猫はだいたい長毛種で、そのほとんどがアンゴラだったのだ。その猫たちの多くは上陸した後、農園に売られ、ネズミ退治の仕事を与えられた。そして交配を繰り返し、厳しい気候にも耐え

MAINE COON | メインクーン

MIDDLE AGES TO NINETEENTH CENTURY | 中世から19世紀の血統

られる被毛と丈夫な身体を手に入れた。これが、今日のメインクーンの祖先だと考えてよいだろう。

ネズミを捕るのがうまいだけでなく、見た目が特徴的で美しく、性格的にも申し分ない——そんな猫は、農園主たちの自慢の種になった。そして、1860年代のスコヘーゲン・フェアで初めてメインクーンが出陳される。スコヘーゲン・フェアはメイン州の農園主たちによる祭りで、今も続いている。その祭りに州内各地からメインクーンがやってきて、メイン州チャンピオンの座を競い合った。こうして19世紀の終わり頃、メインクーンはアメリカで1つの種として愛好家たちに認められる猫となったのだ。

19世紀末の作家F・R・ピアースはメインクーンが大好きで、何匹も飼っていただけでなく、メインクーンに関する著書も出版している。ちなみに、飼い猫の1匹にはキャプテン・ジェンクス・オブ・ザ・ホース・マリーンズという仰々しい名前がつけられていた。ピアースによると、1870年代以降、メインクーンは東海岸のあちこちで開かれたキャット・ショーに出ていて、時にはもう少し西のシカゴにやってくることもあった。1878年にボストンで開かれたショーには、数多くのメインクーンが集まった。そして、1895年にニューヨークのマジソン・スクエア・ガーデンで開催されたアメリカ初の大規模なキャット・ショーでは、コジーという名のメインクーンに銀メダルと刻印入りの銀の首輪が与えられたという。

1906年のCFA創設当時の登録簿には、すでに28匹のメインクーンが登録されていた。しかし、やがて人々の関心は外国からやってきたエキゾチックな猫たちに移り、メインクーンの人気に陰りが見え始める。そして、1950年代には絶滅寸前の危機に陥るが、その頃、メインクーンのためのショーや展示会を開催するセントラル・メイン・キャット・クラブ（CMCC）が設立されたことで、メインクーンは窮地を脱し、再び注目を集めることができた。熱心なメインクーン愛好家たちの努力が実り、種の保存に成功したのだ。

CMCCはまた、メインクーンのスタンダードも初めて作成した。その後、1968年にはブリーダーと愛好家が集まり、メインクーンの数を増やして種を保存することを目的とした協会が組織され、1976年にはCFAがメインクーンをチャンピオンシップ・ステータスとして認定するに至った。

メインクーンがイギリスに上陸したのは1980年代になってからだったが、1994年にはGCCFのチャンピオンシップ・ステータスを獲得。こうしてメインクーンはイギリスでも不動の人気を手に入れたのである。

MAINE COON | メインクーン

MIDDLE AGES TO NINETEENTH CENTURY | 中世から19世紀の血統

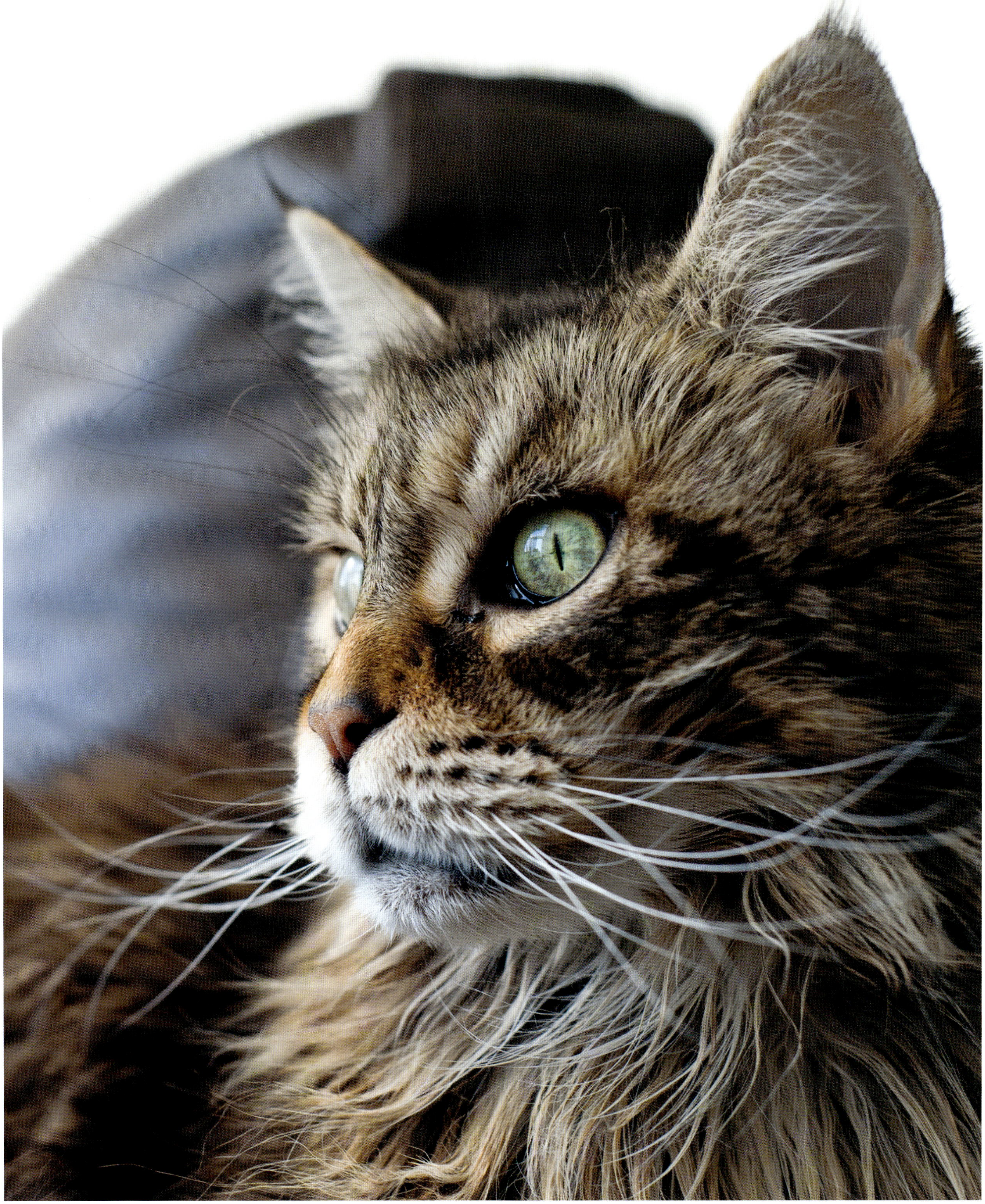

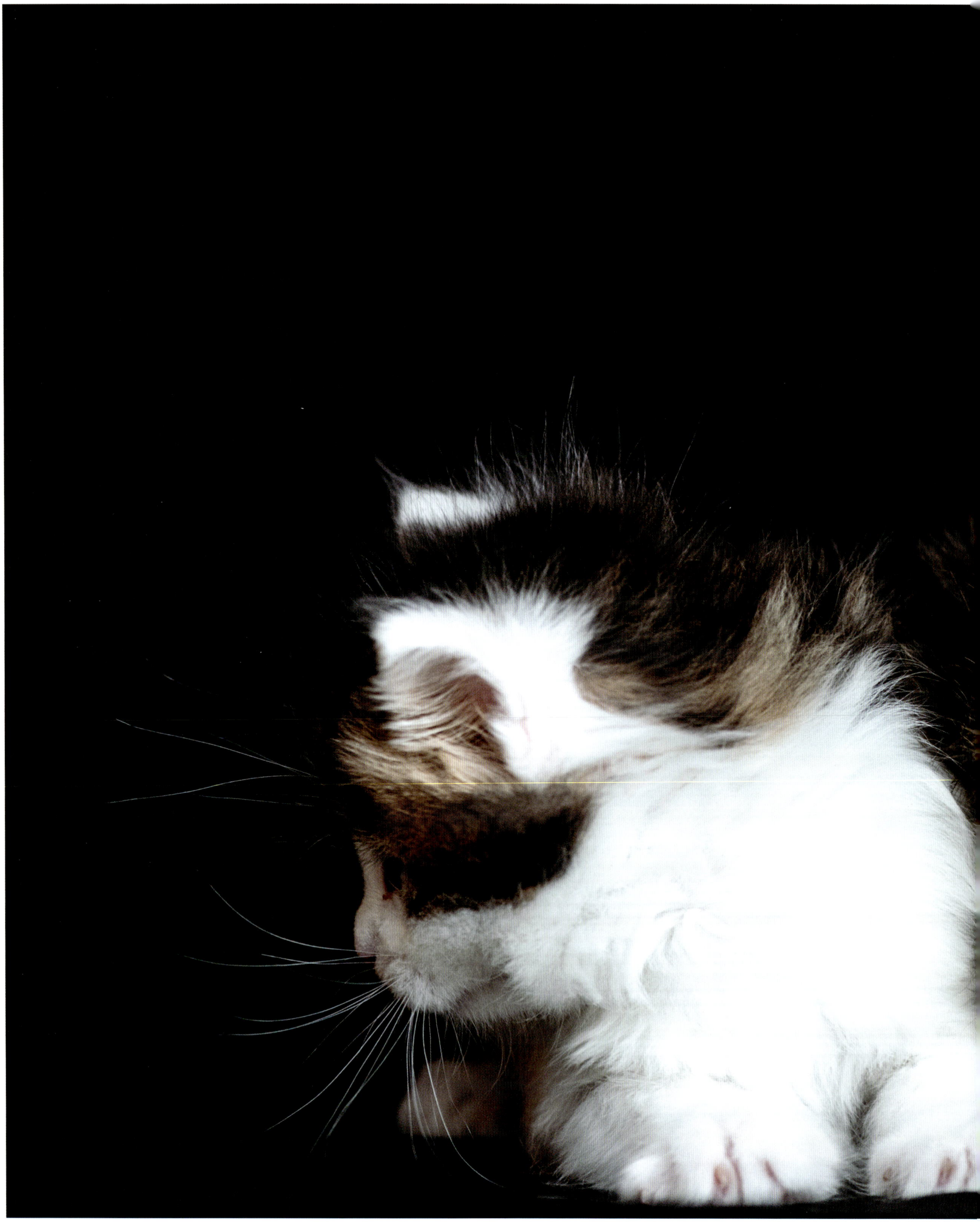

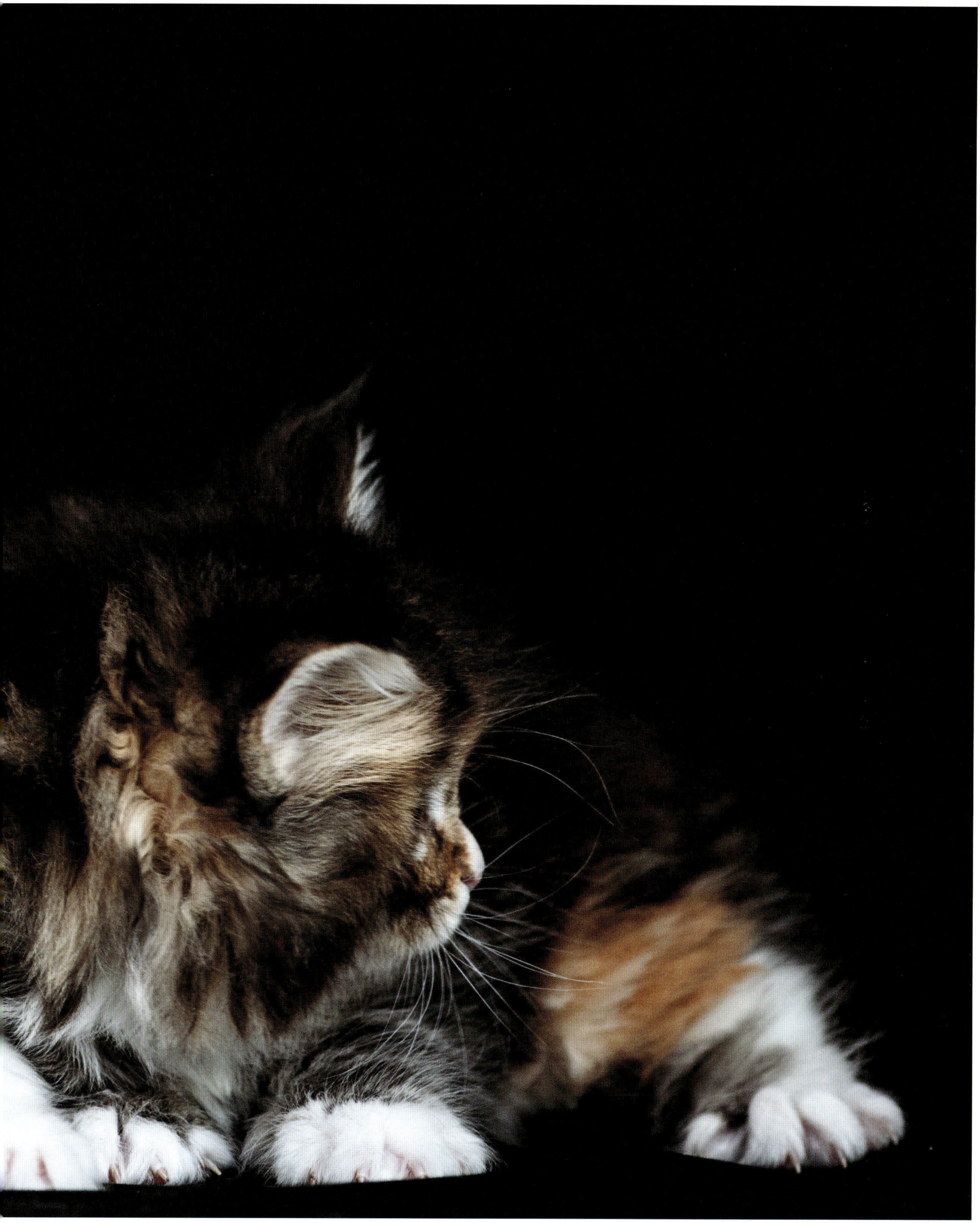

KURILIAN BOBTAIL
クリリアンボブテイル(クリルアイランドボブテイル)

中世〜近世 − ロシア − 希少

APPEARANCE | 外見
ポンポンのような尾が特徴的。頭丈でがっしりした胴は引き締まっていて、やや短め。胸部の幅が広く、後肢が前肢より少し長い。頭は大きく、幅広のくさび型。頬骨が低く、鼻は平均的な長さで幅が広い。耳は中くらいの大きさで、少し前へ傾いている。つりぎみの目は、上半分が半楕円で、下半分が半円。目の色は鮮やかだ。長い毛に覆われた尾にはねじれ、もしくはカーブがあり、長さは1.5〜8cm。

SIZE | 大きさ
中型〜大型

COAT | 被毛
ショートからセミロングまで。手触りはやわらかく、なめらか。色はバラエティに富んでいる。

PERSONARITY | 性格
穏やかで愛情深く、とても頭が良い。遊び好きで社会性があり、順応性にも優れている。

　クリリアンボブテイルは(クリルアイランドボブテイル)非常に珍しい種で、主だった猫種登録団体のすべてに認定されているわけではない。けれども、野性的な美しい容姿に高い知能、そして穏やかな性格と、文句のつけようがない猫だ。とても個性的な容姿の猫だが、クリリアンボブテイル同士はわりと似ているので、他地域との交流が少ない孤立した土地で自然発生し、長い時間をかけて進化を続けてきたものと考えられる。

　その原産地であるクリルアイランズとは千島列島のこと。ロシアのカムチャツカ半島南端と日本の北海道北東部の間、オホーツク海と太平洋を隔てるように点在する列島だ。緯度が高いので、気候はとても厳しい。夏は雨や霧が多いし、長い冬の間は気温がきわめて低く、一面が雪に覆われる。このような過酷な環境で、いつ頃からクリリアンボブテイルが暮らしているのかはわかっていないが、かなり昔から存在していたのは確かなようだ。

　原産地の厳しい気候条件を考えれば、クリリアンボブテイルがとてもがっしりした丈夫な身体を持ち、泳ぎと狩りを得意とするのもなんら不思議ではない。クリリアンボブテイルはネズミやウサギなどの害獣や小動物を狩るのはもちろん、浅瀬で魚を捕まえることもある。とても頭が良く、知恵を使って狩りをし、見た目もヤマネコっぽい野性味にあふれているが、性格は穏やかでとても愛情深く、飼い主にすぐに馴れてよくなつく。

しかも、帰宅した飼い主を玄関で出迎えたり、飼い主の膝の上ではなく足元にうずくまっているのが好きだったり、投げたボールをうれしそうに取ってきたり、人を笑わせてくれたりと、まるで犬のような一面を持っている。加えて、他の猫や犬、子どもとうまく付き合える社会性も持ち合わせている。

　千島列島にボブテイルがいることを明らかにしたのは、20世紀の半ばに列島に在住していた学者や軍人だった。その後、ロシア本土に連れていかれたこの猫たちは、人里離れたところで野生生活をしていたにもかかわらず、たちまち人間と一緒の生活に慣れ、ペットとして飼われるようになった。

　クリリアンボブテイルは、ボブテイルであることと、原産地がロシアと日本の間にあることから、ジャパニーズボブテイルとの関連性が取り沙汰されてきた。遺伝的なつながりはまだ証明されてはいないが、実際、この2つの種は同じ祖先を持つのではないかと推測される。クリリアンボブテイルの愛好家は、この猫からジャパニーズボブテイルが生まれたのだと言う。

　いささかややこしいのだが、ロシア原産でカレリアンボブテイルという猫もいて、こちらはクリリアンボブテイルとの遺伝的な関連性がないことがわかっている。カレリアンのほうは劣性遺伝子によるボブテイルで、しかも原産地はロシアの遠く離れた西部、サンクトペテルブルクあたりなのだ。

　ドイツのWCF(World Cat Federation = 世界猫連盟)によると、クリリアンボブテイルはロシアで第4位の人気だ。最近では、この種をより確かなものにし、国際的な知名度を上げようとする努力が愛好家たちによってなされている。今のところロシアには、ショートヘアかロングヘアかを問わず、クリリアンボブテイルのブリーディングを行っているキャテリーが40〜70ある。それに、なんとも魅力的な性格をしているので、クリリアンボブテイルはじきにアメリカやヨーロッパでも人気の種となるだろう。

MIDDLE AGES TO NINETEENTH CENTURY | 中世から19世紀の血統

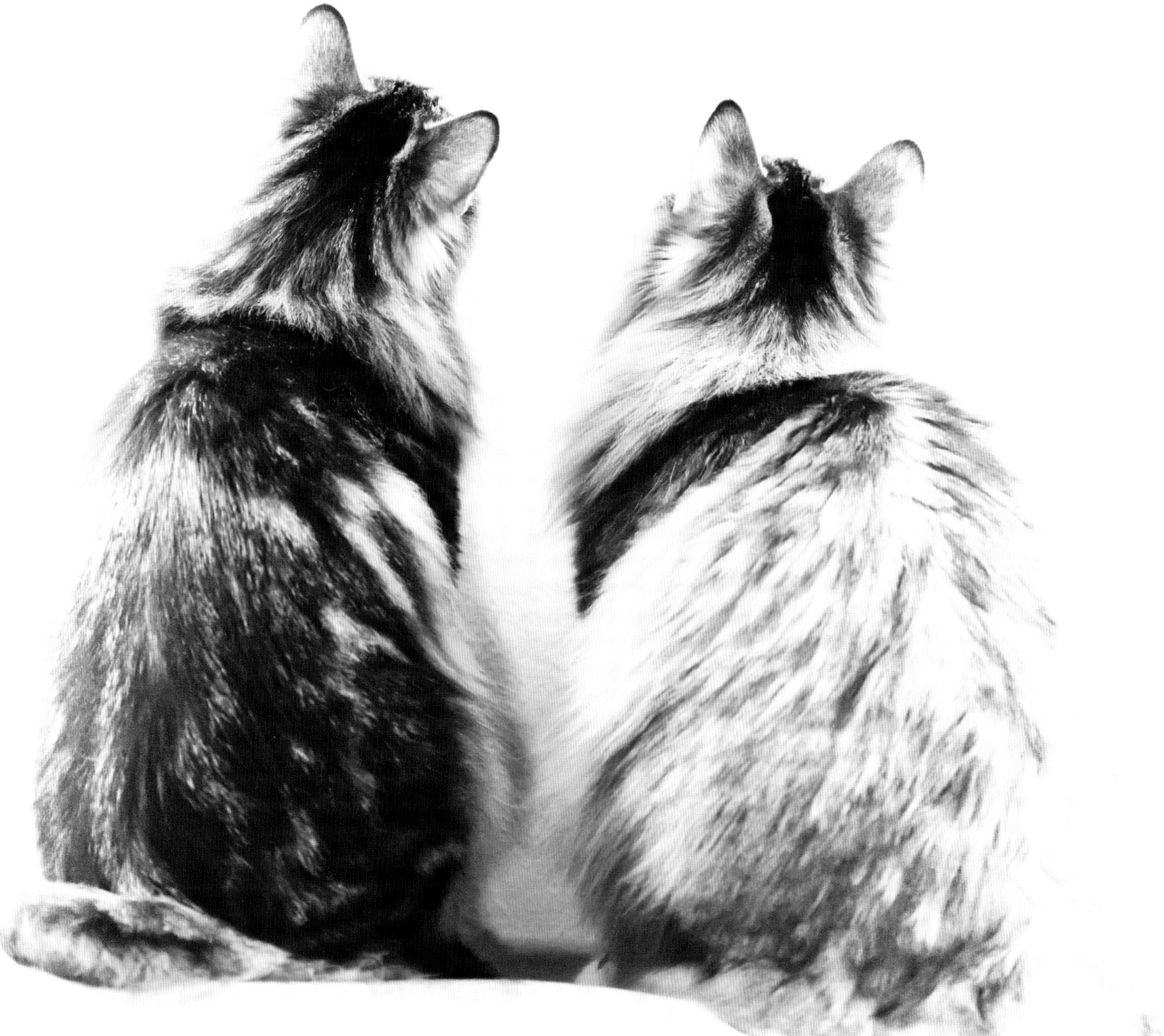

MIDDLE AGES TO NINETEENTH CENTURY | 中世から19世紀の血統

ABYSSINIAN
アビシニアン

中世〜近世 - 東南アジア - 一般的

APPEARANCE | 外見

ヤマネコから受け継いだ王者の風格とエキゾチックな魅力を併せ持つ。胴は中くらいの長さで、しなやかで筋肉質。脚は細くて長く、足先は楕円形で小さい。頭部は大きく、やや丸いくさび型をしている。耳も大きく、基部が幅広で、奥行きのあるカップ型。大きくてきらきら輝く目はアイラインのような黒い線で縁取られている。

SIZE | 大きさ

中型

COAT | 被毛

やわらかくて細く短い毛が密に生え、光沢感のあるティックド・タビーまたはアグーティー・タビーと呼ばれる縞模様が特徴。これは1本1本の毛自体に色の明るい部分と濃い部分があり、結果として縞模様が出るものだ。色はルディ（赤）、ソレル（赤茶色）、ブルー、フォーン（クリーム色）、ライラック、チョコレートが公認されている。

PERSONALITY | 性格

活発で、とても知的。好奇心が強く、遊び好き。飼い主に忠実。

アビシニアンはとても美しく、エレガントな猫だ。堂々とした風格を備えているけれど、性格は陽気で、活動的。眠りに落ちるのも早いが、走るスピードもかなりの速さだ。高い棚の上でも、暗い隅っこでも、アビシニアンに届かないところはないと言っていいくらい運動能力も高く、活動的な家族に向いている。好奇心が旺盛で楽しいことを見つける才能は、アビシニアンの特性と言ってもよいだろう。ベッドのシーツの下にもぐり込んだり、人の肩の上によじのぼったり、家具の上を跳んで移動したり、影を追いかけて跳ねたり……そのエネルギーは尽きることがない。

そして、飼い主には忠実で、深い絆を結ぶことができる。とても愛情深く、人と一緒に過ごすことが大好きで、「ひとりぼっちで留守番をするのは嫌」「閉じ込められるのも嫌」と抗議する鳴き声も、アビシニアンらしくにぎやかだ。さらに、人がアビシニアンをしつけているつもりで、知らず知らずのうちにアビシニアンにしつけられていると言われるほど知恵のある猫だ。

アビシニアンはミステリアスでエキゾチックな魅力をたたえているが、その起源も謎に包まれている。アビシニアンの祖先は、古代エジプトの時代に青ナイル（ナイル川の支流）流域で神と崇められていた聖なる猫だとする説がある。このことを証明する科学的根拠は見つかっていないが、古いものでは紀元前3000年頃の壁画や墓、彫刻などの美術品にアビシニアンによく似た猫が描かれている。こうしたことから、アビシニアンの起源は古代にあると推測されてきたのだが、実際にはもっと新しい時代に生まれたのではないかと現在では考えられている。

アビシニアンという名は、19世紀になってようやく与えられた。それは、アビシニア（現在のエチオピア）からやってきたことに由来する。1868年のアビシニアとの戦争後、兵士たちが猫を連れて帰ってきたのだ。特に、イギリス陸軍大尉の妻バレット＝レナード夫人のズーラという名の猫が有名だ。1872年1月27日付の『ハーパーズ・ウィークリー』紙でも、1871年にクリスタル・パレスで開かれた世界初のキャット・ショーで第3位を獲得した猫のことを、アビシニアンとイラスト入りで紹介されている。ただし、今のところズーラを含め、初期の頃にアビシニアから連れてこられた猫たちと現在のアビシニアンの間には、遺伝的なつながりは見つかっていない。

1889年には、「愛猫家の父」ハリソン・ウィアーが著書『Our Cats and All About Them（私たちの猫とそのすべて）』の中で、アビシニアンの特徴を挙げながら、その理想とすべき姿を書いている。この本によると、アビシニアンのティッキングの入った特徴的な被毛は「(グレーではないが)野ウサギの背中」に似ており、他の猫種にはないその様子から、当時はウサギネコとも呼ばれていたという。

アグーティー・タビーまたはティッキング・タビーと呼ばれる、1本1本の毛の先端が濃い色で、皮膚に近いところが淡い色の縞模様になっている被毛は北アフリカやアジア、中東を原産地とする猫によく見られ、リビアヤマネコも同じような模様の被毛を持つ。リビアヤマネコはイエネコの祖先とされる動物で、アビシニアンは他の猫種よりもさらにこの祖先に近いとされてきた。

ところが近年の遺伝子解析から、アビシニアンはインド洋沿岸部や東南アジアで進化したらしいということがわかった。実際、出所が明確な最古のアビシニアンは、オランダのライデン自然史博物館が1830年代半ばに入手した剥製だが、これには「原産国、インド」というラベルがつけられている。したがって、初めてイギリスに持ち込まれたアビシニアンは、商人がインドから連れ帰ったものと考えるのも、あな

がち的外れとは言えまい。あるいは、エジプトで穀物倉庫が建てられ始めた頃、ネズミの害に困ったエジプト人がアジアから輸入したとも考えられる。

確実に言えることは、19世紀の終わりにインドや東南アジア、北アフリカから輸入した猫、およびイギリスにもともといた猫など、さまざまな猫の交配と改良を繰り返すことで純血のアビシニアンという種がイギリスで確立されたということだ。しかし残念ながら、当時の交配に関する記録は残っていない。いちばん古い記録は1904年のもので、出自のわからない雄と雌の名前がたくさん挙げられており、現在ではアビシニアンと認められない猫との異種交配が行われていたことも記載されている。

とはいえ、こうした交配が現在のアビシニアンのカラー・バリエーションをつくったのは事実だし、おそらくソマリの血が取り入れられたために長毛のアビシニアンが生まれたのだ。ただし、40〜50年前からは、好ましくない劣性遺伝子を排除するため、イギリスで生まれたアビシニアンは血統が明らかでないと純血種と認められないようになった。

最後に、種の確立に大きく貢献した2匹の話をしておこう。1903年生まれのファンシー・フリーという雌と、1905年生まれのアルミニウムという雄だ。どちらも著名なブリーダー、カリュー=コックス夫人が所有していた猫で、当時のアビシニアンの血統書には必ず言っていいほど、この2匹の名前が記載されている。1907年、この2匹の間に生まれたアルミニウム2世という名の雄の子猫をアメリカ人のキャスカートという女性が買い取った。このアルミニウム2世と、彼女がその後買いつけたソルトという名のもう1匹が、アメリカに初めて輸入されたアビシニアンだとされる。

しかし、第一次世界大戦の影響もあり、アメリカで種として確立させる動きは断たれてしまう。1930年代には、メトカーフ夫人とメアリー・ハンツモンが種の確立に尽力したのだが、事がうまく進み始めた矢先に今度は第二次世界大戦が勃発し、終戦時にはアメリカでもイギリスでも繁殖可能なペアがごくわずかになってしまった。

それでも熱意ある愛好家たちの努力によって1950年代に再び相当数を確保できるようになり、1980年代の終わりにはアビシニアンはアメリカで最も人気のある短毛種として名が挙がるまでになった。その人気は現在も衰えることがない。

ABYSSINIAN | アビシニアン

CHAPTER 3
第3章
19世紀後半から1959年の血統

　19世紀後半以降、猫はペットという領域を超え、ブリーディングやショーといった愛好家たちの世界に飛び込んだ。そうして純血種と呼ばれる猫や、外国からやってきたエキゾチックな猫に対する人々の関心が高まっていく。記録に残る最古の猫の展示会は、1598年にイギリスのウィンチェスターでセントジャイルス・フェアという祭りの中で開かれたものだ。

　しかし本格的なものとなると、それからおよそ300年後、1871年にロンドンのクリスタル・パレスで開催されたキャット・ショーが最初になる。これまでにも何度か触れているが、その主催は著名なブリーダーにして作家のハリソン・ウィアー。ショーに出場する猫を審査する際の基準になる「スタンダード」を初めて明文化したのもウィアーだ。彼は、出場する猫たちをその被毛の色や長さ、体型によって分類した。さらに、1889年に出版された著書『Our Cats and All About Them（私たちの猫とそのすべて）』は、キャット・ショーの審査員や猫愛好家のバイブルとなり、ウィアーは「猫愛好家の父」と呼ばれるようになった。

　ウィアーがキャット・ショーを開催した第一の目的は、猫を競わせることではなく、人々の関心を高めることによって、猫たちが幸せに暮らせる社会を創ることだった。それでもやはりキャット・ショーが盛んに行われるようになると、競争が激しくなり、ウィアーが目指したところとは違う方向へ進み始めた。それを悟ったウィアーは、キャット・ショーの世界から距離を置くようになる。

　クリスタル・パレスで開かれた世界初のキャット・ショーに話を戻そう。このショーにはショートヘア、マンクス、ペルシャ、アンゴラ、ロシアンブルー、シャムなど170匹もの猫が出場し、「太っているで賞」「大きいで賞」といったユニークなものも含め、54の賞が設けられた。各メディアが取材に集まり、特にシャムについては賛否両論の議論が紙面を賑わせたことは前述のとおりだ。このショーが大成功を収めたことによって、純血種の猫やキャット・ショーは一気に流行の先端に躍り出ることとなった。

　もちろん、この流行は中流〜上流階級のものだったが、その後のショーでは「労働者階級の猫」や「ヤマネコの血が混じった雑種猫」という部門まで作られた。トップクラスの猫になると大金を獲得できたこともあり、ショーの参加者は増加の一途をたどっていく。そして、1887年にウィアーが中心となって英国ナショナル・キャット・クラブが設立され、猫の血統を記録するシステムが築かれた。初代会長にはウィアーが就任し、第2代会長には猫の絵で知られる画家、ルイス・ウェインが就いた。1898年には著名なブリーダー、マーカス・ベレスフォード夫人がライバル団体となるザ・キャット・クラブを設立するが、こちらはその5年後に活動を終えることになる。

そして1910年になるとGCCFが設立された。GCCFはイギリス唯一の血統登録団体の座をナショナル・キャット・クラブから受け継ぎ、純血種の育成に力を注いだ。当時の猫種のカテゴリーはたった4つ、すなわちロングヘア、ショートヘア、アビシニアン、シャムのみだった。審査員としてもブリーダーとしても有名なフランシス・シンプソンは、猫の中でいちばん数が多いのはショートヘア・タビー、続いてショートヘア・ブラック、ショートヘア・ホワイトだったと述べている。ちなみにシンプソン自身はロングヘアの愛好家だった。

アメリカでは、1895年にニューヨークのマジソン・スクエア・ガーデンでイギリス人のジェームズ・ハイドによって初の大規模なキャット・ショーが開催され、その4年後にはACAが設立された。イギリスでもそうだったように、アメリカでも初期から地域ごとにキャット・クラブが作られている。シカゴ・キャット・クラブと、イギリスのブリーダー、マーカス・ベレスフォード夫人にちなんで名づけられたベレスフォード・キャット・クラブは、いずれも1899年の設立だ。そして1906年にはCFAが設立され、現在では世界最大の愛猫家協会となっている。ほかにも、現在世界第二の規模を誇るTICA（1979年設立）をはじめ、猫種の保存と育成、および登録を行っている協会は数多くある。

フランスでは1949年にFIFeが設立され、現在では世界のおよそ40カ国が参加する国際的な連盟として機能している。

19世紀には猫を飼う家庭がぐんと増え、そのまま20世紀を迎えることになる。さらに猫は、新たな職場を与えられるようにもなった。もちろんネズミを捕まえる仕事に変わりはないが、その活躍の場が広がったのだ。

たとえば、イギリスの郵政公社では1868年から1984年の間、ネズミ問題担当の猫たちを雇っていた。その第1号は1868年9月に採用され、ロンドンにある為替部門に派遣された。給料はエサ代として週1ペニー。1873年には、それまでの任務遂行能力の高さが認められて昇進した。その話が知れわたると、イギリス中の郵便局がこぞって猫を雇うようになった。その中で最も名を知られているのが、1950年生まれのティブスという雄猫だ。がっしりとした体型で、体重は10.5kgにも達したという。ティブスは非常に有能で、14年の在任期間中、彼の勤める郵便局の本部事務所にネズミが現れることは一度もなかったと伝えられている。

大西洋の西でも東でも猫の活躍の場は劇場にも広がり、同時に猫は幸運のシンボルとなった。作家のカール・ヴァン・ヴェクテンは『The Tiger in the House（家の中のトラ）』(1922年)の中で、ニューヨークのあちらこちらの劇場に住みついている猫に対して、各劇場の従業員たちが特別な肉を買い与えている様子を詳細につづっている。アメリカの劇場では黒猫がだんぜん人気で、猫が役者の足元にまとわりつくと、その興業は大成功するというジンクスもあった。しかし、猫は気まぐれなもの。芝居の最中に猫が突然、舞台にのぼることも珍しくなかった。

ロンドンの大英博物館でも長年にわたって猫が活躍していた。展示品や所蔵品をネズミの害から守るのが猫たちの仕事だった。その猫たちがいつからいるようになったのかは定かでないが、1828年から1866年にかけて写本部門に勤務していたサー・フレデリック・マッデンは、当時、博物館に猫がいたことを記録に残している。

「ミュージアム・キャット」として最も有名なのは、マイクという猫だろう。マイクは1908年頃から引退する1924年まで、大英博物館で任務にあたっていた。最初にやってきたとき、まだ子猫だったマイクは、当時、古代エジプト部門に勤務していたサー・アーネスト・ウォリス・バッジと強い絆で結ばれた。愛嬌のあるマイクはバッジのみならず、博物館中のスタッフにかわいがられ、引退後も魚がたっぷり入ったエサをもらっていた。そんなマイクが1929年に亡くなると、多くの人が悲しみに暮れた。その後、ベリンダという名の大きな身体の茶色い猫をはじめ、マイクの仕事を継いだ猫たちも人々から愛され、任務を忠実にこなした。

しかし、猫の職場は快適なところばかりではなく、軍隊と行動を共にすることもあった。特に2度の世界大戦中にはイギリス、アメリカをはじめ、多くの国の軍隊が猫にさまざまな任務を与えていた。たとえば、猫を伝令に仕立てようと訓練もなされたが、命令をされて任務を遂行す

ることは猫の性質に合わず、この試みはあえなく失敗に終わった。だが、ネズミ退治なら大の得意分野。特に第一次世界大戦の前線では、目覚ましい活躍を見せた。また、猫にとってはうれしい仕事ではないだろうが、有毒ガスの検知に使われることもあった。

そして、疲れた兵士の心を癒したのもまた猫。大戦中、捕虜となったロシアの兵士たちの中には、分厚いコートの下にマスコット代わりの子猫を隠し持っていた者も多かったという。実際、猫を連れた兵士の写真は数多く残っているし、猫をはじめとする動物たちには極限状態に置かれた兵士を癒す力があることが報告されている。そのためか、第一次世界大戦中のイギリス軍だけでも50万匹の猫を雇っていたという。一方で、イギリスで最も有名な動物保護施設バタシー・ドッグズ&キャッツ・ホーム(1860年設立)は、戦地に赴く兵士の愛犬や愛猫の一時預かりを1917年に始めている。

そのほか、イギリスやアメリカの海軍の艦艇や空軍の基地でも猫を常駐させ、ネズミを退治させていた。当時の写真を見ると、ヨーロッパ大陸からニュージーランドに至るまで、兵士のいるところには猫がいて、その能力で兵士たちを助け、癒していたことがわかる。

第一次世界大戦が勃発した1914年、戦地ではなく南極大陸を目指した1匹の猫がいた。その年、アーネスト・シャクルトン率いる探検隊がロンドンから南極大陸を目指し、エンデュアランス号で出航した。船員の1人にヘンリー・マクニッシュという船大工がいたのだが、その飼い猫だった大きなトラ猫は置いていかれるのをたいそう嫌がった。マクニッシュも、自分の後をついて回るほどよくなついたこの雄猫に対して、「大工の妻」を意味するミセス・チッピーという名をつけてかわいがっていた。

しかし猫を連れていくことは当然ながら叶わず、マクニッシュはミセス・チッピーを置いて船に乗った。だが出航した後、マクニッシュが船に持ち込んだ道具箱を開けると、なんとそこにはミセス・チッピーが丸まって寝ていたのだった。それから、この猫は隊員たちにもかわいがられるようになった。とはいえ、その人気は、もちろん犬ぞりを引くために乗せられていた犬たちには及ばなかったが。

順調に南極を目指していたエンデュアランス号だったが、南極海で氷塊にとらわれ、身動きが取れなくなってしまう。氷の圧迫によって船が裂け始めると、シャクルトンは隊員を3艘の救命ボートに分乗させ、およそ550km離れた小島を目指すことを決断する。しかしエンデュアランス号を離れるとき、ミセス・チッピーは銃殺された。マクニッシュは、この処分を下したシャクルトンを一生許さなかったそうだ。

その後、第二次世界大戦が終わりに近づいた頃、南極大陸に研究所を建設するため、イギリスの基地が2つ造られた。このときは正式にタビーという名の猫が連れてこられた。その数年後にもティドルズをはじめ、さらに数匹がこの地にやってきた。どの猫も、雪と氷に囲まれた生活にすんなりとなじむことができたという。

1930年代のニューヨークには、こんな話がある。ある日、西44丁目のアルゴンキン・ホテルにみすぼらしいレッド・タビーの猫が迷い込んできた。もともとは劇場で飼われていたと思われるこの猫を、オーナーのフランク・ケースは温かく迎え入れた。こうして猫のいるホテルというアルゴンキン・ホテルの伝統が始まった。1930年代から1940年代にかけて多くの舞台俳優が宿泊しているが、その中の1人、ジョン・バリモアがこの猫をハムレットと名づけた。その後もアルゴンキンにはいつも猫がいて、雄は代々ハムレット、雌はマチルダと呼ばれている。当代のマチルダもロビーにいて、客を出迎えている。

ロンドンのサボイ・ホテルにも、1926年以降、1匹の猫が「住んで」いる。建築家のバジル・アイオナイズの手による高さ1mの木像の黒い猫だ。キャスパーと名づけられたこの猫は、客が13人で食事のテーブルに着くときには14人目として同席する。

この習慣が始まったのには、1898年にサボイで食事をした南アフリカの事業家ウルフ・ジョエルにまつわる一件が関わっている。食事会の直前に1人がキャンセルしたため、ジョエルたちは13人で食事をすることになった。するとそのうちの1人が、「13人は不吉だな」と言った。そして、食事を終えたジョエルが席を立とうとすると、先ほどと同じ人物が今度はこう言った。「最初に立つ者には不幸が訪れる。この中で最初に命を落とすことになるぞ」。それから数週間後、ジョエルは本当に不幸に見舞われる。なんとヨハネスブルクで銃殺されてしまったのだ。

ジョエルの死から数年間、サボイ・ホテルは悪評を打ち消すため、13人で食事をする客がいれば、14人目として従業員を座らせていた。しかし、客はプライベートな席に見知らぬ人が入るのを当然、好まない。そこで1926年以降は、いつもはロビーに「座っている」キャスパーが14人目として同席することになったのだ。イギリスの元首相ウィンストン・チャーチルはキャスパーがことのほかお気に入りで、政治について語り合うジ・アザー・クラブの会合には必ずキャスパーを同席させていたという。ほかにも、ロンドンのリッツ・ホテルにもタイガーと名づけられた猫がいたことがあるし、パリでもいくつかのホテルが猫を住まわせている。

2度の世界大戦は、猫の世界にも大きな打撃を与え、多くの交配計画が中止に追い込まれた。食糧事情が極端に悪化し、飼い主の家

族が離散あるいは戦争の被害を受けるなど、自分の身に差し迫った問題が降りかかり、猫の繁殖どころではなくなったのだ。1940年頃にはシャムなど絶滅寸前にまで数を減らした種もあり、種を再び確立させるために戦後、異種交配が行われた。以前からシャムにロングヘアの子猫が生まれることはあったが、異種交配を行ったためにシャムに長毛の遺伝子が受け継がれ、1950年代にバリニーズと呼ばれる毛の長いシャムが誕生したと言われている。

またアビシニアンも、第二次世界大戦が終わる頃にはイギリスでわずか12匹にまで激減。イギリスはもちろん、アメリカでもブリーダーたちは異種交配が必要だと考えた。こうしてアビシニアンに長毛の遺伝子が入ったことで生まれたのがソマリだ。

第二次世界大戦が終わると、新種の猫の開発が盛んに行われるようになった。ブリーディングやショーに人々の関心が戻ってきたこともあるが、遺伝子への理解が深まったことと、体型や被毛の長さなどのタイプを選んで交配させるという概念が根づいたことも理由だ。

この頃に開発された種として、カラーポイントショートヘア、ジャバニーズ、オリエンタルなどが挙げられる。いずれもシャムのカラー・バリエーションを増やそうと計画的な交配を重ねた結果、生まれてきた猫種だ。甘えん坊で人なつこいシャムらしい性格を受け継ぎながら、色も模様もバリエーション豊かになったのだ。なお、ジャパニーズに関しては長毛のカラーポイントショートヘアとして、本書では同じ項目で説明している。

また、ペルシャとシャムの交配からはヒマラヤンという種が生まれた。ペルシャから長い被毛と性質を、シャムから色を受け継いだヒマラヤンは、すべての登録団体が独立した種として認めているわけではなく、団体によってはペルシャのカラー・バリエーションとしている。

バーミーズ、ハバナブラウン、タイなどの近代種は、タイやインドネシアの王室や寺院で大切にされていた聖なる猫を祖先に持つ。由緒正しい血筋ではあるが、近代のブリーダーたちが特定の特徴を生み出すために交配を行って開発した種であるため、20世紀の中頃までは純血種と認められなかった。この時代に誕生した猫で、最も面白い特徴を持つのはコーニッシュレックスだろう。1950年7月21日、とある農園の台所で生まれた子猫の中に、珍しい巻き毛の子がいた。これは自然発生的な遺伝子変異によるものだったが、熱心なブリーダーが試行錯誤を繰り返し、ついに巻き毛を定着させることに成功したのだ。

ボンベイも1950年代に開発された猫だが、こちらはヤマネコの容姿を持つイエネコを作るため、慎重に遺伝子を掛け合わせて作られた種だ。そしてボンベイ以降、野性味あふれる容姿が新種開発の主流となっていく。

THAI
タイ

近現代－アメリカ－比較的多い

APPEARANCE｜外見
体型はがっしりしていながらも、しなやかでエレガント。胴体はやや長くて硬く、若干骨太。脚の長さは中くらいで、足先は大きくもなく小さくもない楕円形。頭部の形は特徴的で、長く平たい額に、くさび型のマズル。中くらいか、やや大きめの耳は基部が幅広で、先端に丸みがある。アーモンド型の目も中くらいからやや大きめで、色はブルー。尾は胴と同じ長さで、先が細い。

SIZE｜大きさ
中型〜やや大型

COAT｜被毛
短く、アンダーコートが薄い。色は各色のポイントカラー、ソリッド・ポイント、タビー、トータシェル、トービー・ポイント［訳注：トータシェルの黒い部分に縞模様が入っている］で、白の模様が入っていないもの。

PERSONALITY｜性格
知的で、おしゃべり好き。とても愛情深く、飼い主に忠実。

タイはもともとタイ王国（昔のシャム）にいたポインテッドの猫だ。同じタイ出身で近縁種のシャムは、その美しい姿を極めるため国外で計画交配が進められた。そのシャムとタイの共通点は、愛嬌があり、人によくなつくところ。運動能力が高くて活動的なだけでなく、飼い主と一緒に過ごす時間が大好きなところも共通している。だが、タイはよく鳴きはするものの、シャムほどうるさく鳴くことはない。

タイは最近になってようやくTICAに認定された種だが、本来はタイ土着の猫から派生した古代種だ。その証拠に、アユタヤ王朝時代（1350〜1767年）に高僧によって書かれた『Tamra Maew（猫の詩）』にも登場している。昔は「輝く黄金」という意味のウィッチェンマートという名で呼ばれていた。ただ、古い時代の記録が残っていないので、どのような交配が行われたのか、人気の秘密が色や模様だったのか、体つきだったのか、詳しいことは何ひとつわかっていない。

19世紀のイギリス人は、このウィッチェンマートとシャムを同じ種だと思っていた。当時の記録には、淡い色の猫で、尾や四肢、耳や鼻に濃い色のマーキングがあり、目は鮮やかなブルーと書かれている。イギリスでは1870年代にこの猫の輸入が始まるのだが、タイから来た猫はすべてシャムと呼ばれたので、ウィッチェンマートも同種とされたのだ。

今日シャムと呼ばれる猫の血統は、1884年にタイの王族からバンコクのイギリス総領事エドワード・ブレンコウ・ゴールドに贈られた2匹、フォーとミアから始まっている。当時、タイからイギリスにやってきた猫たちの写真を見ると、ややしっかりめの骨格と丸い頭部、くさび型のマズルを持っている。

また、20世紀初めのマラヤ（マレー半島）に、シャムのブリーダーとして広く名が知られ、のちにプレストウィック・キャテリーを開くグレタ・ヒンドリーというイギリス人がいた。ヒンドリーは1919年にイギリスに帰国する際、2匹のウィッチェンマートを連れていた。そのうちのプテという名の雌が産んだ娘のプレストウィック・ペラクは、「頭の形がシャムとして理想的」だったという。だが写真を見ると、ペラクは究極のスリム・ボディというより、ややがっしりしていて、頭の形も今で言うタイそのものだ。

イギリスのブリーダーが「エクストリーム」と呼ばれる究極のスリム・ボディを目指したのは第二次世界大戦が始まる直前のことで、1966年にはCFAがシャムのスタンダードにエクストリーム・タイプを認めるという一文を付け加えている。さらに1980年代になると、エクストリーム・タイプがショーの世界では主流になっていく。

しかし、たとえばプレストウィック・ペラクのような、昔からタイで見かける、いわゆる「オールド・スタイル」のシャムにこだわるブリーダーもいた。そんな愛好家たちが1980年代にヨーロッパやアメリカで、それぞれオールド・スタイルの種を保存するための団体を設立し、1990年代に入るとドイツのWCFがオールド・スタイルの猫をタイと名づけ、チャンピオンシップ・ステータスに認定した。だが、アメリカとイギリスのブリーダーが種の保存のため血統と情報を共有するようになった1999年以降も、依然としてオールドスタイルシャムという名称も使われていた。

2001年になると、タイからポインテッドの猫が輸入されるようになる。遺伝子プールを拡大し、タイ土着の猫の遺伝子を保存するのが目的だった。そしてブリーダーたちが2006年にTICAに働きかけ、翌年にはタイという名称でプレリミナリー・ニュー・ブリードに認定されるに至った。さらに2009年にはアドバンスト・ニュー・ブリード、2010年には晴れてチャンピオンシップ・ステータスに認定されたのである。

LATE NINETEENTH CENTURY TO 1959｜19世紀後半から1959年の血統

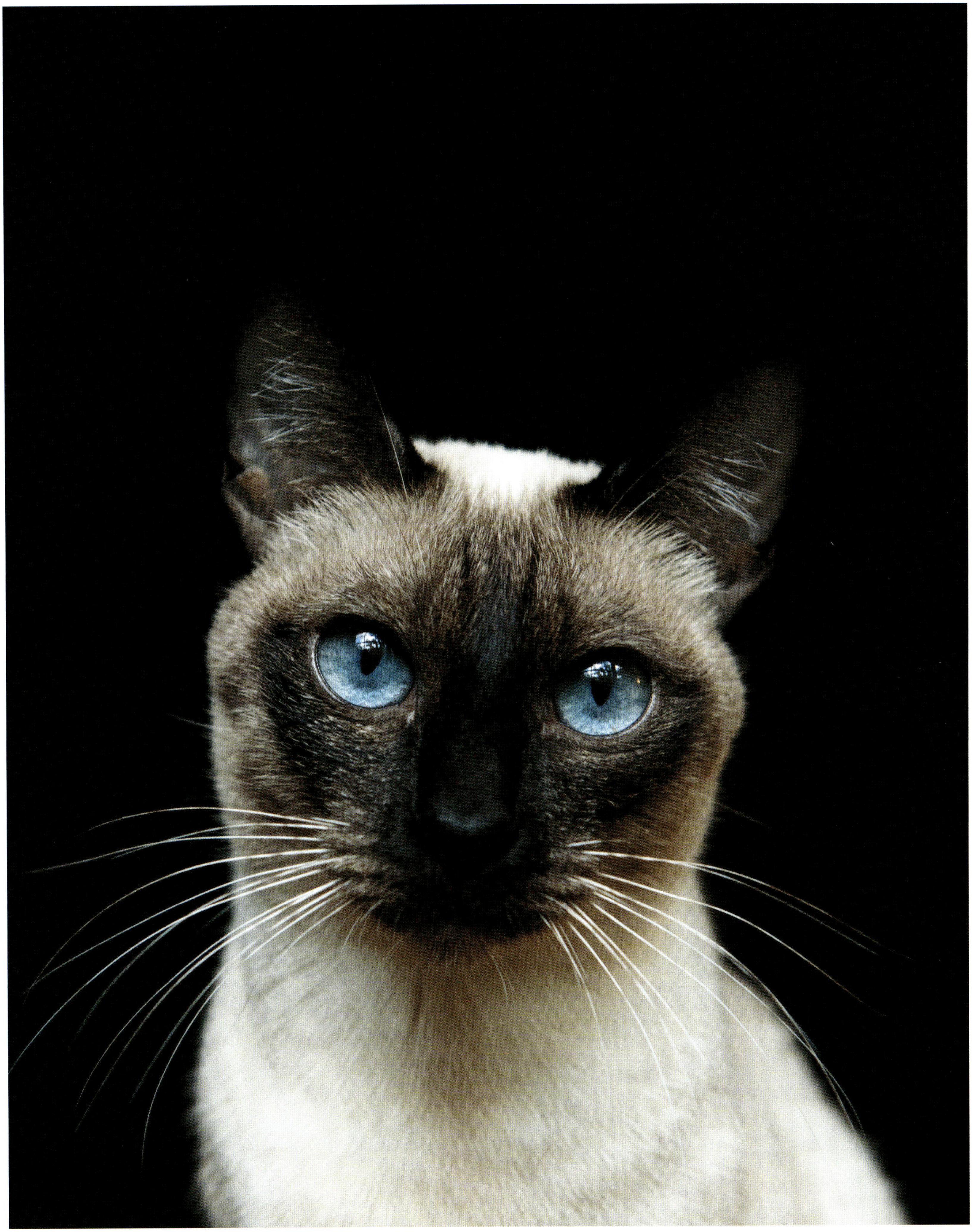

LATE NINETEENTH CENTURY TO 1959 | 19世紀後半から1959年の血統

BALINESE
バリニーズ

近現代 ─ アメリカ ─ 希少

APPEARANCE | 外見
長い被毛に包まれた姿には気品が漂う。胴は筒型で、筋肉が硬く、骨格は細い。脚は細長く、後肢が前肢より少し長い。足先は小さい楕円形。頭部は縦長のくさび型で、首が細い。マズルも小さなくさび型。耳は大きく、先端がとがっている。アーモンド型の目は中くらいの大きさで、色は鮮やかなブルー。尾も細長く、房のように毛に覆われている。

SIZE | 大きさ
中型

COAT | 被毛
シングルコートで、中くらいの長さのシルキーな毛が胴にぴったりと沿うように生えている。色はポインテッドで、胴の部分の色むらがなく、ポイントが明確であること。

PERSONALITY | 性格
甘えん坊で、よく鳴く。知的で愛情深く、遊び好き。

バリニーズは被毛の長いシャム。長くてエレガントな身体や魅力たっぷりな性格など、シャムとの共通点が多い。唯一違っているのはシルクの手触りの被毛の長さだ。バリニーズがいつ、どのようにしてこの長い被毛を手に入れたかについては、いまだ議論が分かれている。一説には、長毛のシャムが何世紀も昔から時おり見られていることから、自然発生的な変異により長毛の遺伝子が発現したのではないかとされる。もっとも、長毛のシャムに関する確かな記録となると、1928年にCFF（Cat Fanciers' Federation＝猫愛家連盟）に登録されている1匹が最古のものとなる。

もう1つの説として、長毛のシャムの誕生は第二次世界大戦後、シャムの数が激減したため、ブリーダーたちが異種交配を進めたことに由来するというものもある。その過程で、ロングヘアの遺伝子がシャムに受け継がれたというのだ。いずれにせよ、短毛の子猫に交じって長毛の子猫が生まれるという例は、20世紀前半からしばしば報告されている。1940年代の後半には、長毛種の美しさに心奪われたブリーダーたちが手を取り合って計画交配を進めた。そんな彼らの並々ならぬ情熱と努力があって長毛種のシャムは誕生したのだ。

そうしたブリーダーの中に、カリフォルニアのライ＝マール・キャテリーのマリオン・ドーシーとニューヨークのメリー・ミューズ・キャテリーのヘレン・スミスがいる。2人はもともとシャムのブリーダーで、生まれた子猫たちの中に見つけた長い毛の子に魅了されてしまった。バリニーズという名称をつけたのはスミスで、優雅でしなやかに動くさまがバリ島伝統のダンサーを彷彿とさせることにちなんだのだという。1950～1960年代にかけてドーシーとスミスは、バリニーズという種を確実なものにし、おおやけに認めてもらおうと協力し合って精力的に活動した。そうしてスミスは、CFAがニューヨークで開催したエンパイア・キャット・ショーに初めて自身のバリニーズを出陳する。一方、ドーシーも1956年にカリフォルニア州グレンデールで開かれたCFFのショーで、自身のバリニーズをデビューさせた。

そして1958年、イギリス人のシャム・ブリーダー、シルビア・ホランドが、ドーシーが育てたバリニーズを、自身がカリフォルニアで経営するホランズ・ファーム・キャテリーに迎え入れる。ホランドにとって、これが初めてのバリニーズだった。さらに1965年、ホランドはドーシーのライ＝マール・キャテリーを買い取り、残りの人生のすべてをバリニーズに捧げることを決意。ホランドは、すべてのバリニーズ・ブリーダーにとっての共通目標、すなわちバリニーズを独立した種として認めてもらうこと、そして数を増やし、種を確立させることができるように、ブリーダーたちと連携を取ることに努めた。実際、バリニーズの血統をたどっていくと、その多くがホランドの育てたホランズ・ファーム出身の猫に行き当たる。

1960年代には、BBFA（Balinese Breeders and Fans of America＝アメリカ・バリニーズブリーダーと愛好家の会）も設立された。BBFAはバリニーズのスタンダードを1965年に明文化し、その後1967年と1970年に改訂している。バリニーズを扱う上での倫理協定を定めたのもBBFAだ。1965年までにCFAを除くほとんどの登録団体がバリニーズを認定したのには、ホランドの尽力に負うところが大きい。CFAがバリニーズをプロビジョナル・ステータスに認定したのは1967年。そして1970年、ついにチャンピオンシップ・ステータスを与えることを決定した。

しかし残念なことに、1973～74年にBW・ゲイネルズ・スパルタカスという名のブルー・ポイントの雄が初めてチャンピオンの称号を手に入れたとき、すでにホランドは亡き人となっていた。

1970年代に入るとバリニーズの人気は次第に上昇し、ショーで入賞する機会も増えた。そして1980年代が近づく頃には、ブリーダーの間に一大ブームが巻き起こった。当時、シャムと同じ4種類のポインテッ

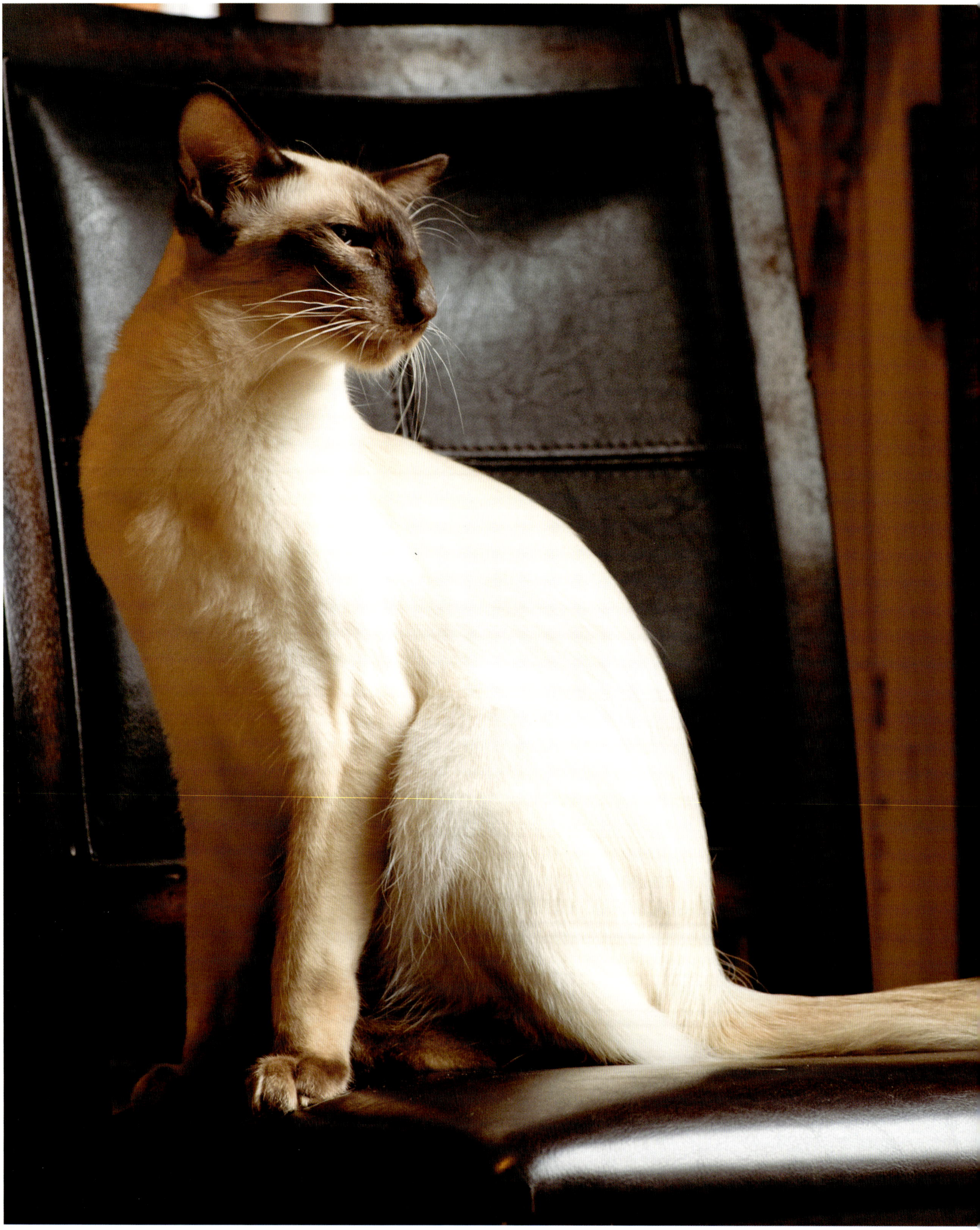

ドがバリニーズにも認められていたが、カラーポイントショートヘアに見られるようなカラー・バリエーションも増やしたいと考えるブリーダーたちは、バリニーズとカラーポイントの異種交配を始めた。その結果、単にシャムの血を引く変異種というステータスは失われることとなった。

そこで1979年にCFAは、バリニーズとカラーポイントショートヘアを祖先に持つ猫たちにジャバニーズという新しい種名を与えた。ただし、登録団体によって、このジャバニーズに対する考え方はまちまちだ。ジャバニーズをまったく認めていない団体がある一方で、シャムと同じ4種類のポイントカラーを除くすべての色のジャバニーズを認定している団体もあるのだ。

1980年代に入っても、交配に関しては議論が尽きなかった。問題になったのは容姿、特に頭の形だ。「アップルヘッド」と呼ばれる丸い頭部を持つオールド・スタイルと、縦長のくさび型になったモダン・スタイル——シャムと同じように、バリニーズにも2つのタイプが共存することになったのだ。

この頃の精力的なブリーダーとして、レスリー・ラムとネリー・スパロウの2人が挙げられる。ラムは頭部の形に重きを置いた計画交配を実施し、スパロウは通常より毛が長めのシャムの血を取り入れることでバリニーズの被毛の質を向上させることを試みた。しかし、こうした努力を重ねてもバリニーズの容姿は一向に統一されず、理想とすべき姿形すらうやむやのままで、ショーで注目を集められないのも当然のことだった。

この状況を打破したのが、ブリーダーのボビー・ショートと「バリック・バリニーズ」と呼ばれるその猫たちだった。ショートの猫たちはショーで良い成績を収め、再びバリニーズに注目を集めることに成功した。そうして現在では、当時の人気には及ばないものの、種として確立し、容姿にばらつきが出ることもなくなった。

バリニーズがイギリスに初上陸を果たすのは1973年のこと。ブリーダーのサンドラ・バーチがアメリカでの受賞歴がある雄のブルー・ポイント、ベルデス・ブルー・ウォリアー・オブ・ダビナとその娘であるダビナズ・チョコレート・ジェムを輸入したのだ。ジェムはバリニーズとシャムを親に持つため、バリニーズとしては毛が短い。

イギリスでは、今もなおバリニーズの質を安定させ、体型を維持させるため、シャムとの交配が行われている。それでも、バーチとチェルデン・キャテリーでバリニーズの繁殖に貢献したマーガレット・マノルソンの尽力により、イギリスでもバリニーズは着々と数を増やしてきた。その甲斐あって1986年にはGCCFの公認を受け、チャンピオンシップ・ステータスを獲得。そして1989〜90年のシーズンには、初めてバリニーズがグランド・チャンピオンの称号を獲得している。

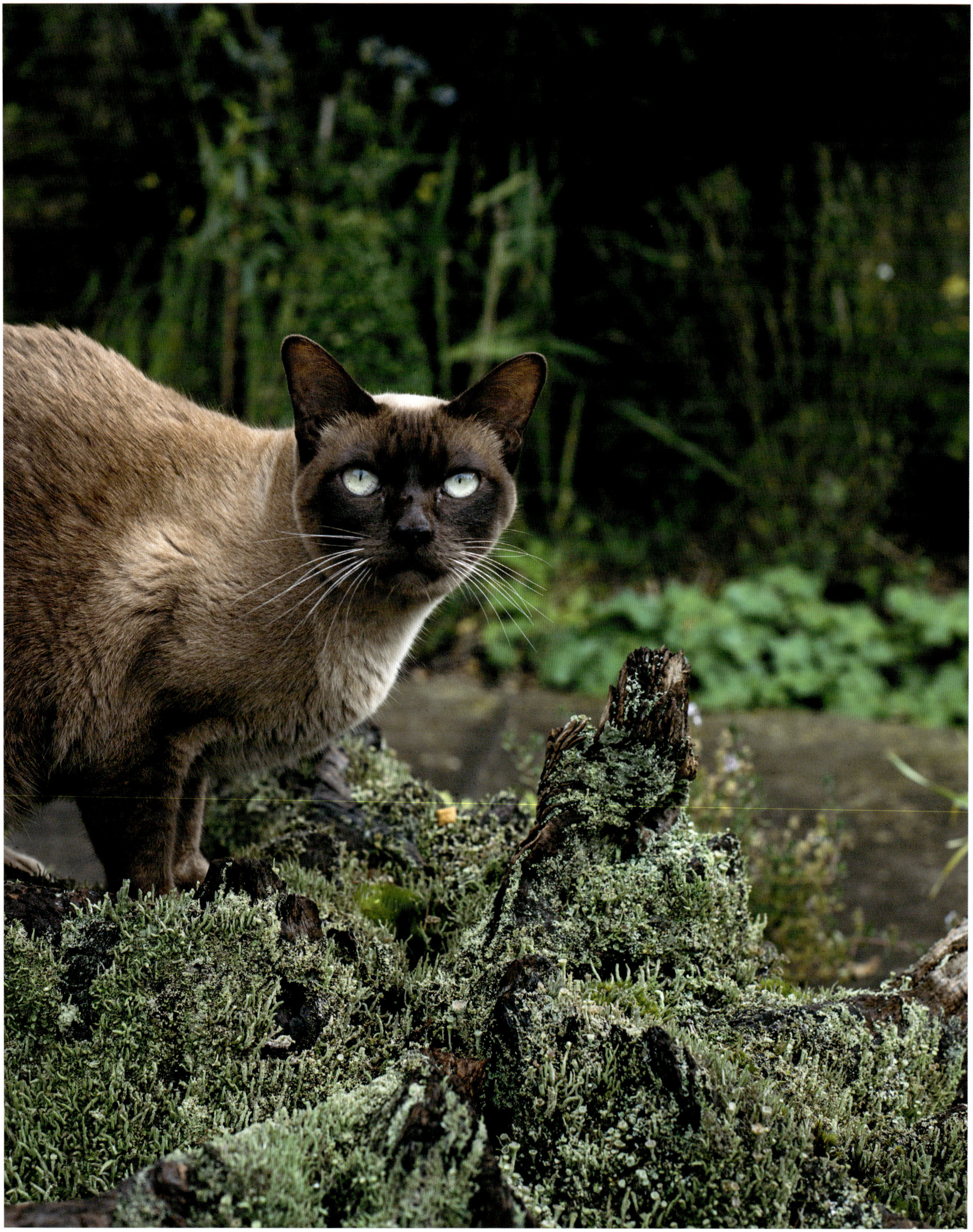

BURMESE
バーミーズ

近現代－アメリカ・ビルマ（現ミャンマー）－比較的多い

APPEARANCE｜外見
筋肉質で、引き締まった身体は中くらいの大きさで、がっしりしている。背中は平らで、胴が丸い。脚は中くらいの長さで、足先は丸い。頭部は丸く、マズルは幅広で短い。顎も丸いので、全体的に丸顔の印象を与える。耳は離れてついており、少し前に傾いている。基部が幅広で、先端が丸い。大きな丸い目も離れていて、色はイエローからゴールド。尾はまっすぐで、長さは中くらい。

SIZE｜大きさ
中型

COAT｜被毛
とても短く、サテンのようになめらかで、光沢を持つ。色は主にセーブル（濃い茶色）、シャンパン（チョコレート）、プラチナ（ライラック）、ブルー。そのほかの色を認める登録団体もある。

PERSONALITY｜性格
非常に知的で愛情深く、飼い主に忠実。活動的で、遊び好き。

バーミーズはとても愛情深く、飼い主に対する忠誠心は他のどの猫種にも負けない。人と遊ぶのが大好きで、時にはうるさいくらいにまとわりついてくる。シャムほどではないにせよ、独特の低い声で頻繁に鳴くこともある。性格がはっきりした猫で、注目を浴びたがる子も多いので、バーミーズと一緒に暮らしていれば、退屈を感じる暇などないだろう。

現在のバーミーズの起源は1930年代のアメリカにさかのぼるが、そもそもの始まりはもっとずっと昔のことだ。原種のバーミーズは数世紀前からタイやミャンマーなど、東南アジアの国々に存在していて、アユタヤ王朝時代（1350〜1767年）のタイの高僧によって書かれた『Tamra Maew（猫の詩）』にも登場する。この書には前述のようにコラットとシャムについても書かれていて、数百年も前からこの3種類が明確に区別されていたことがわかる。

バーミーズは19世紀末にイギリスへやってきた。ちょうど愛好家が増え、猫が注目を集めるようになった頃だ。ただし、当時は濃い茶色のシャムと認識されていたので、バーミーズとシャムの異種交配が盛んに行われ、その結果、現在バーミーズとされている猫はイギリスから姿を消してしまった。

そして、舞台は20世紀前半のアメリカへ移る。その主人公は、海軍の軍医ジョゼフ・トンプソンである。トンプソンは腕のよいシャムのブリーダーでもあり、1926年頃にマウ・ティエン・キャテリーを開き、格別に身体の大きく、がっしりとしたシャムを選んで交配を行っていた。そんな中、アジア旅行に出かけたトンプソンはバーミーズを目にしてすっかり魅了され、1930年にウォン・マウという名の茶色い雌のバーミーズを輸入した。

アメリカのブリーダーたちは、ウォン・マウを色の濃いシャムと考えたが、トンプソンは別の種であることを科学的に証明しようとした。ウォン・マウの素晴らしい特徴を種として確立させたいと考えたのだ。やがてトンプソンは、ウォン・マウがシャムとバーミーズを祖先に持つ猫であることを突き止める。この種は、現在ではトンキニーズと呼ばれている（198ページ参照）。そしてトンプソンは、やはり著名なブリーダーであり、遺伝学にも詳しいビリー・ガーストとバージニア・コップ、および遺伝学の研究者クライド・キーラーとともに、ウォン・マウの交配実験を始めた。

ウォン・マウに似た雄がいなかったので、トンプソンはシール・ポイントのタイ・マウというシャムをウォン・マウの交配相手に選んだ。当時のバーミーズとシャムは、今ほど容姿に違いがなかったのだ。このタイ・マウとの間に生まれた子は父親譲りのシール・ポイントを持ち、色は母親似の茶色だった。さらに、ウォン・マウとその息子イェン・イェン・マウを交配（戻し交配）すると、ダーク・ブラウンの子が生まれた。この第2世代のダーク・ブラウンの子猫たちがバーミーズと名づけられて種として定着し、1936年にはCFAに登録された。ウォン・マウはその後もブラウン、ダーク・ブラウン、シール・ポイントの3種類の子猫を産んでいる。

トンプソンらによる一連の計画交配に関しては、1943年4月号の『Journal of Heredity（遺伝学会誌）』に掲載された「Genetics of Burmese Cat（バーミーズの遺伝的性質）」と題する論文に詳細に記されている。

そうした動きが見られた1940年前後には、トンプソンたち以外にも、バーミーズの遺伝子プール拡大を狙ってビルマから直接猫を買いつけるブリーダーたちがいて、愛猫家の中でバーミーズは急速に人気の種となっていった。しかし需要と供給のバランスが崩れ、無分別な異種交配が横行した結果、種としての純粋さが失われ、1947年にはCFAの認定も取り消されてしまう。再び種として登録されるまでには

6年もの歳月を要した。そして、1958年にユナイテッド・バーニーズ・キャット・ファンシアーズ・アソシエーション（全米バーミーズ愛好会）がスタンダードを発表すると、翌年にはCFAもこれを採用し、さらに他の多くの団体もそれに追随した。そうして1960年代以降、特に1970年代にはアメリカでのバーミーズ人気はぐんと上がり、一時はペルシャ、シャムに次ぐ人気の猫種となった。

20世紀前後にバーミーズの血が途絶えたイギリスでは、第二次世界大戦後になって復活する。ただし、開発過程も入手ルートも異なっていたため、アメリカのバーミーズとは容姿に違いがある。アメリカのバーミーズのほうが頭部も身体も丸っこいのだ。

イギリスにバーミーズが再上陸したのは1949年のこと。シャムのブリーダーであるリリアン・フランスがアメリカからバーミーズのペアを買いつけたのだ。彼女はその後さらにもう1組手に入れ、この2組のペアがイギリスでバーミーズの血統を築くことになる。そして、1952年には3世代目が生まれてGCCFの規定を満たすところとなり、バーミーズは種として認定された。だが、遺伝子プールは依然として規模が小さいままだった。

そんな中、1955年にブリーダーのビック・ワトソンのもとで、ブルーのバーミーズが生まれる。時おりシャンパンやブルーの子猫が生まれることはあったが、当時はセーブルという濃い茶色を目指すのが主流で、アメリカでもイギリスでも、バーミーズに関してどの色を認めるか議論が巻き起こっていた。そこでワトソンは、ブルーの遺伝子がどこから来たものなのか突き止めるべく研究を進め、最終的にブルーだけでなくシャンパンの遺伝子も、おそらくウォン・マウにまでさかのぼることができると結論づけた。そうしてイギリスでは、ブルーやシャンパン、プラチナもバーミーズの体色として認定させようという動きが起こった。

さらに1960年代に入ると、偶然からレッド・タビーの短毛の猫とバーミーズが交配を行い、ブラック・トータシェルの子猫が生まれた。ブリーダーのロビン・ポコックは、このブラック・トータシェルの猫を使って、さまざまな色のバーミーズの開発を進めた。その結果、現在ではレッド、クリーム、ブルー・トータシェル、ブラウン・トータシェルなど、バーミーズにはさまざまなカラー・バリエーションが見られるようになった。ただし、すべての猫種登録団体がこうした色を公認しているわけではない。

LATE NINETEENTH CENTURY TO 1959 | 19世紀後半から1959年の血統

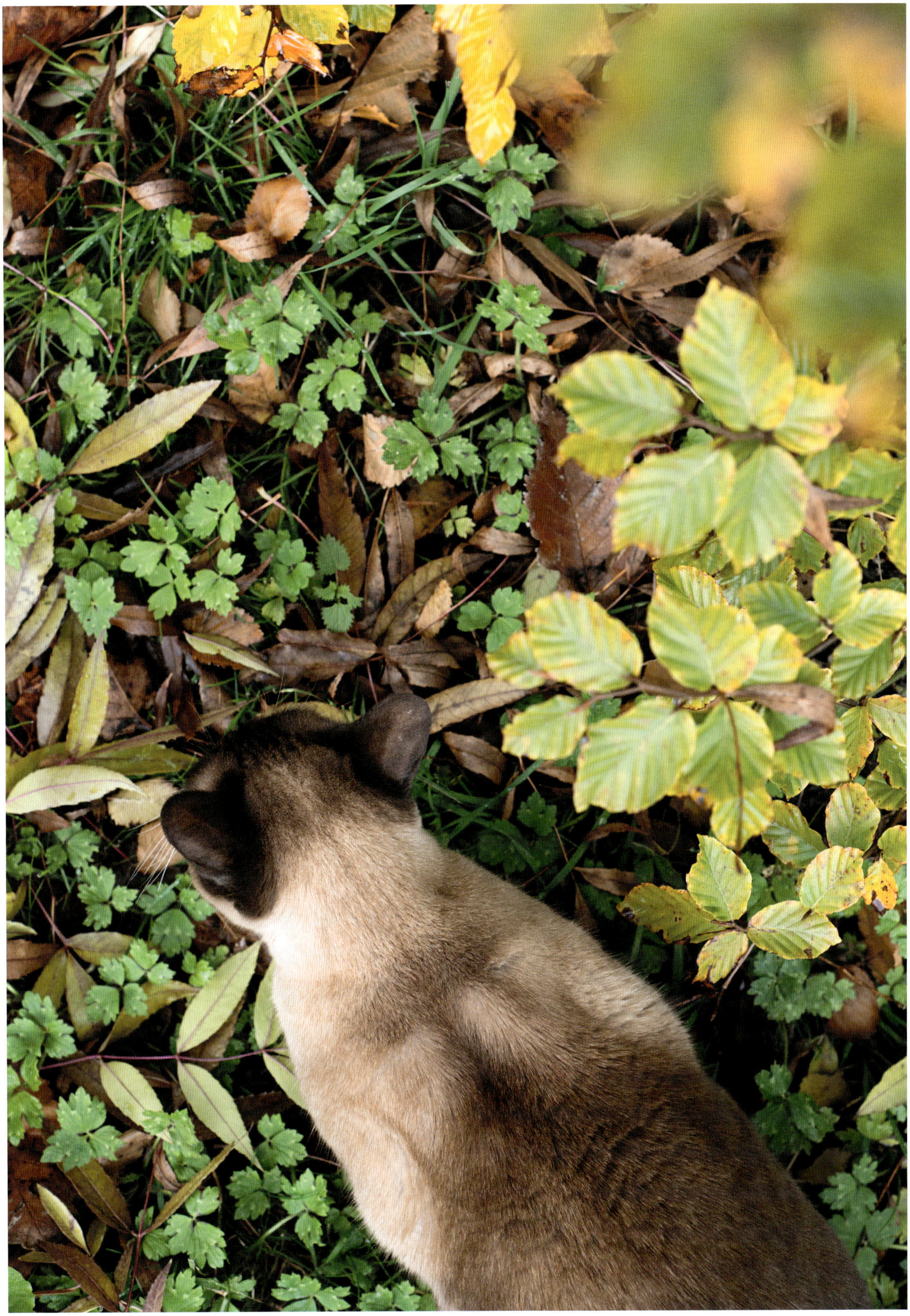

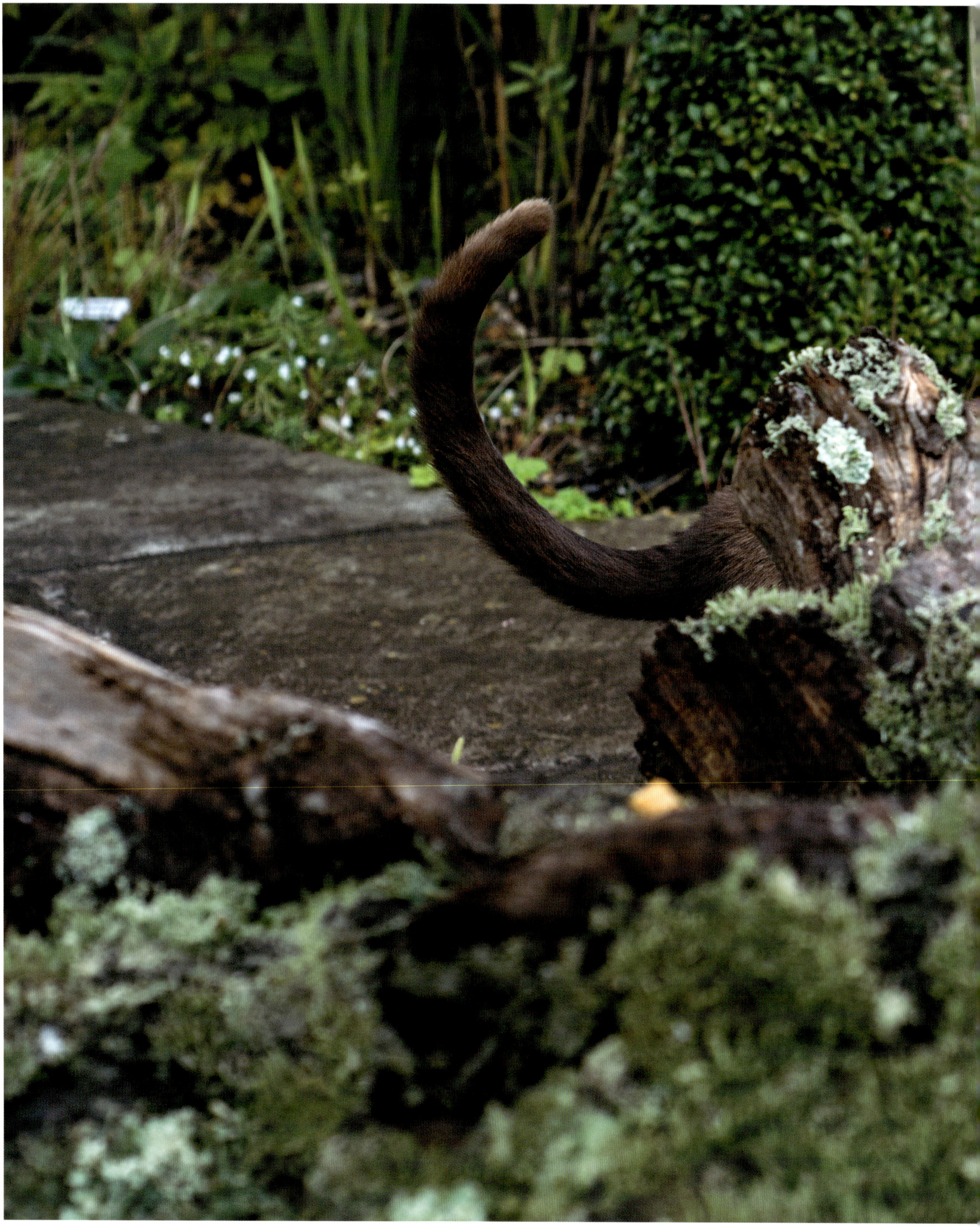

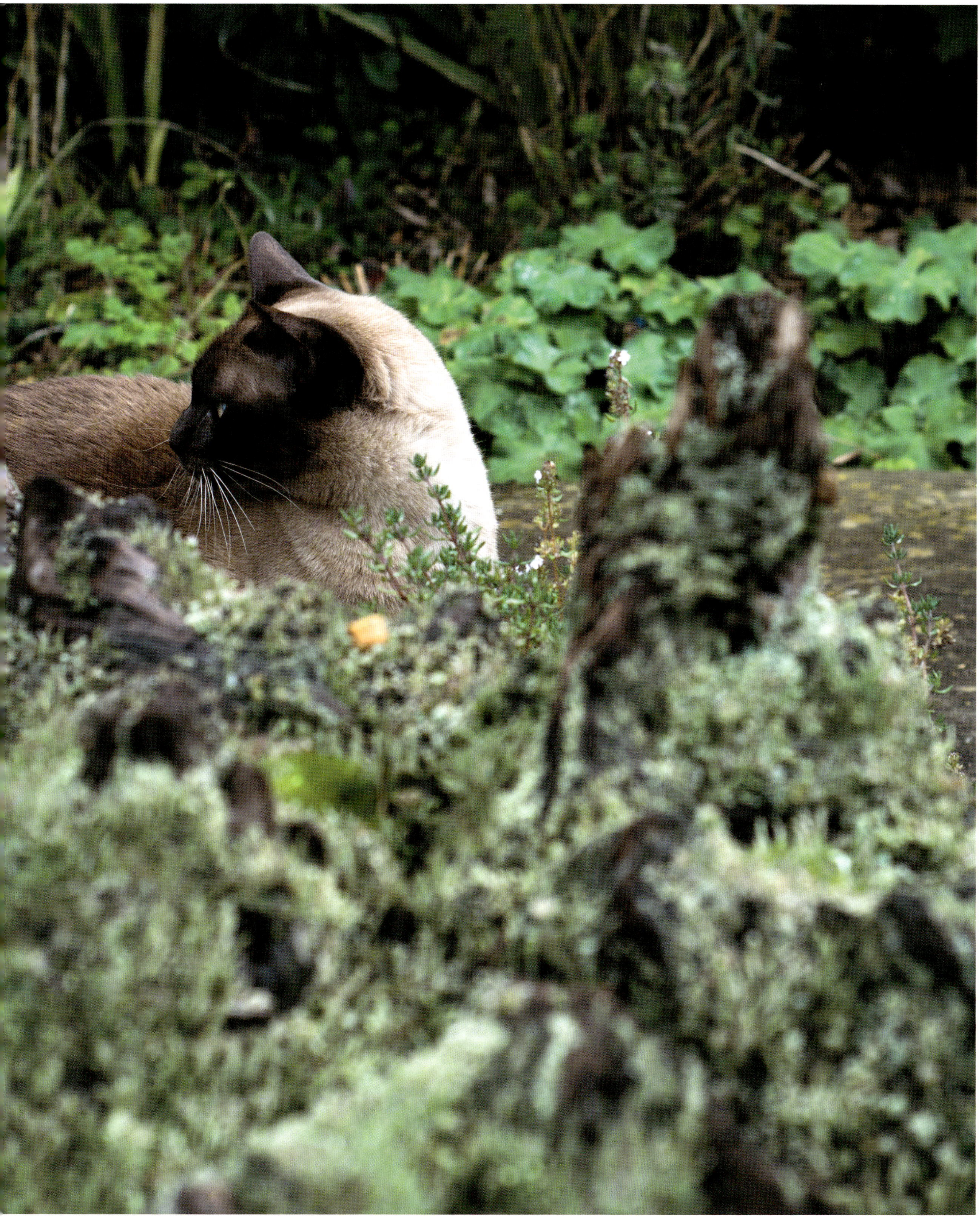

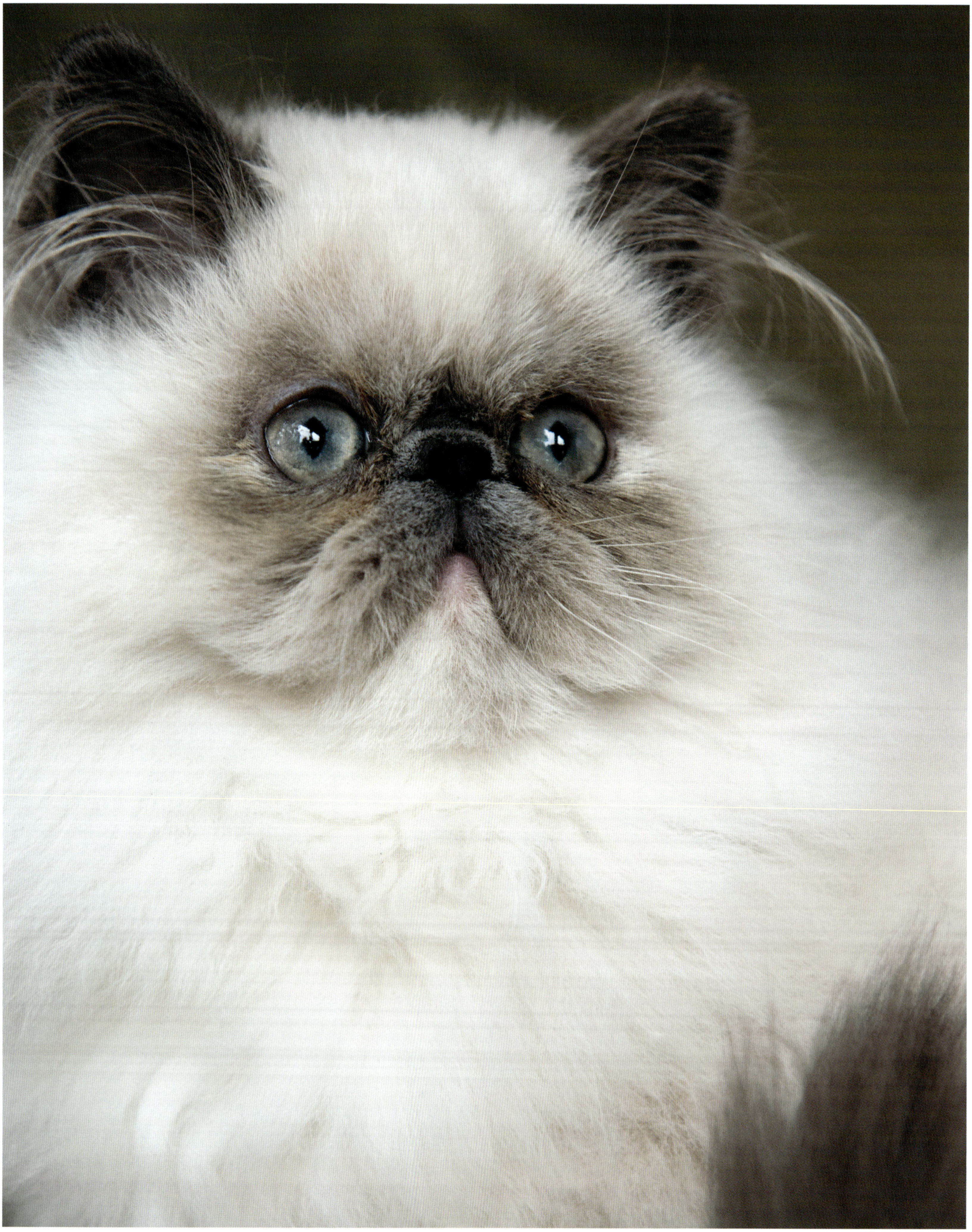

HIMALAYAN
ヒマラヤン
近現代 — アメリカ — 一般的

APPEARANCE | 外見
ポインテッドの長毛が特徴的で、堂々とした風格を備えている。体つきはずんぐりとしており、骨格がしっかりしている。特に肩と腰のあたりが大きい。背中は水平で、脚は短くどっしりとしている。頭部は丸くて大きい。鼻も丸っこくて短い。顎の幅が広く、小さな耳が低い位置についている。目は大きくて丸く、色はブルー。尾は胴の長さに比して短め。

SIZE | 大きさ
中型〜大型

COAT | 被毛
長くて分厚い被毛が立ちぎみに生えている。なめらかな手触りで、首回りの飾り毛がふさふさしている。ポインテッドで、色に制限はない。

PERSONALITY | 性格
穏やかで、物静か。愛情豊かで、飼い主に忠実。遊び好き。

ゴージャスな被毛を持つヒマラヤンは、ペルシャのようながっしりした身体と、シャムのようなポインテッドカラーが特徴的だ。このヒマラヤンは20世紀前半にペルシャとシャムの異種交配により作り出された猫で、ショーでの評価も高い。ペットとしても抜群の人気を誇るが、長い被毛は手入れをさぼるともつれて毛玉になってしまうので、こまめなグルーミングが必要だ。また、遊ぶのが大好きで、いつも飼い主の気持ちを自分に向けておきたいと思っているので、ペットとして飼うなら、手入れにも遊びにも十分な時間を割いてやれることが絶対条件だ。その代わりとても従順で、穏やかな性格ゆえ、他のペットや子どもともうまくやっていくことができる。

ヒマラヤンを生むペルシャとシャムの異種交配は、古くは1924年にスウェーデンの遺伝学者が手がけた記録が残っている。その次は、ハーバード大学の医学者キーラー博士とニュートン・キャテリーのバージニア・コッブによる実験だ。1930年代に開始されたこの実験は、シャムの雌と黒いペルシャの雄の間で行われた。生まれたのは、黒いショートヘアの子猫たち。博士たちは次に、シャムの雄と黒いペルシャの雌による異種交配を行った。結果は同じだった。

そこで彼らは、1回目の交配で生まれた雄と2回目の交配で生まれた雌を掛け合わせた。すると、今度はシャムのような体型と色で、ペルシャのような長い被毛を持つ子猫が生まれた。ニュートンズ・デビュタントと名づけられたこの子猫はヒマラヤン第1号とされているが、現在のヒマラヤンとは少し違う体型だった。

シャムのポイントカラーとブルーの目は同じ劣性遺伝子によるものなので、両親が共にこの遺伝子を持っていないと、それらを持つ子は生まれない。また、望みどおりの猫を作るには、何年もかけて計画的な交配を行わなければならない。そこで博士たちは、ロングヘアでポインテッドカラー（体型はシャム）の子を再びペルシャと交配させた。そうして生まれた子猫をさらに交配させることによって、彼らは望みどおりの色とパターン、体型を実現させたのだった。

イギリスでも、ブリアリー・キャテリーのブライアン・スターリング＝ウェブとミンチュー・キャテリーのマントン・ハーディングにより、同時期に同じような実験が行われていた。イギリス初のヒマラヤンはブリアリー・キャテリーで生まれたシール・ポイントの雌で、ブバスティス・ジョージナと名づけられた。それから10年ほど交配を続けた後、スターリング＝ウェブはGCCFにロングヘアの新種として申請し、1955年にロングヘアカラーポイントという名称で認定を受けた。

一方、アメリカではゴフォース夫人が中心となってCFAに新種登録の申請を行った。そして1957年、ヒマラヤウサギなどに同じようなカラー・パターンが見られることから、ヒマラヤンという名称でペルシャとは別の種として認定されることとなった。さらに1961年には、アメリカの主だった登録団体のすべてで独立した種として公認された。ところが、1960年代を通して徐々に人気が上がり、需要が増えたことにより、無計画な交配が盛んに行われるようになった。その結果、ようやく手に入れたずんぐりした体型が崩れてしまう。

そこで1970年代、ブリーダーたちは交配にソリッドのペルシャを積極的に使うという協定を結んだ。これによってヒマラヤンは、シャムから受け継いだポイントカラーと青い目を保持しながら、ずんぐりしたペルシャの体型を取り戻していく。そうした流れの中でCFAは1984年に規定を改訂し、ヒマラヤンをペルシャのバリエーションであるとした。一方、TICAでは今もヒマラヤンを独立した種として認めている。

なお、今日ではヒマラヤンという名称を使うのはアメリカのみで、他の地域ではカラーポイントロングヘアもしくはカラーポイントペルシャと呼ばれている。

COLORPOINT SHORTHAIR
カラーポイントショートヘア

近現代 ― アメリカ・イギリス ― 少ない

APPEARANCE｜外見	しなやかでエレガントな容姿。円筒形の身体は、スマートながら筋肉質で、骨格がしっかりしている。四肢はすらりと伸び、前肢よりも後肢のほうが長い。足先は整った楕円形。頭部は縦長のくさび型で、鼻筋はまっすぐで長め。大きな耳は基部が幅広で、先がとがっている。鮮やかなブルーが印象的な目は、中くらいの大きさのアーモンド型。尾は長く、先が細い。
SIZE｜大きさ	中型
COAT｜被毛	光沢のある短毛が身体に密着するように生えている。レッド、クリーム、トータシェル、リンクスなど、16種類のポイントカラーが認められる。
PERSONARITY｜性格	外向的でエネルギッシュ。知的で愛情深く、人なつこい。遊び好きで、高い声でよく鳴く。

　カラーポイントショートヘアは、シャム猫をもとに計画的な交配によって生み出された。人なつこくて甘えん坊な性格で、飼い主の生活に積極的に関わろうとするため、喜びも悲しみも分かち合い、深い絆を築くことができる。また、シャムと同じく、まるで会話を楽しむかのように高い声でよく鳴く。この猫に一生懸命に語りかけられれば、愛好家ならずとも心を奪われてしまうだろう。社交的で愛嬌のあるカラーポイントショートヘアは、誰もがうらやむ最高のペットになってくれること請け合いだ。

　カラーポイントショートヘア誕生の背景には、さまざまな毛色の猫を生み出したいというブリーダーたちの野心があった。第二次世界大戦後、アメリカとイギリスのブリーダーが、シャムの品種改良に乗り出した。従来のシール・ポイント、チョコレート・ポイント、ブルー・ポイント、ライラック・ポイントの4色に加えて、ポイントカラーのバリエーションを増やそうと考えたのだ。ブリーダーたちはまず、シャムをアビシニアンや赤い短毛のイエネコと交配させた。

　当初の目的は、赤毛のシャムを誕生させることにあったが、その途上には遺伝学的な困難がいくつも立ちはだかっていた。やっとの思いで狙いどおりの毛色を発現させても、今度は体型が崩れてしまうという具合だった。そこで、体型と性質の保持に重点を置きつつ、シャムとの交配を重ねた結果、ついにシャムの体型を受け継ぎながら、バリエーション豊かな毛色を持つカラーポイントショートヘアが誕生したのだ。

　しかし、世界の猫種登録団体の中でカラーポイントショートヘアを独立した種として認定しているのはCFAのみ。1950年代後半、CFAはレッド・ポイントのカラーポイントショートヘアを新種として認定し、1960年代初めにはチャンピオンシップ・ステータスに昇格させた。その後、1969年にリンクス・ポイントとトータシェル・ポイントが、さらに1974年にはそのほかのカラーも認定を受けるに至っている。現在、その毛色は実に16種類にものぼり、「カラフルなシャム」と形容されるのもうなずける。実際、カラーポイントショートヘアは容姿といい、愛らしい性格といい、シャムの特徴をよく受け継いでおり、唯一違うのは毛色だけだ。

　一方で、そのほかの多くの登録団体がカラーポイントショートヘアを「シャムのバリエーション」と位置づけており、ブリーダーたちは品種の公認を目指して日々努力を続けているが、種として認定するには各団体でいまだ議論が分かれている。一部のシャム・ブリーダーたちの間では、カラーポイントショートヘアにはシャム以外の血が混じっており、純粋なシャムではないという理由から、同じ猫種カテゴリーに登録すべきではないとする声もある。

　なお、CFAでは中毛のカラーポイントショートヘアはジャパニーズとして分類されている（127ページ参照）。ジャパニーズの名称はインドネシアのジャワ島に由来していると思われがちだが、実はアメリカで生まれた猫で、エキゾチックな風貌からそう名づけられた。シャムの長毛種であるバリニーズとカラーポイントショートヘアを計画的に交配させて作り出されたため、バリニーズとの共通点も多い。ジャパニーズは中毛で、色のバリエーションが豊富な猫種だが、体型と性格にはシャムの形質がしっかりと受け継がれている。

　ただし、このジャパニーズも登録団体によって考え方がさまざまで、ジャパニーズを認定していない団体もあれば、シャムと同じ4種のポイントカラーを除くすべての色のジャパニーズを認定している団体もある。

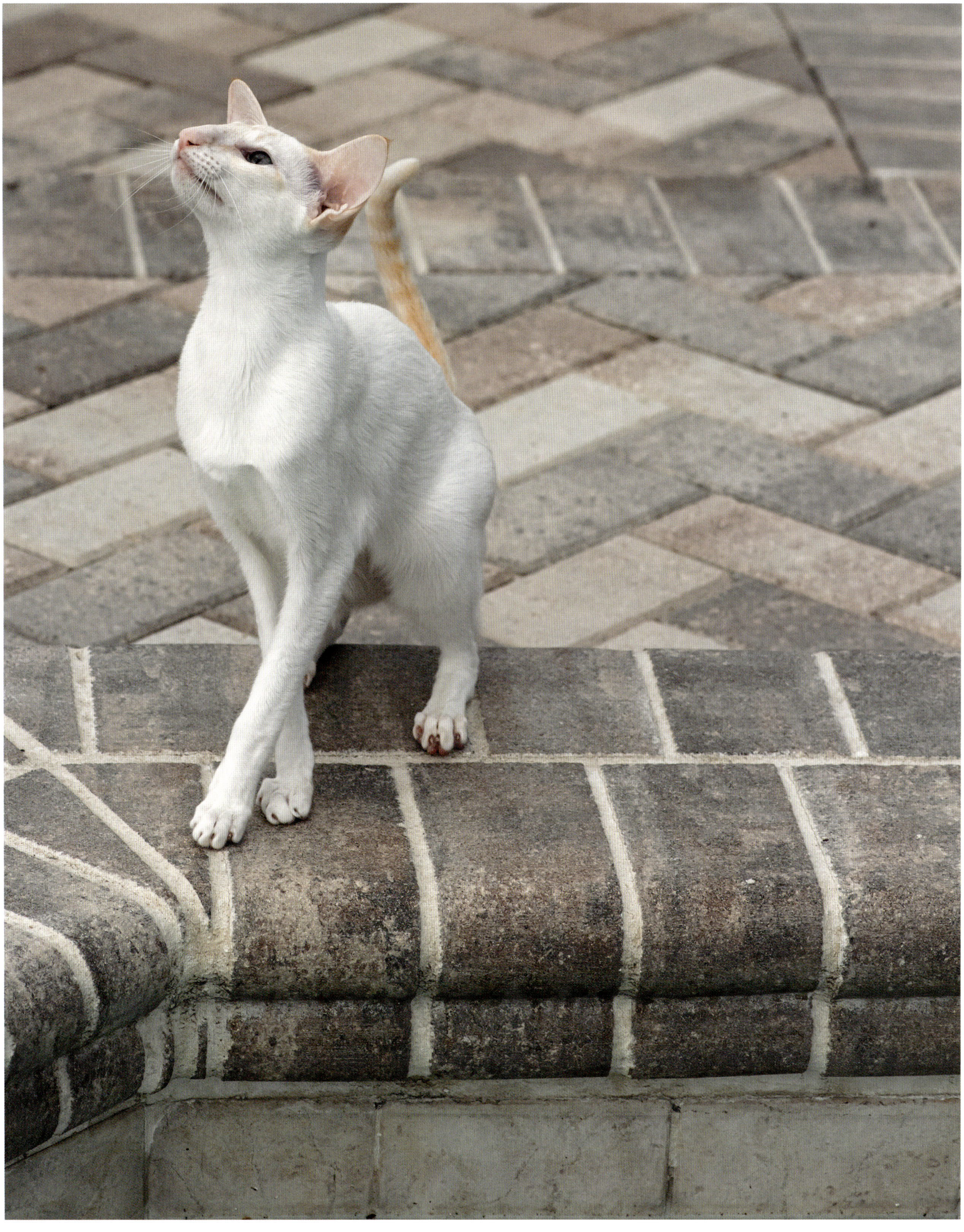

LATE NINETEENTH CENTURY TO 1959 | 19世紀後半から1959年の血統

COLORPOINT SHORTHAIR | カラーポイントショートヘア

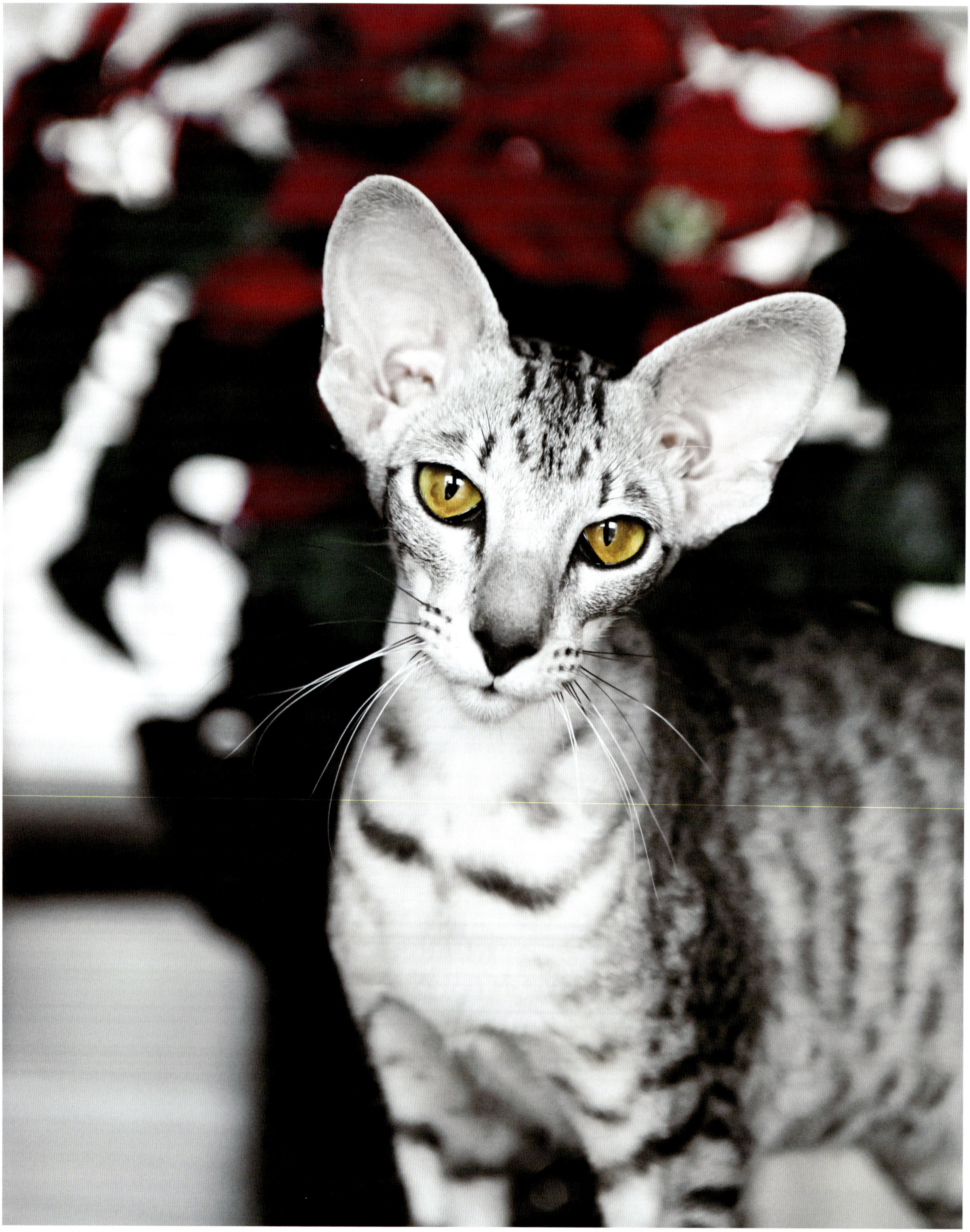

ORIENTAL
オリエンタル
近現代―イギリス―比較的多い

APPEARANCE｜外見
全体的に筋肉が発達しており、引き締まった胴は触ると硬い。四肢は細長く、足先は小さく整った楕円形。頭部は長めのくさび型で、鼻筋がまっすぐ通っている。耳は大きく、基部が幅広で先がとがっており、そのラインが輪郭になめらかにつながっている。アーモンド型のつり目は中くらいの大きさで、色は通常グリーンだが、体色がホワイトの場合、グリーンに加え、ブルー、オッドアイも認められる。尾は細長く、先が細い。

SIZE｜大きさ
中型

COAT｜被毛
短毛種と長毛種がある。短毛種はなめらかで光沢のある被毛が身体に密生している。長毛種の被毛は中くらいの長さで、細くてやわらかく、アンダーコートを持たない。300種類以上ものカラーとパターンが認められる。

PERSONARITY｜性格
とても頭が良く、活発で外向的。飼い主に忠実で、よく遊び、よく鳴く。

シャムの血を引くオリエンタルは、カラーポイントショートヘアにとてもよく似ているが、特筆すべきはその毛色の豊富さだ。シャムは登録団体や国によって多少異なるが主に4種類、カラーポイントショートヘアは16種類のポイントカラーが認められるのに対し、オリエンタルはソリッド、スモーク、シェーデッド、タビー、バイカラー、パーティカラーなど、実に300種類以上ものカラーとパターンが認められているのだ。しかし、体型や性格などの点においては、シャムの特性を受け継いでいる。

オリエンタルショートヘアもオリエンタルロングヘアもシャムの血を引くだけあって、人なつこく愛らしい性質と、どのような場所でもいとも簡単に出入りできる賢さを持ち合わせている。非常に穏やかで愛情深く、外交的なオリエンタルは、キャット・ショーのリングにいるときも、飼い主の膝を温めているときも変わらず、リラックスした姿を見せる。

1800年代後半に初めてイギリスの地を踏んだシャム（現在のタイ）産の猫たちは、ソリッド・カラーやバイカラーなど、実にさまざまな毛色だった。サイアミーズ・キャット・クラブが、シャム種として登録できるのは「ポイントカラーで青い目の猫に限る」と規定したのは1920年代の終わりのこと。その後イギリスでは、シャム産の猫がソリッド・カラーとパーティカラーの2系統に分かれて歩き出し、やがてオリエンタルという猫種が誕生することになる。第二次世界大戦によって純血種のシャムが激減してしまったため、その数を増やそうとしたブリーダーたちがロシアンブルーや短毛のイエネコと交配させた結果、ソリッドのオリエンタルが生まれたのだ。

まず、1952年にブライアン・スターリング＝ウェブ、アーミテージ・ハーグリーブズ夫人、エディット・フォン・ウルマン男爵夫人らの計画交配を経て、エルムタワー・ブロンズ・アイドルという名のブラウン・ソリッドの猫が誕生する。当初、チェスナットフォーリンショートヘアと呼ばれていたこの毛色の猫が、のちのハバナだ（147ページ参照）。

その後、1950年代にハバナ＆オリエンタル・ライラック・キャット・クラブの母体となるハバナ・グループが立ち上げられ、ブラウン・カラーのハバナは人々の注目を集めるようになる。ところが、ブラウン・カラーの人気が高まるにつれて、ブリーダーたちは体型を保持するよりも毛色の発現にこだわるようになった。そんな中、イギリスではハバナに続いて純白のほっそりしたオリエンタルタイプの猫が登場し、フォーリンホワイトと呼ばれるようになった。

さらに1960年代の終わりには、パット・ニュートン夫人のもとで、のちにチャンピオンを獲得する、すらりとした細身のチョコレート・ブラウンの子猫、シンティラ・カッパー・ビーチが生まれる。その血統が、現在のオリエンタルに受け継がれることになったのだ。ニュートン夫人はその後、イギリスにおける種の発展に尽力したばかりでなく、世界中にオリエンタルを広めるべく精力的に活動を行った。

また同時期、キャット・ショーに出陳されたブルダハ・カルタヘナという名のラベンダー・カラーのオリエンタルもチャンピオンに輝き、ラベンダー・カラーの人気に火がついた。1970年代までには、チョコレート・ブラウン、ホワイト、ラベンダーに加えて、ブラックやブルー、さらにタビー、クリーム、レッド、トータシェルのオリエンタルも誕生した。

そして1974年、GCCFはオリエンタルショートヘアの登録申請を認可し、わずか3年後の1977年にはチャンピオンシップに昇格させた。この異例のスピード出世はひとえに、イギリスおよびアメリカのブリーダーたちの団結と、人々を魅了してやまないオリエンタルの魅力のたまものと言えるだろう。こうしてイギリスの人々の間では、当初はカラーごとに異なる猫種と見なされていたオリエンタルが、1980年代に入る

とソリッドがフォーリンと呼ばれる以外は、1つの猫種オリエンタルとして認識されるようになった。

　さらにGCCFは1991年、ハバナとフォーリンホワイトを除くすべてのカラーおよびパターンをオリエンタルと分類。現在では、オリエンタルショートヘアはオリエンタル・セルフ（チェスナット、ブラック、ブルー、ライラックなど単色のもの）、オリエンタル・ノンセルフ（トータシェル、スモーク、シェーデッドなど）、オリエンタル・タビー（4種類のタビーなど）の3つに分類されている。

　一方アメリカでは、1950年代半ばにイギリス原産のチェスナットの猫が初上陸すると、これを原種として、オリエンタルとは別種のハバナブラウンが誕生した。1960年代後半にはフロリダのアン・ビルハイマーがラベンダー・カラーとチェスナットの猫を交配させ、ラベンダーの猫を誕生させた。ビルハイマーはこの猫をハケット夫人とともに1972年にCFAに申請するが、残念ながら認定には至らなかった。

　同じく1972年、著名なシャムのブリーダーであり、ペットマーク・キャテリーの創設者でもあるピーター＆ビッキー・マークスタイン夫妻が、シャムの計画交配に加える新たな血統を探すべく、イギリスへと旅立った。ところが夫妻は、現地のメアリー・ダニエルのサムファン・キャテリーとアンジェラ・セイヤーのソリティア・キャテリーでオリエンタルショートヘアと出会い、心を奪われてしまう。夫妻はアメリカでの猫種認定と市場開拓を果たす決意を固めて帰国し、ブリーダー仲間とも連絡を取り合ってオリエンタルを輸入したのだった。さらにポーリン＆シド・トンプソン夫妻も、ソリティア・トンガン・プリンセスとアリスズ・サクラという名の2匹のオリエンタルを入手した。

　こうしてアメリカに渡ったオリエンタルショートヘアは、1974年にウェストチェスター・キャット・クラブが開催したショーに初めて出陳され、一大センセーションを巻き起こすこととなった。そして、CFAは1977年に公認するに至る。

　1970年代の終わりには、オリエンタルショートヘアとバリニーズとの交配により、シャムの長毛種であるオリエンタルロングヘアが誕生した。アメリカでは1985年にTICAが、1988年にはCFAがこの猫種を公認している。ただし、CFAは1996年からオリエンタルショートヘアとオリエンタルロングヘアを同じ種のバリエーションと定めている。

LATE NINETEENTH CENTURY TO 1959 | 19世紀後半から1959年の血統

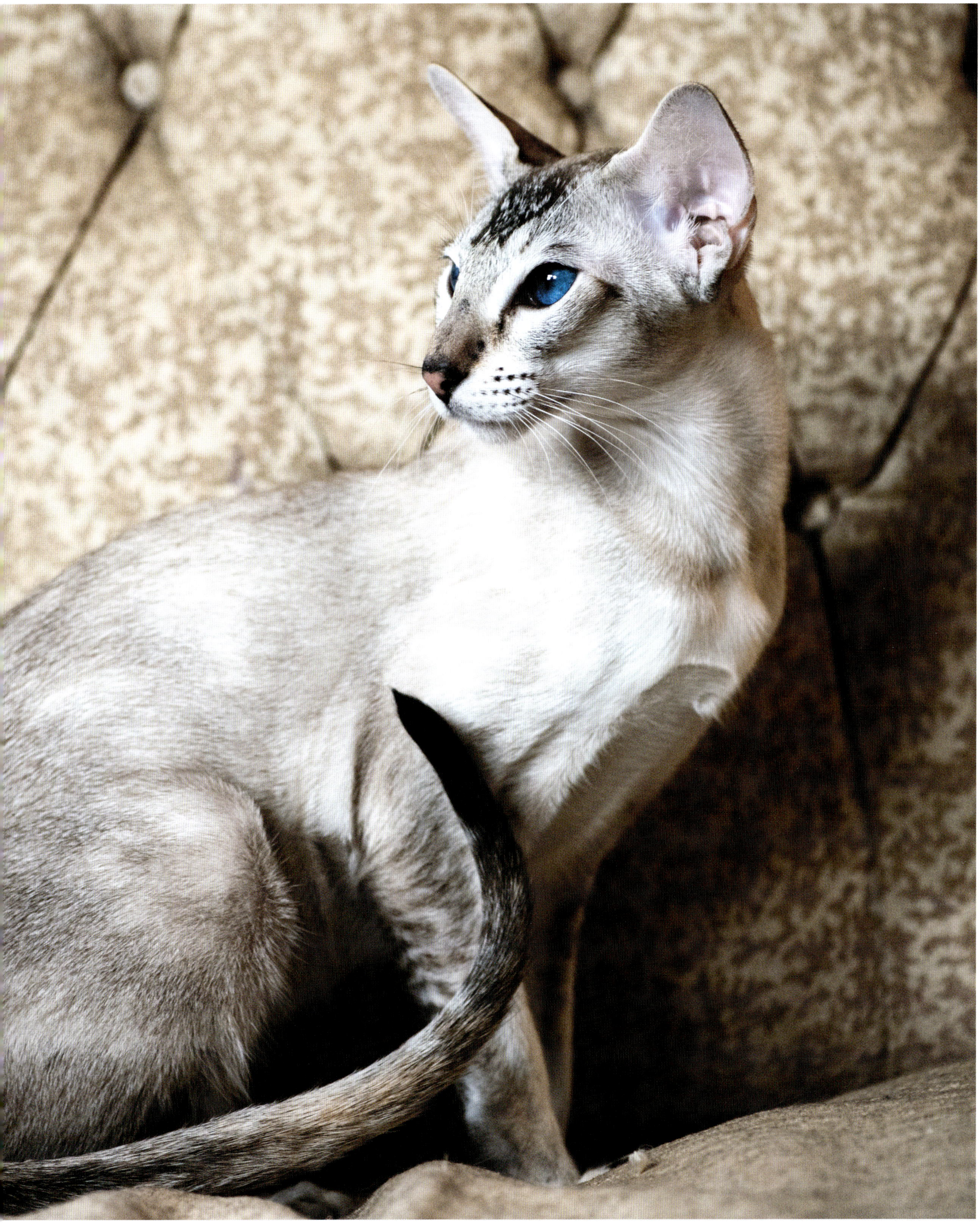

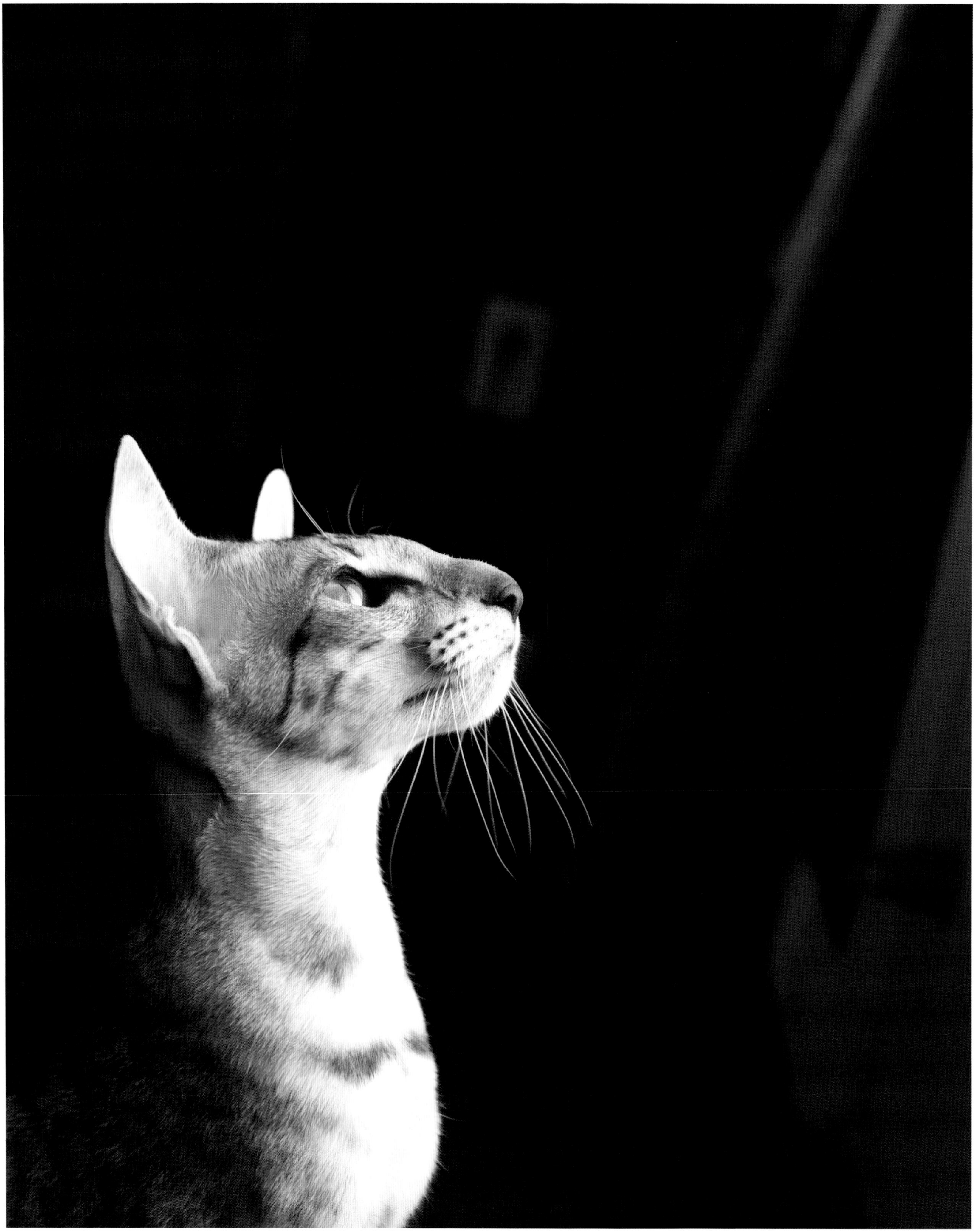

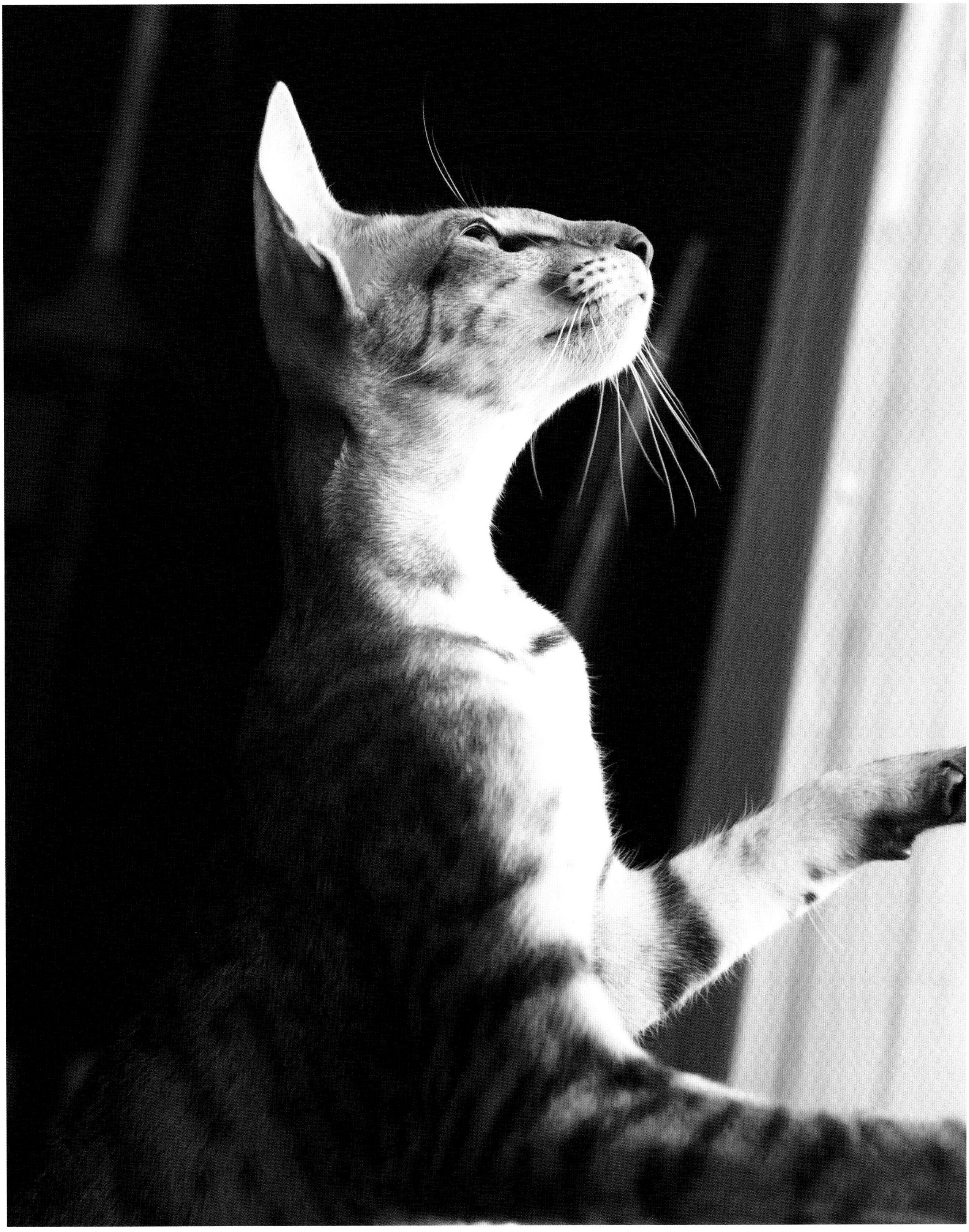

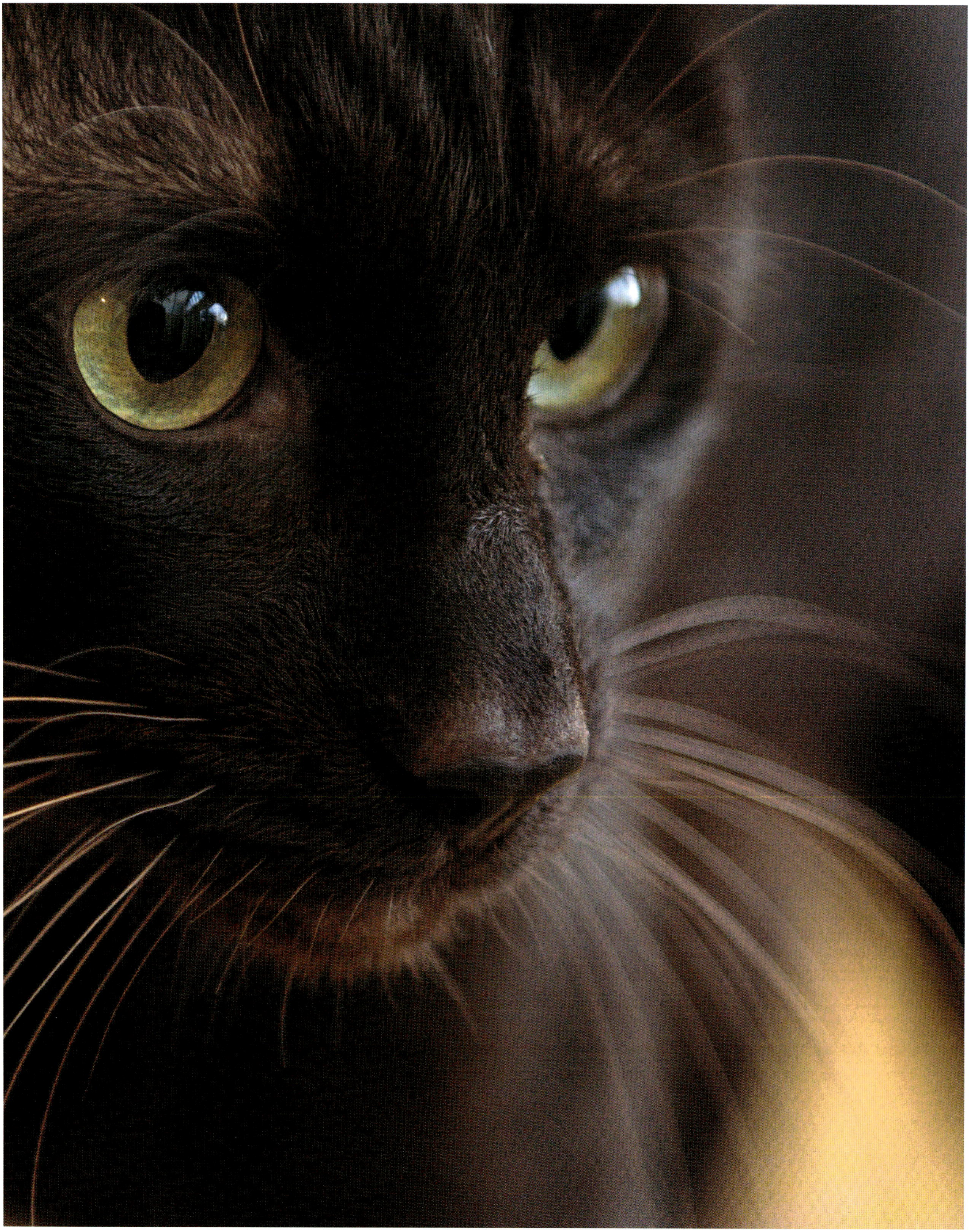

HAVANA BROWN
ハバナブラウン

近現代 – アメリカ – 希少

APPEARANCE | 外見

つややかなブラウンの被毛と、独特な形の頭部を持つ。筋肉質の身体はやや胴が短く、若干どっしりとしており、抱いてみると案外重い。四肢は比較的長く、後肢のほうが前肢よりも少し長い。足先は整った楕円形。頭部は縦長で、マズルは丸く、ウィスカーパッド［訳注：口ひげが生えている膨らみの部分］がふっくらしている。突き出た鼻は幅広で、両目の間にはっきりとしたくぼみがある。中くらいの大きさの目は楕円形で、色は鮮やかなグリーン。大きな耳は先端が丸く、前方に傾いている。尾は細く中くらいの長さで、先端がとがっている。

SIZE | 大きさ

中型

COAT | 被毛

中くらいの長さの被毛が身体に密着するように生えている。色は深みのあるマホガニー・ブラウンで、光沢がある。

PERSONALITY | 性格

人なつこくて愛情深い。知的で好奇心も旺盛。おとなしいが、よく遊ぶ。

頭が良く、好奇心も旺盛なハバナブラウン。器用な前肢で物に触れ、その正体を確かめようとするしぐさをよく見せる。さびしがり屋で、とても愛情深く、飼い主の生活に積極的に関わろうとするが、うるさく鳴くことはあまりない。愛情をかけてやれば、同じだけの深い愛情を見せてくれる猫だ。

ハバナブラウンが誕生したのは1950年代のイギリスだが、アメリカに渡ってから独自のアイデンティティを確立するようになった。歴史の浅い猫種ではあるが、そのルーツをたどってみると、数百年前のシャム（現在のタイ）に行き着く。シャムでは珍しいダーク・ブラウンが愛され、悪霊を撃退するとも考えられていた。

そのダーク・ブラウンの猫がイギリスに渡ったのは1800年代後半のこと。その頃開催されるようになっていたキャット・ショーでは、スイスマウンテンキャットという名前で紹介されることもあった。その後しばらくは注目を集めたものの、1920年代後半にサイアミーズ・キャット・クラブが「ポイントカラーで青い目の猫のみをシャムの登録対象とする」と定めると、ブラウン・カラーの人気は一気に落ちてしまう。

しかし1950年代の初め、アーミテージ・ハーグリーブズ夫人、エディット・フォン・ウルマン男爵夫人、マンロー＝スミス夫人らを中心としたイギリスのブリーダーたちが、細身でエレガントな体つきをしたブラウン・ソリッドの猫に再び目を向けた。そして、チョコレート・ポイントとシール・ポイントのシャムに、ブラック・ソリッドの短毛のイエネコやロシアンブルーを交配させ、ブラウン・ソリッドの雄猫、エルムタワー・ブロンズ・アイドルを誕生させた。さらに、そのすぐ後にも2匹の雄猫――プラハ・ジプカとエルムタワー・ブラウン・プライアー――が生まれた。1953年には、エルムタワー・ブラウン・スタディーというハバナで初めての雌が誕生しており、この時点で4匹のハバナが存在していたことになる。

1958年には、GCCFがこの新種をチェスナットフォーリンショートヘアとして公認。1970年に種名をハバナに変更した。「ハバナ」という名称の由来には、2つの説がある。1つは濃い茶色が特徴的なハバナ産の高級葉巻。もう1つはチョコレート色のハバナラビットというウサギだ。

アメリカでは1950年代半ば、カリフォルニア州のエルシー・クインが初めてイギリスからハバナブラウンを輸入した。ルーフスプリンガー・マホガニー・クインという名のこの雌は、同じく輸入された雄と交配し、のちにこの猫種として初めて全米グランド・チャンピオンに輝くことになる、クインズ・ブラウン・サテン・オブ・シドロを産んだ。その血統は現在のすべてのアメリカ産ハバナブラウンに受け継がれている。

イギリスではシャムのような細身でエレガントな体型を追い求めて、シャムとの交配が盛んに行われた。一方アメリカでは、輸入された当時の特性を保持すべく交配が行われた結果、シャムよりどっしりとした体格で、頭部も特徴的な形になっている。今ではアメリカ原産の猫種として認識されるようになったハバナブラウンは、オリエンタル種に分類されるイギリスのハバナ（チェスナットオリエンタル）とは一線を画し、共通点もほとんど見られない。なおアメリカでは、CFAが美しいブラウンのみをハバナブラウンとするのに対し、TICAは1983年にライラック・カラーのハバナをチャンピオンシップに昇格させている。

しかし、1990年代の終わりには遺伝子プールが極端に縮小してしまったため、条件付きで異種交配が認められることとなった。その結果、現在では数もかなり回復している。それでもハバナブラウンが、今なお希少な猫であることに変わりはない。

SOMALI
ソマリ

近現代 – アメリカ – 少ない

APPEARANCE | 外見
はっきりとしたティッキングのある被毛が特徴的。筋肉質の力強い胴は中くらいの長さで、若干細身でしなやか。バランスのよい四肢を持ち、飾り毛のある足先は楕円形。頭部は丸みのあるくさび型で、鼻の上あたりから額にかけてのラインが高くなっている。先端がややとがった大きな耳は、基部が幅広で奥行きもあり、内側には飾り毛がある。目は大きなアーモンド型で、色はカッパーからゴールド、グリーンと幅広い。目尻から頬の部分と額には濃いラインが入る。太い尾は豊かな毛に覆われ、先端がやや細くなっている。

SIZE | 大きさ
中型～大型

COAT | 被毛
ダブルコートで、やわらかい手触り。長さは中くらいだが、肩のあたりがやや短めで、逆に尾はふさふさしている。首回りの襟毛と、後肢の裏側に「ブリーチ」と呼ばれる長い毛があるものが好ましい。色はルディ、レッド、ブルー、フォーンが広く認められているが、シルバーやトータシェル、チョコレート、ライラックを認める登録団体もある。

PERSONALITY | 性格
社交的で活発。遊び好きで愛情深く、茶目っ気がある。

長い被毛が美しいソマリはアビシニアンから派生した長毛種だ。社交的で活発だが、優しくて愛情深く、茶目っ気もたっぷり。飼い主との関わりを積極的に求め、玩具を追って走りまわるなど、遊びにも全力投球。とはいえ、何をするにも気が向いたときだけというマイペースな一面も。外見は非常に優美で、特にルディやレッドのものは、さながら美しいキツネのようだ。毛色は登録団体や国によって認定基準が異なる。中ぐらいの長さの被毛はなめらかで、手入れにもさほど手間がかからない。

ソマリが各登録団体の公認を受けたのは比較的最近のことで、その起源を裏づける記録はほとんど残されていない。一部では、自然発生の突然変異によりアビシニアンから誕生したと考えられている。もしこの説が本当なら、ソマリはまさしくアビシニアンの長毛種であり、猫種としてはかなりの古株ということになる。最近では、猫種は不明ながら長毛の猫とアビシニアンを異種交配したことにより、長毛という劣性遺伝子が受け継がれたとする見方もある。実際、アビシニアンの数が激減した20世紀初頭のイギリスでは、種を存続させるために長毛種との異種交配が積極的に行われていた。

ソマリという種の確立に最も重要な役割を果たしたのが、1953年にイギリスからアメリカに持ち込まれたレイビー・チュファ・オブ・セレーネという名の雄のアビシニアンだ。その血統はソマリだけでなく、アメリカ産アビシニアンの多くに受け継がれている。逆にレイビー・チュファの血統をたどると、イギリスのローバーデイル・パーキンスという雄のアビシニアンに行き着くが、さらにその母親であるミセス・ミュウが長毛の遺伝子を持っていたと考えられている。

ローバーデイル・パーキンスの誕生から始まったローバーデイル・キャテリーからは、アメリカ、オーストラリア、ニュージーランド、カナダ、ヨーロッパ各国に向けて、アビシニアンが輸出された。オーストラリアのアビシニアン、ブルーン・アキリーズも長毛遺伝子を保有し、現在のソマリ種にその血統が受け継がれている。

1960年代に入るとロングヘアアビシニアンは脚光を浴びるようになり、独立した猫種として扱われるようにもなった。認定に至るまでの背景には、ソマリという猫種の名づけ親でもあるアメリカ人ブリーダー、エブリン・マーグの多大なる尽力があった。アビシニア（現在のエチオピア）の隣国、ソマリアにちなんでつけられたこの名前には、「アビシニアンに近い存在」という意味が込められている。

マーグが自分の飼い猫であるリン=リーズ・ロード・ダブリンという雄のアビシニアンと、ロミア・キャテリーのトリル=バイという雌を交配させると、生まれた子猫たちの中に1匹だけ色の濃いふわふわの被毛を持つ子猫が交じっていた。ジョージと名づけられたその猫は、その後5軒の家をたらい回しにされた後、偶然にもマーグのもとに戻ってきた。正当な血筋を持つジョージがぞんざいな扱いを受けたことに憤りを感じたマーグは、ロングヘアアビシニアンを種として公認させてみせるという強い使命感に駆り立てられた。そうして1972年、カナダのブリーダーたちの協力のもと、アメリカでソマリ・キャット・クラブを創設。さらに1975年には、CFA公認の国際ソマリ・キャット・クラブが設立された。

1980年に初めてイギリスに渡ったソマリは、フォックステイルズ・ベル・スターと、チャンピオン猫のナフラニズ・オマール・ケヤムの2匹。その翌年には、ピーター＆マーガレット・フレイン夫妻がブラック・アイアン・バガボンドとブラック・アイアン・ビーナスを輸入している。そのバガボンドが現在、イギリスにおけるソマリの祖と考えられている。

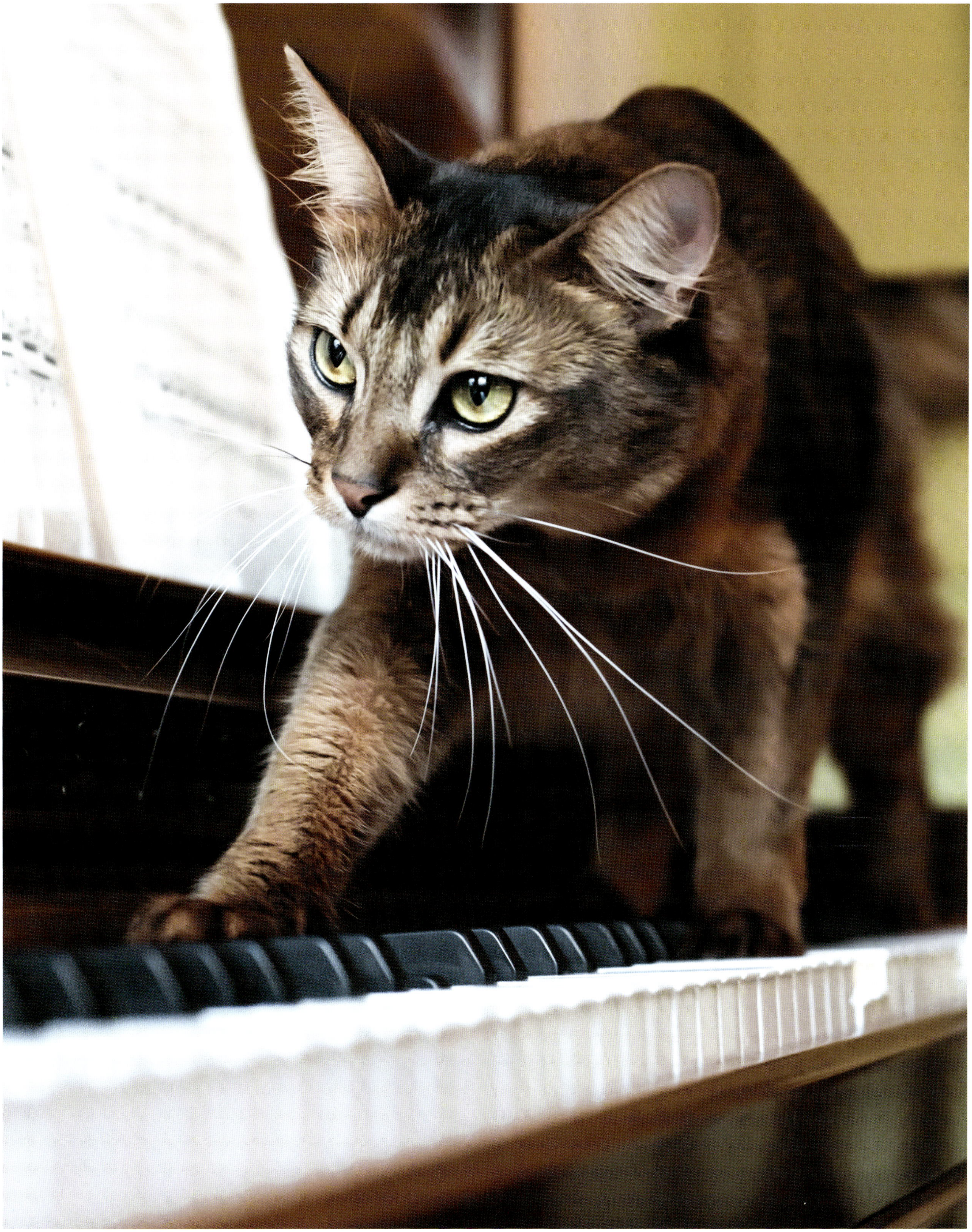

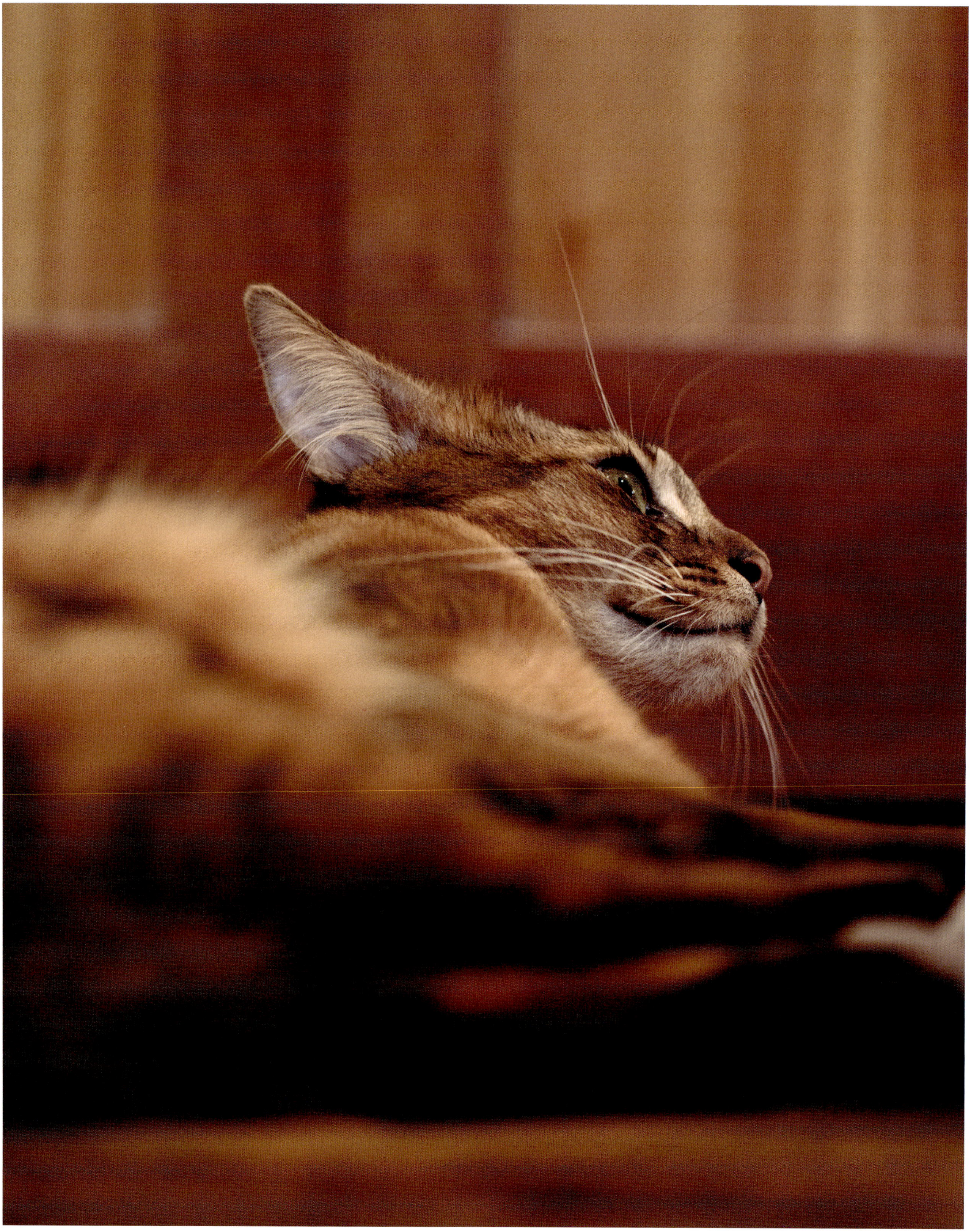

SOMALI｜ソマリ

CORNISH REX
コーニッシュレックス

近現代 — イギリス — 希少

APPEARANCE | 外見

巻き毛が特徴的で、スレンダーながら運動能力が高く、活動量も多い。脚が長いため、背も高い。筋肉質の胴は細長く、背は軽くアーチを描き、腹部も脇腹から腰に向かって絞り込まれている。頭部は比較的小さく、縦の長さが横幅よりも3分の1ほど長い。頬骨が高く、鼻は両目のあたりが高くなったローマンノーズ。中くらいから大きめの目は楕円形で、毛色に準じた鮮やかな色をしている。大きな耳は高い位置についている。足先は小さく、楕円に近い丸型。尾は細長い。

SIZE | 大きさ

小型〜中型

COAT | 被毛

やわらかく密な巻き毛は絹のようになめらかで、オーバーコートを持たない。あらゆるカラーとパターンが認められる。

PERSONALITY | 性格

非常にエネルギッシュで社交的。知能が高く、愛情深い。愛嬌たっぷりで遊び好き。

　コーニッシュレックスの魅力は、人なつこい性格とエレガントな容姿にある。エネルギーと愛情にあふれる個性的な猫で、活発でよく遊び、社交的で愛情深く、時にはまるで道化師のようにおどけた表情ものぞかせる。また、とても頭が良く、大事なものを工夫して隠しても、気がつけば玩具になっていることもしばしば。そんな愛嬌たっぷりのコーニッシュレックスは、必ずや私たちに幸せと笑顔を運んでくれるだろう。

　コーニッシュレックスには少々変わった歴史がある。ブリーダーたちが並々ならぬ努力により、偶然発見された猫を改良してきたのだ。そのため、猫の起源にまつわる記録としては非常に珍しく、誕生の詳細な年月日までさかのぼることができる。

　1950年7月21日、イングランド南西に位置するコーンウォール州ボドミン・ムーアの農家で、エニスモア夫人の飼い猫であるトータシェルのセレーナに5匹の子猫が生まれた。その中に1匹だけ、明らかに他の兄弟たちとは見た目の違う雄の子猫がいた。身体全体がレッドとホワイトの巻き毛に覆われていて、体型も1匹だけスレンダーで筋肉質、頭部はくさび型だった。

　突然変異によって生まれたと思われるこの子猫の重要性を直感したエニスモア夫人は、カリバンカーと名づけて大切に育てることにした。カリバンカーはのちに、イギリスにおけるレックス種登録の第1号となった。ちなみに「レックス」という猫種名は、「レッキス(Rex)」というウサギの品種に由来している。

　エニスモア夫人は馴染みの獣医師のアドバイスに従って遺伝学者のA・C・ジュードに相談し、巻き毛の猫を増やして、その特性を確実なものにするため、カリバンカーを母猫と交配させた。そうして1952年に生まれた3匹の子猫のうち2匹が巻き毛で、その片方は間もなく死んでしまったが、もう1匹の雄は生き残り、ポルデューと名づけられた。その後、カリバンカーとポルデューは巻き毛の自分たちの子猫やバーミーズ、シャム、ブリティッシュショートヘアと交配された。その結果、巻き毛は劣性遺伝によるものであり、両親が共に巻き毛のときに巻き毛の子猫が生まれることが明らかになった。

　そして1956年、『ライフ』誌がカリバンカーに関する記事と巻き毛の猫たちの写真を掲載する(同年、カリバンカーは死去)。これが火つけ役となり、コーニッシュレックスは世界的な人気を博するようになった。そうした最中の1957年、カリフォルニア州のブリーダー、フランシス・ブランシェリがエニスモア夫人から2匹のレックスを譲り受ける。雌のラモーナ・コーブはカリフォルニアに発つ前に父親のポルデューと交配され、アメリカの地で4匹の子猫を産んだ。そのうちの2匹、雄のマーマデューク・オブ・ダズリングと雌のダイアモンド・リル・オブ・ファン・ティー・シーが、アメリカにおけるコーニッシュレックスの基礎となったのだった。

　一方イギリスでは、1958年に著名なブリーダーであるブライアン・スターリング＝ウェブがポルデューを入手。ポルデューはトータシェルだったとされるが、雄のトータシェルは通常、繁殖能力がないので、数回にわたって子をもうけたポルデューが本当にトータシェルだったとしたら、珍しいケースだと言えよう。いずれにせよ、あるとき獣医師が遺伝子を調べるために、ポルデューから組織サンプルを採取したところ、この手術がきっかけとなり、ポルデューの生殖機能が奪われた。さらに、あろうことか貴重な組織サンプルも失われてしまったのだ。

　この時点でイギリスのレックス種は数が非常に少なかったのだが、ポルデューの生殖機能が失われたことで、頼みの綱は兄弟筋にあたる雄のシャンペイン・チャズのみとなった。そこでスターリング＝ウェブはシャンペイン・チャズを借り受けて、バーミーズやブリティッシュ

LATE NINETEENTH CENTURY TO 1959 | 19世紀後半から1959年の血統

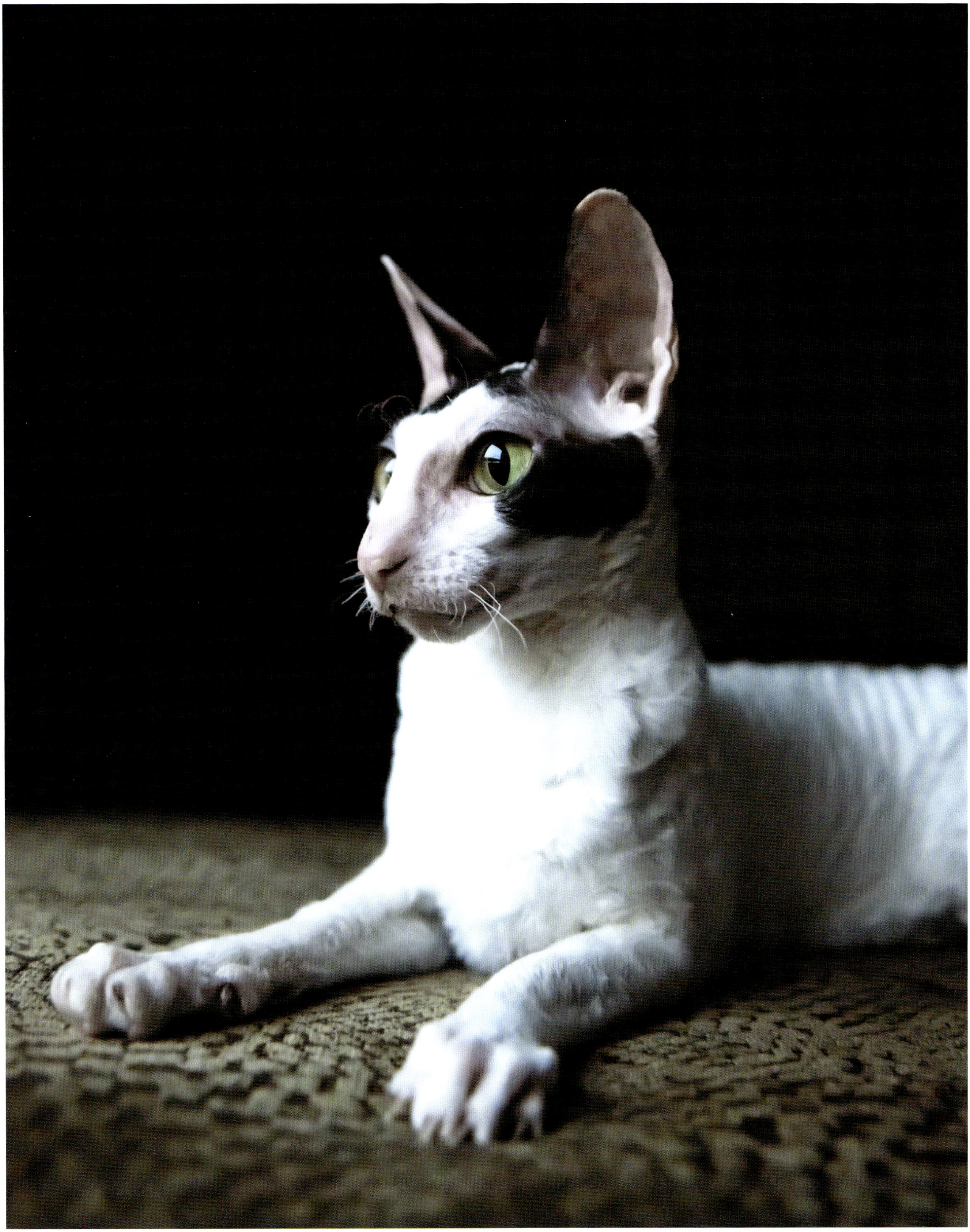

ショートヘアと交配させた。生まれたのは直毛の子猫だったが、その子猫をチャズと交配、あるいは子猫同士で交配させたところ、ようやくレックス種の子猫が誕生した。しかし、健全な遺伝子プールが維持できない状況下、やむなく同系交配を繰り返したことで、健康上の問題も発生し始めた。

その解決策として、カナダのカルガリーからリオビスタ・キズメットという名のブルー・カラーのレックス種の雄がイギリスに持ち込まれ、種の危機を救うべく交配が行われた。リオビスタ・キズメットは実のところ、カリバンカーの末裔（4代目）であった。その結果、コーニッシュレックスは1965年までにGCCFからプロビジョナル・ステータスの認定を受け、1967年には晴れてチャンピオンシップへの昇格を果たした。イギリスで最初にチャンピオンの称号を獲得したコーニッシュレックスは、雌ではノーエンド・クリンクル、雄ではローテイン・ゴールデン・ピーチだった。

アメリカでは、シャムやアメリカンショートヘア、ハバナブラウン、バーミーズとの異種交配が行われた。当初は体型に多少の崩れが見られたものの、遺伝子プールの増強には大いに役立ち、その結果、健康上の問題点は改善され、猫たちの負担も軽減されることとなった。

さらに、1匹の巻き毛のキャリコ（ミケ）が、アメリカにおけるコーニッシュレックスの歩みを大きく前進させる。カリフォルニア州の動物保護施設にやってきたオッドアイのこの雌猫を、ローデル・キャテリーのボブ＆デル・スミス夫妻が引き取り、ミステリー・レディーと名づけた。夫妻はその雌猫を、アメリカで初めて誕生したレックス種であるダイアモンド・リルの息子、ブルー・ボーイと交配させた。最初に生まれた子猫はすべて直毛だったが、母猫のミステリー・レディーと戻し交配させると、巻き毛の子猫が生まれた。

そうして1962年、CFAがダズリング・キャテリーのマーマデュークを登録したのを皮切りに、1960年代には主だった登録団体が続々とコーニッシュレックスを公認するようになった。1979年にはTICAの公認も受けている。それ以来、コーニッシュレックスはショーで大きな称賛を受け、少ないながらも熱心なファンから支持を集めている。

最後に、コーニッシュレックスは、猫アレルギーを持つ人でも飼いやすいということを付け加えておこう。猫に対するアレルギー症状は、猫の唾液に含まれるタンパク質により誘発される。猫が毛をなめると唾液が毛に付着し、その毛が抜け落ちることで室内にアレルゲンが飛散することになる。コーニッシュレックスは他の猫種に比べて抜け毛が少ないぶん、アレルゲンをまき散らすことが少ないというわけだ。

LATE NINETEENTH CENTURY TO 1959 | 19世紀後半から1959年の血統

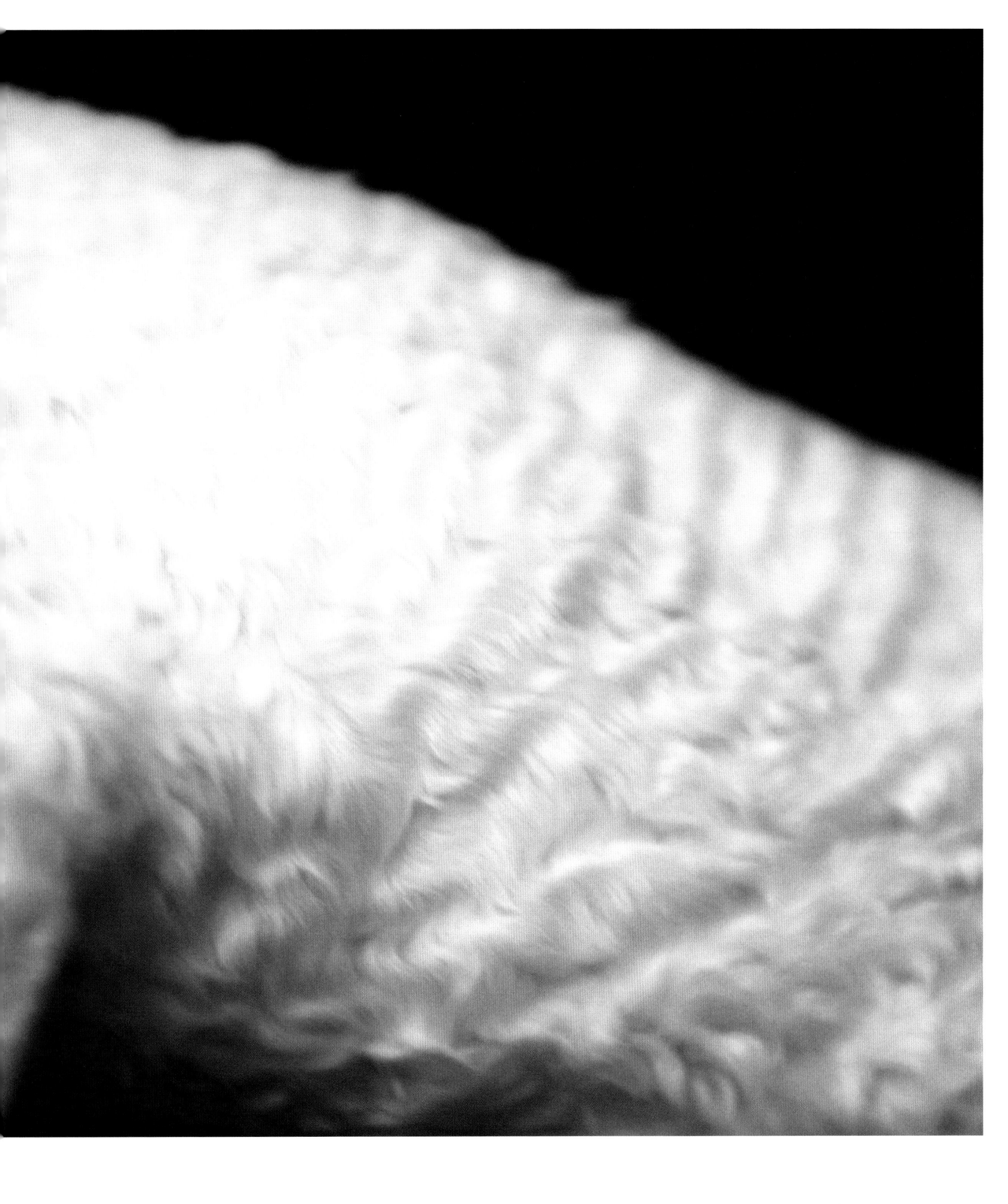

CORNISH REX | コーニッシュレックス

BOMBAY
ボンベイ
近現代−アメリカ−少ない

APPEARANCE | 外見
光沢のある漆黒の被毛に、美しく均整のとれた体つき。中型のボディは筋肉質で、太すぎず細すぎず、見た目よりも重量感がある。四肢と尾は胴体とバランスのよい長さ。足先は丸い。頭部も顔も丸く、マズルは幅広。目も丸くて、色はカッパーが望ましく、ゴールドも認められる。耳は中くらいの大きさで離れてついており、やや前方に傾いている。

SIZE | 大きさ
中型

COAT | 被毛
光沢のあるブラックの短毛で、なめらかな手触り。

PERSONARITY | 性格
好奇心旺盛で、遊び好き。知的かつ社交的で、とても愛情深く穏やか。

光り輝く漆黒の被毛と、カッパーの大きな目を持つボンベイは、黒ヒョウをイメージして作り出された猫だ。そのイメージとは対照的に、性格は穏やかで愛情深く、甘えん坊。ただし、特定の人にすり寄るのではなく、にぎやかな家族の輪に入って過ごすことを好む。また、辛抱強い性分で、子どもとも仲よく遊ぶし、投げたボールを追いかけて遊ぶのも大好き。もちろん、飼い主と一緒に過ごす時間がいちばん楽しいようだが、決して自己主張が強いわけではなく、気の引き方もおとなしく控えめなので、ペットとしても申し分ない。

インドに生息する黒ヒョウにちなんでボンベイ（現在のムンバイ）と名づけられたこの猫は、ケンタッキー州ルイビルのショーニー・キャテリーで生まれた。1950年代初期に同キャテリーのオーナーであるニッキー・ホーナーが、バーミーズの体つきと、つややかなブラックの被毛にカッパーの目を持つ黒ヒョウのような猫を生み出そうと試みたのが始まりだった。当初、ホーナーはバーミーズとブラックのアメリカンショートヘアを交配させたが、思うような結果は得られなかった。それでもあきらめず、交配に使う猫を替えながら試行錯誤を続けると、少しずつ理想の形質が現れ始めた。

最終的にボンベイの血統のもとになったのは、ショーニー・カシアス・クレイ、ショーニー・コル・ケイシー、ショーニー・リトル・ブラウン・ジャグという名のバーミーズの雄3匹、ショーニー・ショット・イン・ザ・ダーク、デイビッド・カッパーフィールドという名のブラックのアメリカンショートヘアの雄2匹、デイビッズ・ブラック・オニキス、ショーニー・オブシディアン、エスクワイアー・エスケパードという名の雌たちだった。

だが、交配で成功を収めたホーナーを待っていたのは、バーミーズのブリーダーからの大きな反発だった。そこでホーナーは少しでも多く人々から支持を得るため、積極的にキャット・ショーへの参加を続けた。その結果、1970年にCFAのプロビジョナル・ステータスの認定を受け、1976年にはチャンピオンシップに昇格することができた。1979年にはTICAも公認をしている。

この猫種登録の背景には、ロード・トゥ・フェイム・キャテリーのスーザン＆ハーブ・ズウェッカー夫妻の力添えもあった。さらに1980年代の終わりには、ロン＆ウェンディー・クラム夫妻のカツンクラムズ・キャテリーから、フランスのパスカル・ポルタルのもとに2匹のボンベイが送られ、それがヨーロッパ大陸におけるボンベイの基礎となった。

一方、イギリスのボンベイはアメリカのボンベイと外見に大きな違いはないものの、歩んだ道筋が少々異なる。時は1960年代にさかのぼる。一部のバーミーズのブリーダーたちが黒1色の子猫を繁殖し、イングランド北部で開催されたキャット・ショーに出陳してみたところ、これが大きな反響を呼んだ。しかし、実際に品種改良への動きが始まったのは、1980年代に入ってからのことだった。きっかけは偶然だった。

ビリー・オリバー夫人所有の雌のバーミーズ、ロチバンク・ブルー・ビオラが、血統不明の短毛の黒猫との間に子猫をもうけた。ロチバンク・プリンセスと名づけられたこの雌猫は美しい黒の短毛で、体型はバーミーズそのものだった。そして、ロチバンク・プリンセスとカタウメット・デル・ローゼンカバリエの間にアドリーシュ・ピヤーダが誕生。これが、のちのブリティッシュボンベイの基礎となった猫だ。その後、理想的な毛色や体型の実現を目指して計画的な交配を続けた結果、ようやくブリティッシュボンベイが完成したのだった。

しかしイギリスでは、ボンベイは独立した猫種とは公認されておらず、エイジアン・グループの猫として分類されている。一方、オーストラリアやニュージーランドでは、ブリティッシュショートヘアとバーミーズを用いて、イギリスとは異なる系統の交配が進められている。

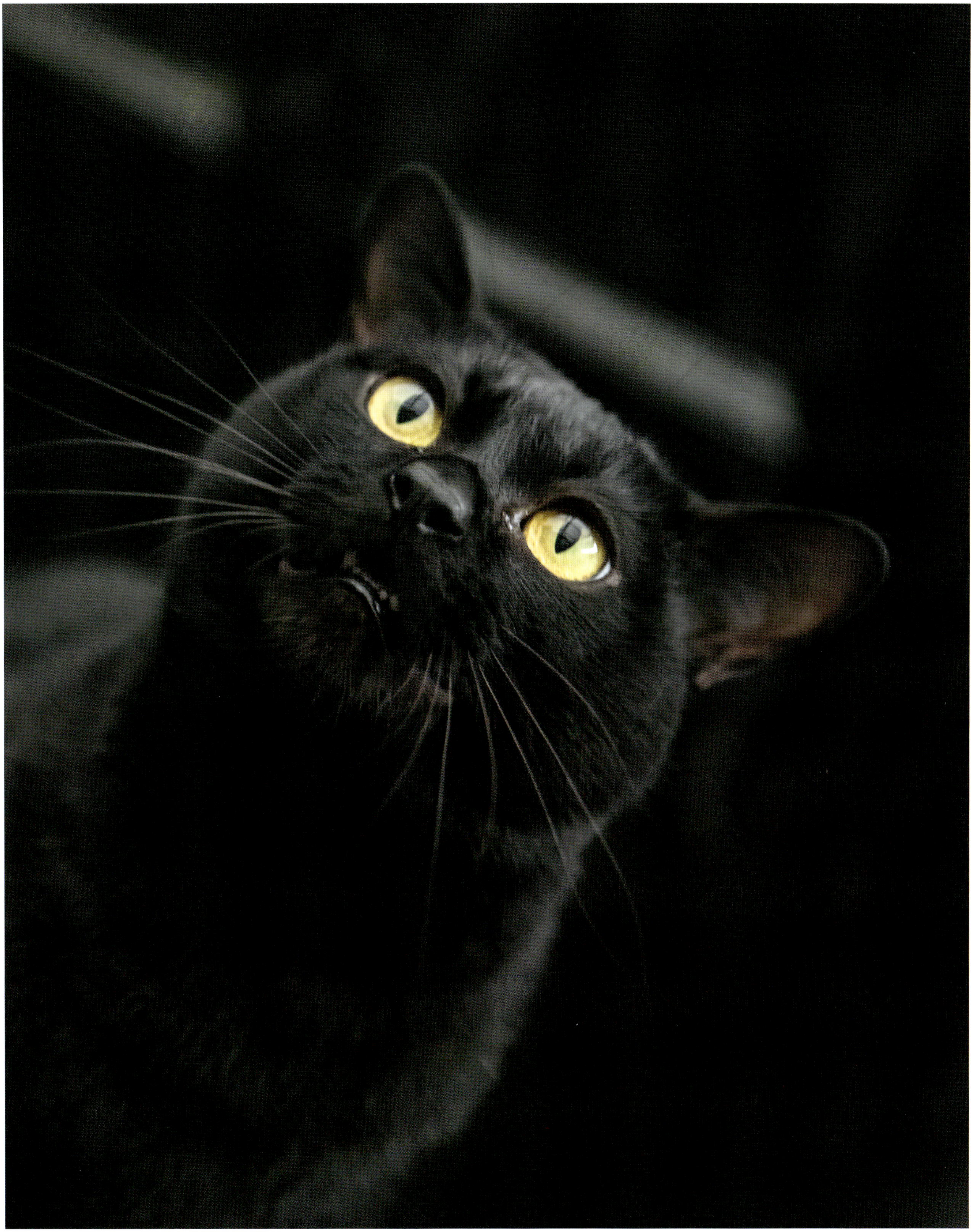

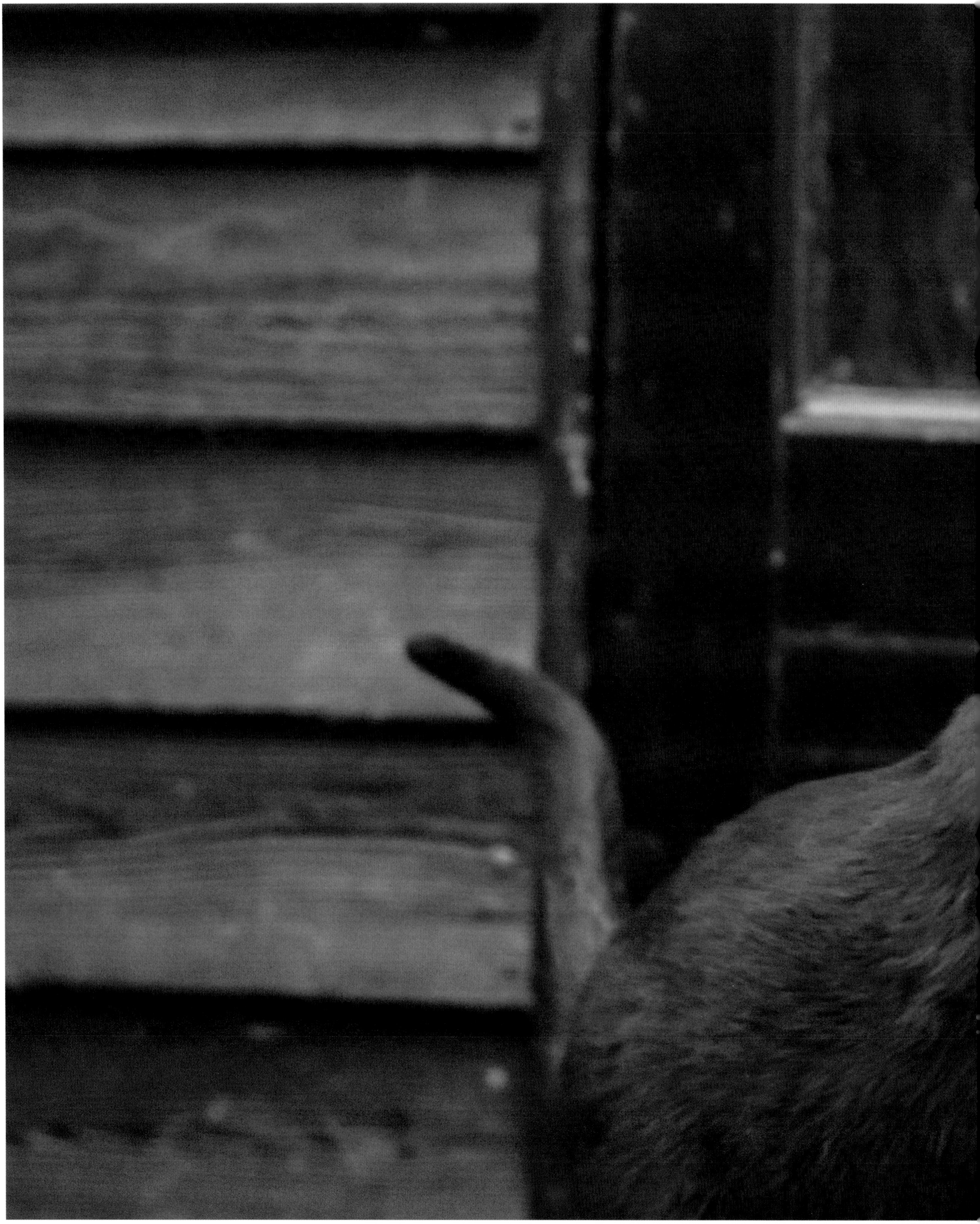

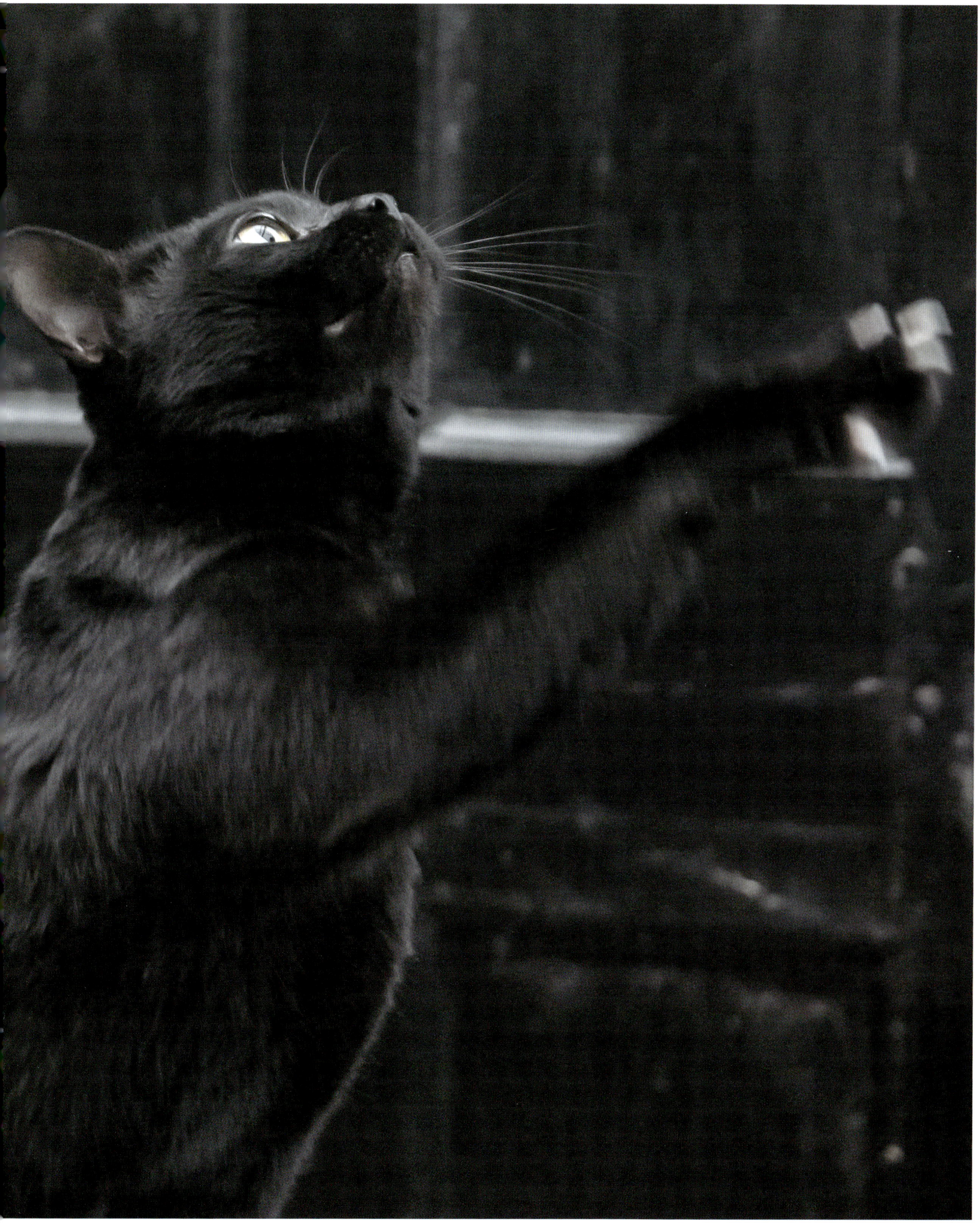

CHAPTER 4

第4章
1960年から1969年の血統

　1960年代、世界は激動の時代を迎え、政治や文化、経済、宗教の世界はもちろんのこと、猫の世界にとっても大きな転換期となった。この年代ほど、ノスタルジックな感情とともに人々の胸に刻まれている時代がほかにあるだろうか。重大な出来事が次々と起こる中、1969年にはアメリカのアポロ11号により人類が初めて月に降り立った。しかし、意外と知られていないようだが、実はそれより少し前の1963年10月18日、フェリセットという名の1匹の猫が地球を飛び立っていた。

　当時、フランス政府は「宇宙猫」プログラムの下、猫を集めて訓練を行っていた。そして、食べ過ぎによる重量オーバーでプログラムから脱落した猫が10匹いた中で、最も成績優秀だったフランスの野良猫フェリックスが、記念すべき宇宙猫第1号に抜擢された。だが打ち上げ前日、フェリックスは脱走。そこで急遽、雌のフェリセットに白羽の矢が立てられたのだった。打ち上げの際、フェリセットの頭には、15分間の宇宙飛行時の神経衝撃を測定・送信するための電極が埋め込まれた。軌道飛行には至らなかったが、それでもフェリセットを乗せたシャトルは地上160kmに到達した後、無事に生還を果たした。しかし、別の猫を使って行われた2度目の打ち上げ実験は、悲しいかな失敗に終わっている。宇宙旅行を経験した猫は現在のところ、フェリセットをおいてほかにはいない。数年後、宇宙に行った動物たちの偉業をたたえる記念切手が発行され、フェリセットの姿もそこに描かれている。

　1960年代、すでに猫は一般家庭でペットとしての地位を確立していた。一方で、純血種の猫やキャット・ショーへの関心も再び高まりつつあった。折しも科学が大きく進歩し、遺伝学という新しい分野に対する理解も深まった時代である。エキゾチックな動物に強い憧れを寄せる人々は被毛の色およびパターンの改良や異種交配、はたまた突然変異の人為的操作などといった技術を手に入れ、新種開発にますます熱中した。猫を飼う人の数が増えると、戦時中に激減し、種

の危機に瀕していたシャムやアビシニアンなど、古い猫種も数を回復させることに成功した。

そして、ヤマネコの美しい容姿に目をつけたブリーダーたちが、異種交配によってベンガルとチャウシーという2つの猫種を誕生させた。しかし、これらの猫種が各登録団体の公認を受けるまでには何十年もの歳月を要した。ベンガルは短毛のイエネコと野生のベンガルヤマネコ、チャウシーはアメリカンショートヘアやアビシニアンなどのイエネコと野生のジャングルキャットの交配によって生まれた猫種だ。いかなる新種でも、計り知れない努力と知識がなければ生み出すことはできない。ましてや、ヤマネコの野性的な容姿と、賢くて穏やかなイエネコの性質の両方を保持させるのは、並大抵のことではなかったはずだ。

1960年代にはほかにも、オシキャットというエキゾチックな猫種が産声を上げた。野生のオセロットを彷彿とさせるワイルドな容姿を持つが、ベンガルやチャウシーのように野生種と交配させたわけではなく、偶然をきっかけに生まれた猫種だ。著名なシャムのブリーダー、バージニア・デイリーが、アビシニアンの毛色を持つポイントカラーのシャムを作出しようと計画交配を進めていたところ、その過程でオフホワイトに金色のスポットが入ったオセロットそっくりの子猫が生まれた。その美しい姿に心奪われたデイリーは、さらに品種改良を進め、オシキャットを誕生させたのだった。

さらにもう1種、ワイルドな容姿の猫がこの時代に生まれている。アメリカンボブテイルだ。人の手によって生み出されたベンガルやチャウシー、オシキャットとは異なり、アメリカンボブテイルの短尾（ボブテイル）という特徴は自然発生的な遺伝子変異によるもの。ブリーダーたちが、アメリカ国内のあちらこちらで見かけた、ヤマネコのような外見に短い尾を持つ野良猫の特性を残すために努力を重ねたのだ。

遺伝子の突然変異は新種誕生の重要な鍵となる。そのメカニズムの解明に伴い、ブリーダーや科学者たちはほぼ望みどおりの特性を発現・定着させることができるようになってきた。たとえば、形質の発現の仕方は遺伝子が優性か、劣性かにより左右される。スコティッシュフォールドの折れ耳を例に挙げてみよう。1961年、スコットランドのとある農場で、折れ曲がった耳を持つ1匹の子猫が見つかった。1年後、その猫が産んだ2匹の子猫もまた折れ耳だった。この特性を定着させるべく、ある遺伝学者が計画交配に着手する。そして研究の結果、この特性を発現させるのは耳の軟骨形成に関わる優性遺伝子であることがわかった。つまり、片親がこの遺伝子を有する場合、約50％の割合で子どもにこの特性が現れるということだ。当然、両親ともにこの遺伝子を保有していれば発現率は上がるが、同時に先天性疾患を持って生まれる確率も高くなる。

1960年代に突然変異により誕生し、猫種として確立されたものはほかに、アメリカンワイヤーヘアやデボンレックス、スフィンクスなどがある。ちなみに、スフィンクスの無毛の特性は劣性遺伝によるもの。劣性遺伝の場合、形質を発現させるためには遺伝子が2コピー必要となる。つまり、両親がそれぞれその遺伝子を1コピーしか持たない場合、子に特性が現れる確率は25％となる。新種の形質を安定して発現させ、なおかつ健康で健全な遺伝子プールを作り上げるのは、簡単なことではないのだ。

トンキニーズ、ラグドール、スノーシューなどが誕生したのも、この時代だ。トンキニーズは、シャムとバーミーズとの計画交配により生み出された。一方、ラグドールとスノーシューの誕生は、ほとんど偶発的なものだった。ブリーダーがたまたま珍しい特徴を持つ猫を見つけ、その特性の定着を目指して計画的な交配を始めた結果、誕生したのだ。

この時代は別の面でも、猫界に大きな変化があった。その1つが、手軽な猫用トイレの登場だ。1947年に、エド・ロウというアメリカ人ビジネスマンが、紙袋に詰めた粘土系の猫砂を「キティー・リター」と命名し、商品化した。ロウはキャット・ショーに足繁く通い、愛猫家たちへ熱心に売り込みつづけた。ロウがこれを「タイディー・キャッツ」という名称で商標登録したのは1964年になってからのこと。それまで室内で猫を飼っていたごく少数派の人たちは、土や砂、灰、細断した紙などを箱に入れて、猫用のトイレにしていた。しかしロウが開発した

1960 TO 1969 | 1960年から1969年の血統

粘土系ペレットは、それらに比べて格段に吸収性が高く、非常に画期的なものだった。住宅事情やトイレの心配があって室内で猫を飼えなかった人々も、この猫砂のおかげで衛生的に飼えるようになり、ブリーダーや愛猫家たちも安心して高価な純血種を室内飼いできるようになったのだ。

1960年代のもう1つの特筆すべき変化は、法の改正だ。1927年にイギリスで設立されたキャッツ・プロテクション・リーグ（現在では単にキャッツ・プロテクションと呼ばれることが多い）という猫の保護団体が1960年代に入ると、猫のための福祉向上を目指し、法律改正を求める運動を活発化させていった。そうしてイギリスでは1960年に動物の遺棄に関する条例が定められ、遺棄することにより動物（猫を含む）に不必要な苦しみを与えることは犯罪と認められるようになった。また1963年には、キャテリーを含むすべての収容施設への立ち入り検査実施と認可取得を求める「動物宿泊施設法」が導入された。当時は、表面的には基準を満たしているように見えて、内実は劣悪な環境下にある施設も少なくなかったのだ。

さらに、対象をすべてのペットに拡大した法も制定され、「相当な注意と人道的配慮」なしに投薬や手術を行うことが禁止された。猫の避妊・去勢処置が行われるようになったのは1940年代終わりのことだったが、それ以前は雄猫の去勢には原始的な手法が用いられ、また雌猫には避妊処置が行われなかったため、健康を害した猫や望まれない子猫たちが日常的に処分されるという状況を招いていたのだ。獣医による避妊処置の義務化は、動物福祉の分野における大きな一歩となった。そのほか、1968年の窃盗法では、家畜を飼い主から不法に盗んだ場合も、窃盗罪で有罪になることが明文化された。

アメリカでも、1966年に猫を含む動物の福祉向上と保護のため動物福祉法が導入され、その後の数年間にわたって何度も改訂が行われた。歴代のアメリカ大統領がホワイトハウスで猫を飼っていたことは広く知られている。1960年代においては、1年ほどホワイトハウスで過ごしたトム・キトゥンという猫が有名だ。ビアトリクス・ポターの『ピーターラビット』に登場する猫にちなんで名づけられたこの猫は、ジョン・F・ケネディ大統領（1917〜1963年）の娘が飼っていた猫だったが、ホワイトハウスで暮らし始めてから約1年後、大統領が犬猫アレルギーであることが判明し、すぐにホワイトハウスを出なければならなくなった。それから間もない1962年にトムはこの世を去るが、その際はワシントンの新聞がトムの死を悼む記事を掲載し、哀悼の意を捧げた。短い期間ではあったが、大統領一家の一員としてトムの名が人々の記憶にしっかりと刻まれた証しと言えるだろう。

イギリスの政界にも熱烈な愛猫家がいた。ウィンストン・チャーチル首相（1874〜1965年）だ。チャーチルは私邸にも官邸にも必ず1、2匹の猫を置いていたそうで、特にケント州チャートウェルの屋敷で彼の壮年期を共に過ごした猫たちがよく知られる。その中にミッキーという名の大きなタビーがいた。ある日、チャーチルが大法官と電話をしていると、ミッキーが電話線にじゃれつき始めたので、チャーチルは思わず大声を出した。「何をやっているんだ！」我に返ったチャーチルは慌てて、「いや、今のは君（大法官）にではない。猫に対して言ったのだ」と弁解したという。

また、タンゴというオレンジ色の縞猫は、夕食時には必ずチャーチルの隣の椅子に座り、寵愛と食事のおこぼれを欲しいままにしていたそうだ。そのほか、勇敢でケンカが強いことから、アメリカ独立戦争やナポレオン戦争などで活躍したイギリス海軍提督、ホレーショ・ネルソンにちなんでネルソンと名づけられた大きなグレーの猫も有名だ。1940年に英国首相就任が決まると、チャーチルはネルソンを連れて首相官邸に移ることにした。官邸には前首相の猫ミュニック・マウサーが残されており、周囲はネルソンが環境の変化に適応できるか心配したようだが、結局、ネルソンがミュニックを早々にやり込めてしまったらしい。

ほかにもチャーチルと愛猫たちとの間には数々のエピソードが残されているが、最も感動的なのは、チャーチルの最後の猫ジョックとの絆物語だろう。ジョックは1962年、チャーチルの88歳の誕生日に贈られた猫で、身体はジンジャー（黄色がかった茶色）、首元と足先が白かった。チャーチルとジョックは無二の親友となり、チャートウェルの屋敷とロンドンのハイド・パーク・ゲートにある屋敷とを行き来するチャーチルの傍らには、必ずジョックの姿があった。チャーチルは1964年の最後の庶民院（下院）にもジョックを連れていったし、任期を終えて官邸を去るときに撮影された写真にも一緒に写っている。

チャーチルが亡くなった際には、チャートウェルの屋敷はナショナル・トラストに寄贈されることになっていたが、そこにはある条件が付け加えられていた。それは、ジョックをその後もチャートウェルに住まわせること。そしてジョックの死後も、ジョックと名づけたジンジャー・

カラーの猫を屋敷で飼いつづけることだった。チャーチルの愛猫ジョックは1975年に亡くなるまでチャートウェルで暮らし、現在は5代目ジョックが美しい庭で愛らしい姿を見せている。

この年代はまた、猫がテレビや映画に登場するようになった時代でもある。アメリカの猫界で初のテレビ・スターとなったのは、大きなジンジャー・カラーの雄猫ラッキー。1968年、シカゴの保護施設で暮らしていたところ、動物トレーナーのボブ・マートウィックの目に留まったラッキーは、名前をモーリスと改め、「9-ライブス」というキャット・フードのCMに起用される。優しく穏やかな性格で、「使える猫」だとスタッフからの評判も上々だったが、実は大変な偏食家で、やはり9-ライブスがお好みだったとか。

その後も次々と出演オファーが舞い込み、一躍人気者となったモーリスには世界中からファンレターが届くようになった。大スター、モーリスはリムジンでハリウッドをドライブし、ルイ・ヴィトンのデザインによるトイレで用を足していたという。飛ぶ鳥を落とす勢いのモーリスはバート・レイノルズ主演の映画『シェイマス』にも出演。あまりの人気ぶりに、1978年にその生涯を閉じた後、2代目、3代目のモーリスも登場した。ちなみに、この2匹も保護施設から引き取られてきた猫だった。そして当代のモーリスもロサンゼルスに住み、9-ライブスの「顔」として活躍している。

ほかにも、1951年にコメディ映画『Rhubarb（ルバーブ）』にも出演したオレンジーという猫が、1961年の『ティファニーで朝食を』でオードリー・ヘップバーンと共演し、注目を浴びた。オレンジーは実は非常に気難し屋であったらしいが、それで評判が落ちることはなく、人気は絶大だった。

イギリス猫界のスターは、1960年代から1970年代にかけて活躍した白猫のアーサーだ。ペット・フード・メーカーのスピラーズ社が、器用な足先でキャット・フードを缶から取り出すという特技に目をつけ、アーサーにCM出演を依頼したことがきっかけだった。スピラーズ社のために何百本ものCMに出演したアーサーは、ペット・フードの売上アップに貢献しただけではない。その顔をデザインしたタオルやTシャツが飛ぶように売れ、サインまで書くほどの人気ぶりだった。もっとも、このサインはジョン・モンゴメリというアーサー専属のゴーストライターが書いたものだが……。その後、アーサーは1976年に16歳で大往生を遂げた。

アニメーションの世界でも、猫は確固たる地位を築き上げた。1950年代には、パラマウント映画制作のモノクロ・サイレント映画で、フィリックス・ザ・キャットという猫のキャラクターが誕生。またフレッド・クインビー、ウィリアム・ハンナ、ジョゼフ・バーベラらによる『トムとジェリー』のトムや、ワーナー・ブラザーズ制作の『ルーニー・テューンズ』のシルベスターなども人気を博した。1961年にはハンナ・バーベラ・プロダクション制作のテレビシリーズ『ドラ猫大将』［訳注：日本では1963年に放送。原題は『Top Cat』］の放送が開始され、マンハッタンの下町で暮らす野良猫ギャングのリーダー、トップ・キャットがたちまち人々の心をつかんだ。1965年にロバート・クラムが発表した『フリッツ・ザ・キャット』は、いわゆるアンダーグラウンド・コミック。決して健全な王道を行く漫画ではないが、大暴れするフリッツはその強烈なキャラクターでカルト的な人気を手にした。

1960 TO 1969 | 1960年から1969年の血統

DEVON REX
デボンレックス

近現代―イギリス―希少

APPEARANCE | 外見

大きな耳と大きな目が印象的。スレンダーながら筋肉質で、胸部の幅が広い。四肢は長く、前肢よりも後肢のほうが長い。足先は小さな楕円形。比較的小さな頭部は幅広に見えて、実はやや縦長。頬骨が非常に高く、豊かな頬とふっくらとしたウィスカーパッドを持つ。マズルは短めで、はっきりとしたくぼみがある。大きな耳は低い位置についており、基部が幅広で細い毛が生えている。大きな楕円形の目は離れており、色は限定されない。尾は長く、全体が短毛に覆われており、先端が細くなっている。

SIZE | 大きさ

中型

COAT | 被毛

細くてウェーブがかかっている。背、脇腹、尾、四肢、顔、耳に密に生える。腹部と頭頂部の被毛はふわふわとやわらかく、薄い場合もある。ひげは非常に短いか、まったく生えていない。あらゆる毛色とパターンが認められる。

PERSONALITY | 性格

社交的で人なつこい。とても賢く、活発によく遊ぶ。飼い主に忠実で愛情深い。

デボンレックスを初めて目にしたとき、猫という動物に対して抱いていた先入観は一掃されることだろう。外見がなんともユニークなこの猫は「小さな妖精」「猫の妖精」「エイリアン・キャット」、あるいは「プードル・キャット」などと呼ばれることがある。

空想の世界から飛び出してきたかのような愛らしい姿はもちろんだが、性格の良さもデボンレックスの魅力だ。人間が大好きで飼い主のそばを離れようとしないし、愛嬌たっぷりで楽しそうなことを見つけると積極的にその輪の中に入ろうとする。また、とても活発な猫で、旺盛な食欲を満たしているときと、睡眠をむさぼっているとき以外は、いつも元気に動きまわっている。得意のジャンプで棚の上でも家具の上でも飛び乗ってしまうほど、運動能力も高い。

デボンレックスの起源は1959年にさかのぼる。イングランドの南西部、デボン州バックファストリーに血統不明の2匹の野良猫がいた。黒い巻き毛の大きな雄と、トータシェル&ホワイトの雌で、この2匹は父娘だったのではないかと思われる。1959年7月15日にこの雌がベリル・コックス夫人の裏庭で子猫を産んだのだが、そのうちの1匹が尻尾の先まで美しいダーク・ブラウンの長い巻き毛に包まれていたのだ。コックス夫人は一風変わった子猫を一目見て気に入り、カーリーと名づけて飼うことにした。

数カ月後、新聞を読んでいたコックス夫人は近々開催されるケンジントン・キトゥン・&ニューター・ショー[訳注：子猫および去勢・避妊済み猫の品評会]について書かれた記事に目を留めた。そこには、ドゥブ・ラムテックスという名の国内唯一の巻き毛の猫がショーでお披露目されると記されており、彼女はカーリーが実は非常に貴重な猫であることに気づいた。

その10年ほど前には、のちにコーニッシュレックスの基礎となるカリバンカーという名の巻き毛の子猫がコーンウォール州で見つかっていた。コーンウォール州とデボン州は隣り合っているので、カリバンカーとカーリーが遠縁にあたり、同じ突然変異が発生したという可能性も否めない。興味深いことに、コーニッシュレックスとデボンレックスの始まりは共に、トータシェル&ホワイトの雌と野良の雄との間に生まれた子で、直毛の兄弟たちの中に唯一交じっていた巻き毛の猫だった。

当時は単に「レックス」と呼ばれていたコーニッシュレックスは数が極端に少なく、遺伝子プールの規模も小さかったため、カーリーの存在を知ったイギリスのブリーダーたちは色めきたった。カーリーがコーニッシュレックスの救世主になってくれると期待したのだ。そこでブリーダーであり、キャット・ショーの審査員も務めるブライアン・スターリング=ウェブと、ドゥブ・ラムテックスのブリーダーであったアグネス・ワッツはコックス夫人を説得し、レックスの計画交配に加えるためカーリーを買い取った。

そうしてワッツ夫人のもとで飼育されることになったカーリーは、複数のコーニッシュレックスと交配された。だが、生まれてきた子猫たちは期待に反してすべて直毛だった。つまりカーリーは、コーニッシュレックスとは異なる遺伝子変異により生まれたということになる。その時点でブリーダーたちは、この2種類のレックス遺伝子[訳注：毛をウェーブさせる遺伝子]を、遺伝子Ⅰレックス（コーニッシュ）と遺伝子Ⅱレックス（デボン）に区別し、異なる猫種として定着させるためのプログラムを始動させた。

ところが、過剰な近親交配の代償として、筋肉のけいれんを引き起こす神経疾患が子に現れるようになった。問題解決のためには、異種交配が必須だった。さまざまな猫種が交配に採用される中、TICAが

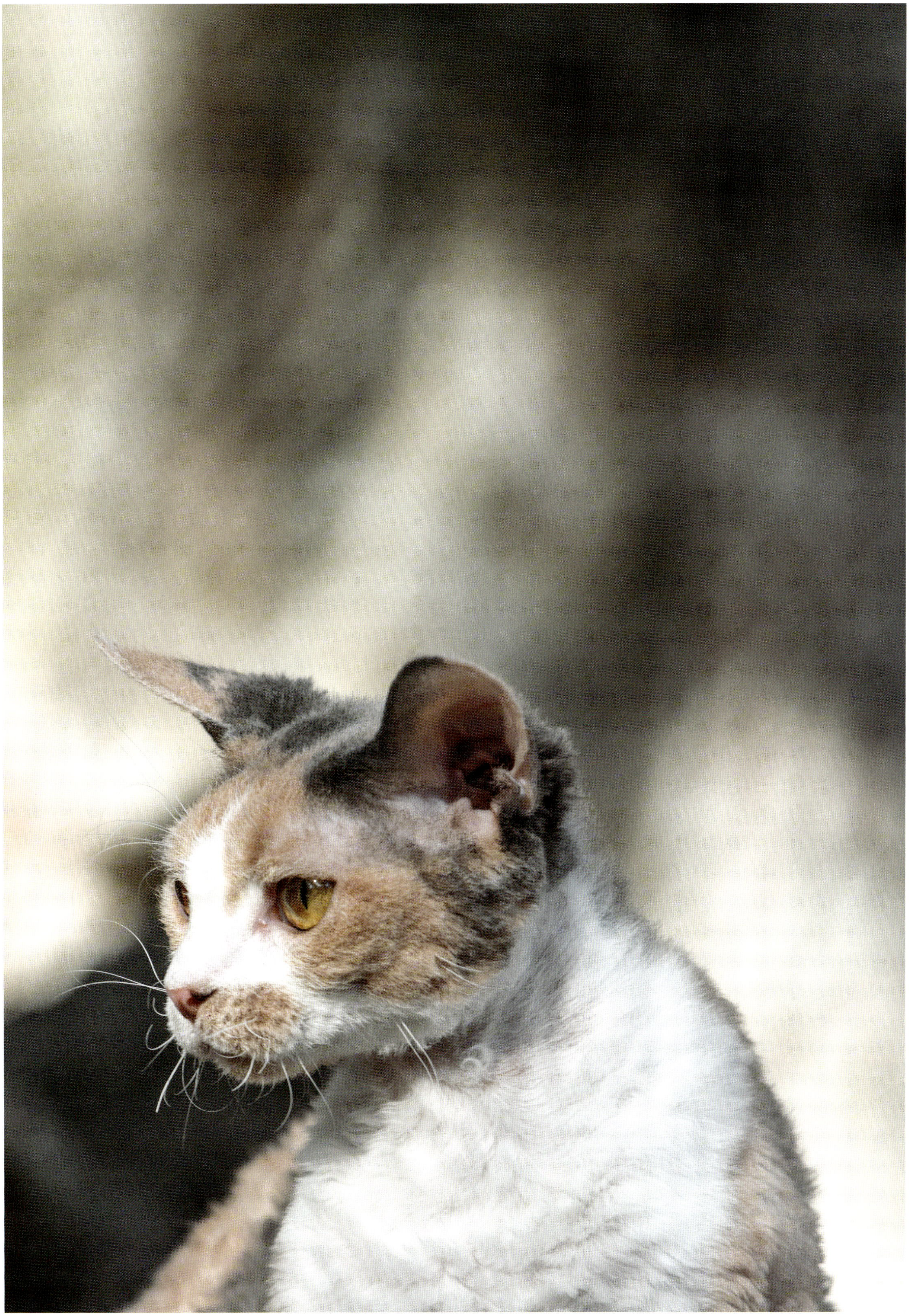

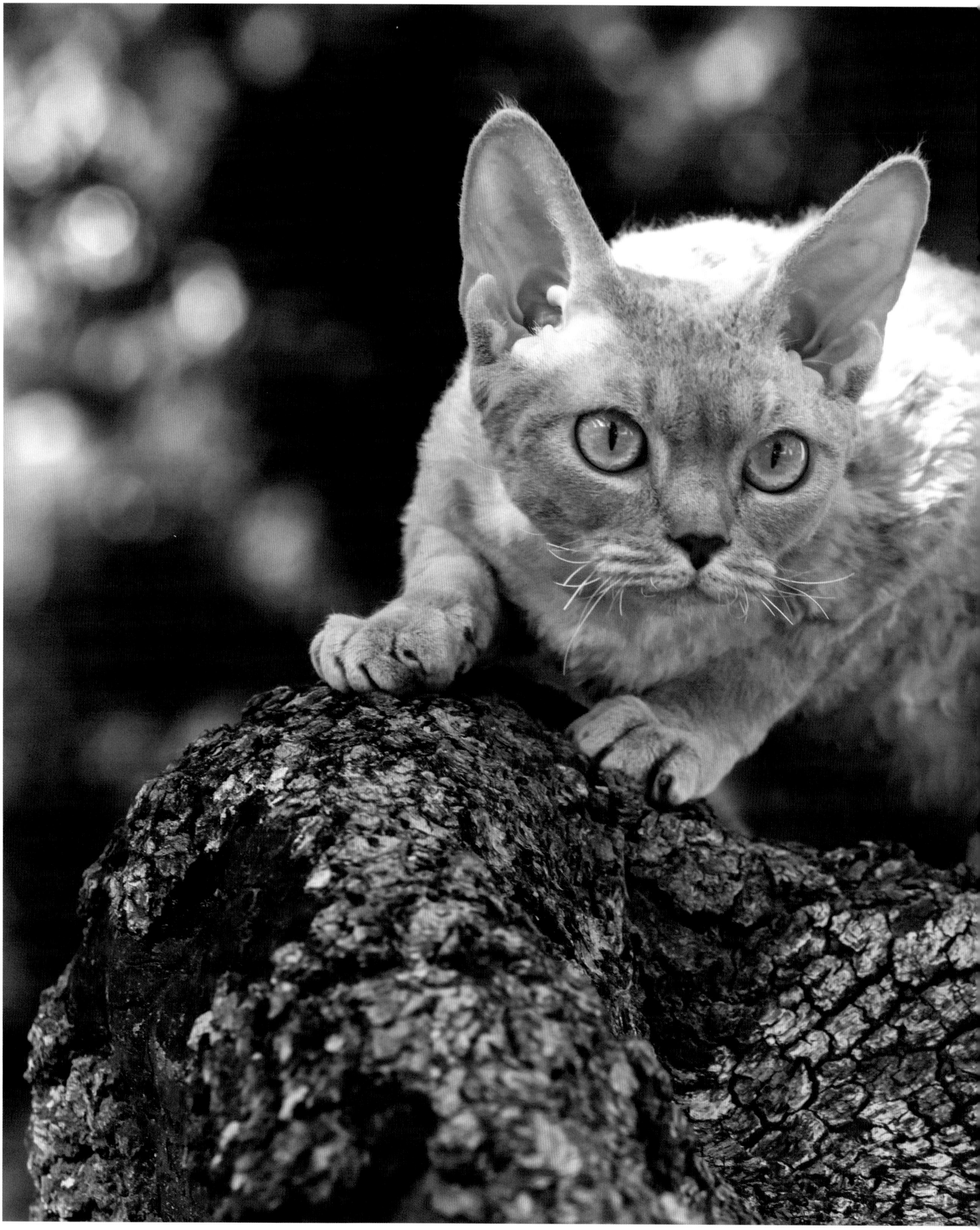

交配対象に認めたのはシャム、バーミーズ、ボンベイ、スフィンクス、アメリカンショートヘア、ブリティッシュショートヘアの6種で、その他の団体はブリティッシュショートヘアとアメリカンショートヘアのみだった。現在、主に用いられるのはアメリカンショートヘアとブリティッシュショートヘアの2種だ。

しかし、レックス遺伝子は単純劣性遺伝子なので、異種交配では直毛の子しか生まれない。それらの第1世代をデボンレックスと交配させてようやく、直毛と巻き毛の子が50%ずつの割合で生まれるのだ。したがって一口にデボンレックスの数を増やすと言っても、その道のりは長くてもどかしいものだった。

ブリーダーが直面した問題は、それだけではなかった。デボンレックスにはA型とB型の2種類の血液型が存在するのだが、B型の雌は力価(濃度)の高い抗A型抗体を持つので、A型の雄とB型の雌を交配させて生まれた子は、母乳に含まれる抗体に激しい反応を起こし、死んでしまう場合が多いのだ。現在はこのような事態を避けるため、適切な血液型の組み合わせで交配が行われている。

こうした茨の道を乗り越え、ついにデボンレックスは1967年にGCCFの公認を受け、その後アムハリック・カーリー・ケイティーがキャット・ショーにおいて初のチャンピオンとなったのだった。

アメリカにおけるデボンレックスの基盤をつくったのは、マリオン&アニータ・ホワイト夫妻とブリーダーのシャーリー・ランバートだ。ホワイト夫妻が1968年にイギリスの米軍駐屯地からアメリカに帰国する際にデボンレックスを2匹連れて帰り、その翌年にランバートがポインテッドの2匹を輸入したのだ。そして1978年には、イギリスのブリーダーで、ホームエーカーズ・キャテリーの創設者であるローマ&ライラ・ルンド夫妻が、十数匹のデボンレックスを伴ってアメリカに移住した。これにより、デボンレックスの遺伝子プールは大きく拡大することとなった。

そうしてアメリカでは、デボンレックスはACFA (The American Cat Fanciers Association=全米愛猫協会)によって初めて種として公認された。さらに1979年にはチャンピオンシップ・ステータスを与えられ、TICAも同じ年に公認している。当初、デボンとコーニッシュを「レックス」とひと括りにしていたCFAも、ブリーダーたちの熱心な働きかけにより、同じく1979年にデボンレックスを独立した種と認め、1983年にチャンピオンシップに昇格させている。

DEVON REX | デボンレックス

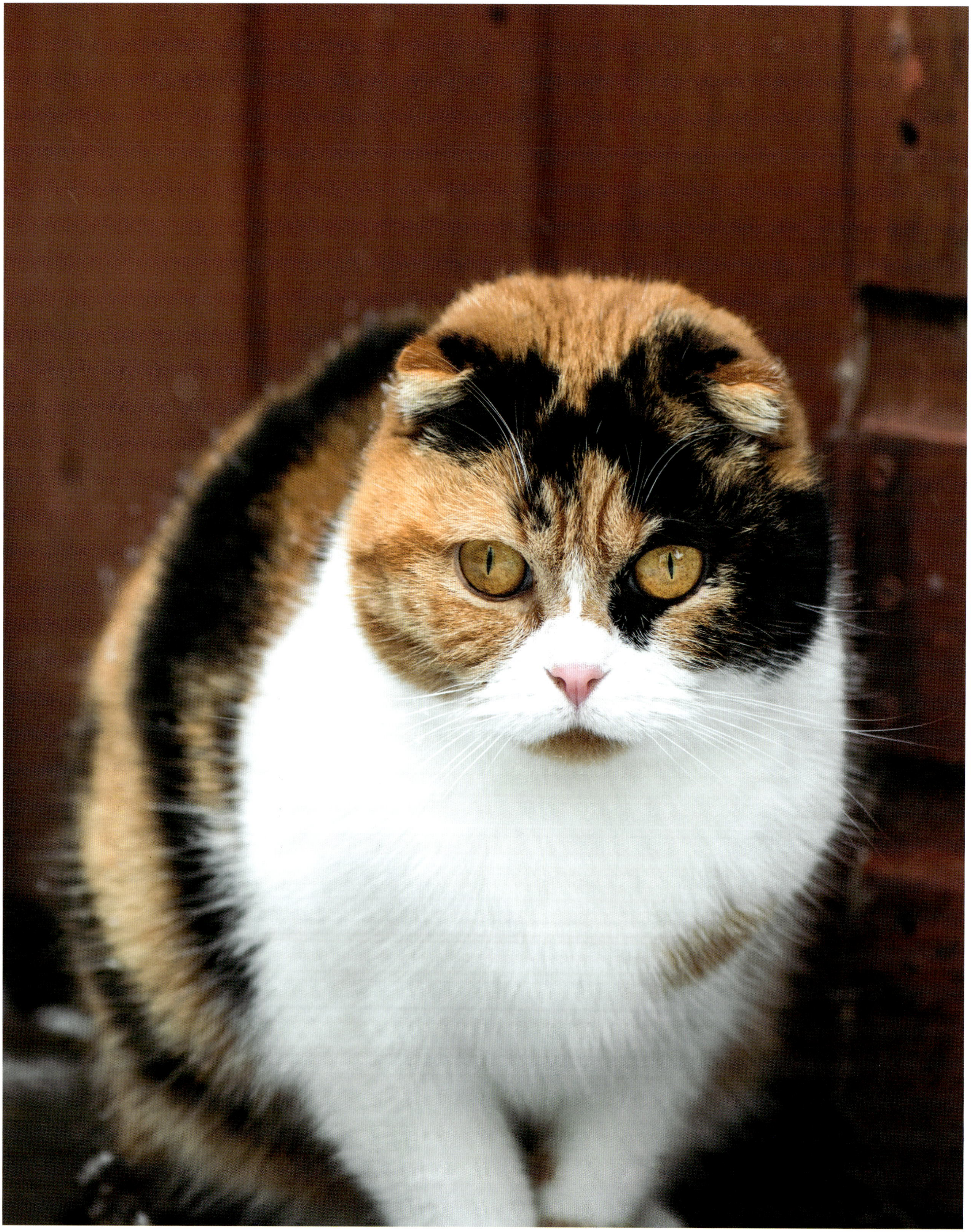

SCOTTISH FOLD
スコティッシュフォールド
近現代—イギリス—希少

APPEARANCE | 外見
丸みのある頑丈な体つきで、耳が前方に折れ曲がっている。肉づきがよく、身体を触ると硬く感じられる。頭部は丸く、折れ曲がった小さな耳がそれをさらに強調している。鼻は短く、頬はふっくらとして豊か。丸くて大きな目は優しい印象を与える。尾は中くらいの長さ。

SIZE | 大きさ
中型

COAT | 被毛
短毛種は、やや短い弾力のある毛が逆立つように密生している。長毛種の被毛はセミロングで、足先や耳、首元、後肢に飾り毛がある。あらゆる色とパターンが認められる。

PERSONARITY | 性格
飼い主に誠実で、愛情深い。好奇心旺盛で賢く、遊ぶのが大好き。温和で鳴き声も静か。

スコティッシュフォールドの特徴は、何と言っても前方に折れ曲がった小さな耳だ。そのせいで、丸い頭部がさらに丸っこく見える。おおらかで落ち着いた性格ゆえ、他の動物や子どもたちとも仲よく過ごすことができる。また、家族に深い愛情を注ぎ、よく甘えるが、決してわがままではない。

独特な容姿を持つこの猫に関する最も古い記録は1961年のスコットランドにおけるものだが、その起源はもっと古いと推測される。18世紀の中国の文献に耳の垂れた猫に関する記述があるし、ハワード・ロックストンも『Guide to the Cats of the World（世界の猫たち）』（1975年）の中で、中国原産の「垂れ耳の猫」に関する1796年頃の記録があると書いている。また、それから100年ほど後に、中国で食用に飼育されていた垂れ耳の猫をヨーロッパに連れ帰った船乗りがいたという話もある。

折れ耳という特性が本当に中国で生まれたのか、その真偽は明らかになっていないが、スコットランドで野良猫の中に突然変異として発現し、古くから人知れず存在しつづけていたという可能性も大いに考えられる。わかっていることは、スコットランドの初期の記録にある折れ耳の猫はみな、被毛が白のセミロングだったということだ。

最も古い1961年のスコットランドの記録によれば、テーサイド州コウパーアンガス（現在のパース・アンド・キンロスに位置する）にある友人の家を訪ねたウィリアム・ロスが、農場の納屋で折れ耳の白い雌猫を見つけたとされる。母猫が立ち耳の白猫だったことと、同腹に折れ耳の雄がいたことは判明しているが、父猫のことと雄のその後については定かでない。ブリティッシュショートヘアのブリーダーでもあったロス夫妻はその雌猫を引き取り、スージーと名づけた。スージーは1歳を少し超えた頃に出産をするが、その中にやはり折れ耳の子猫が2匹いた。ロス夫妻は、折れ耳の白い雌をスヌークスと名づけるとともに、この猫たちを「垂れ耳の猫」と呼び、その種を確立させるため、イギリスの遺伝学者ピーター・ダイト博士の協力を仰いで計画交配を始めた。

彼らはまず、スヌークスを血筋のわからないレッド・タビー（茶トラ）と交配させ、スノーボールという雄猫を誕生させた。続いて、スノーボールをレディー・メイというホワイトのブリティッシュショートヘアと交配させると、5匹の折れ耳の子猫が生まれた。スヌークスは1969年にも、デニスラ・ヘスターとデニスラ・ヘクターという折れ耳の子を産んでいる。ロス家で生まれたこれらの猫が、スコティッシュフォールドの基礎となっていく。

しかし、種の確立は容易なことではなかった。スコティッシュフォールドの折れ耳の特性は、生後3週間ほど経たないと現れないため、ブリーダーたちをやきもきさせた。また、折れ耳は耳の軟骨に影響を及ぼす優性遺伝子により発現するが、優性遺伝ということは、折れ耳の猫と立ち耳の猫を交配させると、折れ耳と立ち耳の子がそれぞれ50％の確率で現れることになる。

一方、折れ耳の猫同士を交配させると、子が折れ耳になる確率は高くなるが、同時に骨形成異常症などの先天性疾患を持って生まれる危険性も高くなる。イギリスの遺伝学者オリファント・ジャクソン博士は、1970年代初頭に骨形成に関する報告書を発表し、問題解決には異種交配が絶対条件であると述べている。疾患の原因は、折れ耳を発現させる遺伝子ではなく、過剰な近親交配にあると考えたのだ。

ロス夫妻は1960年代、計画交配を進めると同時に、折れ耳の猫をキャット・ショーにたびたび出陳した。その努力が実り、1966年にはGCCFがスコティッシュフォールドという種名で公認するが、1970年代に入ってすぐの頃、登録は取り消されてしまう。この猫種には先天性疾患の問題に加え、ミミダニの寄生と難聴の疑いもあるというのが

理由だった。後者の疑いはのちに晴れるが、そうした風評によりイギリスにおけるスコティッシュフォールド人気は一気に下落してしまった。しかし同時期、アメリカでは一躍、脚光を浴びることになる。

まず、マサチューセッツ州ニュートンビルにある肉食動物の遺伝子を研究する施設で遺伝子変異を調べていたニール・トッド博士が、1970年に研究対象としてデニスラ・ジュディー、デニスラ・ジョーイ、デニスラ・ヘスターという3匹のスコティッシュフォールドを入手。しかしデニスラ・ジュディーとデニスラ・ジョーイの間に2度子どもが生まれただけで、研究は実を結ばず、トッド博士は3匹を手放すことを決断する。だが結果的に、そのうちの1匹、デニスラ・ヘスターが著名なマンクスのブリーダーであるサーレ・ウルフ・ピーターズの手に渡ったことにより、アメリカにおけるスコティッシュフォールドの基盤がつくられることとなったのだった。

また、アメリカのスコティッシュフォールドを語るとき、カレン・ボダパの名前も忘れることはできない。ミスター・モーガン・ルフェイとドゥーニー・ラグズという2匹をもとに彼女が創設したブリリック・キャテリーは、初期の計画交配に大きく貢献している。

1974年になると、ボタパやピーターズ、さらにはボビー・グラハムをはじめとするブリーダーたちが、この猫種の公認を得るために動き始める。彼らは先天性疾患に関する報告書の内容と、遺伝コンサルタントを務めるローズモンド・ペルツ博士の助言をもとに、交配対象をアメリカンショートヘアとブリティッシュショートヘアにしぼった。

そうした彼らの尽力により、スコティッシュフォールドは1978年にCFAのチャンピオンシップ・ステータスに認定されたのを皮切りに、現在ではTICAなどの主要な登録団体すべてから公認を得るに至っている。長毛種のロングヘアスコティッシュフォールドも、複数の団体から公認されている。なお、TICAもアメリカンショートヘアとブリティッシュショートヘアとの交配を認めている。

最後に、スコティッシュフォールドと言えば作家、脚本家として活躍するピーター・ゲザーズの愛猫、ノートンにも触れないわけにはいかない。ゲザーズの著書『パリに恋した猫』(1990年)、『猫と暮らしたプロヴァンス』(1993年)、『The Cat Who'll Live Forever(永遠を生きる猫)』(2001年)には、ノートンにまつわる心温まるエピソードの数々が綴られている。

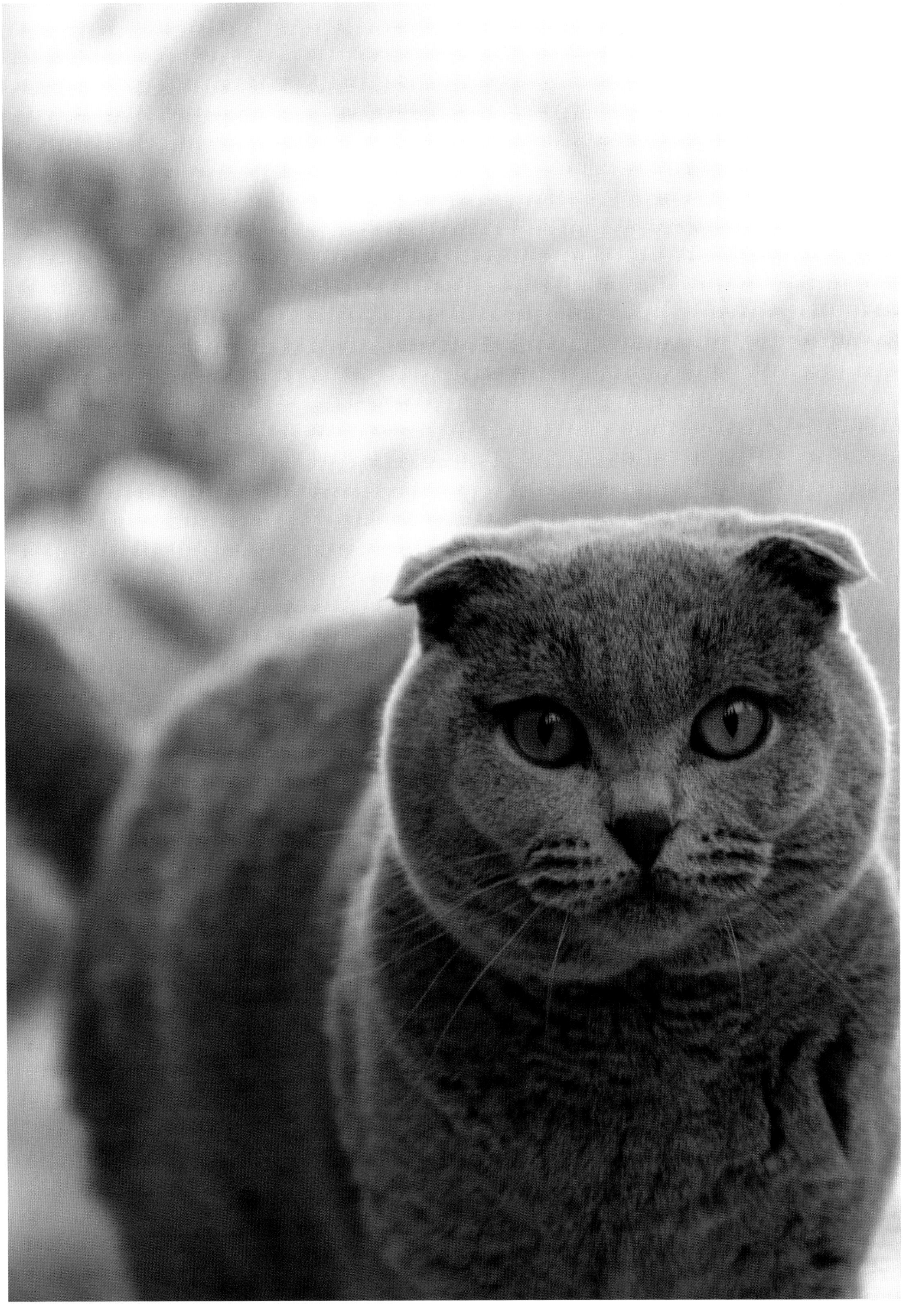

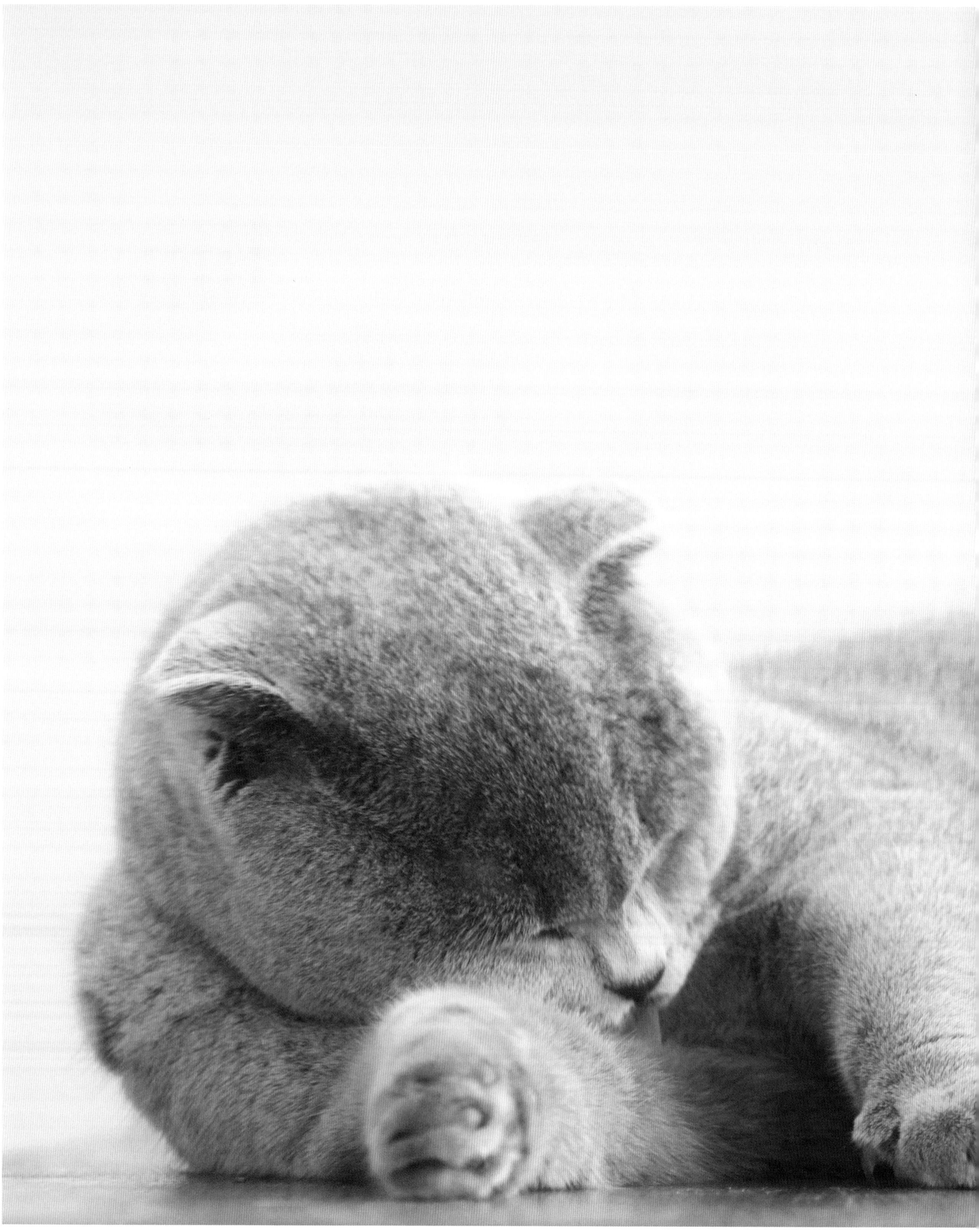

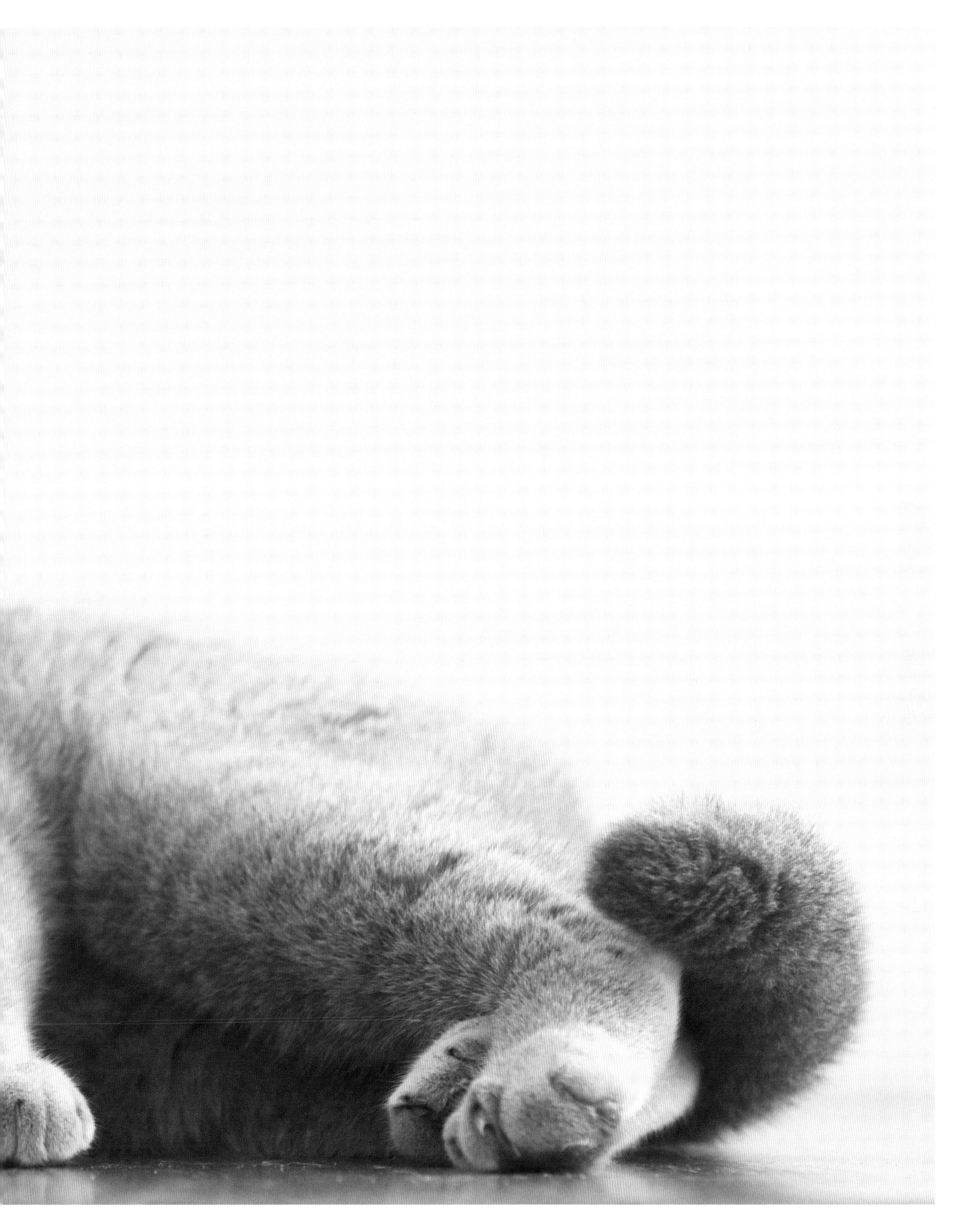

RAGDOLL
ラグドール
近現代─アメリカ─比較的多い

APPEARANCE│外見
大型でがっしりとした身体に、セミロングの被毛。ずっしりと重みがあり、筋骨たくましい。四肢は中くらいの長さで、骨格がしっかりしている。後肢が前肢よりもやや長いため、腰が肩より少し高い。大きな足先は丸型で、飾り毛が見られる。頭部は幅広のくさび型。耳は基部が広く、やや前方に傾いている。楕円形の大きな目は表情豊かで、鮮やかなブルー。長い羽根飾りのような尾はふさふさしていて、先端が細い。

SIZE│大きさ
大型

COAT│被毛
セミロングの長さのやわらかい被毛。激しい抜け毛、もつれなどは見られない。登録団体によって認められる毛色が異なり、パターンはポイントカラー、バイカラー、ミテッド[訳注:ポインテッドの先端に白が入る]などが認められる。シール、ブルーが人気。

PERSONALITY│性格
おっとりしていて愛情深く、人間が大好き。鳴き声は小さい。

数ある猫種の中でも最大級の身体を持つラグドール。ずしりと重いが、腕に抱かれるとだらりと脱力する姿から、「ぬいぐるみ」を意味するラグドールという名が与えられた。また、性格も本当にぬいぐるみ？と思ってしまうほどおとなしくておっとりとしており、鳴き声も小さく控えめ。人なつこくて愛情深く、遊ぶのが大好きでよく甘えるが、しつこくまとわりついたりはしないし、他の動物や子どもたちとも仲よく過ごせるので、室内飼いにはもってこいの猫だ。しかし、眠くなればさっさと昼寝の体勢に入ってしまう一面も。

ラグドールの起源についてはさまざまな説があるが、いずれも噂の域を出るものではない。確かなのは1963年にカリフォルニア州リバーサイドでその歴史が始まったということだ。まず、黒いペルシャのブリーダーであったアン・ベイカーが、自分の飼い猫の1匹を近所で飼われていたターキッシュアンゴラっぽい長毛の白猫、ジョゼフィーヌと交配させる。この交配により、ジョゼフィーヌはダディー・ウォーバックスという子猫を産んだ。ジョゼフィーヌはその後、バックウィートとフジャンナという2匹の雌猫ももうけた。ジョゼフィーヌ、バックウィート、フジャンナの3匹は現在のラグドールとは異なっていたが、その血統がラグドール誕生に大きく影響している。

そして1965年、ベイカーがダディー・ウォーバックスを毛色の濃いバックウィートと交配させると、単色とポインテッドの子猫がそれぞれ2匹ずつ生まれた。このうちキョートとティキと名づけられたポインテッドの2匹が、翌1966年にNCFA(National Cat Fanciers Association＝全米愛猫協会)に初めてラグドールとして登録された猫となったのだ。

これがラグドール誕生にまつわる紛れもない事実だが、その祖先であるジョゼフィーヌに関する噂や説にはこんなものがある。自動車事故に遭ったジョゼフィーヌが回復後に産んだ子猫は抱き上げられると脱力する大型の猫だったという噂、事故の後にジョゼフィーヌは研究施設に送られ、そこで遺伝子が改変されてラグドールという猫が誕生したという説だ。しかし、いずれも今となっては現実味に乏しいと言わざるをえない。

ラグドールの生みの親であるベイカーはその後、1971年に独自の猫種登録機関、IRCA(International Ragdoll Cat Association＝国際ラグドール協会)を創設し、「ラグドール」という名称の商標登録とフランチャイズ化に乗り出す。さらにベイカーは、すべてのラグドールのブリーダーをIRCAの支配下に置き、IRCA以外の団体への登録を認めないとまで主張した。そのためブリーダーたちから大きな反感を買い、ベイカーと一部のブリーダーとの間に埋めがたい亀裂が生じた。こうしたごたごたがあったため、主要な登録団体はラグドールの猫種登録に消極的だった。

そんな中、熱意と努力によって猫種確立への道を切り開いた夫婦がいた。デニー＆ローラ・デイトン夫妻だ。夫妻はベイカーから1960年代の終わりにバディーとロージーという2匹のラグドールを買い取り、計画交配を開始。そして、ブロッサム・タイム・キャテリーを開き、ラグドールのさまざまな遺伝的特徴を記録した遺伝子チャートを作成した。さらにRFC(Ragdoll Fanciers Club＝ラグドール愛好家クラブ)を創設し、主要な猫種登録団体からの公認を受けるべく活動を始めた。

デイトン夫妻の計画交配の初期に活動を共にしたブリーダーにブランチ・ハーマンがいた。ハーマンはラグタイム・キャテリーのオーナーであり、その猫たちはショーで優秀な成績を収めている。最終的にベイカーのもとを去ったデイトン夫妻は、自分たちのキャテリーで独自の計画交配を続け、18匹のラグドールを飼育するまでになった。そして、ハーマンをはじめとするブリーダーたちがデイトン夫妻のプロ

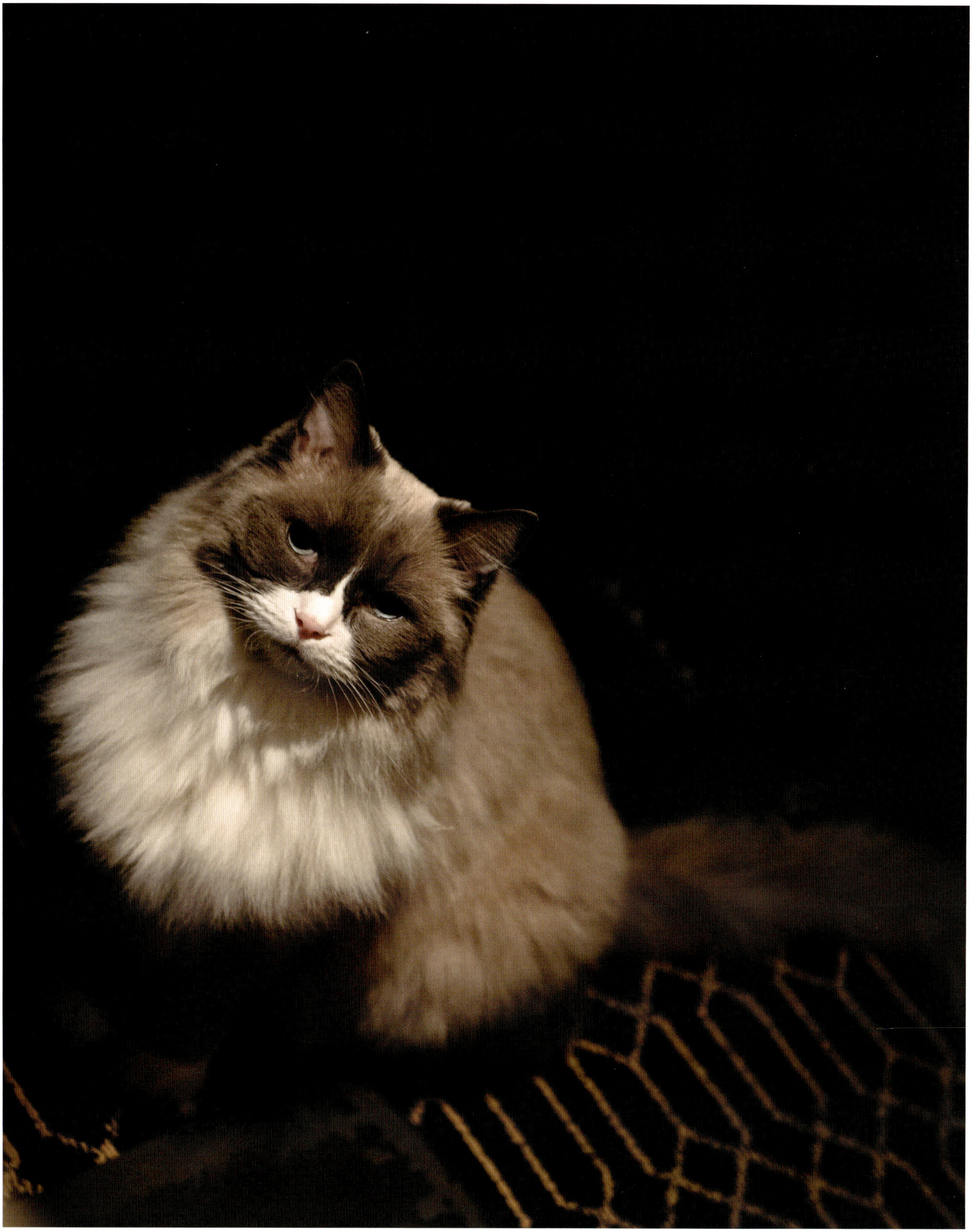

1960 TO 1969 | 1960年から1969年の血統

グラムに加わり、1975年にラグドール・ソサエティ(ラグドール協会)を設立した。

デイトン夫妻やハーマンなどのブリーダーたちは、ラグドールをキャット・ショーに積極的に出陳し、主だった登録団体に精力的に働きかけた。ハーマンは特にシカゴ界隈でラグドールを広く知ってもらうために活動していた。そして1970年代の終わりにはCFAによる公認への気運が高まり、1981年に満を持してデニー・デイトンが新種登録の申請を行った。

だが、CFA基準に沿ったスタンダードへの修正が必要であるとして、その申請はあえなく却下されてしまう。さらに修正を加えた後も申請は認められず、CFAの公認を受けるまでには12年もの年月を要した。その一方で、TICAは1979年の設立直後にラグドールを種として公認している。同年、RFCは遺伝学者のフリューガー博士を招聘してセミナーを開催。そこでようやく真偽が定かでない起源説を打ち消し、ラグドールがまっとうな計画交配によって生まれ、種として確立していることが明確にされたのだった。

イギリスに初めてやってきたラグドールは、ノリッジ近郊にあるペティルル・キャテリーのルル・ローリーと、その友人でパトリアルカ・キャテリーのパット・ブラウンセルが、それぞれデイトン夫妻からペアで買いつけた猫たちだ。ローリーが入手したラッドとラスは、イギリスの検疫所で過ごした6カ月の隔離期間中に3匹の子猫をもうけた。熱心な2人は、その後1年の間にさらに8匹のラグドールを輸入し、イギリスでの計画交配を拡大させた。

イギリスに渡ったラグドールはたちまち人々の心をつかみ、その人気はヨーロッパのみならず、オーストラリアまで広がった。また、イギリスにおける初期のラグドール・ブリーディングの功労者として、スー・ワード＝スミスと、彼女のパンダポーズ・キャテリーの存在も挙げないわけにはいかない。ワード＝スミスは仲間とともに、1987年にブリティッシュ・ラグドール・キャットクラブを創設し、1990年のGCCF公認にも多大な貢献を果たした人物だ。

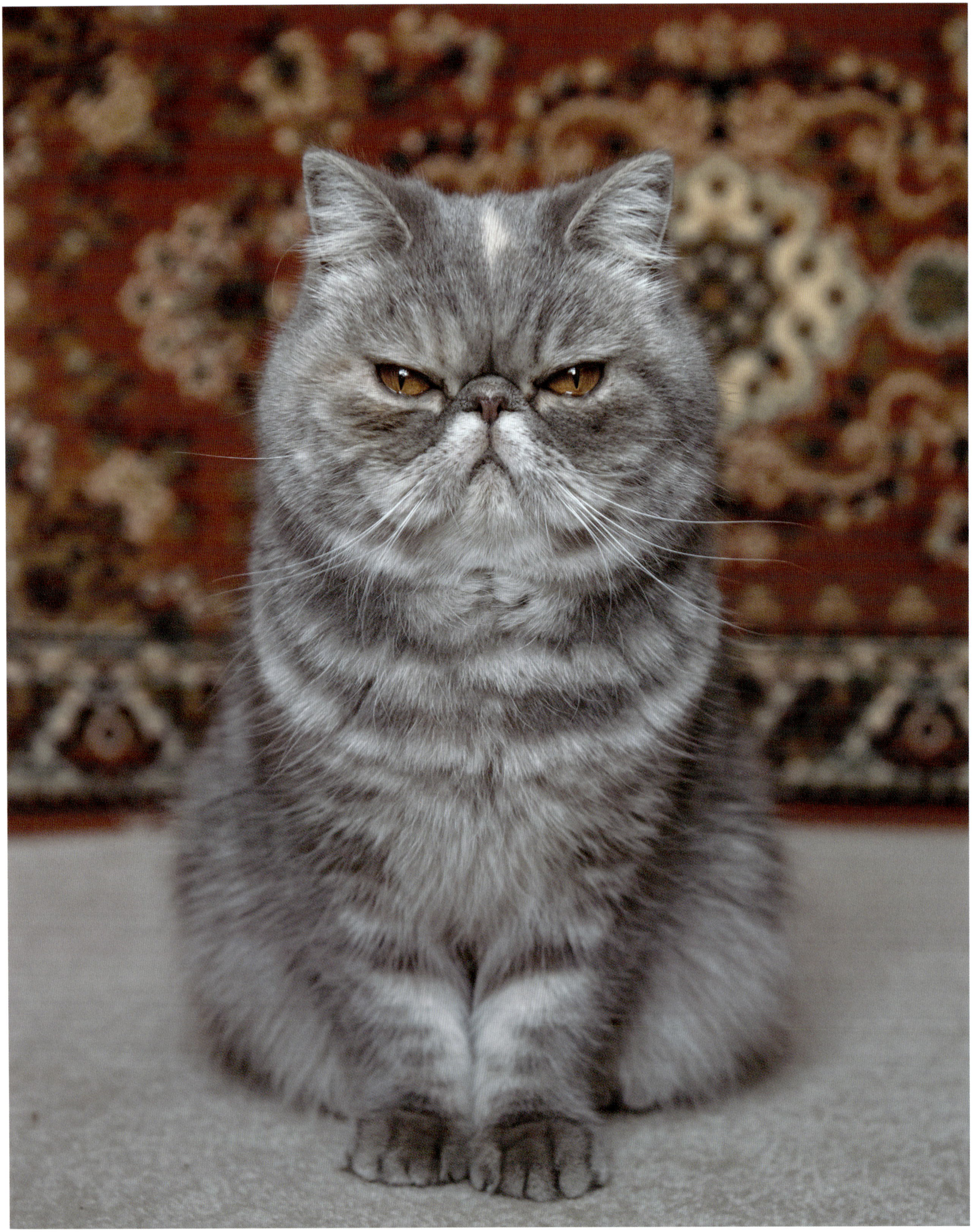

EXOTIC SHORTHAIR
エキゾチックショートヘア

近現代 − アメリカ − 比較的多い

APPEARANCE | 外見
がっしりとした骨格に、豊かな被毛。幅広の頑丈な身体で、短くて太い四肢を持つ。足先は大きくて丸型。肩から尻にかけて膨らみがあり、胸も幅広で厚い。頭部は大きな丸型で、上向きの鼻は短く幅広。頬はふっくらとして豊か。耳は小さく、前方に傾いている。大きな丸型の目は離れてついており、色は毛色に準ずる。尾は短いが、胴の長さとのバランスがよい。

SIZE | 大きさ
中型〜大型

COAT | 被毛
セミロングの長さの被毛はやわらかく、身体から立ち上がるように密生している。分厚いアンダーコートを持つ。ヒマラヤンのポイント、ペルシャの色とパターンのすべてが認められる。

PERSONARITY | 性格
優しくて愛情深く、とても人なつこい。おおらかで物静かだが、遊ぶのが大好き。

エキゾチックショートヘアは、いわば短毛のペルシャだ。猫種のスタンダードにおいても、被毛を除くすべての項目でペルシャのものと一致している。内面的にもペルシャの穏やかな性質をそのまま受け継いでおり、とても愛情深く、適度に活発だ。また物静かで、鳴くときも優しい小さな声で鳴くし、他のペットや小さな子どもたちともうまく折り合いをつけることができるので、ペットとして理想的な猫種だ。毛はペルシャよりも短く、手入れも比較的簡単だ。

エキゾチックショートヘアが誕生したのは1960年代初めのこと。アメリカンショートヘアのブリーダーたちが、ペルシャのようなシルバー・カラーの被毛とグリーンの目を発現させるため、ペルシャの血を取り入れたのが始まりだ。しかし、ペルシャとの交配で生まれた子猫は魅力的ではあったものの、どう見てもアメリカンショートヘアではなかった。さらに、異種交配を続けていくうちに、体型も次第にペルシャ寄りになってしまった。

アメリカンショートヘアの特性が損なわれてしまったことに、ブリーダーたちの多くが懸念を示す中、CFAの審査員であるジェーン・マーティンクは、異種交配によって生まれた猫たちの特性に注目した。そして1966年、マーティンクはこの交配種を新種として認定してはどうかと提案した。その結果、翌1967年にCFAはチャンピオンシップ・ステータスに認定した。この新種は当初、スターリング・シルバーのような毛色からスターリングと呼ばれていたが、その後さまざまな毛色とパターンが認められたため、エキゾチックショートヘアと改称された。

開発の初期段階では、アメリカンショートヘアとペルシャの異種交配が基本だったが、バーミーズやロシアンブルー、ヒマラヤンなどの血が取り入れられることもあった。アメリカンショートヘアなどの短毛種を使うのは短毛遺伝子を取り込むためで、その遺伝子を持って生まれた子をさらにペルシャと交配させることにより、ペルシャの体型を定着させることができたのだった。

しかしその間には、ペルシャとアメリカンショートヘアそれぞれの純血を守ろうとするブリーダーたちからの反発もあった。だが、それにも屈せずに新種の確立に向け努力を続けた人たちがいたからこそ、エキゾチックショートヘアは種として確立することができたのだ。なかでも、グレイファイア・キャテリーのドリス・ウォーキングスティックと、ニュー・ドーン・キャテリーのキャロリン・バッシーの貢献は大きい。ウォーキングスティックはエキゾチックショートヘアとして初のグランド・チャンピオンを生み出し、バッシーはバーミーズとの異種交配を進め、24匹ものグランド・チャンピオンを輩出した。

当初のエキゾチックショートヘアとペルシャのスタンダードを比べると、被毛の長さが違うことと、ペルシャにはブレイク［訳注：眉間と鼻の間にあるくぼみ］を必要条件とする項目が含まれていたことの2点を除き、すべての項目が一致していた。そのため、この2種のスタンダードの改訂は同時に行われてきた。さらに1973年には、エキゾチックのスタンダードにも「ブレイクを有する」という項目が追加され、両者の違いは被毛の長さに関する1項目のみとなった。なお、当時はエキゾチックの異種交配の対象としてペルシャとアメリカンショートヘアが認められていたが、1987年にアメリカンショートヘアがその対象から外れ、現在ではペルシャのみが認められている。

エキゾチックショートヘアの子の中には、必ず長毛の個体が見られる。その長毛の子をエキゾチックショートヘアと交配すれば短毛の子がまた生まれるのだが、長毛の子たちも短毛の子たちに負けず劣らず魅力的な容姿をしている。このエキゾチックロングヘアについては、各登録団体の見解に多少の相違があり、CFAは2009年にチャンピオンシップとして公認しているが、TICAはペルシャ種として分類している。

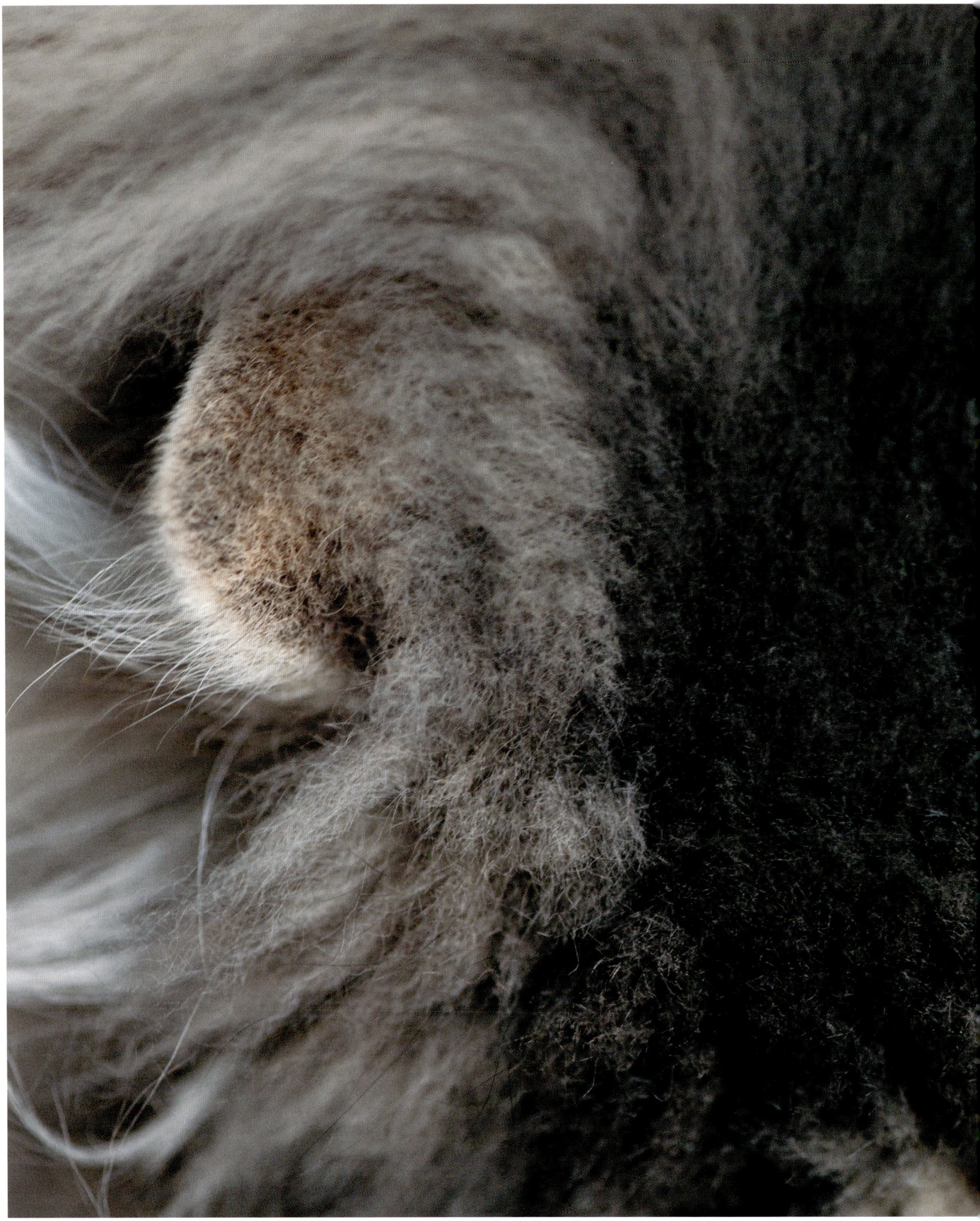

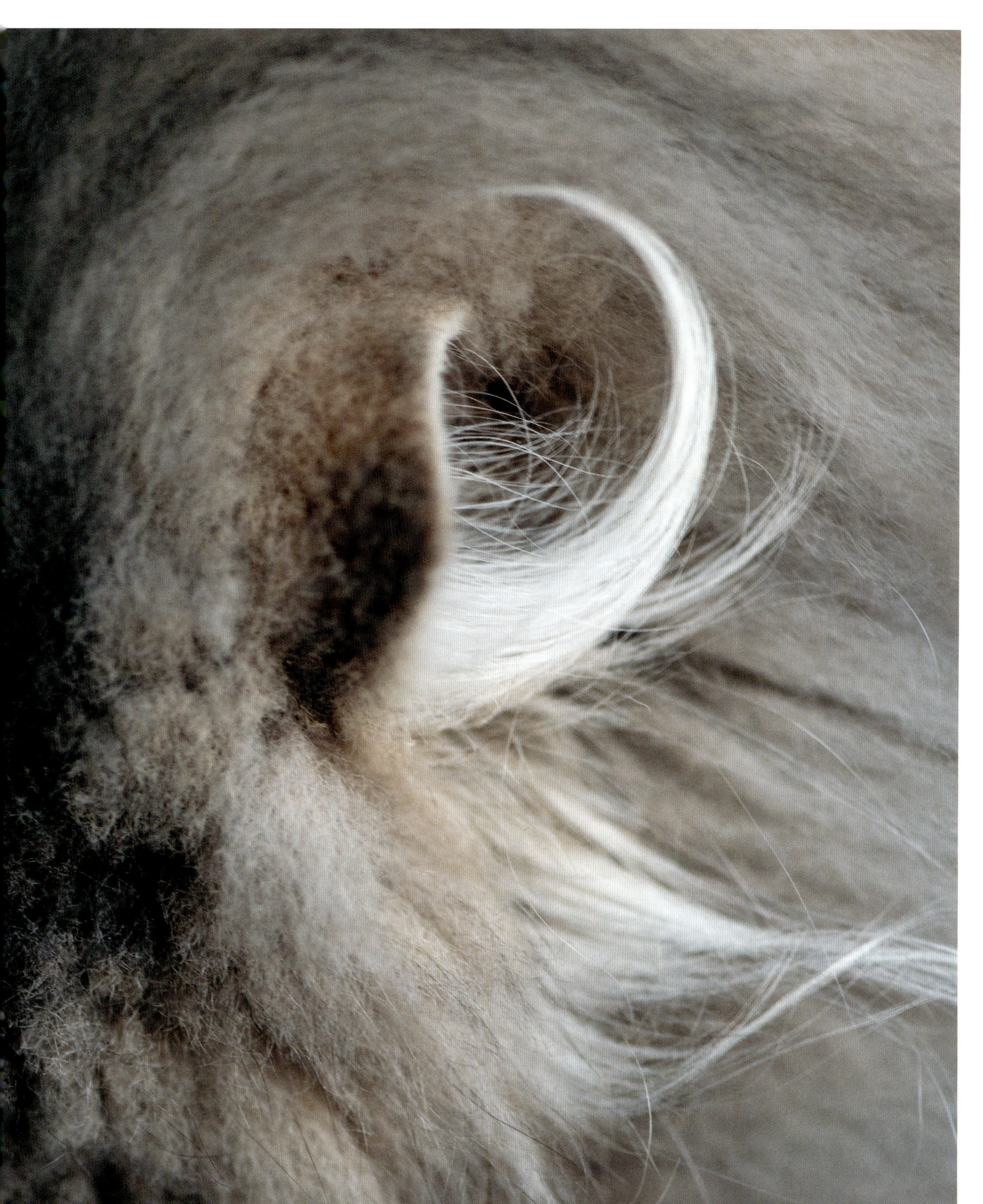

1960 TO 1969 | **1960年から1969年の血統**

SNOWSHOE
スノーシュー

近現代 – アメリカ – 希少

APPEARANCE｜外見
顔の白い逆V字型の模様と青い目が印象的。長めの胴は筋骨たくましく、太すぎず細すぎず、均整のとれたエレガントな体つきをしている。頭部は幅広のくさび型で、頬骨が高い。中くらいの大きさの耳は基部が広く、先がやや丸い。楕円形の目はブルー系。四肢はそれほど骨太ではなく、ほどよい長さ。尾も身体の大きさとバランスの取れた長さで、先端に行くほどゆるやかに細くなる。

SIZE｜大きさ
中型

COAT｜被毛
短毛またはやや長めの短毛で、なめらかな手触りのシングルコート。すべてのポイントカラー、ミテッドまたはバイカラーが認められる。

PERSONALITY｜性格
愛情深く甘えん坊。社交的で、遊び好きかつおしゃべり好き。知的で問題解決能力も高い。

シャムとアメリカンショートヘアの血を引くスノーシューは、それぞれの良い面を併せ持っている。個性が光る猫で、何かをねだるときは遠慮なく声高に主張する。おしゃべり好きはシャムから受け継いだ性質だが、その声はシャムほど大きくも高くもない。そしてとても賢く、ドアが閉まっていても工夫して開けてしまうなど、その問題解決能力は驚くほど高い。また、遊び好きで甘えん坊なので、十分な時間を割いてやれる人におすすめだ。

身体的な特徴としては、シャムとアメリカンショートヘアの間を取ったような体型と印象的なマーキングが挙げられる。だが、この美しい模様は再現・定着が難しく、繁殖における最大の難関でもあった。スノーシューが現在も希少なのは、こうした事情が絡んでいる。

スノーシューの歴史は1960年代初期に始まった。誕生のきっかけは偶然の出来事だった。アメリカのペンシルベニア州フィラデルフィアで、シャムのブリーダーであるドロシー・ハインズ・ドーアティーのもとに生まれたシャムの子猫たちの中に、少し変わった子が3匹交じっていた。いずれも四肢の足先に、まるで靴下のようなホワイトの模様（ミテッド）が入っていたのだ。

シャムとしての理想からは大きくかけ離れた容姿だったが、ドーアティーはシャム特有のポインテッドカラーとミテッドの組み合わせが気に入り、この猫を「シルバー・レース」と呼ぶことにした。そして新種として定着させるべく、3匹をホワイトのタキシード模様［訳注：黒と白の2色で、黒の割合が多い。タキシードを着たように見えることから］のアメリカンショートヘアと交配させたところ、顔に大きな逆V字型の模様を持つ子猫が生まれたのだった。

アメリカンショートヘアはがっしりとした身体と丸みのある頭部を持ち、シャムほど細身ではない。その血を取り入れることで、現在のスノーシューの体型が作られていった。残念ながら初期の交配記録のほとんどが残っておらず、ほかに血統のわからないシャムと変わった模様を持つシャムが交配に用いられたことくらいしかわかっていない。

ドーアティーは最終的に計画交配の規模を縮小するが、バージニア州ノーフォークにあるファーロ・キャテリーのオーナー、ビッキー・オランダーがその後を引き継いだ。オランダーはスノーシューのスタンダードを作成すると猫種登録に向けて動き出し、その尽力によりスノーシューは1974年にCFFとACAにエクスペリメンタル・ブリードとして登録された。その当時、スノーシューのブリーダーは非常に少なく、1977年の時点でオランダー以外に計画交配を行う者はほとんどいなかったようだ。

そんな中、CFFに1本の電話が入る。オハイオ州デファイアンスにあるスジム・キャテリーのジム・ホフマンと、シンシナティのジョージア・キューネルが、スノーシューのブリーダーを探しているというのだ。こうして出会ったオランダー、ホフマン、キューネルの3人は手を取り合って、スノーシューの普及と発展への道を歩み始めることとなる。そして3人の努力の甲斐あって、他のブリーダーたちも次第にこの愛らしい猫に興味を持つようになり、数年後にはCFFのプロビジョナル・ブリードの認定を受け、1982年についにチャンピオンシップ・ステータスへの昇格を果たした。

さらに同年にはTICAからも公認され、1993年にはチャンピオンシップに昇格している。その背景には、スノーシュー・クラブの会長であるフィリス・トンプソンをはじめ、マイア・ソレンソン、メアリー・シュラーグル、ジュディ・デュポン、マーゴット・スコットら、ブリーダーたちの並々ならぬ尽力があった。こうしてスノーシューを紹介する記事が愛猫家向けの雑誌に掲載されるようになり、ファンやブリーダーの数が着実

に増えていった。しかしその一方で、スノーシューは現在もCFAの公認取得には至っていない。

　イギリスに初めてスノーシューが渡ったのは1980年代初めのことで、同国の著名なブリーダーであるパット・ターナーの功績による。ターナーは、ニューヨークのマジソン・スクエア・ガーデンで年に一度開かれているキャット・ショーに審査員として招かれた際、そこに出陳されていたスノーシューに一目惚れし、自国でもスノーシューのブリーディングを行おうと決意する。スノーシューの白いマーキングを発現させるのは、ぶち模様の遺伝子である。そこでターナーは、同系種の交配を行っているブリーダーたちに協力を要請するとともに、このメンバーたちとFIFeイギリス支部に働きかけ、その傘下にスノーシューUKという団体を創設。そしてFIFeは、スノーシューをエクスペリメンタル・ブリードとして登録したのだった。

　ところがアメリカと同様、イギリスでも最初のブームが過ぎると人気が下降線をたどり、1998年にはモーリーン・シャックルがスノーシューの唯一のブリーダーとなってしまった。そんなとき、著名なブリーダーであるモリー・サウゾールがシャックルに接触し、2人はスノーシューの人気復活を期する。

　とはいえ、シャックルが所有していたスノーシューは、成猫の雄1匹と雌2匹、子猫の雌2匹のたったの5匹。そこで、2人はまずコールドイナフフォースノー・キャテリーを創設し、きわめて小規模であった遺伝子プールを増強するため、他の猫種との交配から始めた。交配に用いたのは、ブルー・タビー・ミテッドの雌エマリズル・ブルー・シンダーズとライラック・タビーのバイカラー、エマリズル・スノーウィッチの2匹で、共にラグドールとオリエンタルの雑種だった。

　さらに、サウゾールはドイツのスノーシュー・ブリーダー、グンター＆レナータ・ネーツィヒ夫妻に連絡を取り、美しいシール・ポイントのスノーシューを譲ってもらった。フェリー・フォン・フリーデバルトという名のこの猫は、アメリカのスノーシューの血統を100パーセント受け継いだ雄だった。雄のスノーシューで初めてFIFeチャンピオンに輝き、イギリスにおけるスノーシューの血統の基盤を築いたのがこのフェリーだ。また、フェリーの子であるコールドイナフフォースノー・ピーラも、雌のスノーシューとして初めてチャンピオンに輝いている。

　彼らの尽力もあり、スノーシューは2004年にGCCFからプレリミナリー・ニュー・ブリードに認定され、現在は愛猫家たちから絶大な支持を集めている。さらに、その人気は南半球にも広がり、オーストラリアン・ナショナル・キャッツ(ANCATS)もチャンピオンシップ・ステータスに認定している。

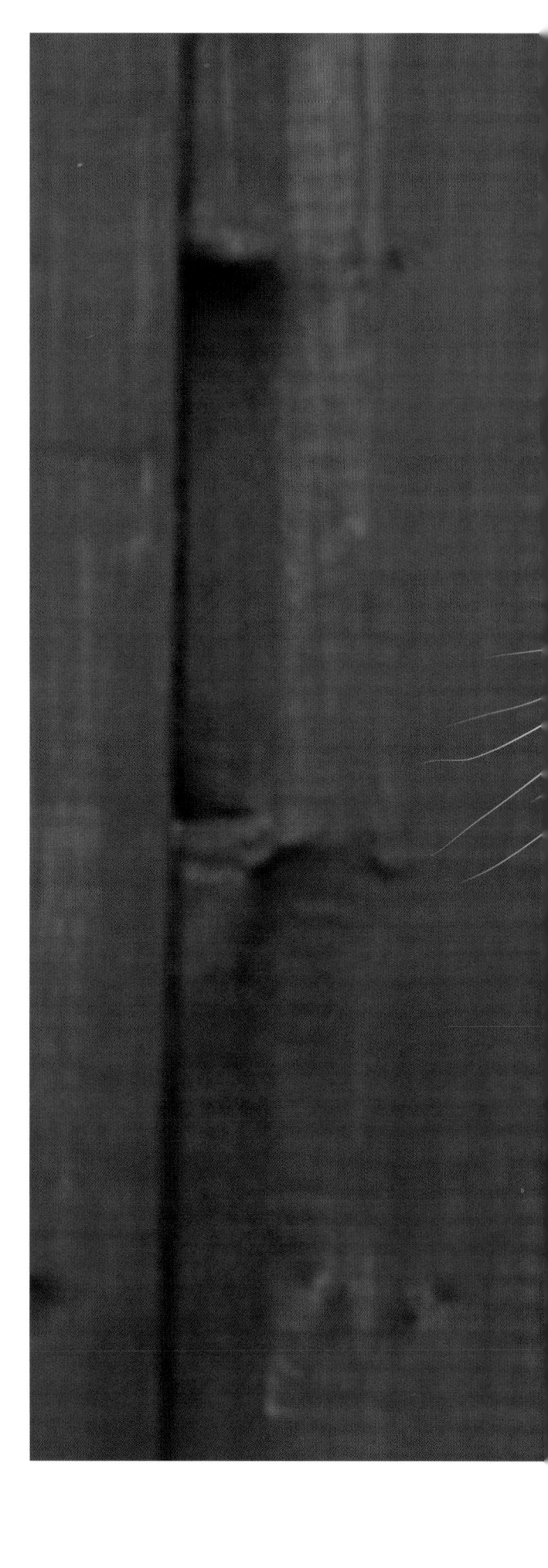

1960 TO 1969 ｜ 1960年から1969年の血統

SNOWSHOE | スノーシュー

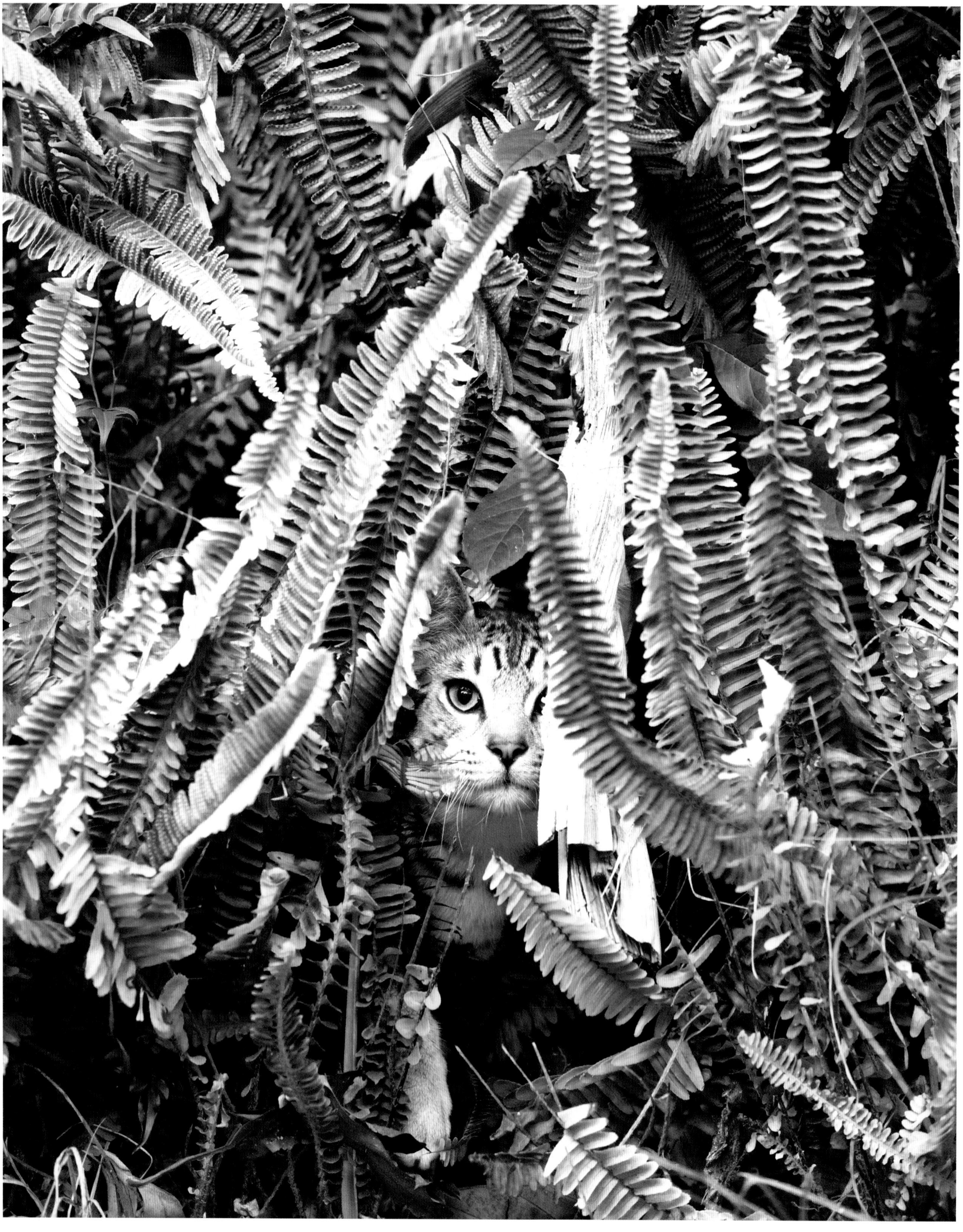

OCICAT
オシキャット

近現代 – アメリカ – 少ない

APPEARANCE | 外見
長めの胴は骨太で、筋肉質。四肢は中くらいの長さで力強く、足先は小さくまとまった楕円形。頭部は丸みのあるくさび型で、マズルは幅広でやや四角ばっている。大きめの耳には飾り毛があるのが理想。目は大きく、アーモンド型で、ブルー以外のすべての色が認められる。尾は細長く、先端は色が濃い。

SIZE | 大きさ
中型〜大型

COAT | 被毛
光沢のある短毛が身体に密着するように生えている。1本1本の毛には濃淡の帯が入る。ブラック（ベースの色で、ほとんどの登録団体が「タウニー」と呼ぶ）、チョコレート、シナモン、ブルー、ラベンダー、フォーンの基本の6色と、この6色にシルバーが組み合わさる合計12色が認められる。

PERSONALITY | 性格
社交的で人なつこく、愛情深い。活動的で、よく遊ぶ。

ワイルドな容姿と素晴らしい性格を併せ持つオシキャットは、エネルギッシュで運動量が多く、まさに天性のアスリートだ。賢くて問題解決能力も高く、家族の輪の中で注目を浴びるのが大好きなオシキャットの行動は、見る者を大いに楽しませてくれる。また、飼い主に忠実で愛情深く、お気に入りの温かい膝を見つけてはどっしりと腰を落ち着かせ、まるで会話を楽しむかのようにソフトな声で優しく鳴く。その反面、長時間ひとりで過ごすのは苦手。

オシキャットの歴史はひょんなことから始まった。1964年、ミシガン州バークレーのダライ・キャテリーを運営する著名なシャムのブリーダー、バージニア・デイリーは、アビシニアンの毛色を持つポイントカラーのシャムを作出しようと考えた。そこでデイリーはまず、ルディのアビシニアンの雄ダライ・データ・ティム・オブ・セレーネと、シール・ポイントのシャム、ダライ・トムボーイ・パターを交配させた。ティムの親は、レイビー・チュファ・オブ・セレーネという名のアビシニアン。キャット・ショーでチャンピオンに輝いた経歴を持ち、アビシニアンの長毛種であるソマリのブリーディングにおいて重要な役割を果たした猫だった。

ティムとパターの交配で生まれた子どもたちはみな、アビシニアンの容姿を受け継いでいたが、デイリーはその中からルディの雌ダライ・シーだけを手元に置いておくことにした。その後デイリーは、チョコレート・ポイントのシャムのチャンピオン猫、ホワイトヘッド・エレガント・サン（通称サニー）とダライ・シーを交配させた。この交配のみならず、別途行った掛け合わせからも、デイリーの狙いどおりにアビシニアンの毛色を持つポインテッドのシャムが生まれたが、2度目の交配で生まれた子猫の中には、美しいアイボリーの地色に金色の斑点がある雄も交じっていた。

この子猫を見たデイリーの娘は、こう口にした。「まるでオセロットね」。オセロットは斑点模様が印象的な、中南米に分布するヤマネコだ。こうして、この子猫にトンガという名前と、オシキャットという猫種名がつけられたのだった。

トンガは確かに美しい猫だったが、目指すタイプの猫ではなかったので、デイリーは去勢手術を施すことを条件に、安値で医学生に譲った。ところが、去勢が行われなかったのか、手術の前に交配があったのか、とにかく1968年にトンガは出産する。しかし、子猫たちは2匹を残してすべて死んでしまった上に、生き残った2匹の消息もわからなくなってしまった。つまり、猫種として確立される前にオシキャットは消滅の危機にさらされたのだ。かろうじて残っていたのは、デイリーのもとで暮らすトンガの両親だけだった。

この頃のデイリーはまだ斑点のある猫にこだわっていなかった。しかし、ジョージア大学の遺伝学者クライド・キーラー博士と連絡を取り合うようになってから状況が一変する。あるとき、デイリーが何気なくトンガのことを口にすると、博士がいたく興味を示し、トンガのようなスポッテッドの猫を交配させ、古代エジプトに生息したという斑点のあるスナドリネコに似た猫を作り出したい、種の確立に協力してくれるブリーダーを探したいのだと熱弁をふるった。このときトンガはすでに去勢手術を受けた後で生殖機能を失っていたが、好奇心をかき立てられたデイリーはスポッテッドの子猫を繁殖させるための計画交配に着手した。

まず、トンガの両親であるダライ・シーとサニーを交配させると、スポッテッドの雄が生まれた。ダライ・ドットソンと名づけられたこの子猫こそが、新種確立の立役者となった猫だ。ほかにもアルビー・キャテリー、ダーウィン・キャテリーなど、オシキャットに興味を持つブリーダー

が現れたことが、遺伝子プールの増強と計画交配の前進に追い風となった。

だが、デイリーはその後、家庭の事情で計画交配の規模を縮小せざるをえなくなり、品種開発も足踏み状態に入ったが、1984年にオシキャット・ブリード・クラブが設立されると、デイリーも精力的な活動を再開させた。そうしてオシキャットは1986年にCFAのプロビジョナル・ブリードに認定され、翌年にはチャンピオンシップ・ステータスに昇格した。CFAがお墨付きを与えたことでオシキャットはまたたく間に注目を集め、多くのブリーダーやキャット・ショーの参加者から支持を集めるようになった。

一方で、1986年以降、シャムとアメリカンショートヘアを用いた異種交配は禁止されてしまった。ただし、アビシニアンとの異種交配だけは2015年まで認められている。それでも1980年代以降はオシキャットを飼う人が急増し、アメリカでは人気猫種ベスト20にランクインしているし、アメリカのみならず世界中でその姿を見ることができるようになっている。

イギリスに初めてオシキャットが渡ったのは1988年のこと。インディアナ州のキャットナインテイル・キャテリーからやってきたペアだった。検疫所で過ごした6カ月の間、2匹の世話係を務めたローズマリー・カウンターはこの猫種の虜となり、自分でもタウニーの雄とシナモンの雌、そしてチョコレート・シルバーの雌を入手するとともに、ハンプシャー州にシックソーン・キャテリーを創設した。さらにそこに、グランド・チャンピオンに輝いたキャットナインテイル・カナカとルベル・タイガー・リリーも仲間入りする。

その後1993年までに27匹のオシキャットがGCCFに登録され、翌1994年にはカウンター率いるブリーダーのグループがオシキャット・クラブを設立。1997年にはGCCFのプレリミナリー・ニュー・ブリードに認定され、約50匹が新たに登録された。そしてついに2004年、GCCFのチャンピオンシップ・ステータスに昇格。以来、毎年100匹以上のオシキャットが新たに登録されている。

カウンターをはじめとするブリーダーたちが遺伝子プールの増強に努めてきたイギリスでも、アビシニアンとの異種交配が認められている。そのおかげで健康面が改善され、毛色もバリエーション豊かになった。その結果、オシキャットとは別の新種「オシキャットクラシック」として登録されるべきとの声が上がる猫も現れている。オシキャットとオシキャットクラシックの違いは、クラシックがクラシック・タビーであること、つまり額にM字型のマーキング、尾には縞模様があり、両脇腹に渦巻き模様とそれを取り囲む切れ目のないリングが見られることだ。

1960 TO 1969 | 1960年から1969年の血統

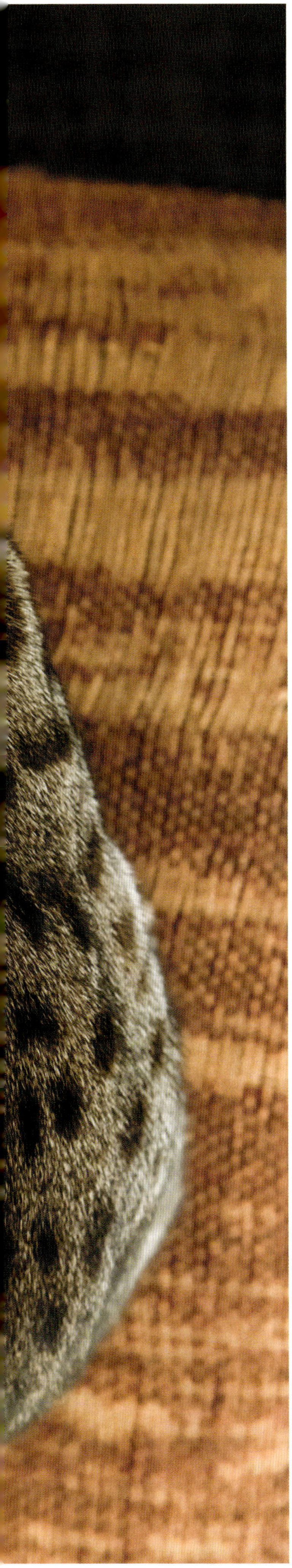
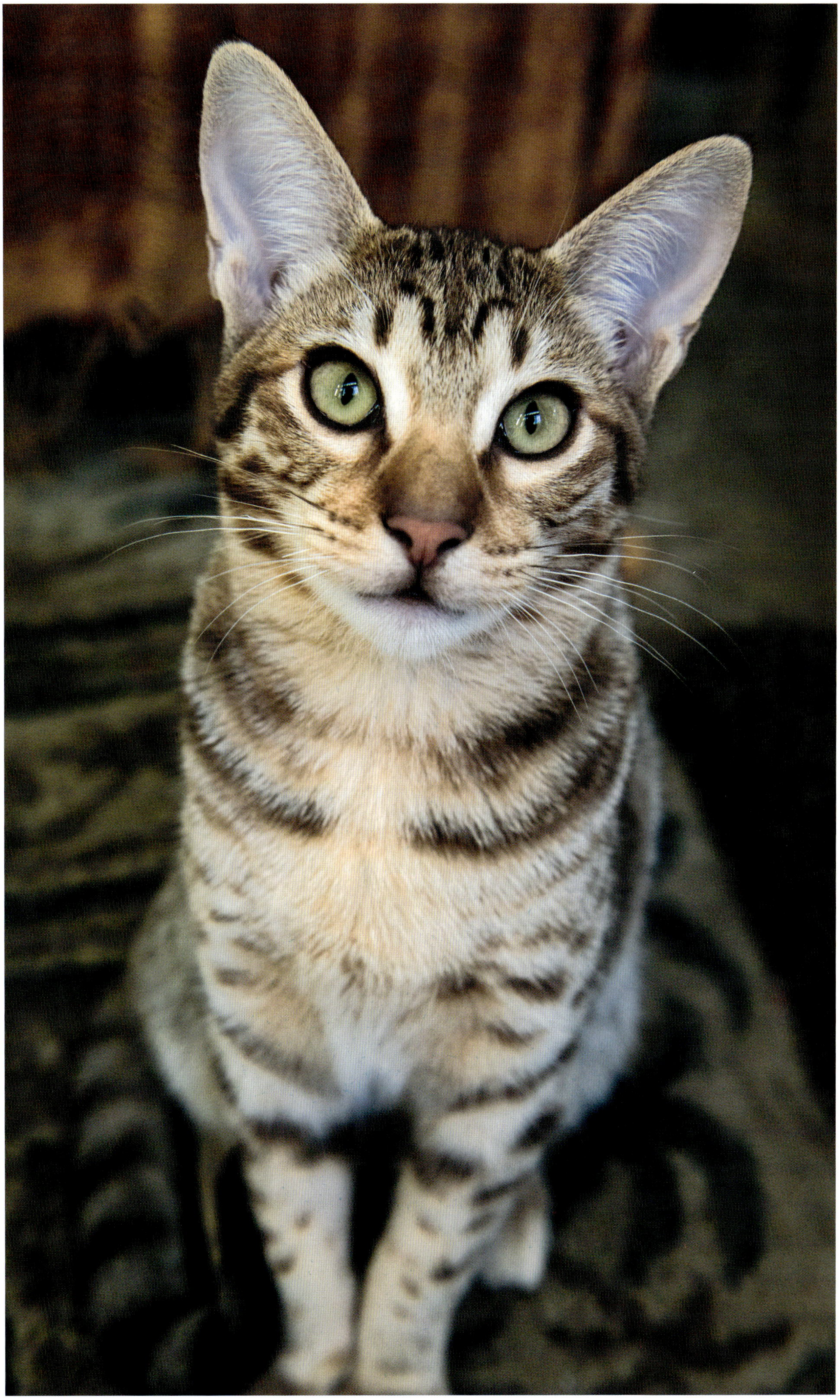

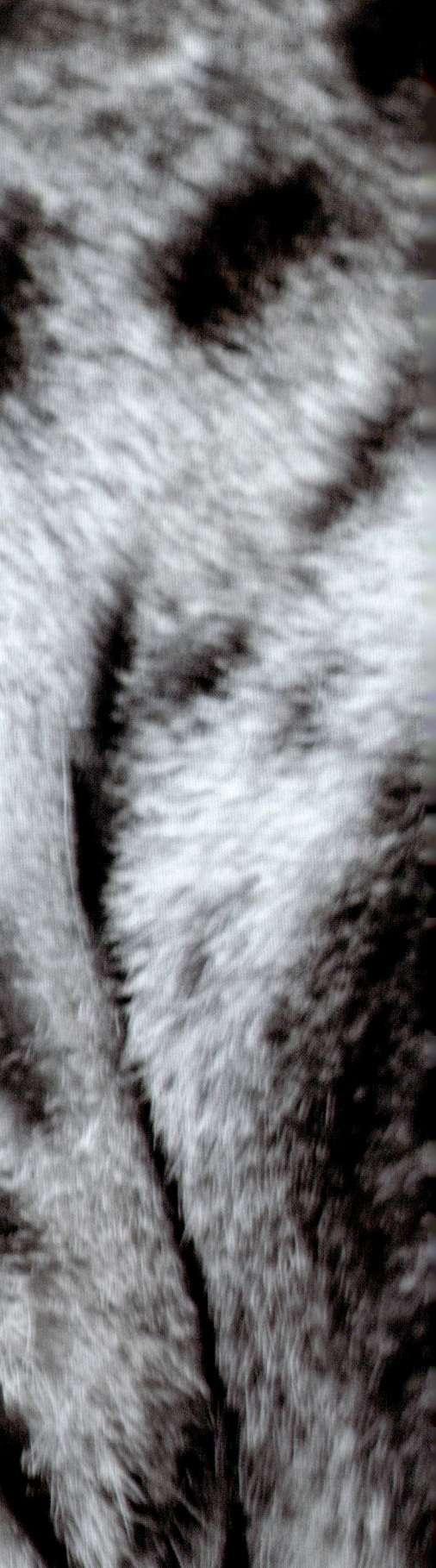

1960 TO 1969 | 1960年から1969年の血統

OCICAT | オシキャット

1 9 6 0 T O 1 9 6 9 ｜ 1960年から1969年の血統

AMERICAN BOBTAIL
アメリカンボブテイル

近現代 – アメリカ – 少ない

APPEARANCE | 外見

特徴的な短い尾を持ち、優美な雰囲気の中に野性味を漂わせる。筋肉質のたくましい体つきで、胴体はがっしりとした長方形。四肢は骨太で、後肢が前肢よりもやや長く、足先には飾り毛が見られる。尾は短いものの、警戒したときなどに背中の上まで持ち上がる。頭部は幅広のくさび型で、額が高い。大きな目はほぼアーモンド型で、色は被毛の色に準ずる。高い位置にやや離れてついている耳は、基部が広くて先端が丸く、飾り毛があるのが望ましい。

SIZE | 大きさ

大きめの中型～大型

COAT | 被毛

2種類の被毛が認められる。ミディアムショート(やや長めの短毛)は豊かな毛が密生しており、あらゆる天候に対応できる。セミロングの被毛はやや硬く、ミディアムショートほど密生しているわけではない。首回りと後肢の上半分には長めの飾り毛が見られる。いずれもアンダーコートを持ち、色は限定されない。

PERSONALITY | 性格

愛情深く誠実で、穏やか。知的で活発。

古くから人間の身近に存在しながら、猫種としての歴史は意外にも浅いアメリカンボブテイル。荒野を放浪するヤマネコのような野性的な風貌とは裏腹に、非常に人なつこく親しみやすい猫だ。特定の者にすり寄るのではなく、家族全員になつくし、子どもや他のペットとも仲よく過ごすことができる。また、好奇心が旺盛でとても賢く、リードにつながれて散歩をしたり、投げられたボールを犬のように追いかけたりする姿も珍しくない。

外見的な特徴は何と言ってもその短い尾。無尾のように見えるが、短いもので25mm、長いものでもホックまで到達しない長さが理想とされる。個体によって尾の形も異なり、結び目ができたような形のものや、くるりと巻いた尾から、こぶのような尾、まっすぐな尾まで実にさまざまだ。運動をしているときは短い尾を誇らしげに背中に向けて持ち上げ、うれしいときや何かに夢中になっているときは、まるで犬のように尾を振ることもある。

アメリカンボブテイルの短尾は自然発生した形質だが、その特性を定着させ、猫種として確立させるまでのブリーダーたちの苦労は並大抵のものではなかったはずだ。興味深いことに、アメリカンボブテイルは、無尾あるいは短尾のマンクスや短尾のジャパニーズボブテイルとの間に遺伝的な関連性はないと考えられ、その血統が混じり合うことはなかった。この短尾の特性は、マンクスと同様、優性遺伝子の突然変異により発生したとされている。また、野性的な趣きの外見に相反して、野生のボブキャットとイエネコとの交配によって生まれたのではないと考えられている。

アメリカンボブテイルの歴史は、アイオワ州のジョン&ブレンダ・サンダース夫妻が休暇中のアリゾナで短尾の子猫に出会ったときに始まった。サンダース夫妻はブラウン・タビーのその雄猫を自宅に連れ帰り、ヨディーと名づけた。ヨディーは夫妻の飼い猫であったポイントカラーの雑種ミーシと恋に落ち、ミーシとの間に子をもうけた。生まれた子猫たちはみな、尾が短かった。

夫妻の友人であるミンディー・シュルツはその子猫たちを見て、新しい猫種が誕生したことを確信した。そこで夫妻から子猫を何匹か譲り受け、ポイントカラーの長毛種や、当時アメリカやカナダでよく見られた短尾の野良猫と交配させた。そうしてシュルツは1970年代の初めに仮の猫種のスタンダードを作成するが、過剰な近親交配による健康上の問題が発生したため、アメリカ初の計画交配はあえなく道を閉ざされてしまった。

しかし1970年代後半になると、他のブリーダーたちが自然発生の短尾の猫を用いて、アメリカンボブテイルを再び種として確立させようと動き出した。そうして1989年にリサ・ブラック・ボーマンとリーア・エバンズという2人のブリーダーが、TICAの委員会で公認を求めるプレゼンテーションを行い、晴れて受理された。以来、アメリカとカナダに生息する短尾のイエネコを用いた交配が行われるようになって遺伝子プールが拡大し、アメリカンボブテイルは健康な身体を手に入れることができたのだった。

なお、アメリカンボブテイルの計画交配には、短尾というだけで血統が明らかでない猫が使われることも多く、計画的というより、無作為的な異種交配が主に行われていた。にもかかわらず、どの個体も性質といい、外見といい、一貫した特性が見られるところがこの猫種の面白い点だ。アメリカンボブテイルは、基盤となる特定の猫種を持たずして、野生のボブキャットそっくりの雰囲気をたたえる、とても不思議な猫なのだ。

SPHYNX
スフィンクス
近現代―カナダ・アメリカ―希少

APPEARANCE｜外見
無毛に見える身体と、とても大きな耳が特徴的。やや長めの胴体は骨太で筋肉質。広い胸はまるで樽のよう。腹部も丸いので、お腹いっぱい食べた直後のように見える。四肢もたくましく、後肢が前肢よりもやや長い。両前肢の間は広く開いている。足先は楕円形で厚い肉球を持ち、足指が長い。頭部は縦長のくさび型で、頬骨が高いので輪郭は丸く見える。耳は大きく、ピンと立っている。目も大きく、色は毛色に準ずる。尾は胴とのバランスがとれた長さで、ムチのよう。尾の先端に飾り毛が見られる個体もいる。

SIZE｜大きさ
中型～大型

COAT｜被毛
無毛のように見えるが、実際は細くて短い産毛が生えている。手触りはスエードのよう。あらゆる色が認められる。

PERSONALITY｜性格
とても外向的で、非常に知能が高い。愛情深くいたずら好きで、愛嬌がある。

まるでエイリアンのような猫らしからぬ風貌から、猿の血を引いているのではないかと言われることもあるスフィンクス。エネルギッシュによく動きまわり、アクロバットのような身のこなしで高い棚にも軽やかに飛び乗ってしまうほど運動能力が高い猫だ。

また、知能も高く、愛嬌もあり、意図的に人を喜ばせようとしているのかと思うほど人間が大好きで、飼い主の注目を一身に浴びたがる。ほかの猫や犬たちと仲よく身を寄せ合うこともあるが、そこにはもしかしたら下心が隠されているのかもしれない。スフィンクスは無毛に等しいゆえに寒さに弱く、ペット仲間の犬や猫にくっついて丸まるなど、ほかの誰かの体温を利用することもしばしばなのだ。

そのため、スフィンクスは室内で飼うのが望ましい。また、猫の皮脂は通常、被毛に吸収されるのだが、スフィンクスの場合は皮膚の上にたまり、皮膚トラブルの原因になることがあるので、定期的に風呂に入れるなどして皮脂を取ってやらなければならない。

なお、スフィンクスは猫アレルギーを持つ人でも飼いやすいと言われる。確かに、スフィンクスが猫アレルギーを引き起こしにくいのは事実であるが、決して「非アレルギー性」ではない。猫アレルギーの原因は、唾液と皮脂腺から分泌されるタンパク質。猫が身体をなめたときにアレルゲンが被毛に付着し、その毛が抜け落ちるとアレルゲンが家じゅうにばらまかれることになる。このアレルゲンとなるタンパク質はスフィンクスの唾液にも含まれているが、ばらまくほどの毛がないため、アレルギーを引き起こしにくいとされるのだ。

突然変異による無毛の猫は、かなり以前から存在していた。最も古い記録は、フランシス・シンプソンの『The Book of the Cats(猫の本)』(1903年)に出てくるメキシカンヘアレス(猫種としては認められていない)。ほかにも、20世紀前半にはオーストラリアやフランス、モロッコ、カナダ、アメリカなど、さまざまな国で見られたようだ。

スフィンクスの歴史は1966年、カナダで始まる。白と黒のぶち模様のエリザベスという猫が産んだ子の中に、無毛の雄が1匹いたのだ。エリザベスも交配の相手だった雄も、共に短毛のイエネコだった。プルーンと名づけられたその無毛の雄猫は母猫のエリザベスとともに、ブリーダーのヤニア・バワと、遺伝学に関心のあった大学生の息子リヤードの手に渡った。

バワ親子はキーズ&リタ・テンホブ夫妻と協力してこの2匹を交配させ、無毛の猫の作出を試みた。その結果生まれたのは、標準的な被毛の子猫と無毛の子猫。このことから、無毛の特性は劣性遺伝によるものであり、この形質を発現させるためにはその遺伝子が2コピー必要であることがわかった。つまり、親がそれぞれ無毛遺伝子を1コピーしか持たない場合、無毛の子が生まれる確率は25％となる。

バワ親子とテンホブ夫妻は無毛の子猫たちをムーンストーンキャット、あるいはカナディアンヘアレスキャットと名づけ、さらなる交配を試みた。だが、過剰な近親交配を行ったために健康上の問題が発生し、計画交配は中断せざるをえなくなった。

CFAは当初、この猫をニュー・ブリード・カラー(新種および新色)ステータスとして登録した。猫種登録の審議中は通常、会議用のテーブルに猫を乗せ、その周囲を取り囲むようにして委員たちが座る。このときの審議メンバーであったデイビッド・メアが目をやると、無毛の猫はまるでエジプトのピラミッドを守るスフィンクスのように鎮座していた。そこでメアは、猫種名をスフィンクスと改めてはどうかと提案したのだった。

しかし1971年、CFAはスフィンクスに健康上の問題と不妊の傾向があるとして、認定を取り下げた。こうしてバワ親子とテンホブ夫妻が

SPHYNX | スフィンクス

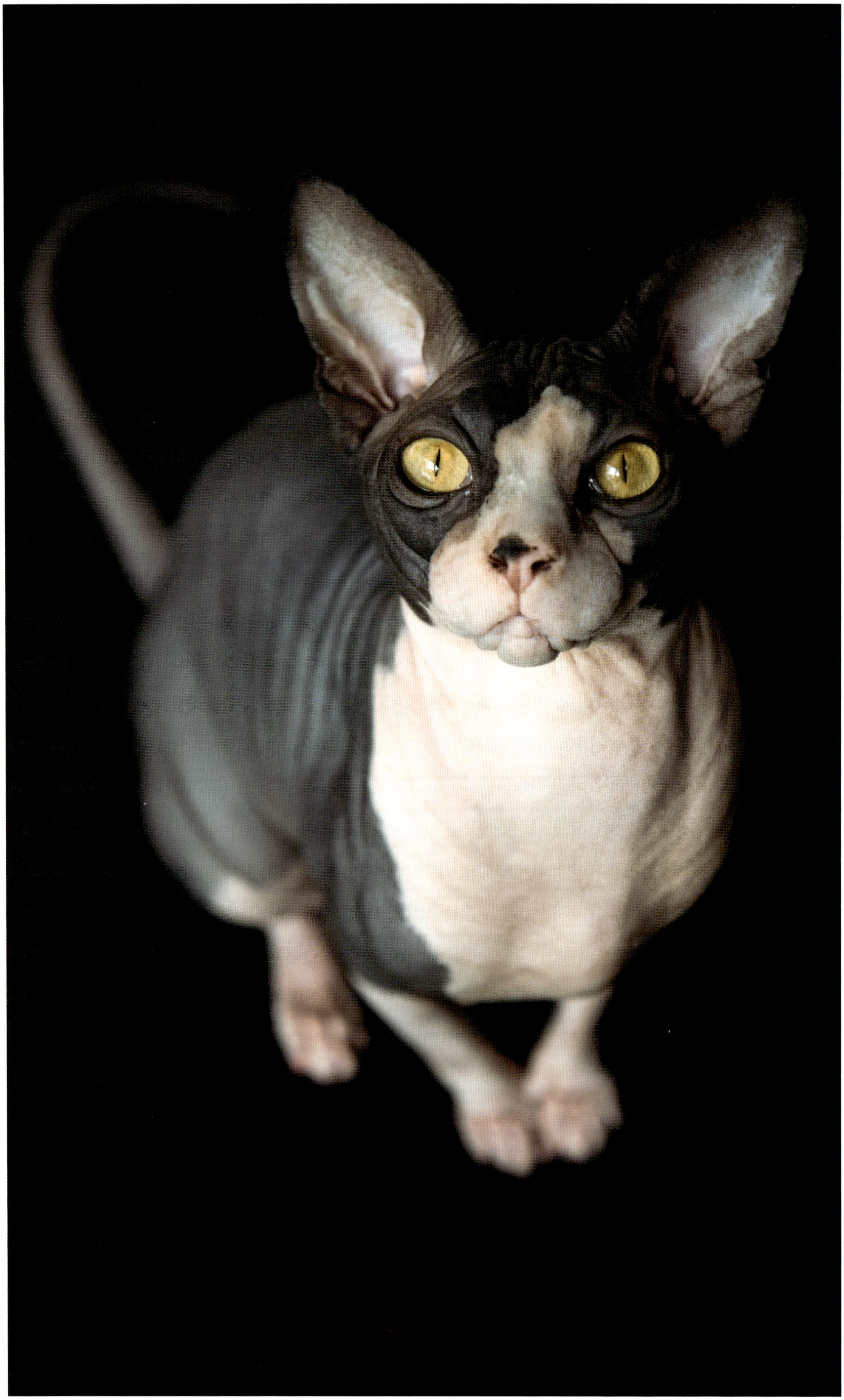

手塩にかけて生み出した無毛種の血統は、1980年代に入り途絶えてしまうこととなった。

その頃、別のいくつかの動きもあった。1970年代後半から1980年代前半にかけて、オンタリオ州トロントのシャーリー・スミスが無毛の捨て猫を3匹見つけた。そのうちの2匹の雌パンキーとパロマは、オランダのブリーダー、ヒューゴ・ヘルナンデス博士のもとへと送られる。博士は2匹をホワイトのデボンレックス、クラレ・ファン・ジェトロバンと交配させた。

それとほぼ同じ頃、アメリカのミネソタ州にあるミルト＆エスリン・ピアソン夫妻の農場で、夫妻の飼い猫である短毛のイエネコ、ジェザベルが無毛の子猫を1匹、さらに翌年にもう1匹産んだ。それぞれエピダミス、ダーミスと名づけられたこの2匹はオレゴン州のブリーダー、キム・ムエスクに引き取られ、種として確立させるために計画交配が進められた。

さらにまた時を同じくして、ミネソタ州のブリーダー、ジョージアナ・ガトンビーがピアソン夫妻の猫の血を受け継ぐ数匹を交配させ、生まれた子をさらにコーニッシュレックスと交配させて無毛の子猫を誕生させた。こうしてオランダ、オレゴン、ミネソタで無毛の猫たちが生まれ、現在のスフィンクスの基礎をつくったのだ。

スフィンクスがアメリカでよく見られるようになったのは1980年代半ばになってからだったが、TICAは早くも1979年にスフィンクスをチャンピオンシップ・ステータスに認定している。CFAでも1998年にミセラニアス・クラス登録を目指して再申請が行われ、その後2002年にチャンピオンシップ・ステータスに認定された。

一方、イギリスにスフィンクスが初めて渡ったのは1988年のこと。ハトホル・ドゥ・カレカット、通称チューリップという雌だった。そのブリーダーであるハッティ・ネイソンは、オランダのヘルナンデス博士と近しい人物だった。イギリスに到着したチューリップは、ジャン・プラムとアンジェラ・ラッシュブルックが共同所有することになり、GCCF主催の3つのキャット・ショーに出陳され、審査員や愛猫家たちの称賛を集めた。

ところが、GCCFは猫種認定に前向きではなかった。それでも1991年にスフィンクス・キャット・クラブが、2005年にスフィンクス猫協会が設立されると、GCCFはスフィンクス・キャット・クラブとの提携に事前合意の上、猫種の再審査を行った。そしてついに2006年、GCCFはスフィンクスをプレリミナリー・ニュー・ブリードに認定したのだった。スフィンクスは今なお珍しい猫種ではあるが、着々とその数を増やしつつある。

SPHYNX | スフィンクス

TONKINESE
トンキニーズ

近現代 — カナダ・アメリカ — 少ない

APPEARANCE	外見

さほど大きくはないが、身が詰まった感じの身体は筋肉質で、抱き上げると見かけよりも重く感じられる。ベルベットのような被毛に覆われた胴の長さは中くらいで、四肢は細く、胴とのバランスがよい長さ。後肢が前肢よりも少し長く、足先は丸に近い楕円型。頭部はやや縦長のくさび型で、マズルは中くらい。耳は少し前方に傾いており、基部が広く先端が丸い。アーモンド型の目はアクアブルーが理想とされる。尾は胴と釣り合いがとれた長さで、先端が細くなっている。

SIZE	大きさ

中型

COAT	被毛

セミロングの被毛はなめらかでやわらかく、密生して美しい輝きを放つ。さまざまな毛色が見られるが、登録団体によって認められる色が異なる。パターンはソリッド、ポインテッド、ミンク［訳注：トンキニーズに特有のポインテッドカラー。ベースになる色はセピアに近い］。

PERSONALITY	性格

非常に活発で遊ぶのが大好き。愛情深く、社交的で愛嬌たっぷり。

シャムとバーミーズの良さを受け継ぐ猫——愛好家たちはトンキニーズをこう評する。人なつこく、エネルギッシュによく遊び、愛嬌もたっぷり。のぼったり追いかけたり跳んだりと、室内でも室外でもお構いなしに遊びたいだけ遊び、気が済むと飼い主に存分に甘え、自分も同じだけの愛情を注ごうとする。まるで会話を楽しむかのように延々と鳴きつづけることもあるが、その声はシャムよりやわらかく、またシャムほど要求が強いわけでもない。そんなトンキニーズは、一緒に暮らすと楽しいこと請け合いだ。

トンキニーズの外見は突出して目立つ部分があるわけではない。細すぎず太すぎず、体型も中庸。色はライラック、フォーン、チョコレート、シール、ブルー、クリーム、レッド、シナモンと多岐にわたるが、登録団体によって認められる色は異なる。

パターンは基本3種類で、ポインテッドのシャムとソリッドのバーミーズのどちらの特性が強く発現するかによって決まる。ポインテッドはシャムのパターンに最も近く、濃淡のコントラストが強い。トンキニーズ特有のミンクでは、濃淡の出方は中程度。ソリッドは濃淡の差が最も少なく、セピア・カラーのバーミーズに近い。トンキニーズはみな美しく輝く目をしているが、理想とされるのは、ミンク・パターンの個体に見られる透き通ったアクアブルー。ポインテッドでは明るいブルーからバイオレット、ソリッドではグリーンからゴールドとその色は幅広い。

トンキニーズは1960年代にシャムとバーミーズを計画的に交配させて作り出されたとされるが、実は東南アジアにおいては、何世紀も前からシャムとバーミーズの間で無作為に交配が行われていた。つまり、この地域ではシャムとバーミーズの特性を併せ持つ猫が古くから存在していたのだ。

1800年代後半にシャム（現在のタイ）からヨーロッパやアメリカにやってきた「シャム猫」は、光沢のあるチェスナットの被毛に緑がかった青の目を持つと記録されており、おそらく現在のバーミーズやハバナブラウン、トンキニーズなどだったと考えられる。実際、1930年代にアメリカに持ち込まれ、バーミーズの起源となった茶色の雌のウォン・マウはシャムとバーミーズの交配種、つまりトンキニーズだった。

そして、1950年代にシャムとバーミーズを実際に交配させて黄金のシャムを作出しようと試みるブリーダーが現れる。ニューヨーク市のミラン・グリーアだ。彼の目的は、この交配からバランスのよい体型とゴージャスな色合いの被毛を持つ猫が生まれることを実証することだった。そうして1960年代にかけてグリーアは目標通りの猫を作り出し、大変な人気を博したが、彼自身は結果に満足したのか、あっさりと計画交配をやめてしまう。しかし、グリーアの試みからほどない1960年代に、現在トンキニーズとして知られる猫種の計画交配がカナダとアメリカでほぼ同時に始まった。

カナダでは、ブリーダーのマーガレット・コンロイが、おとなしい雌のバーミーズ、コスームに子猫を産ませたいと考えていた。けれども、地元では掛け合わせに適していそうな雄のバーミーズは見つからず、かといってホスームを海外に送りだすのも嫌だった。コンロイは途方に暮れていたが、あるとき、キャット・ショーで審査員を務めるある人物から、シャムと交配させてはどうかと勧められる。このアドバイスに従って交配を行うと、目を見張るほど鮮やかなアクアブルーの目とミンクの被毛を持つ子猫たちが生まれた。そしてコンロイは何世代かにわたって交配を繰り返し、新種として定着させたのだった。

一方、アメリカではニュージャージー州に住むシャムのブリーダー、ジェーン・バーレッタが自分のシャムをバーミーズと交配させ、シャム

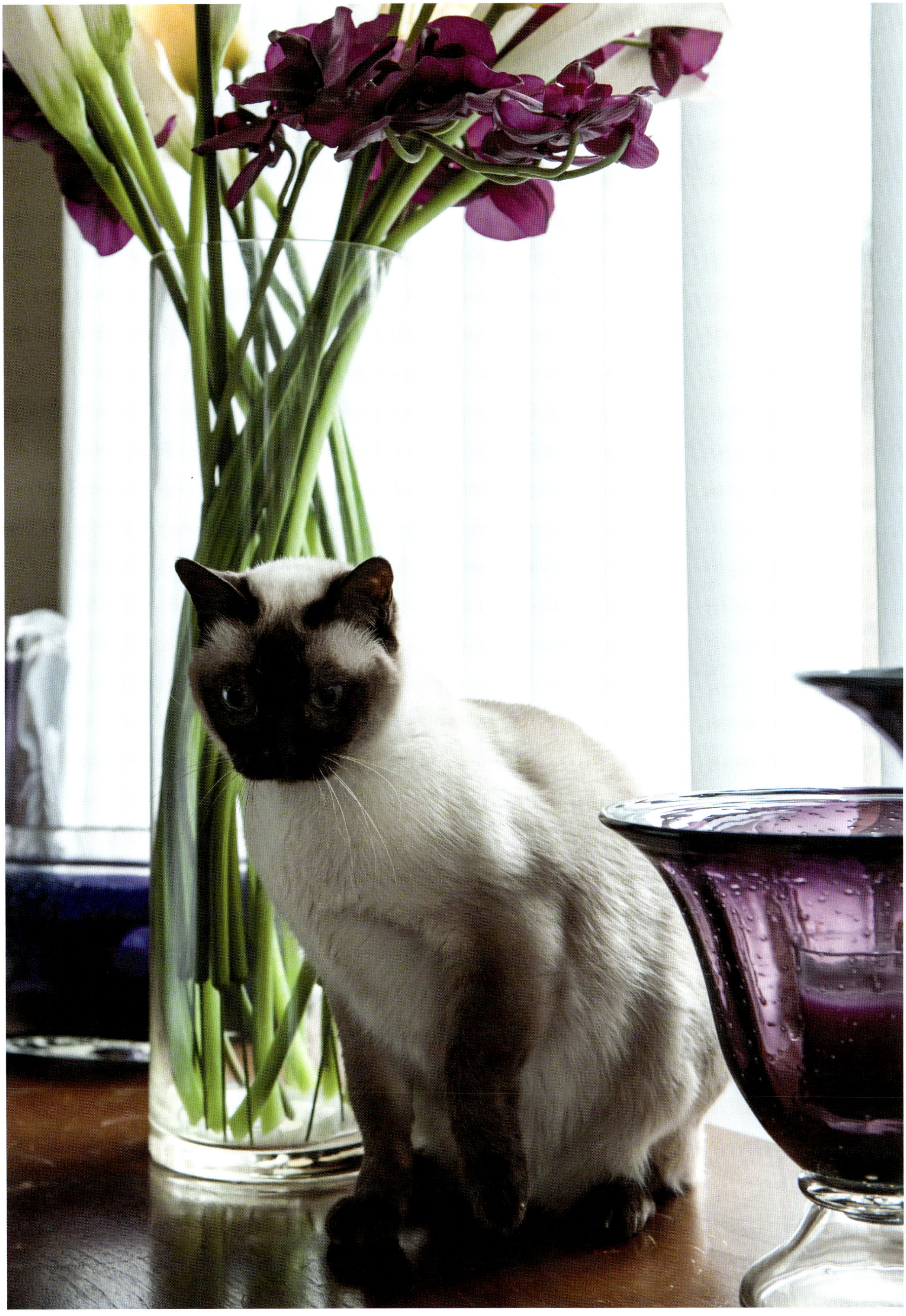

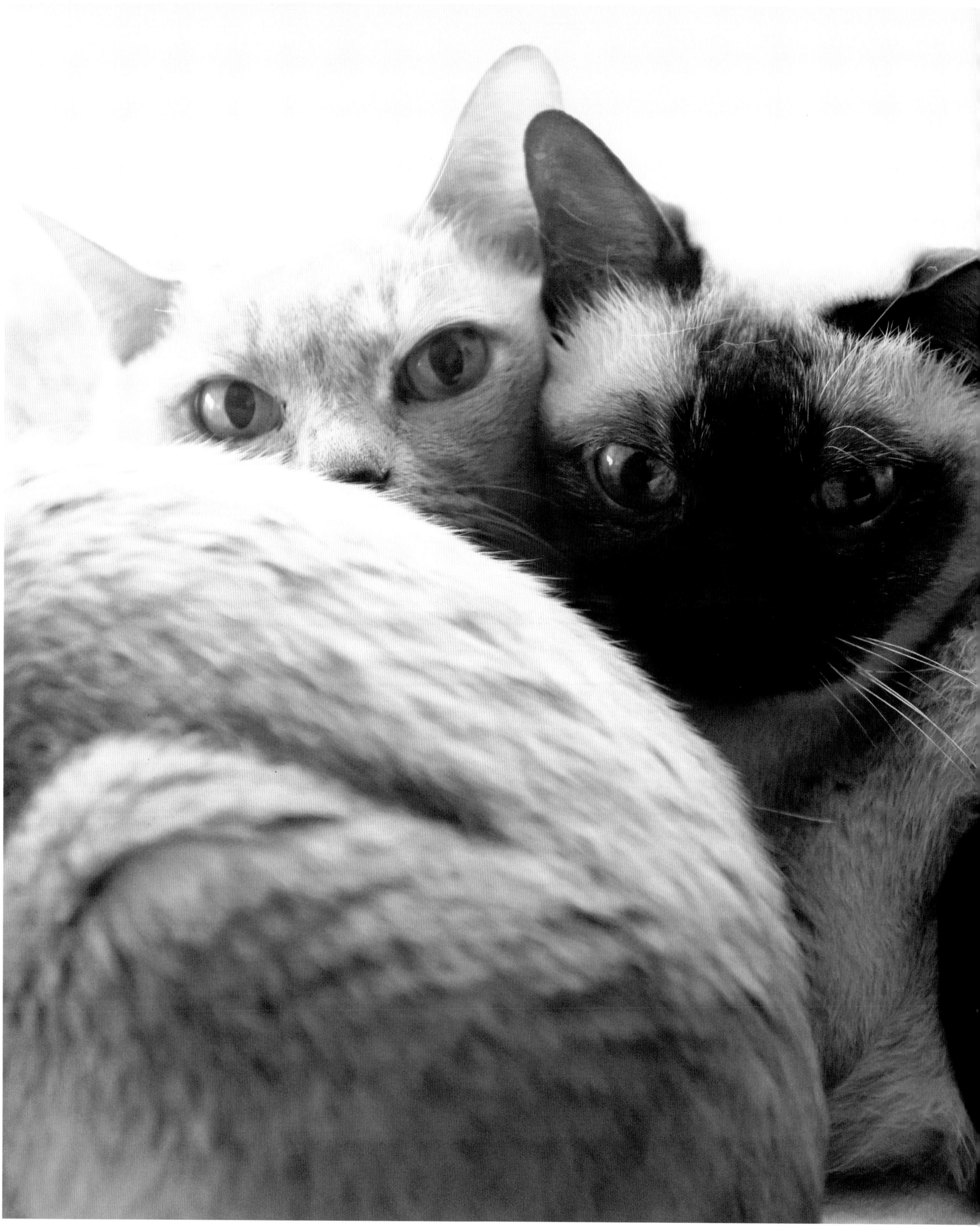

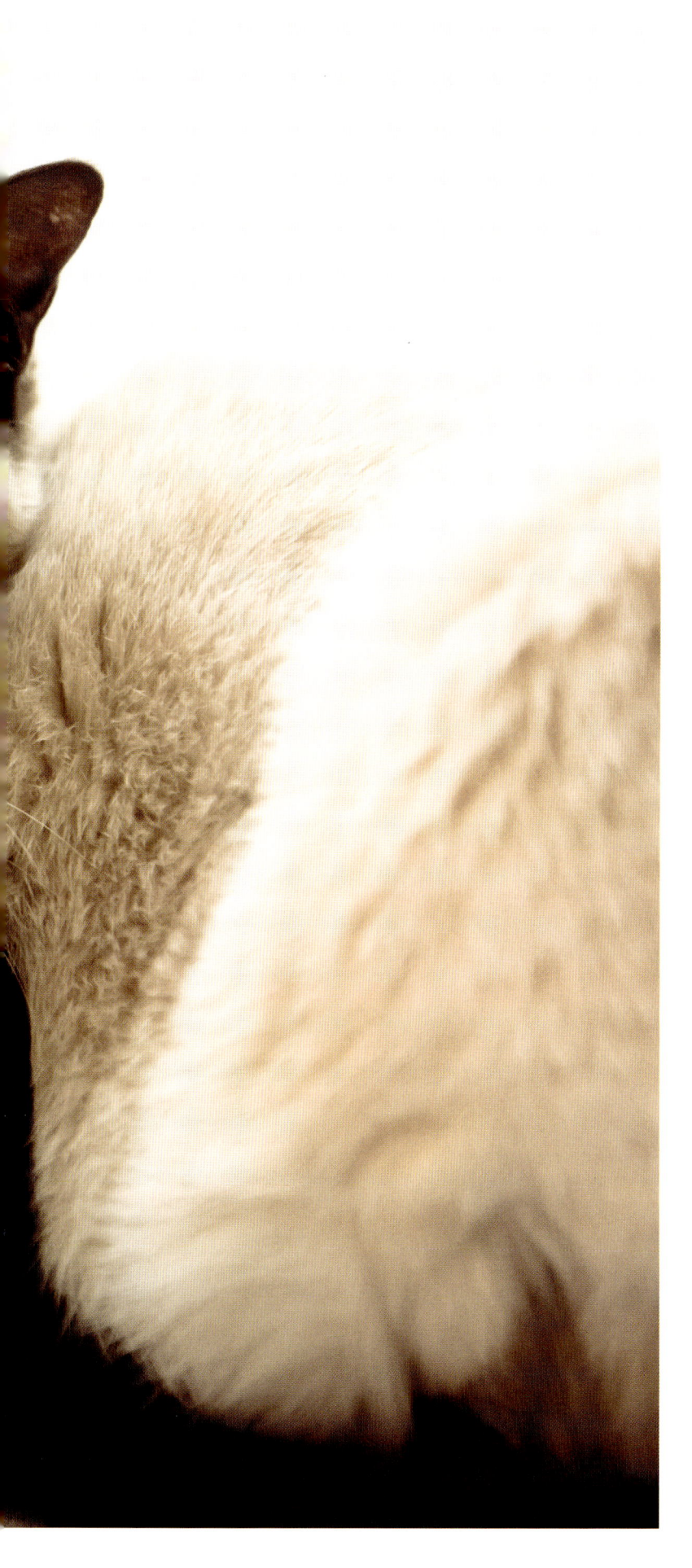

系統の新種を開発しようとしていた。やがてバーレッタはコンロイと情報を提供し合うようになり、新しい猫種の確立を目指した。こうしてバーレッタはアメリカにおけるトンキニーズ公認の立役者となる。当時は西海岸でも、メアリー・スワンソンをはじめとするブリーダーたちがトンキニーズの計画交配を始めており、1970年代に入る頃には全米のブリーダーたちがこの猫種のさらなる発展のために手を結び、愛好家たちは強い絆でつながることとなった。

ちなみに、この新種には当初、トンカニーズという名称が与えられていた。ミュージカル『南太平洋』に出てくる人種の壁を越える島、トンカニーズがその由来だ。ところが当時、原産地が名前に採用される猫種が多かったため、インドシナ半島のトンキン地方、またはベトナムのトンキン湾が由来であると誤解され、トンキニーズと呼ばれるようになったのだ。この名称は、1967年に正式に採用されている。そして1971年、CCA（Canadian Cat Association＝カナダ猫協会）が世界で初めてトンキニーズを公認した。

同じく1971年には、アメリカでもブリーダーたちがトンキニーズのキャット・ショーへの出陳を始めた。そして1978年、トンキニーズ・ブリード・クラブが猫種のスタンダードを作成し、CFAに提出すると、CFAは翌1979年にミセラニアス・クラスとして登録。1982年にはプロビジョナル・ステータスに昇格し、その2年後、ついにチャンピオンシップ・ステータスに認定された。

最終的な公認までに時間がかかったのは、猫愛好家の世界でこの猫種を「シャムの劣化版」ととらえる傾向があったからだ。それでもブリーダーたちは決してあきらめることなく、シャムとバーミーズの良い面を見事に兼ね備えながら、独特の個性がきらめく猫であることを懸命にアピールしつづけたのだった。

イギリスに初めて渡ったトンキニーズは、バーミーズのブリーダー、グローブ・ホワイト夫人が1958年に輸入したチラ・タン・トクセンだ。バーミーズとシャムの交配種として登録されていた猫で、ホワイト夫人は新種の計画交配の足掛かりに用いようと考えていた。当時のイギリスのブリーダーたちはカナダやアメリカにならって計画交配を進めていたが、一般的な認識としては、トンキニーズは単に「チョコレート・カラーのシャム」というものだった。

それでも1980年代半ばになると、ブリティッシュ・キャット・アソシエーション（イギリス猫協会）が独立した種として公認し、1991年にはGCCFもプレリミナリー・ニュー・ブリードに認定。さらにGCCFはトンキニーズ・キャットクラブが設立された1994年には正式に種として公認し、2001年にチャンピオンシップ・ステータスに昇格させている。

TONKINESE | トンキニーズ

1960 TO 1969 | 1960年から1969年の血統

TONKINESE | トンキニーズ

1 9 6 0 T O 1 9 6 9 | 1960年から1969年の血統

AMERICAN WIREHAIR
アメリカンワイヤーヘア

近現代 – アメリカ – 希少

APPEARANCE | 外見
全身が縮れ毛(ワイヤーヘア)で覆われているのが特徴的。均整のとれた中型の身体は筋肉質で、がっしりしている。背中は水平で、肩と腰の幅がほぼ同じ。中くらいの長さの四肢も筋肉質で、丸い足先に厚い肉球を持つ。頭部は丸型で頬骨が高い。耳は離れてついており、先端がやや丸い。大きくて丸い目はきらきらと輝き、色は毛色に準ずる。尾は中くらいの長さで、先細り。

SIZE | 大きさ
中型

COAT | 被毛
縮れ毛が密生している。全体が万遍なく縮れているのが理想。ひげもカールしている。色は限定されない。

PERSONALITY | 性格
愛情深く、おっとりしている。穏やかで愛嬌があり、遊び好き。

独特の縮れ毛がユニークなアメリカンワイヤーヘアは、生粋のアメリカ生まれ。非常に人なつっこく、注目を浴びるのが大好きだが、うるさくまとわりつくことはなく、家族みんなに深い愛情を示す。おっとりした性格で順応性も高く、子どもとの相性も良い。とても穏やかで、飼い主の気持ちの変化を敏感に感じ取り、そっと寄り添ってくれるアメリカンワイヤーヘアは、大きな癒しになるだろう。なお、敏感肌でアレルギーを起こしやすい猫種であるが、被毛を清潔に保てば症状は改善される。

突然変異により出現したアメリカンワイヤーヘアは、いわば縮れ毛のアメリカンショートヘアだ。一口に縮れ毛と言っても、ごわごわした手触りのもの、1本1本が波打つようにカールしたもの、折れ曲がったもの、先端が丸まっているものなど、長さや生え方にさまざまなバリエーションがある。理想は全身に縮れた短毛が密生するものだ。毛自体はやわらかいが弾力があり、撫でつけても跳ね返るように戻るのが一般的だが、切れ毛の多い硬い毛もある。

コーニッシュレックスやデボンレックスの巻き毛が劣性遺伝であるのに対し、この猫種の縮れ毛は優性遺伝によるものだ。現在アメリカでも数の少ない希少種で、イギリスでは公認されていないが、カナダや日本、フランス、ドイツでは公認されている。

アメリカンワイヤーヘアの歴史は1966年、ニューヨーク州ベローナにあるネイサン・モーシャー所有の農場で生まれたレッド&ホワイトの縮れ毛の子猫に始まる。カウンシル・ロック・ファーム・アダム・オブ・ハイファイという大仰な名前のその雄猫は全身が縮れ毛に覆われていただけでなく、ひげも巻いていたが、両親はいずれも短毛のイエネコで、一緒に生まれたほかの子たちはみな直毛だった。

その噂を聞きつけ、アダムに会いにやってきた地元のブリーダー、ジョーン・オーシェイは一目見て貴重な猫であると直感し、アダムとその兄弟を譲り受けた。そして、同腹の直毛の雌とアダムを交配させると、2匹の巻き毛の子(アビーとエイミー)が生まれた。さらにアダムを血縁関係のない直毛の雌と交配させたところ、再び巻き毛の子が生まれ、縮れ毛が優性遺伝によるものであることが実証された。

オーシェイはまた、アダムの縮れ毛のサンプルをイギリスの遺伝学者ロイ・ロビンソンに送った。すると、被毛の特性からアダムがアメリカンショートヘアの近親種であること、またその特性がコーニッシュレックスやデボンレックスのものとは異なることがわかった。そうして、アメリカンワイヤーヘアという新種の確立を目指して、アメリカンショートヘアと縮れ毛の猫との交配が行われるようになったのだ。

その後、レックス種のブリーダーとして名を馳せていたビル&マデリン・ベック夫妻が、オーシェイからエイミーを買い受け、大規模な計画交配をスタートさせた。そして夫妻が1967年にCFAに種としての公認を求めると、同年にそれが認められ、1978年にはチャンピオンシップ・ステータスへの昇格を果たした。

ちなみに、アメリカンワイヤーヘアのスタンダードは、アメリカンショートヘアのスタンダードを基本として作成されている。ワイヤーヘアの誕生にアメリカンショートヘアが大きく関わっており、その影響が色濃く残されていることを考えれば当然のことだろう。アメリカンショートヘアは、アメリカンワイヤーヘアとの異種交配が認められる唯一の猫種でもある。

ただし、異種交配は健全な遺伝子プール維持のために不可欠ではあるものの、その結果、ワイヤーヘアの特性が希薄になってしまったことは否めない。また、生まれてくる子のすべてが縮れ毛というわけではなく、必ずと言っていいほど直毛の子が含まれる。その直毛の子たちはショーに出ることはできなが、それでもペットとして素晴らしい資質を備えていることに変わりはない。

CHAUSIE
チャウシー
近現代 – アメリカ – 希少

APPEARANCE | 外見

ヤマネコに似た野性味あふれる外見が際立つ。胴は長く、背が高くて筋骨たくましい。胸は厚く、脇腹は平ら。長い四肢の骨格は平均的。頭部はやや縦長のくさび型で、頬骨が高く、角張っている。耳は大きくまっすぐに立ち、個体によっては飾り毛が見られる。目の大きさは中くらいから小さめで、色はゴールドかイエローが理想とされるが、ヘーゼル（わずかにグリーンの混じる薄茶色）からライトグリーンも認められる。尾はやや短く、中くらいの太さで、先端が細くなっている。

SIZE | 大きさ

中型〜大型

COAT | 被毛

短毛、または少し長めの短毛。弾力のあるトップコートとやわらかいアンダーコートが密に生えている。ブラウン・ティックド・タビー、ブラック、ブラック・グリズルド［訳注：黒い毛にグレー系が混じる］タビーが認められる。

PERSONALITY | 性格

エネルギッシュで社交的。さびしがり屋だが愛情深い。とても賢く、遊ぶのが大好き。

　活発で好奇心旺盛なチャウシーは、楽しい相棒として日常生活に彩りを添えてくれる。ただし、エネルギーに満ちあふれていて、じっとしていることが少なく、注目を集めたがるので、静かな生活を好む人には向かないかもしれない。遊び好きで、時には水遊びを楽しむこともあるし、非常に頭が良くて問題解決能力も高いので、しまい忘れたものや片づけなかったものは玩具にされることも。

　また、家族全員に分け隔てなく深い愛情を注ぐが、その中でも特定の者と強い絆を結ぶ傾向がある。犬や子どもたちとも良好な関係を築くことができる反面、孤独が苦手なさびしがり屋なので、多頭飼いをするか、あまり留守番をさせないように気を配ることが望ましい。

　チャウシーは性格もさることながら、外見も個性的だ。アジアの小型ヤマネコ、ジャングルキャットとイエネコとの交配から生まれただけあって、ヤマネコそのものに間違えられるほどワイルドな容姿をしている。チャウシーという猫種名は、ジャングルキャットの学名であるフェリス・チャウス（Felis Chaus）に由来する。ちなみに、ジャングルキャットは実際にジャングルで暮らしているわけではない。葦原や沼地に生息することが多く、そのためリード（葦原）キャットまたはスワンプ（沼地）キャットと呼ばれることもある。

　チャウシーはイエネコの血を引いていても、ジャングルキャットとの交配から3世代以内だと、野性的な特質が顕著に残り、トイレ・トレーニングに骨が折れたり、物を噛んで壊す癖が抜けなかったりと、しつけ面での苦労が尽きない場合がある。そのためか、ショーへの出陳が認められるチャウシーは、第1世代のジャングルキャットから数えて4世代目以降とされている。4世代目以降になると、運動量が非常に多い面を除けば、ごく普通のイエネコと変わらない。

　また、チャウシーには他の猫種と比べてキャット・フードにアレルギー反応を起こす個体が多い。これはヤマネコ由来の消化管が肉食に適しているためで、ドライ・フードをできるだけ避けて穀類を減らし、食肉含有率の高いウェット・フードに切り替えれば症状は治まる。

　ジャングルキャットは中央アジアの一部、中近東、アフリカ東北部のナイル川流域に生息するヤマネコで、IUCN（International Union for Conservation of Nature and Natural Resources＝国際自然保護連合）が定めるレッド・リスト［訳注：絶滅の恐れのある生物種のリスト］に指定されている。他のヤマネコ類に比べて人間に馴れやすいせいか、何千年も前から人間との共存を続けてきたようだ。ペットとして飼われていたこともあり、エジプトではイエネコのミイラとともに埋葬されていたジャングルキャットのミイラが発見されている。また、長い歴史の中で、イエネコと自然交配することもたびたびあったと思われる。イエネコとも共存できるほどおっとりしているので、新しい猫種を開発するためにジャングルキャットに白羽の矢が立てられたのもうなずける。

　そのジャングルキャットとイエネコを交配させる試みは、1960年代のアメリカで始まった。その後、新種として確立されるまでには、実に30年という年月と並々ならぬ努力が必要だった。それでも実験的なブリーディングが頓挫しなかったのは、異国情緒あふれる猫が好まれるという時流があったからだ。ブリーダーたちは、ジャングルキャットの野性的な外見を保ちながら、ペットに適したイエネコの性格を併せ持つ新種を作り出そうと考えた。

　ところが、最初の交配で生まれたのは生殖機能を持たない雄と、受精率の低い雌ばかり。そこでブリーダーたちは試行錯誤を繰り返し、多種多様なイエネコをジャングルキャットと交配させた。チャウシーは、ジャングルキャットの外見とイエネコの性格を持たねばならず、ま

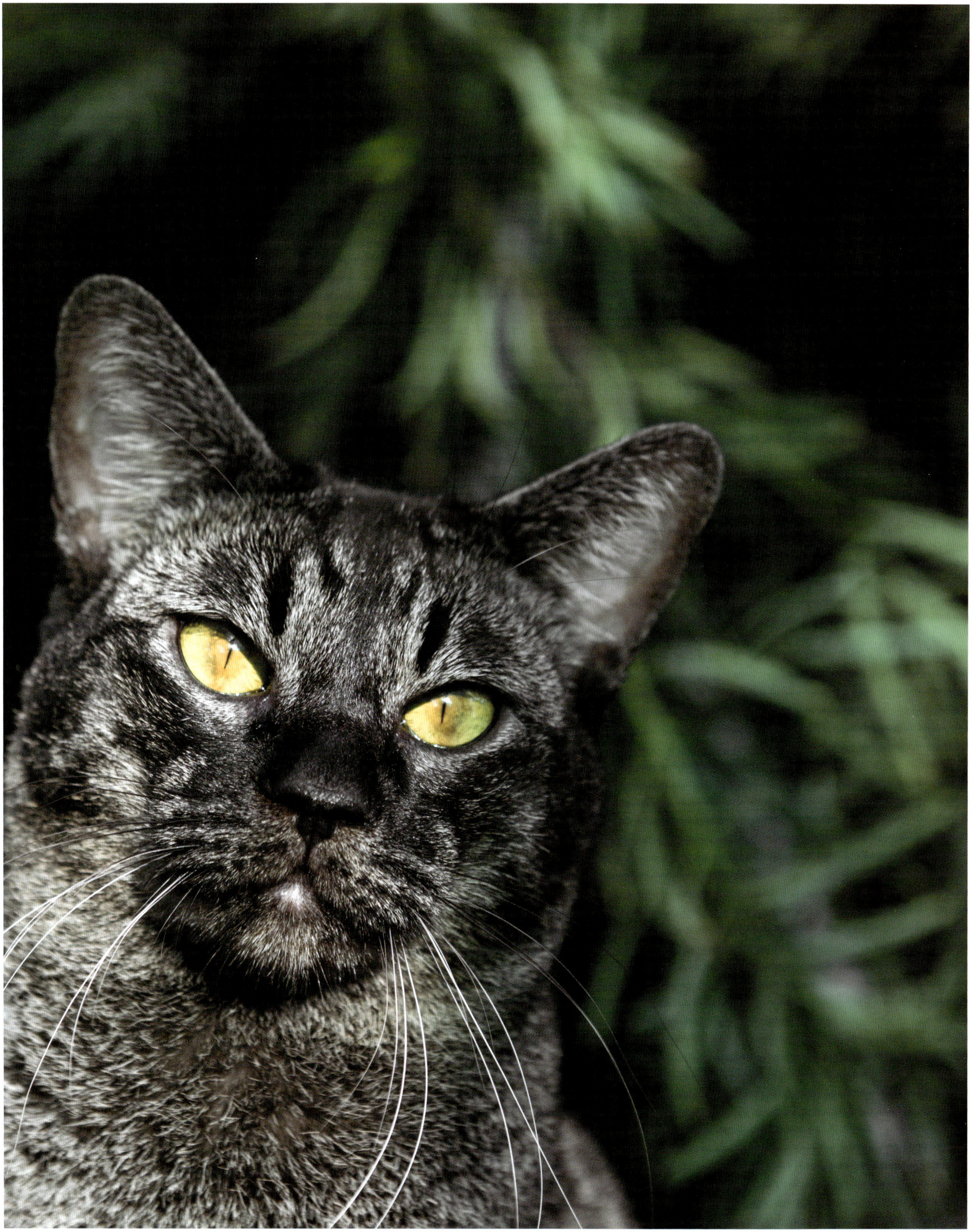

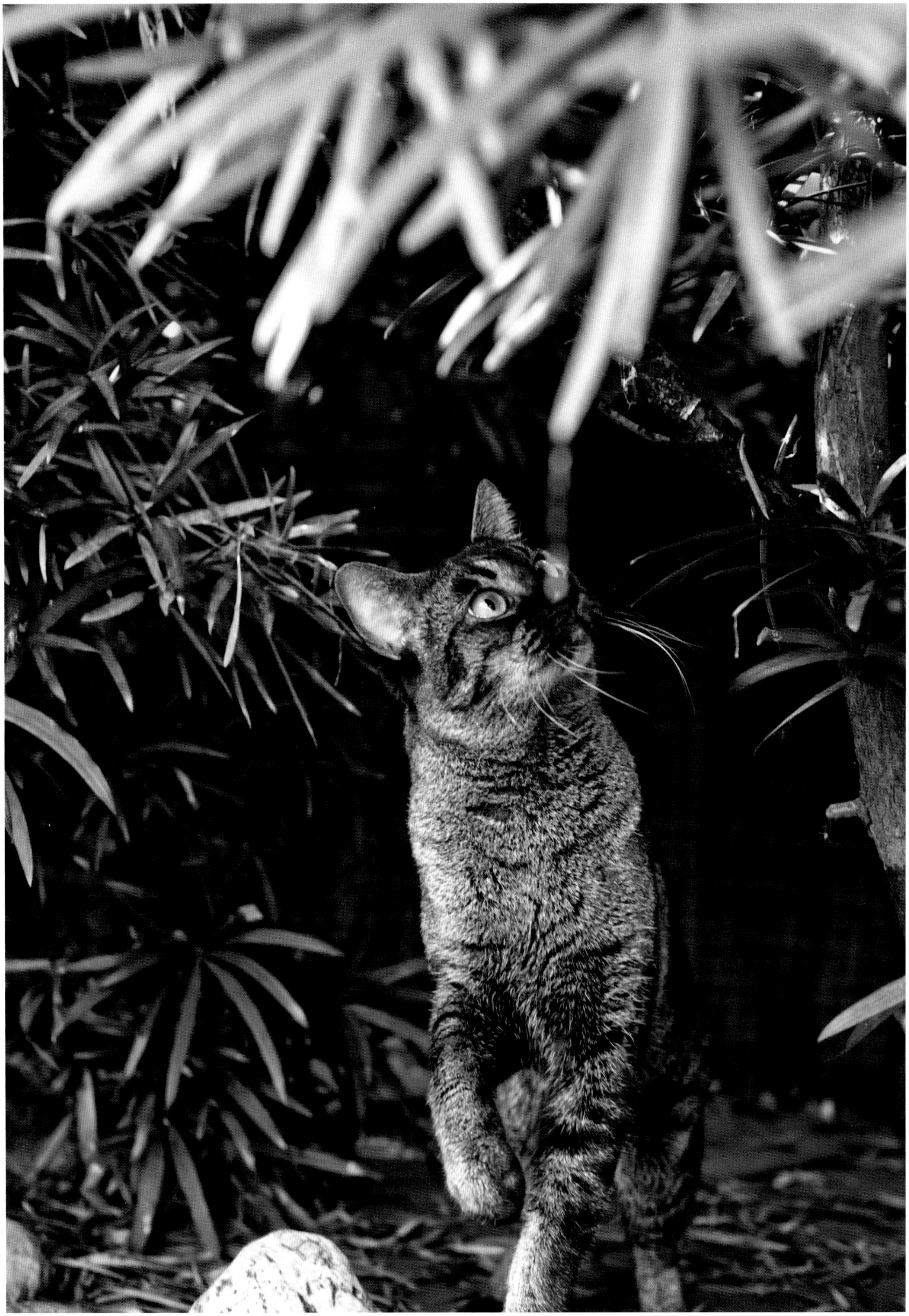

た少なくとも1度はジャングルキャットが血統に使われていなければならない。異種交配によって新種を開発する際には、もととなる猫種に新しく、かつ特有の形質を定着させられるかどうかが重要なポイントとなる。つまり、生まれてくる子は、親から特定の形質を受け継ぎながらも、1つの猫種として持つべき特性を常に現さなければならないのだ。

チャウシーは比較的新しい猫種ということもあり、いまだにスタンダードから外れた子猫が生まれることがままある。特に毛色が規定外になる場合が多いのだが、そのような猫たちは、ペットとして問題がなくても、キャット・ショーには出陳できない。チャウシーのスタンダードで認められるのは、ジャングルキャットらしいブラウン・ティックド・タビー、ソリッドのブラック、ブラック・グリズルド・タビーの3種類のみだ。ブラック・グリズルド・タビーはジャングルキャット特有の毛色で、イエネコではチャウシーにしか見られない。

チャウシーの公認取得を実現させた最大の功労者は、フロリダ州にあるワイルドカッツ・キャテリーのジュディー・ベンダーとサンドラ・カッサリアだろう。カッサリアはチャウシーのみならず、ジャングルキャットの計画交配に関しても第一人者であり、ベンダーはTICAにチャウシーの存在をアピールした人物だ。ベンダーの尽力により、1995年にTICAに初めて登録されたチャウシーは、その後2000年にエバリュエーション（評価対象）クラスに、2003年にアドバンスト・ニュー・ブリードに、そして2013年にはチャンピオンシップ・ステータスに昇格している。

チャウシーの歴史を語る上で、タスルト・ナーバイ（通称ナービ）という雄の存在も忘れてはならない。ナービはジャングルキャットのひ孫、つまりジャングルキャットから数えて3世代目にあたり、チャウシーの特性と正常な生殖機能を併せ持つ初めての雄だった。ナービの子どもたちも、チャウシーとして申し分のない容姿と繁殖能力を備えていた。チャウシーの血統をたどると、ウィローウィンド・ドゥバイ、ウィローウィンド・ブラックウォーター、タスルト・タシュキンといった重要な雄たちがいるが、彼らもみなナービの子どもたちだ。

また、生殖能力を持つ雄の子猫を多数産んだナバホ・カリスマという雌もチャウシーの歴史には欠かせない存在だ。初めてのブラック・グリズルドのチャウシー、タスルト・テフティもナバホ・カリスマの子だ。そのほか、ワイルドカッツ・チーター・オブ・ウィローウィンドとウィローウィンド・キーターという2匹の雌も、チャウシーの発展に大きく貢献した。

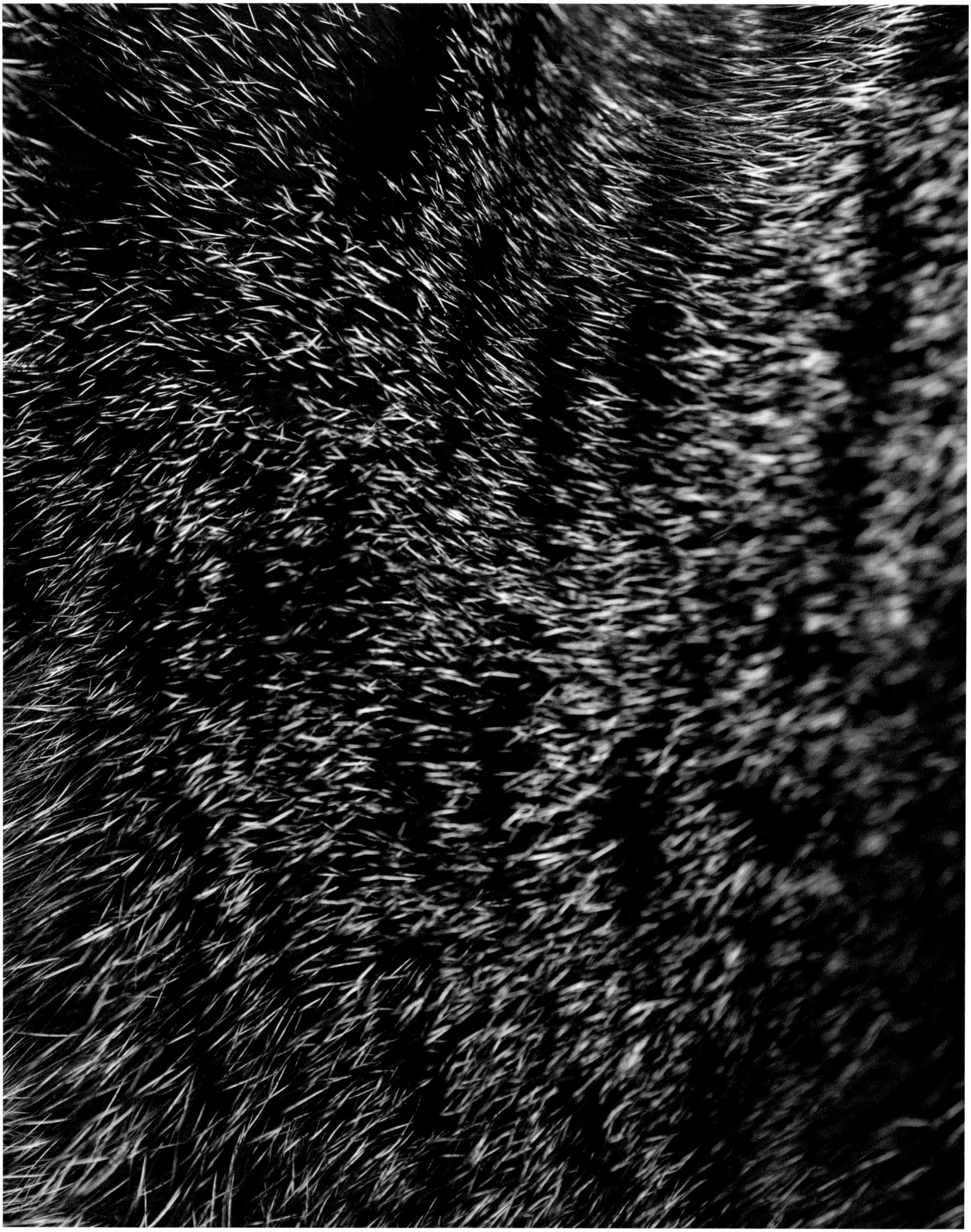

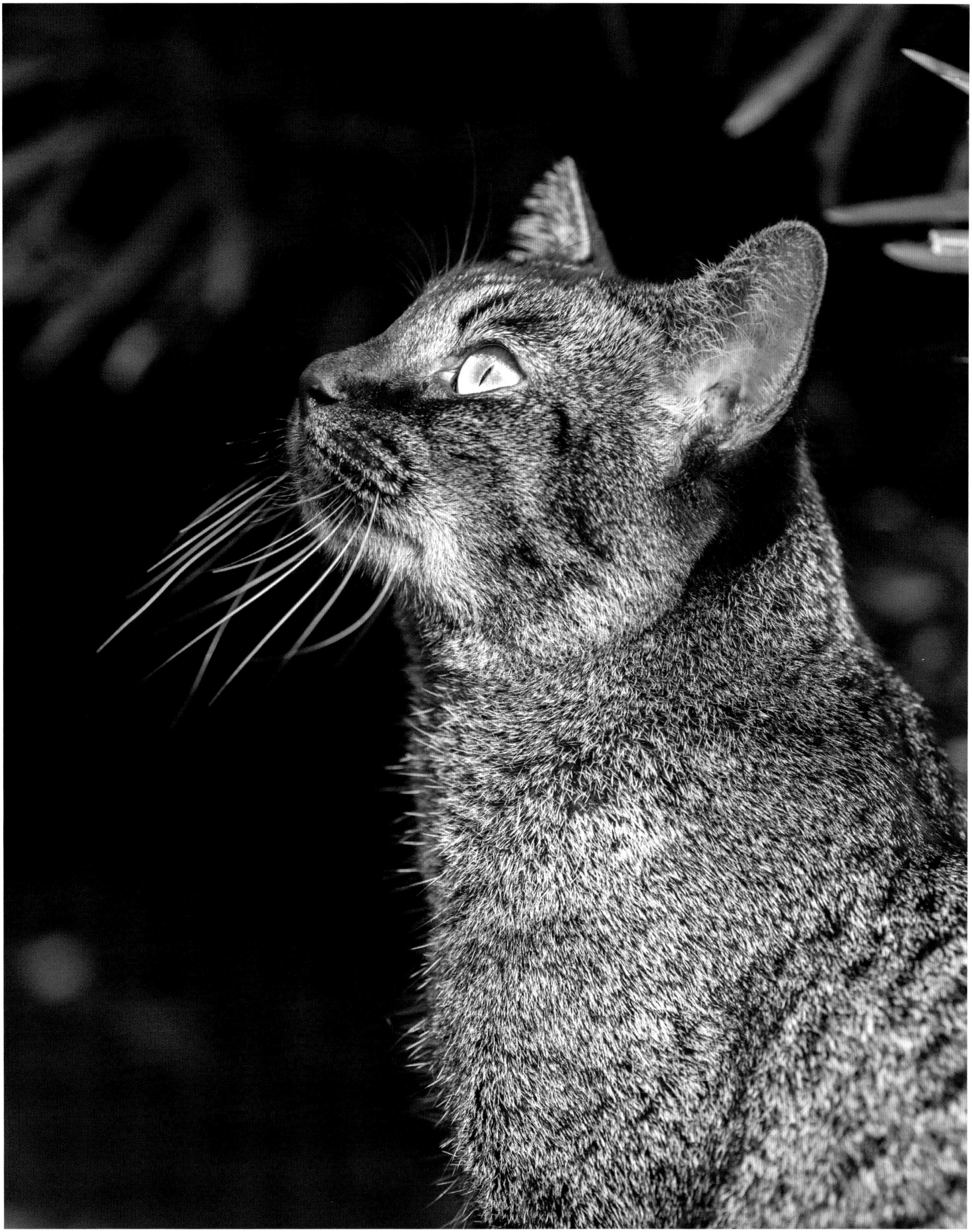

BENGAL
ベンガル

近現代―アメリカ―少ない

APPEARANCE | 外見

スポッテッドかマーブル［訳注：クラシック・タビーに似ているが、円形や雲形ではなく、大理石に見られる長方形のような縞模様］の被毛と、ヤマネコのような容姿を持つ。胴は長く筋肉質で、がっしりとしている。四肢は中くらいの長さで、足先は大きくて丸く、指関節が目立つ。頭部は縦長で丸みのあるくさび型。鼻は幅広で、ふっくらと豊かなウィスカーパッドを持つ。耳の大きさは中くらいから小さめで、先が丸い。大きな目はほぼ丸型で、離れている。尾は平均的な長さで太めだが、先端は細くなっている。

SIZE | 大きさ

中型～大型

COAT | 被毛

短毛から中毛で、なめらかな手触りのやわらかい毛が密生している。「グリッター」と呼ばれる光り輝く金色の毛を持つ個体もいる。最も人気が高いのはブラウン・タビーで、パターンはスポッテッドかマーブルの2種類が認められる。ベンガルのスポットは「ロゼット」と言い、2色もしくは2種類の色調を持つ。

PERSONALITY | 性格

愛情深く、社交的で人なつこい。陽気で賢く、好奇心旺盛。活発によく遊ぶ。

息を呑むほど美しい被毛に覆われたベンガルは、アジアに生息するベンガルヤマネコとイエネコとの慎重な異種交配により、人為的に作出された近代種だ。特徴的な被毛はヤマネコそのもののワイルドさ。しかし、イエネコにふさわしい温和な性質を併せ持つ。

原種のベンガルヤマネコはネコ科の小型の夜行性動物で、意外に内気なせいか、開発初期のベンガルには性格的な問題が見られた。そのため、物怖じせず、活発で人なつこい性格を目指して試行錯誤が繰り返された。現在では「イエネコとして理想的な性格を持つこと」という条件が珍しくスタンダードに記されているとおり、賢くて愛情深く、エネルギッシュで社交的かつ好奇心旺盛といった愛すべき性質を手に入れた。ベンガルを飼えば、きっと退屈とは無縁の生活を送ることができるだろう。

自分のペースは崩したくないが注目を浴びるのが好きなベンガルは、水遊びも大好き。そのためシャワーやプールにまで飼い主についていき、一緒に水を浴びて楽しむこともある。そのゴージャスな外見と愛らしい性格ゆえ、人々の心をとらえて離さない猫種だ。

ヤマネコとイエネコの異種交配には、浅からぬ歴史がある。ただし、異種交配に関する最も古い記録は1934年のもので、ベルギーの学術誌にその概要が記載されている。また、ベンガル自体については、1889年に「愛猫家の父」ハリソン・ウィアーが、ロンドン動物園で飼育されていたベンガルについて「美しく野性的」という言葉を残している。

ベンガルが種として確立するまでの道筋は何本かあり、それが1本にまとまるには数十年の歳月を要した。

まず、アメリカのジーン・サグデン・ミルという学生が1946年にペルシャとシャムを交配させ、その遺伝的特徴をテーマに論文を書き上げた。それから十数年後、ミルの関心は絶滅が危惧されるベンガルヤマネコに向けられていた。エキゾチックな動物の人気が沸騰していたこの時代、絶滅危惧種の多くがそうであるように、ベンガルヤマネコもまた美しい毛皮を狙う密猟者の標的となり、乱獲により数が激減していたのだ。

そこでミルは1961年、種の保護のために東南アジアから野生のベンガルヤマネコの雌を入手する。すると予想外のことが起きた。このヤマネコがミルの飼っていたショートヘアの黒い雄猫との自然交配により、元気な子猫を生んだのだ。しかし、この思いがけない出来事は簡単に新種誕生に結びつくものではなく、ミルが始めた計画交配もいったんは失敗に終わり、再び軌道に乗るまでさらに十数年の歳月を要している。

1970年代のアメリカでベンガル誕生への道を切り開いたのは、ヒト遺伝学の権威であるウィラード・センターウォール博士だ。イエネコがDNA分子内にC型猫白血病ゲノムを保有すること、その白血病ウイルスが子に遺伝することは既知の事実だった。このウイルスはまれに猫の組織内で放出されることがあり、白血病の原因となる。その結果、猫を死に至らしめることがあるのだが、ベンガルヤマネコはこのウイルスを持たない。

センターウォール博士は、メリーランド州ベセスダにある国立癌研究所のラウール・ベンベニスト博士に協力を要請し、ベンガルヤマネコとイエネコが交配をした場合、白血病ゲノムがどのように変化するのか共同で研究を進めた。センターウォール博士は、ネコ白血病がヒト白血病と類似の経過をたどることに着目し、ベンガルヤマネコが白血病を発症しない理由を明らかにすることで、ヒト白血病のメカ

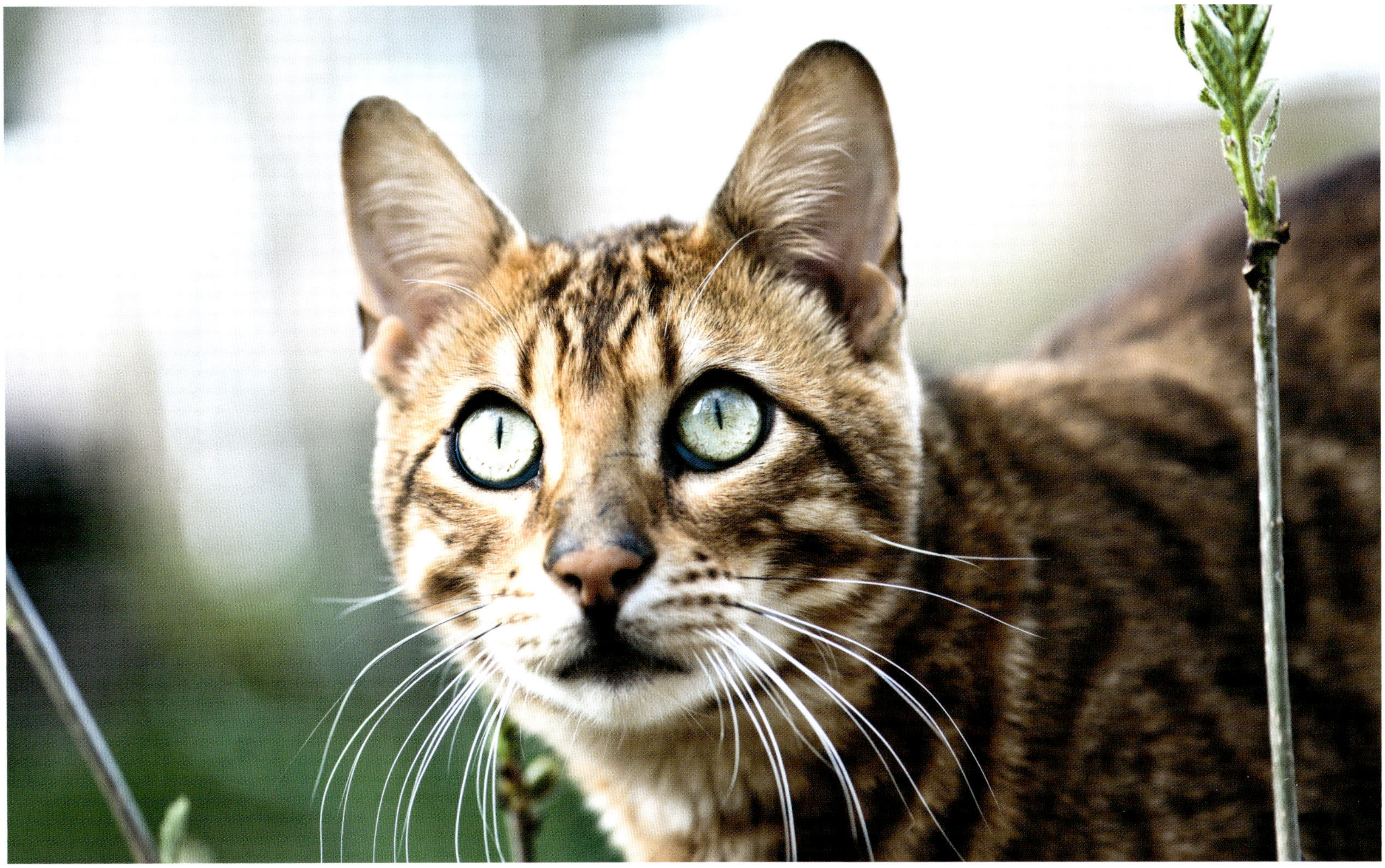

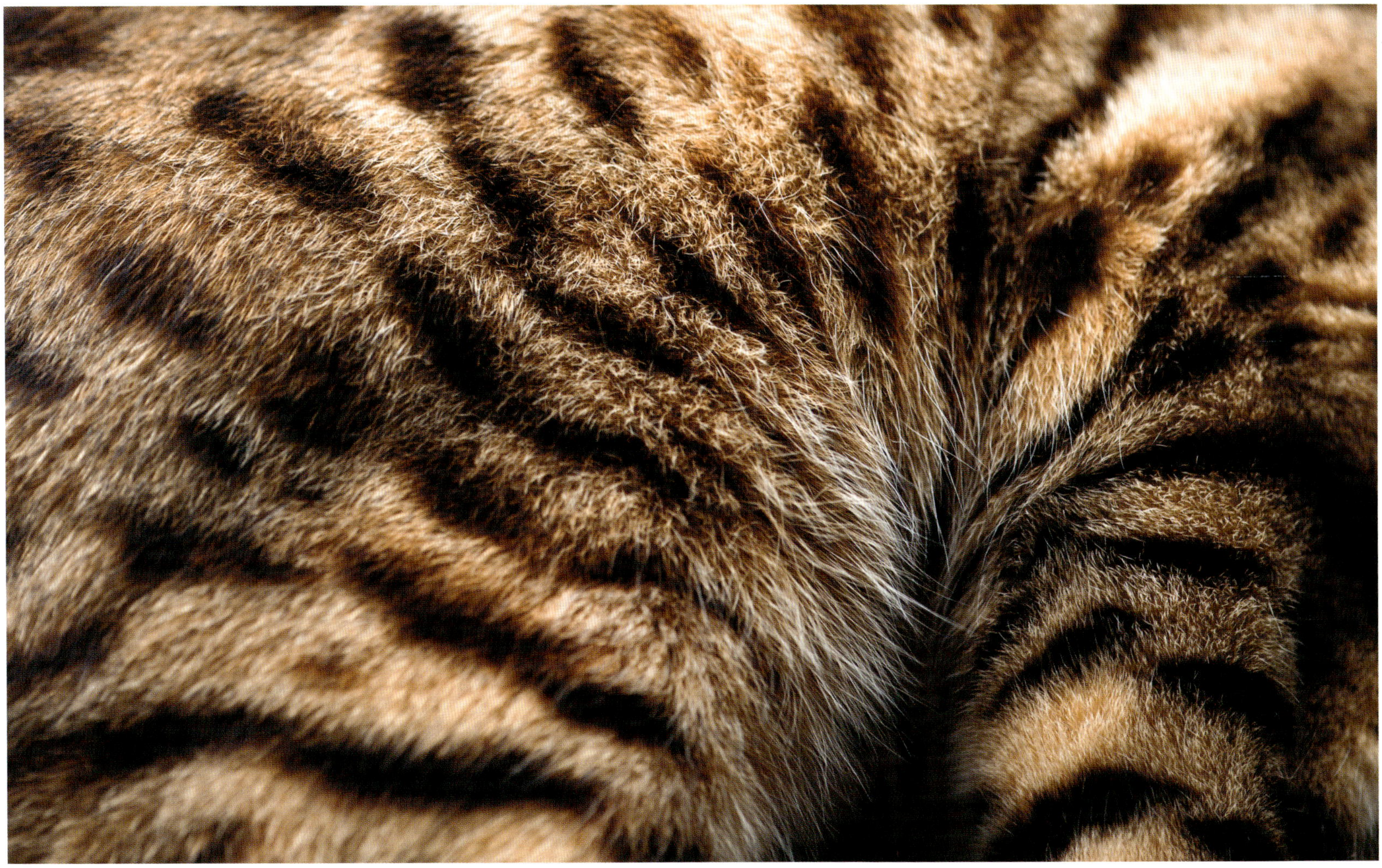

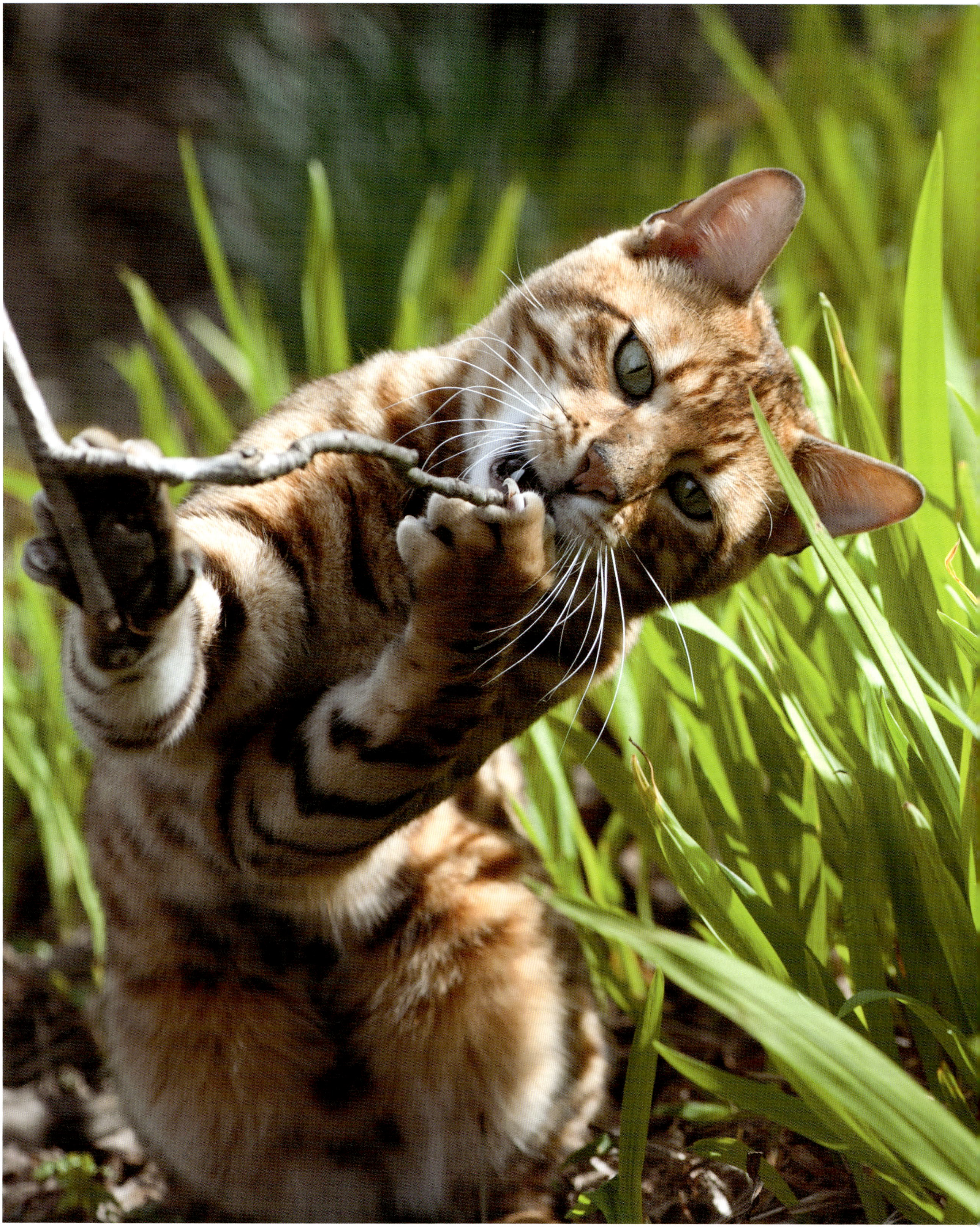

ニズムを解明できるのではないかと考え、その研究のためにベンガルヤマネコとイエネコを交配させ、多数の子猫を産ませたのだ。

同じ頃のアメリカにもう1人、ベンガル種発展の立役者がいる。オセロットを含めエキゾチックな猫を愛好するウィリアム（ビル）・エングラーだ。エングラーはネコ科の動物を輸入販売していたものの、年々入手が困難になっているのを感じ、健康な個体を確保するには国内で異種交配を行うしかないと考えた。そこでエングラーは、1970年に自分が飼育していたシャーという名の雄のベンガルヤマネコを2匹の雌のイエネコ、シベルとシクレムネストラと交配させる。そして、この2匹が産んだ合計9匹の子猫をエングラーは「ベンガル」と名づけたのだった。その翌年にも、合計6匹の子猫が生まれている。

エングラーが目指したのは、入手が困難になっていたエキゾチックな種に似た猫でありながら、イエネコの性質を持つこと。つまり、ワイルドな容姿を持つペット向きの猫種を作出しようとしたのだ。

エングラーが交配させたベンガルは1975年までに60匹を超え、その年末までに第3世代が生まれたという。ベンガルヤマネコから4世代以上離れていないと、ベンガルの雄は生殖能力を持たないことを考えると、これは大変な快挙だ。その後、エングラーはACFAにベンガルの登録申請を行い、受理された。しかし、エングラー自身は1977年に他界し、彼の猫は友人たちのもとへ引き取られていった。

また、1970年代には、野生のヤマネコとイエネコとの交配種やエキゾチックな猫を愛好するブリーダーたちが、ウォーク・オン・ザ・ワイルド・サイド・キャット・ファンシアーズ（WOW）を創設した。WOWのメンバーの中にはベンガルやサファリなどの作出・繁殖に関わったブリーダーたちがいて、こうした交配種に対する理解を深め、主要な登録団体に認定を受けるべく尽力していた。そうした努力が実り、1979年に彼らが交配種に関する報告書をCFAに提出すると、ベンガルの登録が認められた。だが、CFAはのちに登録を抹消し、愛好家たちに衝撃を与えることとなった［訳注：CFAは1998年、イエネコの種の保存のため、イエネコとイエネコ以外との交配から生まれた猫を品種として公認しないと宣言している］。

1980年代に入ると、再びミルが登場する。それは、ミルが知人を通じてセンターウォール博士と知り合い、博士から第1世代の交配種を数匹譲ってもらったのがきっかけだった。熱心なベンガル愛好家であったゴードン・メレディスもまた、博士から数匹の交配種を譲り受けるが、メレディスが病に倒れると、ミルはその猫たちも引き受けることになった。これを機に、ミルは交配実験を再開する。野生種とイエネコを用いた最初の交配で生まれた第1世代は、野性味たっぷりな外見

に内気な性質で、やはりすべての雄に生殖機能障害があった。しかし、第2、第3、第4世代と交配する個体を慎重に選びつつ計画交配を進めるうち、ベンガルにイエネコの性質が現れ始めた。

さらにミルは1982年、野生生活を送っていた野良猫ミルウッド・トーリー・オブ・デリーをインドから迎え、計画交配に加える。ミルウッド・トーリーはエジプシャンマウだったらしいが、「グリッター」と呼ばれる金色の毛を持っていて、これがベンガルに受け継がれた。そのほかにも積極的な異種交配が行われて遺伝子プールも増強され、ミルはついに理想的なベンガル、ミルウッド・ペニー・アンティという名の猫を誕生させる。美しく、かつ非常に愛情深い性質であったミルウッド・ペニーは、何度もキャット・ショーに出陳され、そのたびに人々の心を鷲づかみにした。

この頃には、ベンガルに興味を持つブリーダーも増えていた。なかでも、グレッグ＆エリザベス・ケント夫妻は、ベンガルヤマネコとエジプシャンマウを用いて、独自の交配系統を作り上げた。エキゾチックな容姿で人々を魅了したベンガルは、1986年にTICAの公認を受け、1991年にはチャンピオンシップ・ステータスに昇格を果たした。

TICAでは、ベンガルとして求められるすべての特性を保持させるため、ショーに出陳できるベンガルは同種交配が4世代以上にわたり行われていることと規定している。なお、アメリカではTICAに加えていくつかの団体でも公認されているが、CFA同様、公認していない団体もまだ多い。

1980年代後半に初めてベンガルが紹介されたイギリスでは、GCCFの公認取得をめぐって激しい論争が巻き起こった。この国でブラウン・スポッテッドのベンガルがチャンピオンシップ・ステータスに認定されたのは、2006年4月になってからのことだった。初めてそのステータスを手に入れたのは、グランド・プレミア・アドミルシュ・ザバリ、愛称をジギーというベンガルだ。

2年後の2008年には、ブラウン・マーブルとスノー・スポッテッドのベンガルもGCCFの公認を受け、美しいシルバー・スポッテッドとシルバー・マーブルがエクスペリメンタル・ニュー・ブリードからプレリミナリー・ニュー・ブリード・ステータスに昇格を果たした。シルバー・カラーのベンガルは近年、非常に人気が高まり、現在ではFIFeにも認定されている。

1960 TO 1969 | 1960年から1969年の血統

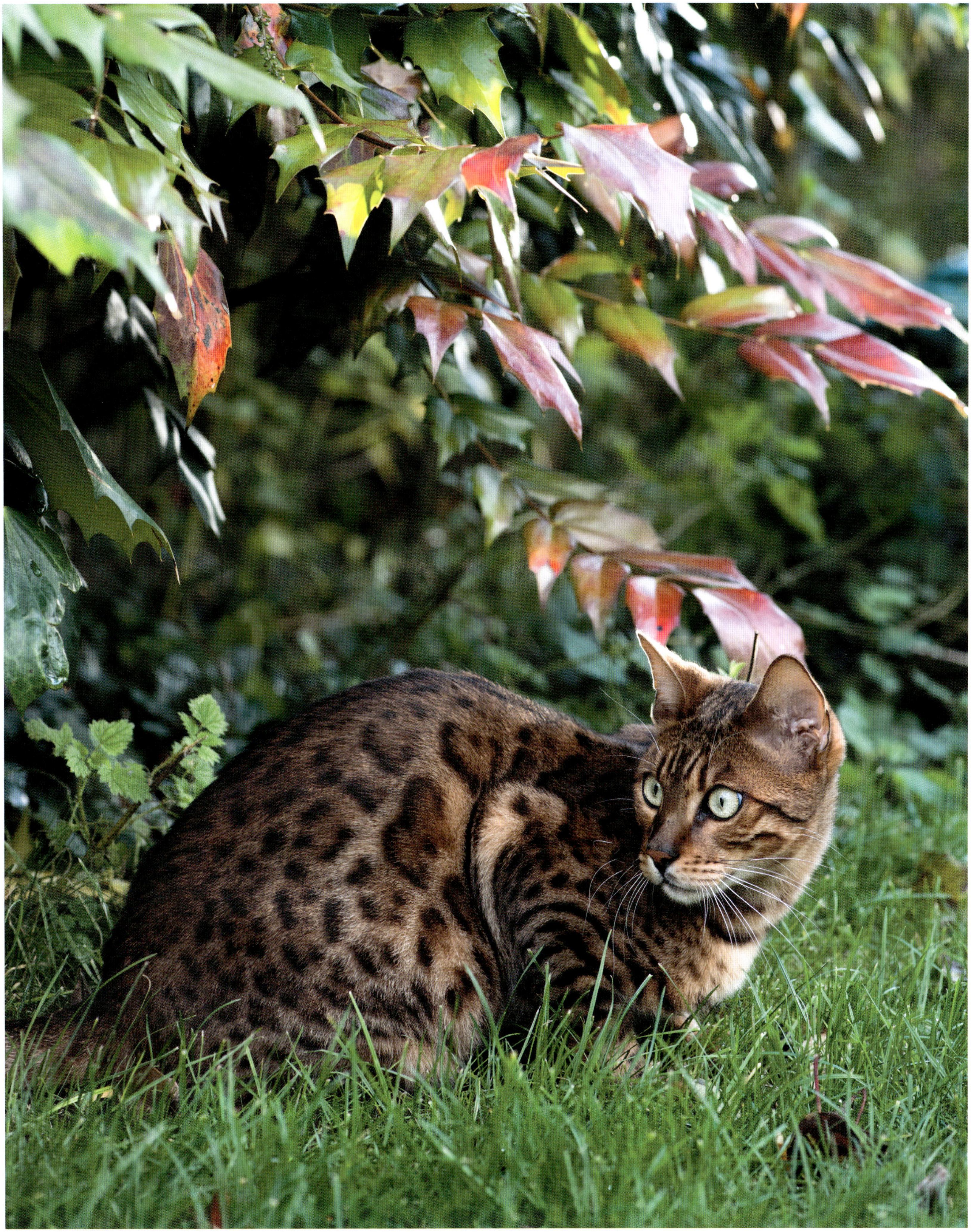

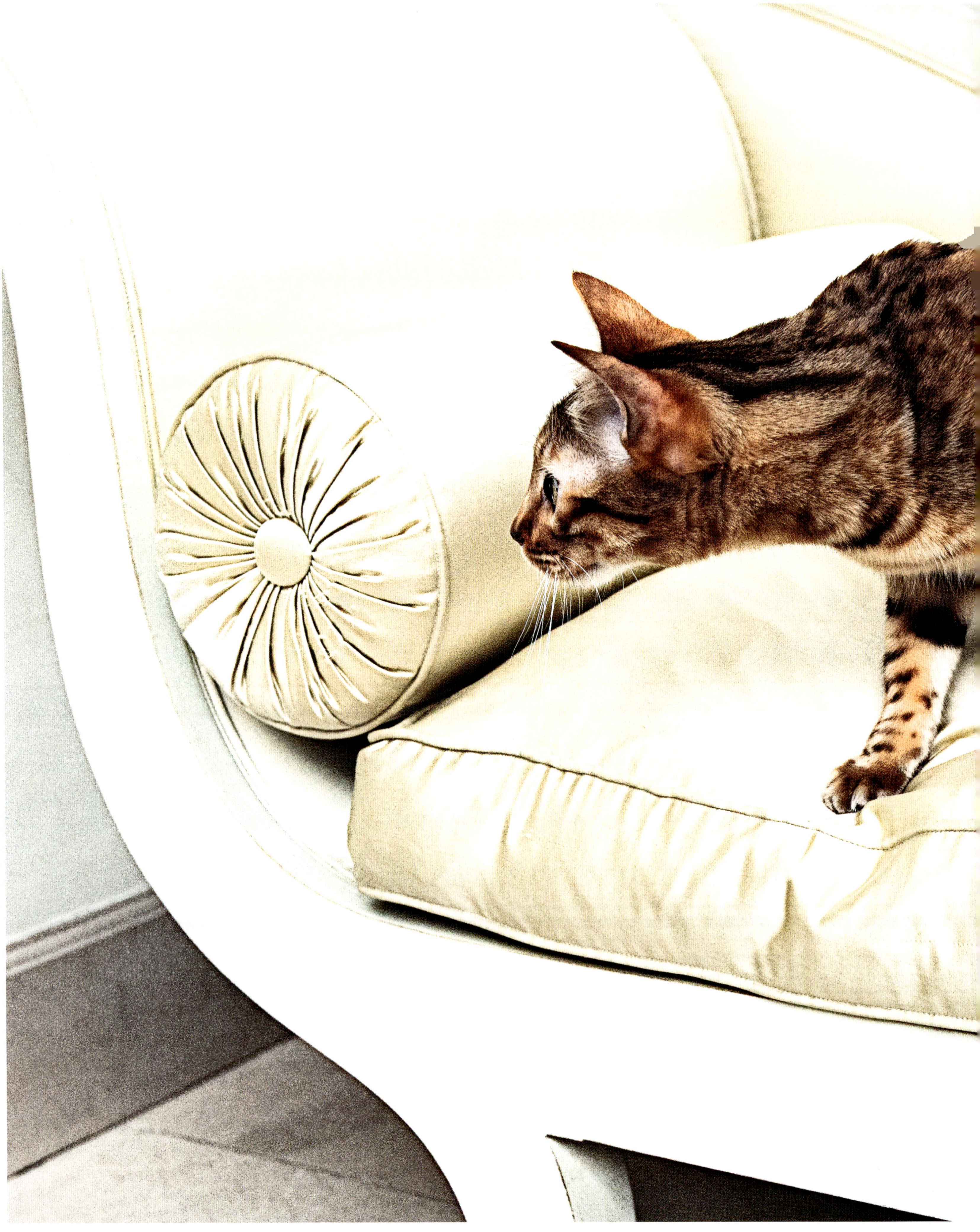

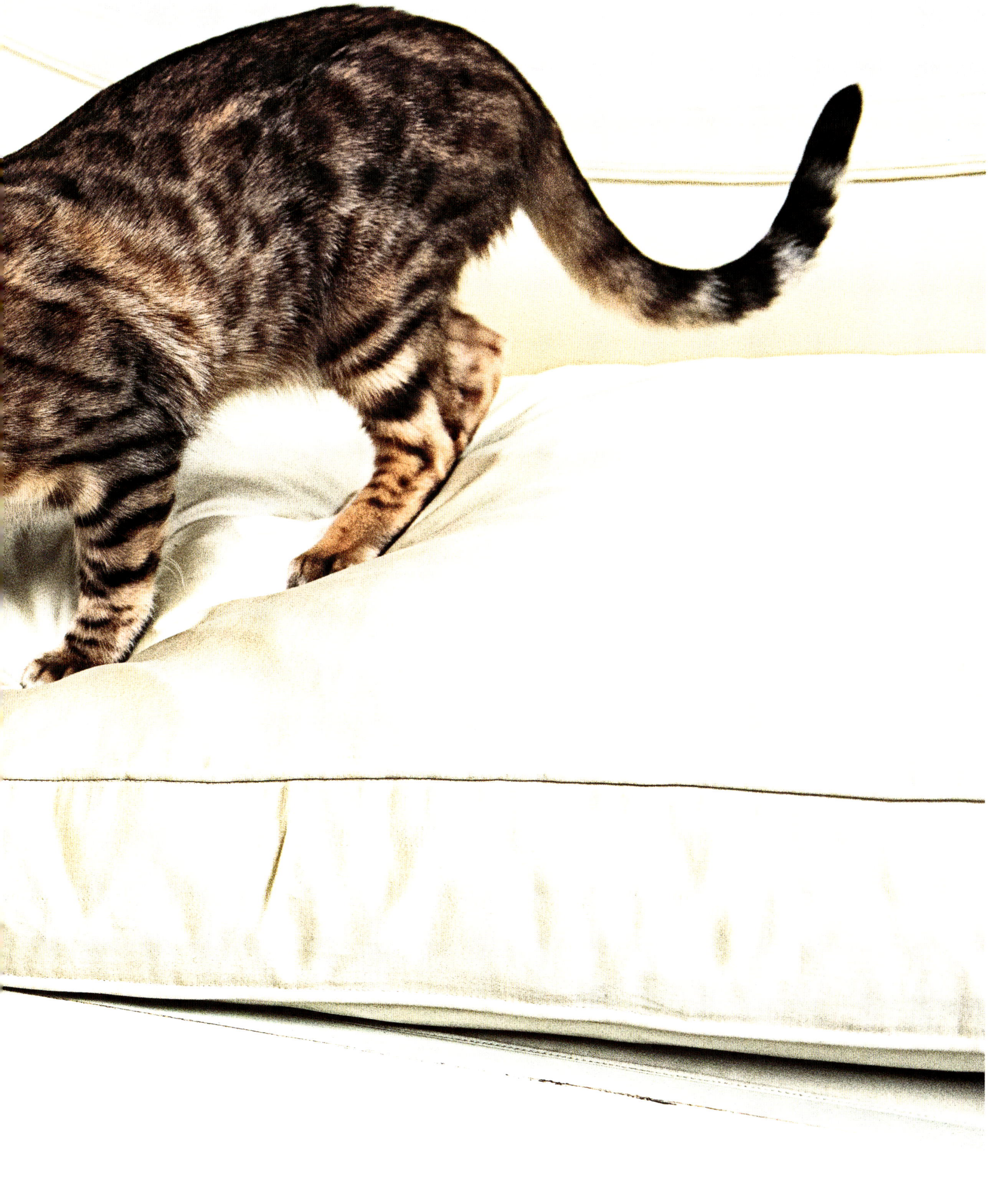

CHAPTER 5

第5章
1970年から現在の血統

　当たり前のように純血種を飼っている人には驚きかもしれないが、実はペットとして飼われているイエネコのほとんどはミックス（雑種）か血統のわからない猫だ。世界的に見ると、イエネコの実に96〜98％がミックスだと推定される。しかし、純血種の数も増加の一途をたどっており、特に20世紀から21世紀にかけては猫種自体も増えている。新しい猫種の多くは、自然の摂理に反した計画交配により誕生している。ブリーダーたちは、好ましくない特性を排除し、理想とする姿形や性質を発現させるため、あるいは突然変異で現れた特性を保持するため、現存する種を異種交配させて新種を生み出してきたのだ。

　そうした新種の代表格がサバンナだ。サバンナはアフリカンサーバル（アフリカに生息する野生のネコ科動物）とイエネコとの交配から作出されたのだが、ヤマネコ（比較的小型の野生のネコ科動物の総称）を用いた交配では、第4〜5世代までは正常な生殖機能を有する雄が生まれないことが多く、品種を確立させるまでには相当の時間と労力を必

要とする。しかも、イエネコとしての適切な性質を定着させなければならないし、イエネコとヤマネコでは妊娠期間も違うため、計画通りに事が運ぶことは滅多にない。

なお、ヤマネコに似た野性的な容姿を持つからといって、そのすべてに野生種の血が混じっているわけではない。1980年代に開発が始まったトイガーや、1994年以降に見られるようになったセレンゲティなどは、野性味あふれる外見とは裏腹に、ヤマネコの血は一切入っていない。

異種交配による比較的新しい猫種としては、ほかにもロシアンブルーの長毛種であるネベロング、ラグドールの遺伝子プールの拡大と新たな特性の発現を目指す過程で誕生したラガマフィンがいる。

一方で、突然変異により生まれた特徴的な外見を持つ新種もいる。たとえば、ドンスフィンクスやピーターボールドの無毛という特性。そして、コーニッシュレックスやデボンレックスに続き、1970年代に開発されたセルカークレックスやラパーマなどの縮れ毛や巻き毛やねじれ毛。さらにはアメリカンカールの折れ耳に、マンチカンの短い脚。

いずれも自然発生的に生じたもので、なぜそのような変異が起こるのか原因は不明だ。生命に関わるような遺伝子変異が起これば、その個体は生き残ることも、子孫を残すこともできないが、生命に関わらない形質の変化であれば、その個体の遺伝子は遺伝子プールの一部となり、新しい特性が代々受け継がれていくことになる。この数十年の間に生まれた新種は、ブリーダーたちが慎重に計画交配を進めながら作られたものだ。

しかし、新種開発への飽くなき探究の道中では、うまく定着して人気種に育ったものもあれば、完成を見ることなく消えてしまったものもある。望ましい特性を発現させると同時に、骨疾患の原因になるなど、身体に悪影響を与えかねない遺伝子も存在するため、健康でかつうまく形質の変化した猫が生まれるかどうか、ブリーダーたちはぎりぎりの勝負を迫られるのだ。だからこそ、ブリーダーたちの担う責任は重大だと言える。

たとえばピクシーボブとシンガプーラは、もともと自然発生的に現れた特性をブリーダーたちが保持させようと努力を続け、品種として定着させたものだ。ボブキャットによく似たピクシーボブは、片肢に最大7本の指が見られる多指症がスタンダードの中で容認される唯一の猫種だ。一方のシンガプーラは、シンガポールで暮らしていた野良猫を品種化させたものだ。

新しい猫種が数多く誕生したこの時代、漫画やアニメーション、映画の世界でも猫は大躍進を遂げる。1970年代には、かの有名な猫のキャラクターが誕生した。アメリカの漫画家、ジム・デイビスが1978年に生み出したガーフィールドだ。でっぷりと太った赤毛で、ラザニアが大好きな憎めない怠け者、ガーフィールドが繰り広げるドタバタ劇はまたたく間に人気を博し、現在でも世界の2500以上の紙面を飾り、毎日250万人以上に愛読されている。寝たいときに寝たいだけ寝られるのん気な暮らしぶりと、食い意地が張っていて悪びれないキャラクターに、人々はくすっと笑いながら、ちょっとばかり憧れを感じるのかもしれない。特に猫好きの読者にとっては、いつも犬を出しぬくその活躍ぶりに胸がすく思いがするのだろう。

ハリウッドで強烈な印象を残したのは、『オースティン・パワーズ』(1997年)に登場するミスター・ビグルスワースだろう。悪の総裁ドクター・イーブルの愛猫という重要な役どころを演じたのは、SGC・ベルフリー・テッド・ヌード＝ジェントという名のスフィンクス。ベルフリー・キャテリーのミシェル・バージに飼育され、キャット・ショーでもチャンピオンに輝いた経歴を持つテッドは、「猫タレント」の草分け的存在だ。映画では長時間横たわったままじっとしていなくてはならないシーンもあり、普通ならトレーニングが比較的スムーズに進められる犬に与えられるであろう役を、猫のテッドは見事に演じきった。

1999年製作の第2作『オースティン・パワーズ：デラックス』では、ドクター・イーブルの8分の1サイズのクローン人間ミニ・ミーの小さな愛猫、ミニ・ミスター・ビグルスワースを3匹のスフィンクス、メル・ギブスキン、ポール・ヌードマン、スキンディアナ・ジョーンズが交代で演じた。

大の猫好きで知られるアメリカの映画女優ウーピー・ゴールドバー

グは、愛猫のオリバー・ホイト・ゴールドバーグのエピソードをしばしばユーモアたっぷりに語っている。オリバーは2009年、アメリカ大統領に就任したばかりのバラク・オバマに宛てて、こんな手紙を送ったという。「歴代の大統領はホワイトハウスで犬を飼っていたそうですね。でも新大統領はぜひとも猫を飼うべきです」。このオリバーの勇気ある訴えもむなしく、大統領はポーチュギーズ・ウォータードッグを飼うことに決めたのだが、以前にはホワイトハウスで猫が暮らしていたこともある。最も有名なファースト・レディーならぬファースト・キャットは、ビル・クリントンの愛猫ソックスだろう。ソックスは大統領一家のみならず、多くのアメリカ国民からも愛された。

オーストラリアの元首相ケビン・ラッドも、ジャスパーという黒いオリエンタルを飼っていた。2012年にジャスパーが亡くなると、オーストラリア全土が深い悲しみに包まれた。ラッドは、ジャスパーとゴールデンレトリバーのアビーの冒険を描いた絵本を共著で出版しており、国民に広く愛読されている。ジャスパーはいわば、オーストラリアのアイドル的存在だったのだ。

また、ロンドンのイギリス首相官邸では、ハンフリーという猫が「ネズミ捕獲長」なる大役を務めていた。ハンフリーは1989年から1997年まで、歴代首相の住まいをネズミから守った。ハンフリーの引退後はシビル、続いてラリーという猫がネズミ捕獲長の職を継いだ。

カナダでは、政府の主要機関の庁舎が集まるオタワのパーラメント・ヒルと呼ばれる地区で、「パーラメント・キャット」たちがネズミ番として活躍していた。しかし、1955年からネズミ退治に駆除剤が使われるようになると、猫たちは仕事を失い、その一帯に野良猫として住みつくようになった。そんな猫たちを見かねて、イレーヌ・デゾルモーという女性が世話をし始めたのをきっかけに、ボランティアの人たちが1人、また1人と集まって猫の面倒を見るようになり、ついには寄付金で小さな保護施設も造られた。猫たちはワクチン接種や去勢・避妊手術などのケアも受けた。特に避妊プログラムは大きな成果を上げ、2013年には猫たちはすべて引き取られ、保護施設はその役目を終えたのだった。

ロシアでは、サンクトペテルブルクにあるエルミタージュ美術館で60〜70匹もの猫が暮らしている。彼らは保管庫や事務室、あるいは展示室の一部をパトロールして、ネズミに目を光らせる。事の始まりは18世紀までさかのぼるが、この猫たちの待遇が見直されたのはここ20年ほどのことだ。1941〜1944年のレニングラード包囲戦［訳注：第二次世界大戦の独ソ戦における戦闘の1つ］で、エルミタージュの猫を含め、町で暮らす猫のほとんどが死んでしまうと、ネズミの大量発生による問題が深刻化した。この状況を打破するために地方から持ち込まれた猫たちが、エルミタージュの地下室に住みつくようになり、1990年代終わりにその猫たちの生活環境を改善しようという取り組みが始まったのだ。そうして地下室は小さな猫専門病院に改造され、猫が快適に暮らせる居住施設へと生まれ変わった。これは美術館長のアシスタントを務めるマリヤ・ハルトゥオネンの提案により実現したもので、現在は3人のボランティアが常駐して猫たちの世話をし、エサ代も給付金でまかなわれている。今や人気者となったエルミタージュの猫たちは、事務室や回廊のあちらこちらでまどろみ、職員や来館者たちの目を楽しませている。

イタリアのローマでは、1993年に古代の廃墟に新しい生命の息吹が吹き込まれた。元オペラ歌手のシルビア・ビビアーニの呼びかけで、迷い猫たちのための保護施設（キャット・サンクチュアリ）が設けられたのだ。救済の舞台となったのはトッレ・アルジェンティーナ広場。現在の路面より低い場所に、4つの神殿の遺構と、紀元前44年にユリウス・カエサルが暗殺された場所として有名なポンペイウス劇場の一部が残る。この広場にはまるで洞窟のように入り組んだ場所があり、長らく野良猫たちの秘密の住み処となっていた。シルビアとそのパートナーであるリアが手を差し伸べる以前には、心ある人々が猫たちに食べ物を与えていたのだが、保護施設ができて以来、常に200匹ほどの猫が暮らしている。

なお、イタリアにはおよそ750万匹もの猫がいるが、実はそのほとんどがローマに住みついているという。紀元前10世紀頃のエトルリアの時代からローマの風景を彩ってきた猫は、現在はローマ市議会によって「生きた文化財」に指定されているが、その多くが野良猫か捨て猫であり、シルビア・ビビアーニのような人々の善意に運命をゆだねているのが現状だ。

そのほか20世紀後半のオランダでも、人間と猫との間に深い絆が結ばれていた。アムステルダムにある猫の聖域、キャット・ボートは、おそらく世界唯一の「水上」動物保護施設だ。そもそもの始まりは1960年代の終わり、ヘンリエッテ・ファン・ベルデが家の前の木陰で子猫を連れた野良猫を見つけたことだった。のちに「キャット・レディー」として町じゅうに知られるようになるヘンリエッタは、猫たちを家に招き入れ、面倒を見てやることにした。するとそれをきっかけに、別の野良猫が次から次へと集まるようになり、ついに家じゅう猫だらけになってしまったので、彼女は家の前の運河に浮かぶ古いはしけに猫たちを移すことにした。

はしけは猫たちの住み処にぴったりだったが、すぐに1艘目が満杯

になり、もう1艘使おうかと考え始めた頃、このキャット・ボートが突如、脚光を浴び始めた。水上で暮らす猫とその珍しい住まいを見ようとたくさんの人々がこの地を訪れ、さらには猫たちを引き取りたいと申し出る人まで現れるようになったのだ。そして1987年、市当局がキャット・ボートを慈善事業として認可し、「キャット・ボート基金」として広く知られることとなった。

この数十年の間には、世界各国で動物の福祉に関する法律について改訂や進展が見られ、動物保護の取り組みがより強化された。しかしその一方で、捨て猫や野良猫の数は依然として増えつづけている。ニュージーランドは国民1人当たりの飼い猫の数が世界トップクラスで、全世帯の48％が猫を飼っていると言われる国だが、最近になって1つの論争が巻き起こっている。鳥や小型は乳類が猫に殺される被害が多発しているという理由で、環境保護論者たちが野良猫の殺処分と避妊手術の義務化、そして飼い猫を室内飼いに限定する条例の制定を求める運動を起こしたのだ。アメリカで最近行われた調査でも、鳥や小型ほ乳類が猫に襲われる被害がここ2、3年で急増していることが明らかになっている。

とはいえ、それらの小動物が農場や食料品店や家庭の食品庫を荒らしたり、病気を蔓延させたりするのも事実。他の動物を襲うという行為はいただけないにしても、被害を未然に防ぐ手立てはいくらでもあるはずだ。たとえば、猫の首輪に鈴をつける、ひな鳥が巣立つまで猫を屋外に出さないなど、臨機応変な措置を取ることはできるだろう。野良猫の増加と野生動物の被害を食い止めるためにも、飼い主に正しい知識と責任感、そして動物福祉への配慮が今、よりいっそう求められているのだ。

最後に、多くの猫種が新しく認定され、毎年のように新種候補の猫たちが登録団体の門を叩いている現在、猫の世界のさらなる発展を予感させる裏で、存続が危ぶまれる希少な猫種もたくさん存在することを忘れてはならない。そして、希少であろうとなかろうと、純血であろうとなかろうと、どんな猫でも魅力にあふれていることに変わりなく、その運命はわれわれ人間の手にゆだねられていることを肝に銘じておいてほしい。

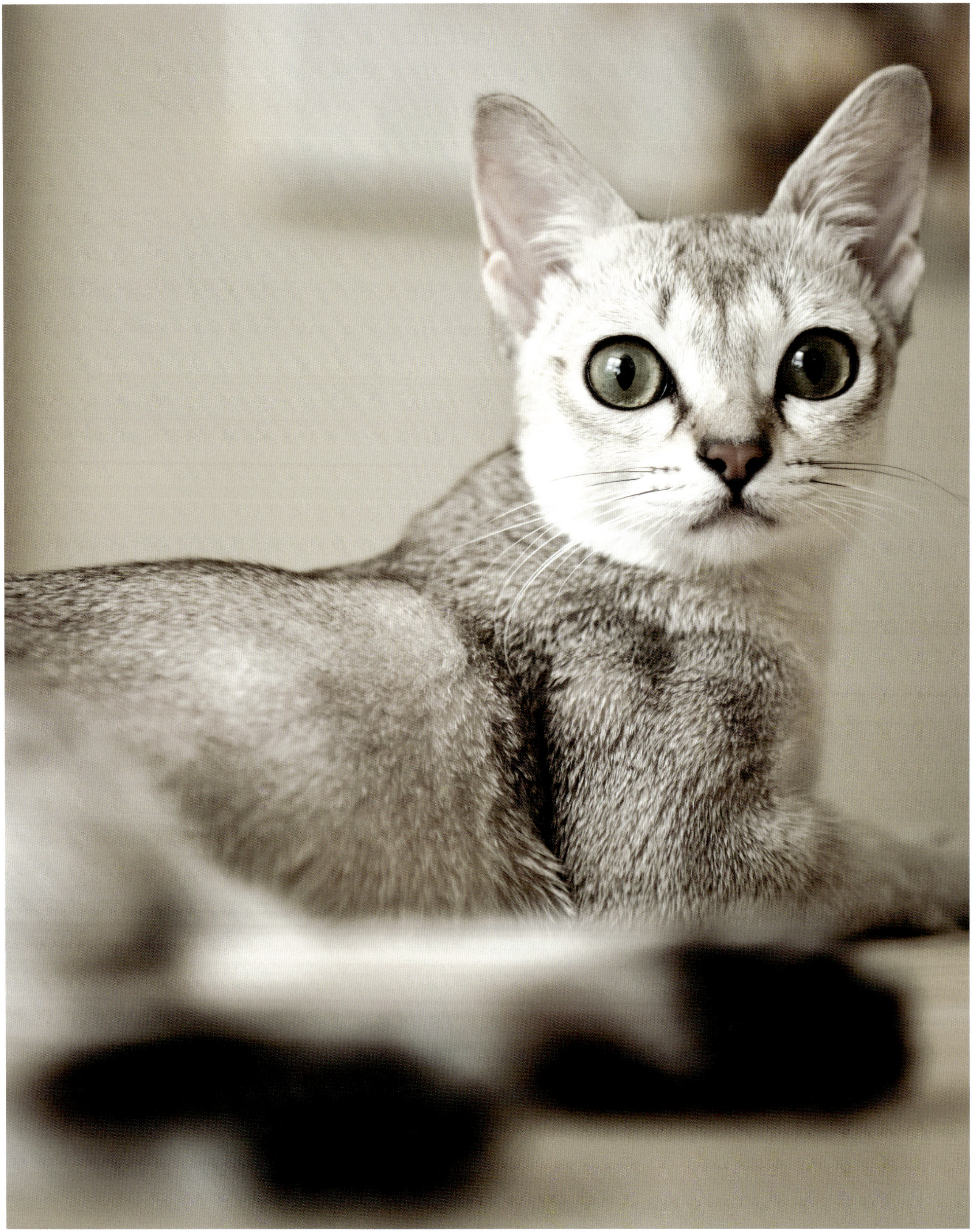

SINGAPURA
シンガプーラ

近現代 — シンガポール・アメリカ — 希少

APPEARANCE｜外見

温かなセピア色の被毛に覆われた身体は小さいが、全身の筋肉が発達している。足先が楕円形をしていて小さいため、四肢は先細りに見える。頭部は丸っこく、マズルはやや短く幅広。鼻も丸い。耳は大きく奥行きがあり、先端がややとがっている。大きな目はアーモンド型で、色は鮮やかなグリーン、カッパー、イエロー、ヘーゼル。尾は細く、先端が丸い。

SIZE｜大きさ

小型

COAT｜被毛

細く短い被毛が身体にぴったりと密着するように生えている。代表的な色はセピア・ティックド・タビーで、深いアイボリーの地色にセーブルのティッキングが混じる。

PERSONALITY｜性格

知的で好奇心が強く、遊びといたずらが大好き。愛情深く、飼い主に従順。

　シンガプーラはイエネコの中で最も小さい種だ。天使のような愛らしい姿と、聡明でユーモアにあふれ、愛情深い性質を持つ。家族みんなの注目を一身に浴びたがる一方、豊かな感性で飼い主の気持ちをいち早く察し、悲しみのときも喜びのときも寄り添ってくれる心優しい猫でもある。

　シンガポールに生息していた野良猫から自然発生したシンガプーラの品種化への歩みは、1970年代に始まる。シンガポールの下水溝(ドレイン)には、それ以前から「ドレイン・キャット」と呼ばれる野良猫がたくさん住みついていた。その数のあまりの多さに人々の不評を買っていたドレイン・キャットは体型も大きさもまちまちだったが、現在のシンガプーラによく似た小ぶりなブラウン・ティックドの猫たちもその中に交じっていた。その猫たちの特性に着目したのが、アメリカ人のハル＆トミー・メドウ夫妻だ。

　遺伝学に造詣の深かったトミーは、バーミーズなどの猫の交配や、ラットを使った遺伝子の研究をしており、夫のハルは東南アジア各地を舞台に地球物理学者として活動していた。1970年代の初めにハルの仕事の関係でシンガポールへ移った夫妻は、数年後の1975年に飼っていた猫たちとともにアメリカに帰国した。連れ帰ってきたのは、雄のティクルと、雌のテスとプシー、そしてティクルとプシーの間に生まれたジョージとグラディスのいずれもブラウン・ティックドの5匹、それに去勢したセーブルのバーミーズだった。特徴的なブラウン・ティックドの被毛を持ったこの5匹こそ、のちのシンガプーラの基礎となった猫たちだ。

　メドウ夫妻は帰国後、種としての特性を確立させるため、ブラウン・ティックドの5匹をもとに計画交配に着手する。一方で夫妻は積極的にキャット・ショーに出向き、この新種の猫を審査員にも一般大衆にもアピールしつづけた。その甲斐あって、1978年にブリーダーのバーバラ・ギルバートソンが雄雌2匹を夫妻から譲り受けると、ヘレン・チェリー、キャサリン・マッコリー、ゲリー・メイズ、ジョー・コバリー、トード・スベンソンなどのブリーダーもそれに続いた。そして翌1979年、TICAがシンガプーラをチャンピオンシップ・ステータスに認定する。

　だが、シンガプーラの遺伝子プールはまだ存続すら危ういような状況だった。そんな中、1980年にシーラ・バウワーズがシンガポールの動物虐待防止協会(SPCA)で見つけたチコという雌のシンガプーラをギルバートソンに送ったことで、大きな転機を迎える。そうしてシンガプーラは、1982年にCFAのレジストレーション・オンリーに認定され、6年後の1988年についにチャンピオンシップ・ステータスに昇格した。

　その間にシンガプーラは徐々に人々の注目を集めるようになり、熱心な愛好家たちによってCFA傘下のシンガプーラ・ファンシアーズ・ソサエティ(シンガプーラ愛好会)が創設された。1987年にはシンガポールを訪れたブリーダーのゲリー・メイズが、シンガポール・キャット・クラブの協力のもと、多数のシンガプーラをアメリカへ送る手はずを整えた。しかし1980年代末にブリーダー間で見解の相違があり、シンガプーラ・ファンシアーズ・ソサエティから枝分かれする形で、同じくCFA傘下のインターナショナル・シンガプーラ・アライアンス(国際シンガプーラ同盟)が創設される運びとなった。

　さらに1990年、愛好家たちに衝撃を与える出来事が起こる。トミー・メドウがシンガポール最大の日刊紙『ザ・ストレーツ・タイムズ』のインタビューで、ティクル、テス、プシーの3匹が実はアメリカ生まれであることを認めたのだ。トミーの説明によると、1970年代の初めのシンガポール赴任前に出張で同国を訪れていた夫のハルが、ブラウン・ティックドの猫たち数匹を貨物船に乗せ、アメリカにいるトミー

のもとへと送ってきたのだという。それらの猫がアメリカで産んだのがテスとティクル、そしてプシーだった。メドウ夫妻はハルのシンガポール赴任に際し、この3匹を帯同し、帰国時に再び連れて帰ったというのが事の真相だった。

　この騒動は、1991年にCFA理事会が夫妻を召喚して詳細な説明を求めるという事態にまで発展した。しかし、問題の猫たちがシンガポール原産の猫から生まれていること、そして血統のもとになったのはシンガポールから正規の手続きを踏んでやってきた猫たちだということは紛れもない事実であり、メドウ夫妻が猫種確立のために注いだ努力も決して否定できないことから、この騒動はようやく落ち着きを見せたのだった。

　一方、イギリスに初めてシンガプーラが渡ったのは1988年のこと。グロスターシャー州に住むキャロル・トンプソンがイマゴス・フェイ・レイ・オブ・ユサフをアメリカから輸入したのだ。妊娠中だったフェイは、検疫所での隔離期間中に雌のマフィー、ミミ、クアンを出産。クアンはのちにアメリカに輸出され、ACFAのグランド・チャンピオンに4度輝いている。トンプソンはさらに雄のスリコベリーズ・インダーを買い取り、マフィーたちと交配させた。

　そうして生まれた子猫のうち数匹は、ノーサンバランド州に住むパット＆エディー・ベル夫妻に買い取られた。その後、ベル夫妻はトルゴブリン・スウィート・サフロンとトルゴブリン・エスミレルダ・オブマインという2匹の雌を、デビー・ファン・デン・バーグとそのパートナーであるマル・バーンズに譲り渡している。ファン・デン・バーグとバーンズはさらにアメリカ産の雄を輸入し、繁殖した猫たちをGCCF主催のキャット・ショーへ積極的に出陳した。

　そして1993年にはイギリスでもブリード・クラブが発足し、1997年にGCCFのプレリミナリー・ステータスに認定されると、2002年にはプロビジョナル・ステータスへ、2004年にはチャンピオンシップ・ステータスへと昇格を果たした。2007年には、2匹のシンガプーラが英国インペリアル・グランド・チャンピオンに輝いている。

　以前は下水道で暮らす野良猫として邪魔者扱いされていたシンガプーラだが、現在ではシンガポール観光局の広告塔となっている。さらに母国のみならず、シンガプーラは今や世界中で熱烈に愛される存在となり、ヨーロッパやアメリカ、オーストラリア、カナダ、ロシア、日本、そして南アフリカでも、その愛らしい姿で人々の目を楽しませている。

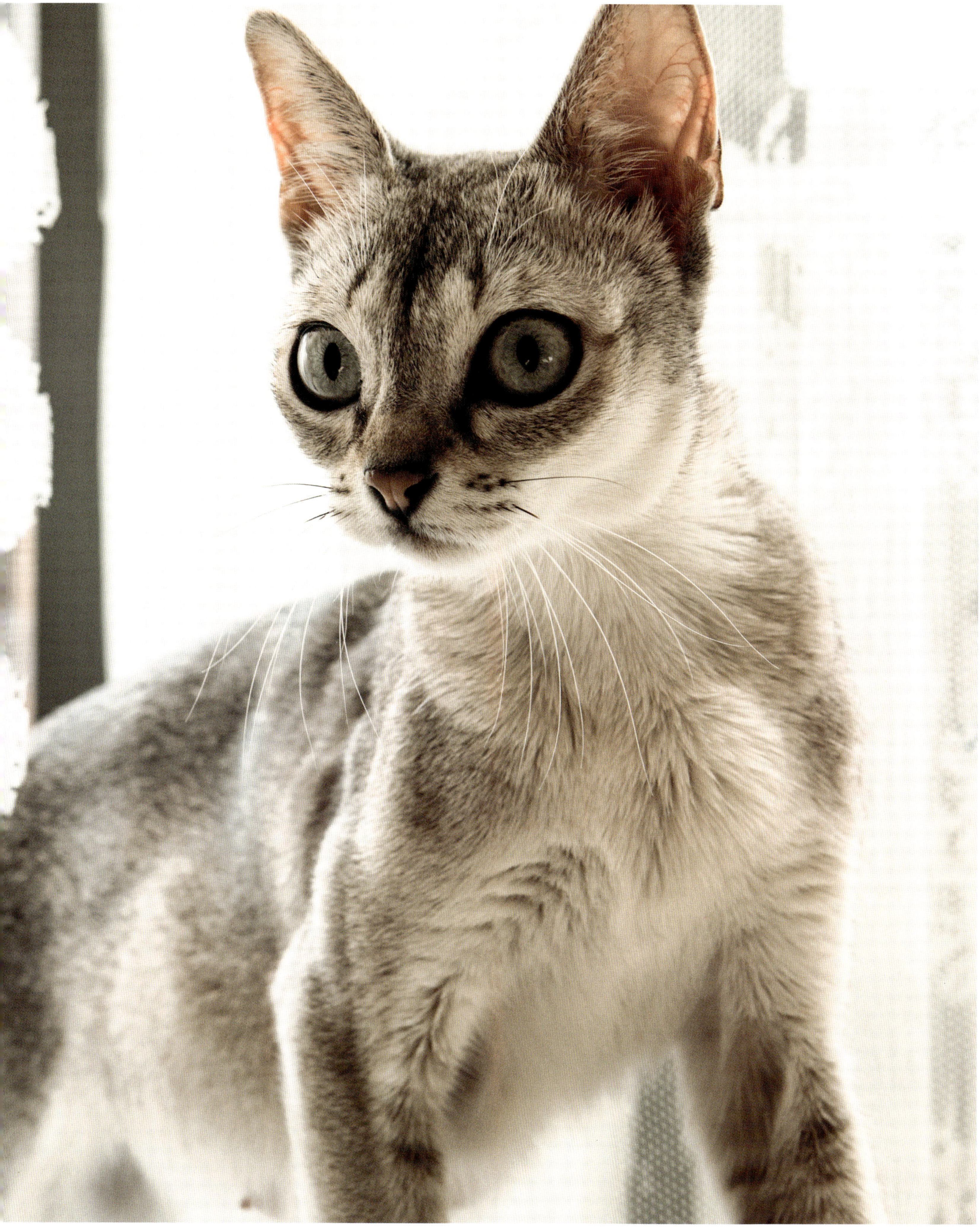

AMERICAN CURL
アメリカンカール

近現代─アメリカ─希少

APPEARANCE｜外見

外向きにカールした耳と愛くるしい表情が印象的。長方形の胴は細身ながら筋肉質。頭部は丸みのあるくさび型で、眉間のくぼみから額にかけてなだらかなカーブが見られる。鼻筋はまっすぐでほどよい長さ。大きめの目はクルミ型で、毛色に関係なくすべての色が認められるが、ポイントカラーのみ例外的に毛色に準ずる。丸い大きな耳は先端が90〜180度、外に曲がっており、飾り毛があるほうが望ましい。四肢は胴とバランスのよい長さで、足先は丸い。尾は付け根が太く柔軟性があり、先端が細くなっている。

SIZE｜大きさ

中型

COAT｜被毛

短毛種と長毛種があり、共に薄いアンダーコートを持ち、絹のようになめらかな毛が身体に沿うように生えている。長毛種の尾には羽飾りのように豊かな被毛が見られる。色とパターンは限定されない。

PERSONARITY｜性格

人間が大好きで、とても愛情深い。好奇心旺盛で遊び好き。頭が良くて穏やか。

　愛嬌たっぷりのアメリカンカールは人間が大好き。いつだって飼い主に寄り添って過ごしたがる。基本的には控えめな性質だが、時にははしゃぎすぎて飼い主の邪魔をしてしまうことも。かまってほしいときは優しく控えめな声でアピールするか、前肢でとんとんと触れて注意を引こうとする。表情にも表れているとおり愛情深く穏やかで、子どもや他の動物とも仲よく過ごすことができる。また、とても賢く、投げたボールを取ってくるといった新しい遊びを覚えるのも早い。いつまで経っても遊び好きな子猫のような愛らしさを失わないのも、アメリカンカールの魅力だ。

　性格の良さはすべてのアメリカンカールに共通する特徴だが、こと外見に関しては個性豊か。その耳は生まれたときにはまっすぐで、生後1〜7日ほどで少しずつカールし始める。90〜180度の角度でカールが完成するのは、生後4カ月半頃だ。被毛のバリエーションも豊かで、短毛種と長毛種があり、あらゆる毛色とパターンが認められる。

　起源については比較的詳細に記録されている。事の始まりは1981年、のちにカールニクス・キャテリーを創立することになるカリフォルニア州レイクウッドのジョー＆グレース・ルーガ夫妻の玄関先に、生後6カ月くらいの痩せ細った雌の子猫が2匹迷い込んできたことだった。1匹はブラックの長毛、もう1匹は中毛のブラック＆ホワイトだったが、2匹とも外側にカールした不思議な耳を持っていた。ルーガ夫妻はブラックの子をシュラミス、ブラック＆ホワイトの子をパンダと名づけ、自宅で飼うことにしたのだが、それから2週間ほどした頃、パンダはこつ然と姿を消してしまった。

　一方のシュラミスはすっかりルーガ家の一員となり、数カ月後には子猫を出産。その中には、またしても不思議な耳の猫が2匹交じっていた。この猫たちには特別な何かがあると感じた夫妻は、その後シュラミスを用いて交配実験を何度か試みた。最初に生まれた2匹のカール耳の子猫たちはグレースの姉、エスター・ブリムローのもとに引き取られるが、そこでナンシー・キースターという犬のブリーダーと運命的な出会いを果たすことになる。

　キースターはブリムローの家でカール耳の子猫を目にした瞬間、心奪われ、引き取りたいと申し出た。以前、スコティッシュフォールドの記事を目にしたことがあったキースターは、この猫から新種が作り出せるのではないかと考えたのだ。そうしてキースターとルーガ夫妻、さらにはスコティッシュフォールドのブリーディングを行っていたCFA審査員のジーン・グリムも加わり、アメリカンカールという新しい猫種確立を目指す旅が始まった。

　1983年には、ルーガ夫妻とキースターが、カリフォルニア州パームスプリングスで行われたCFAのキャット・ショーにシュラミスとその血筋の猫を出陳し、審査員の注目を集める。その後、シュラミスの容姿をもとにアメリカンカールの猫種スタンダードが定められ、シュラミスは名実ともにこの猫種の起源として知られるようになった。

　しかし、健全な遺伝子プールを維持するためには異種交配が必要だった。ただし、他の純血種を交配に使うと、そちらの種の特性が現れたり、アメリカンカールの特性が薄れたりする恐れがある。そのため、異種交配には非純血種のイエネコを用いることと定められた。

　また、初期のブリーダーたちが、ソルバイク・フルーガーとロイ・ロビンソンという2人の遺伝学者の協力を得て研究を進めたところ、アメリカンカールに見られるカール耳は遺伝子を1コピーしか必要としない常染色体優性遺伝子により発現するものであること、この遺伝子は突然変異により自然発生したもので、健康への悪影響も奇形発生

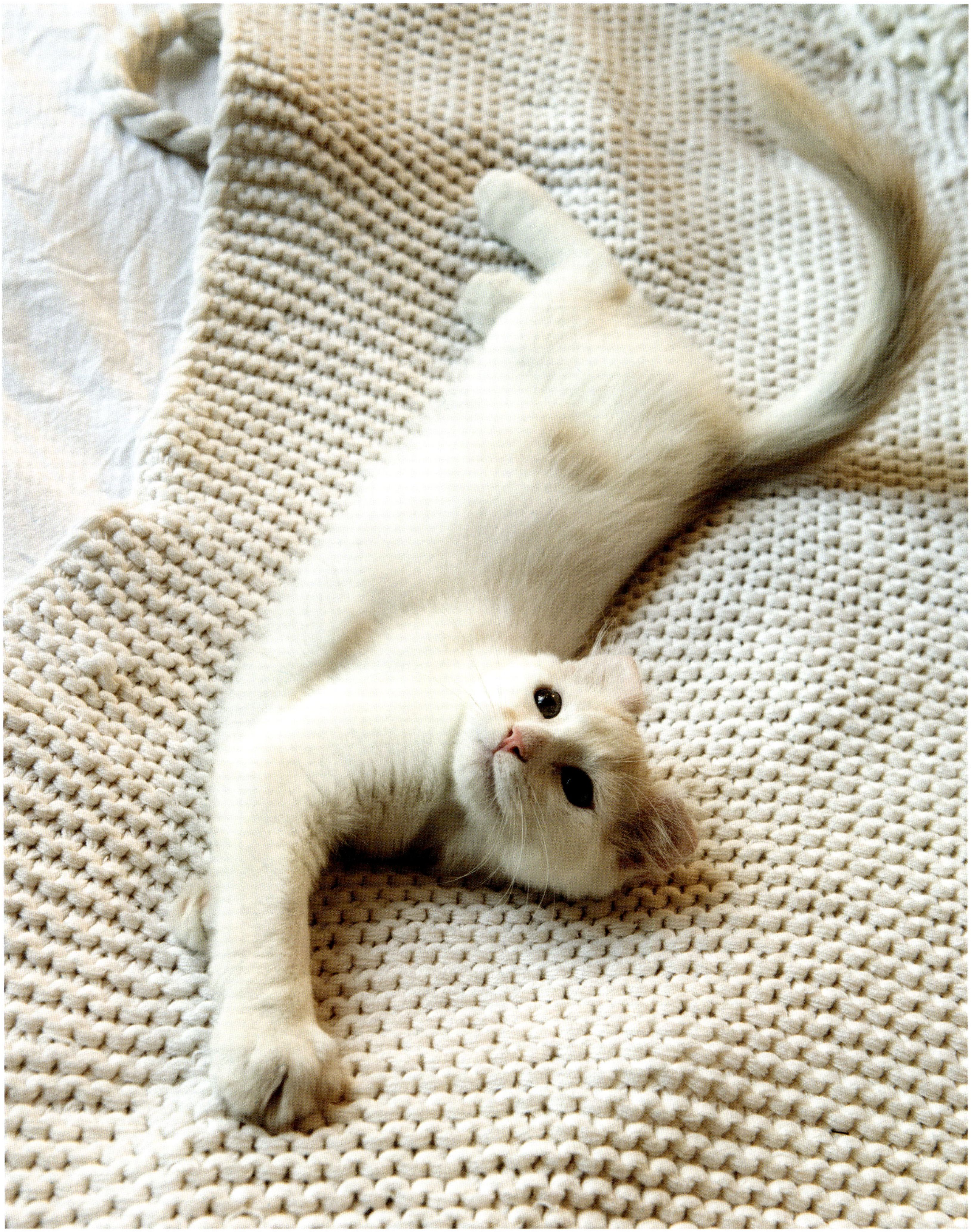

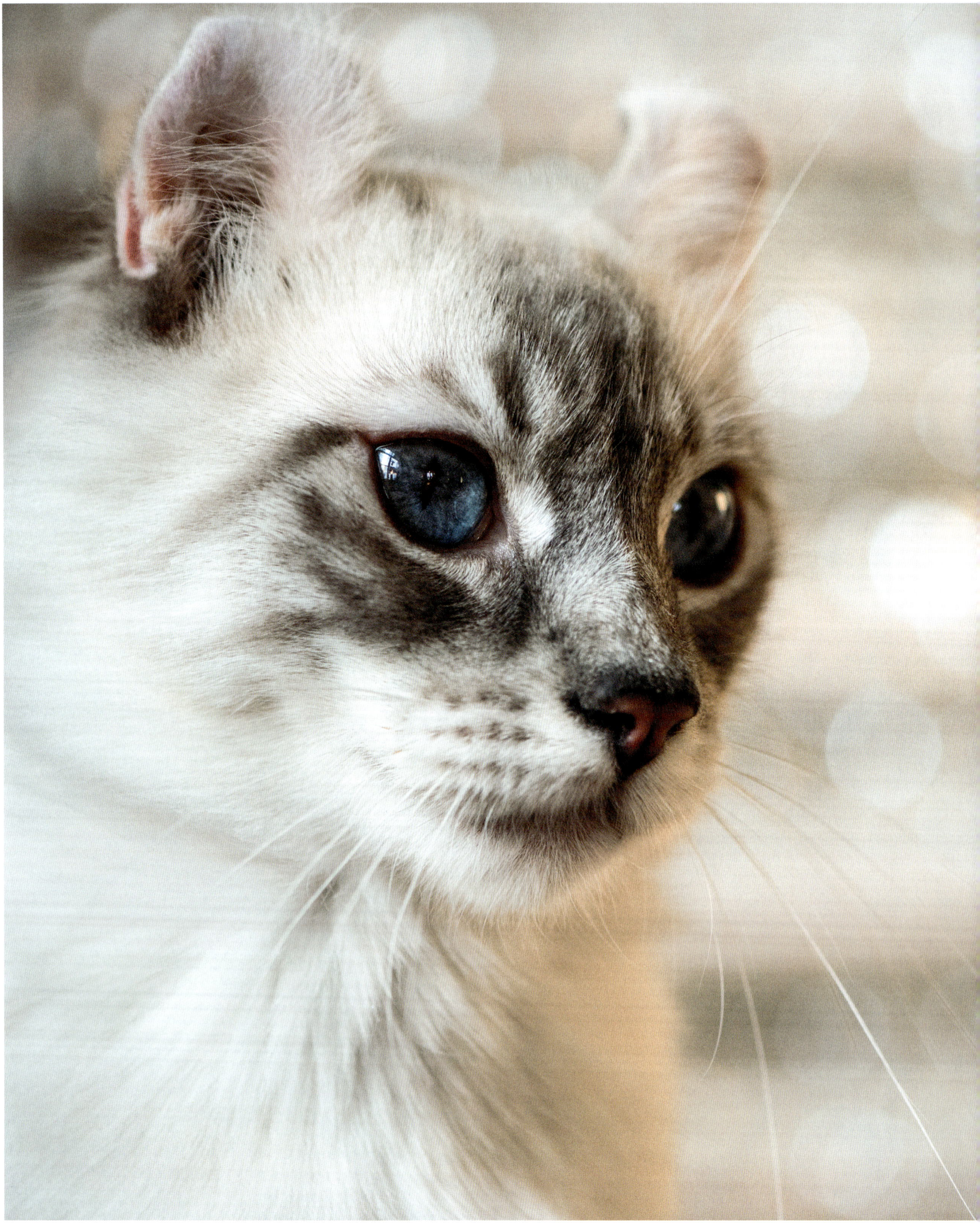

の恐れもないことがわかった。

　1984年になるとアメリカンカール同士の交配が行われ、雄猫が誕生した。プレイイット・バイ・イヤーと名づけられたこの子猫は、アメリカンカールとしては初めてのホモ（同型）接合体である。つまり、カール耳になる遺伝子を2コピー保因しているため、他のイエネコとの異種交配を行っても、生まれてくるすべての子にカール耳の特性が発現することになる。プレイイットが生まれた後もアメリカンカール同士の交配は頻繁に行われているが、現在のところ健康上の問題は報告されておらず、開発の初期段階で非純血種の血を多く取り込んでいることもあり、アメリカンカールはむしろ丈夫が売りの猫種として知られるようになっている。

　アメリカンカールは新種としては異例のスピードで、すべての猫種登録団体に公認されている。シュラミスとパンダがルーガ夫妻のもとへと転がり込んだ日からわずか5年後の1986年には、TICAとCFAの公認も得た。そして1989年12月、遺伝学者のロイ・ロビンソンが『Journal of Heredity（遺伝学会誌）』に、383匹のアメリカンカールの遺伝子データ分析結果に基づく論文を発表する。その中でロビンソンは、研究対象となった子猫たちには異常を示すものが1匹もいなかったと報告。アメリカンカールの健常性が実証されたこの瞬間、ブリーダーたちは喜びを噛み締めたのだった。

　1993年には、アメリカンカールはCFAのチャンピオンシップ・ステータスに昇格を果たした。長毛と短毛という2種類の被毛を持ちながら1つの猫種として認定されたのは、これが初めてのことだった。なお、短毛種の子猫はシュラミス3回目の出産で初めて誕生し、その後も何度か生まれている。今では短毛のアメリカンカールも珍しくなくなった。

　現在、アメリカンカールは原産国のアメリカのみならず、日本やイギリスにおいても絶大な人気を誇っている。イギリスで2007年に種を確立させたのは、リンカンシャー州でオーバーイヤー・キャテリーを運営するクレア・ウィンマン。キャロライン・スコットとマイケル・タッカーが運営するニューヨーク州のプロカール・ハレム・キャテリーから2匹がウィンマンの手に渡り、イギリスにおける猫種確立の礎を築いたのだ。イギリスではまだまだ数の少ない猫種ではあるが、素晴らしい特性を持つアメリカンカールが大きく躍進する日も遠くないだろう。

AMERICAN CURL ｜ アメリカンカール

LAPERM
ラパーマ
近現代 - アメリカ - 希少

APPEARANCE｜外見
やわらかくカールした被毛が全身を覆っている。目は大きく感情表現に富む。中くらいから長めの身体は筋肉質で引き締まっており、骨格は平均的。四肢も中くらいから長めで、後肢のほうが前肢よりもやや長く、足先が丸い。頭部は丸みのあるくさび型、マズルはやや幅広で、鼻筋がまっすぐ通っている。アーモンド型の目は中くらいの大きさで、その色と毛色に関連性はない。耳も中くらいから大きめで、豊かな飾り毛がある。尾は胴とバランスのとれた長さ。

SIZE｜大きさ
中型

COAT｜被毛
長毛種はセミロングのやわらかい巻き毛が、モヘアのように皮膚からふんわりと立ち上がっている。眉毛やひげもカールしており、首回りと尾に飾り毛がある。短毛種は短い毛が波打つようにカールしており、首回りの飾り毛はない。尾は太くてふさふさしている。

PERSONARITY｜性格
知的で問題解決能力が高く、愛情深い。好奇心旺盛で、活発によく遊ぶ。

愛らしい外見と性格で人々の心をつかんで離さないラパーマ（またはラパーム）は、ユーモアと愛情にあふれる、とても活発な猫だ。木を相手に格闘してみたり、高いところから飛び降りてみたりと、優れた運動能力をフルに発揮し、遊びに全力を傾ける。かと思えば、遊び疲れて飼い主の膝の上で幸せそうに丸くなる。また、こうと決めたら一直線。非常に聡明で問題解決能力にも長けるため、何かに興味を引かれると、慎重に吟味してから近づくか、飼い主に上手におねだりして希望を叶えてしまう。そしてとてもおおらかなので、特定の誰かというより、家族全員によくなつく。

近代に入ってから開発された多くの猫種と同様、ラパーマのルーツについても詳細な記録が残っており、特定の1匹にまで歴史をさかのぼることができる。その歴史は1982年3月、アメリカのオレゴン州ザダルズ近郊にリンダ・コールが所有していたチェリー農園で、納屋のネズミ番をしていた縞猫スピーディーが子猫を出産したことに始まる。その中に1匹だけ、皮膚がむき出しの雌の子猫が交じっていた。皮膚にはクラシック・タビーらしき模様が見られるものの、毛がまったくないのだ。見栄えは良くないが、ネズミ番としては支障がないので、コールはほかの猫とともにこの無毛の子猫も手元に置いてやることにした。

しかし生後8週間ほど経つと、子猫の皮膚に綿毛のようなやわらかい巻き毛が生え始め、生後4カ月を迎える頃には全身がカールした被毛に覆われた。そこで、コールはこの猫をカーリーと名づけた。

ある日のこと、カーリーは不慮の事故に見舞われ、獣医のもとへ運び込まれた。無事、治療を終えたカーリーを自宅に連れて帰ったコールは、ゆっくり療養させてやろうとカーリーを納屋ではなく家の中で過ごさせることにした。すると、カーリーは美しくやわらかい被毛を持っているだけでなく、とても優しい性格をしていることがわかった。カーリーは回復すると他の猫たちのいる納屋に戻り、その後5匹の雄猫を産んだ。生まれたばかりの子猫たちもまた無毛だったが、やがてカーリーと同じような巻き毛が生え始めた。

だが、その頃には農園にカーリーの姿はなかった。初めての出産を終えると、カーリーは突然、姿を消してしまったのだ。それでも残された子猫たちはすくすくと成長し、去勢や避妊手術を受けることもなく、農園の猫たちと自然交配を繰り返した。その結果、10年後にはカーリーによく似た巻き毛の猫たちがかなりの数にのぼり、農園でにぎやかに暮らすようになっていた。

まるでパーマをかけたような巻き毛の猫たちをラパーマと呼んでいたコールは、友人たちに指摘されてようやく、ラパーマたちが実は特別な種類の猫かもしれないと思い始めた。そこでラパーマの猫種公認を目指し、計画的に交配を行うことにした。CFAのキャット・ショーに出陳したときには、思いのほか大きな反響も得られた。

カーリーの出産から10年後、ラパーマは被毛の長さも色も模様もバリエーション豊かになっており、非常に丈夫な身体も手に入れていた。納屋で暮らす非純血種と無作為交配を行っていたのだから当然のことかもしれない。当初は子猫の約90％が無毛で生まれ、生後4カ月ほどで巻き毛が生え始めていたが、現在のラパーマには無毛で生まれる子（BB=Born Bald）はほとんどなく、生まれたときから巻き毛を持つもの（BC = Born Curly）がほとんどだ。時々、直毛で生まれてくる子（BS = Born Straight）もいるが、巻き毛の遺伝子を持っているので、巻き毛の特性は次の世代に受け継がれる。また、ラパーマの被毛には夏は薄く、冬は密という具合に、シーズンごとに変化するという特徴もある。

ラパーマは、同じく縮れ毛や巻き毛を持つセルカークレックス、コーニッシュレックス、デボンレックスとともにレックス種の1つに分類さ

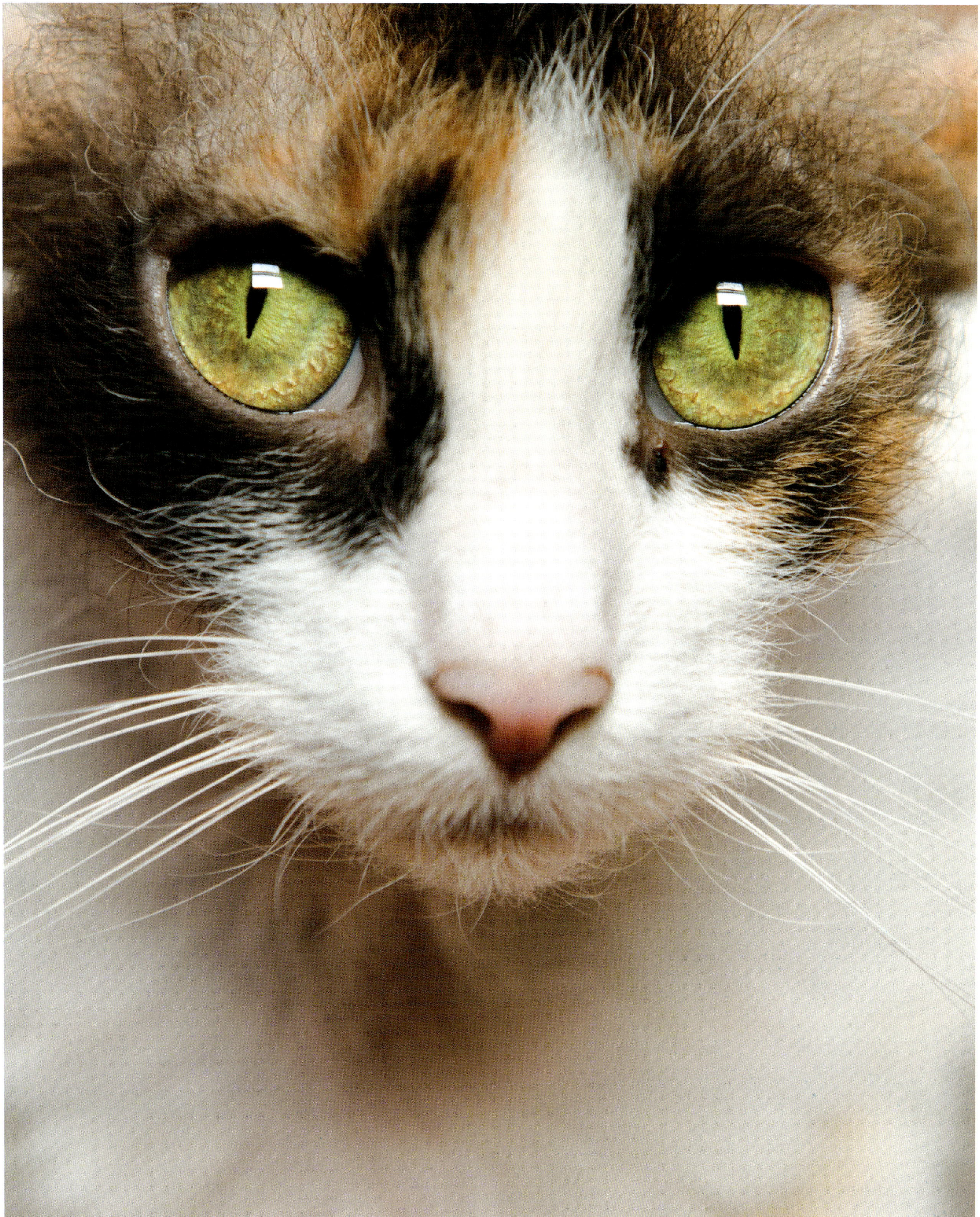

1970 TO PRESENT | **1970年から現在の血統**

れる。しかし著名な遺伝学者のソルバイク・フルーガー博士は、ラパーマは完全優性遺伝子を保因し、突然変異によって自然発生した点で、他のレックス種とは異なる系統であると断定している。また、他のレックス種のひげが短く切れやすいのに対し、ラパーマのひげは長く柔軟性があり、カールしていることが多い。

　直毛の子が生まれるケースもあることは前述のとおりだが、それはラパーマがヘテロ（異型）接合型、つまり直毛と巻き毛の両方の遺伝子を保因する可能性があるからだ。直毛のラパーマはキャット・ショーに出陳はできないが、巻き毛の遺伝子を持っているので、計画交配においてその価値を発揮することができる。

　健全な遺伝子プールを保持するためには異種交配が欠かせない。しかしラパーマの場合、どの猫種を交配に使うことができるのか、登録団体によって認められる猫種はさまざまだ。たとえばCFAは、イエネコとの交配は2015年まで認めるとしているし、イギリスでは2004年6月以前に登録されたラパーマに限って、未登録のイエネコ、または登録されてはいるが未登録の親を持つイエネコも血統として認可されている。さらに、ソマリなどの純血種との異種交配もイギリスでは認められている。しかし、遺伝的多様性が十分に確立された現在では極力、ラパーマ同士を交配させる傾向にある。

　ラパーマは1995年にTICAのニュー・ブリード登録が認められ、2002年にチャンピオンシップ・ステータスに昇格した。ラパーマとして初めてTICAのチャンピオンに輝いたのは、デニガンズ・フレンチ・メイド・オブ・ショールウォーター。1997年にはラパーマ・ソサエティ・オブ・アメリカ（全米ラパーマ協会）が設立され、2000年にはCFAによってミセレニアス・ステータスでの登録が認められた。さらにCFAは2005年にプロビジョナルに、2008年にはチャンピオンシップ・ステータスに昇格させている。CFAで初のグランド・チャンピオンとなったのは、パシフィック・ジェム・BC・サグアロ・オブ・ボスクだ。

　一方、ラパーマがイギリスに初めて渡ったのは2002年のこと。ウルル・BC・オマスト・ポー・オブ・クインカンクスという名の雌で、ライラックのトータシェル＆ホワイトだった。この猫は渡英後間もなく5匹の子猫を産み、その子猫たちがイギリスにおけるラパーマの血統のもととなった。その後もラパーマはイギリスに輸入され、異種交配を取り入れた慎重な計画交配が進められている。そして、2004年にはラパーマ・キャット・クラブが創立された。

　ラパーマはいまだ希少な猫種ではあるが、日本、ロシア、オーストラリア、ニュージーランド、南アフリカ、カナダ、ヨーロッパ各国など、その存在は世界中で少しずつ浸透しつつある。

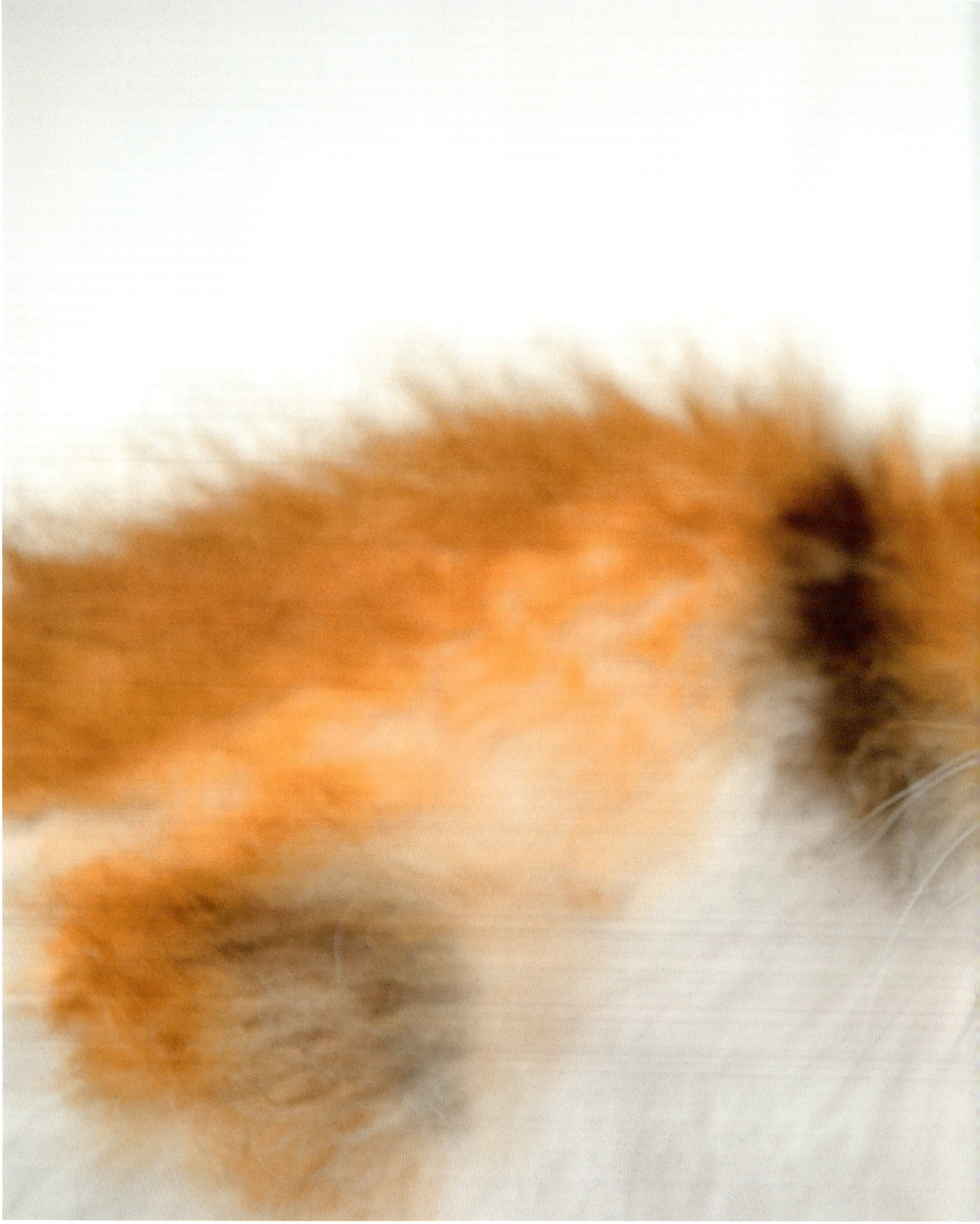

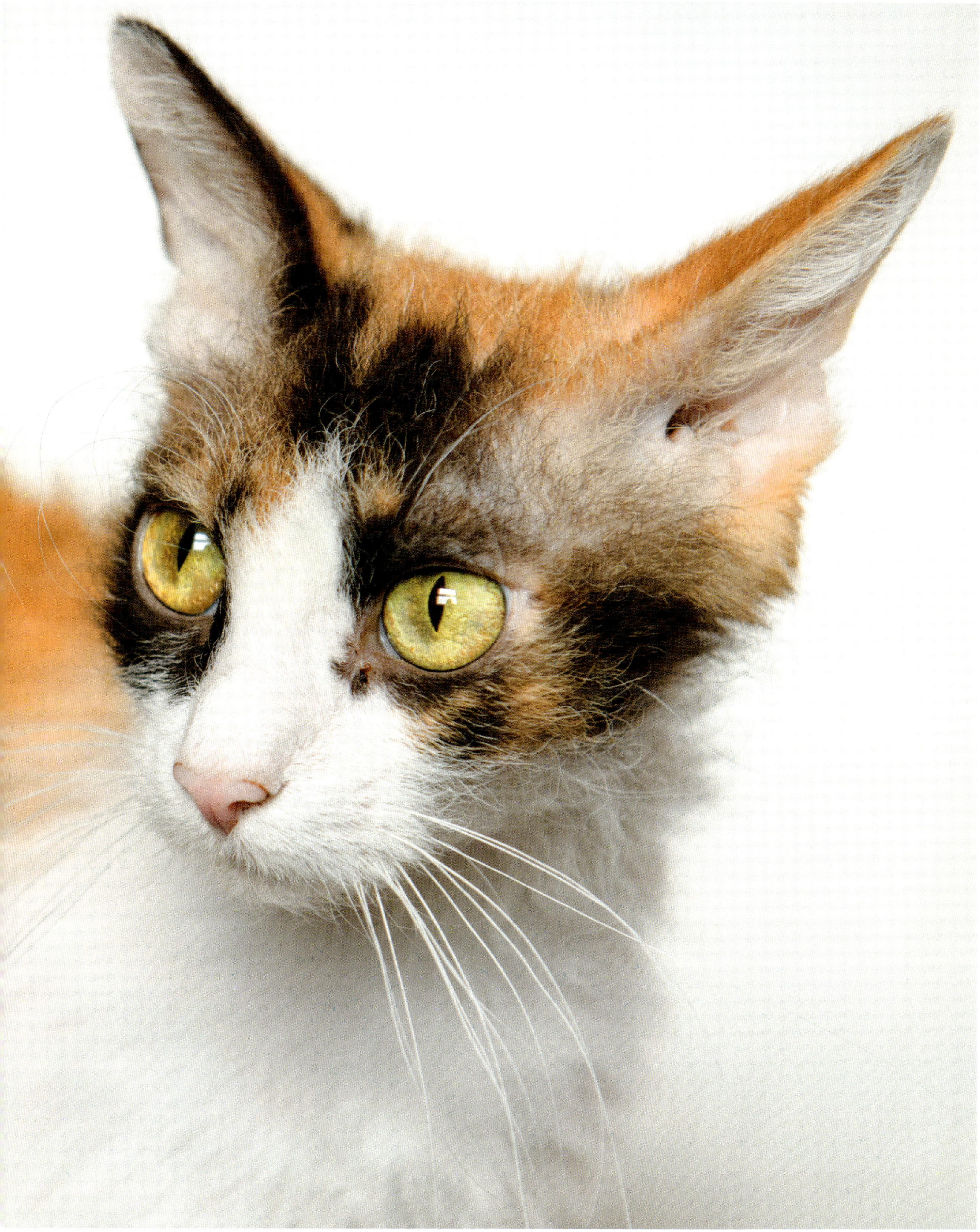

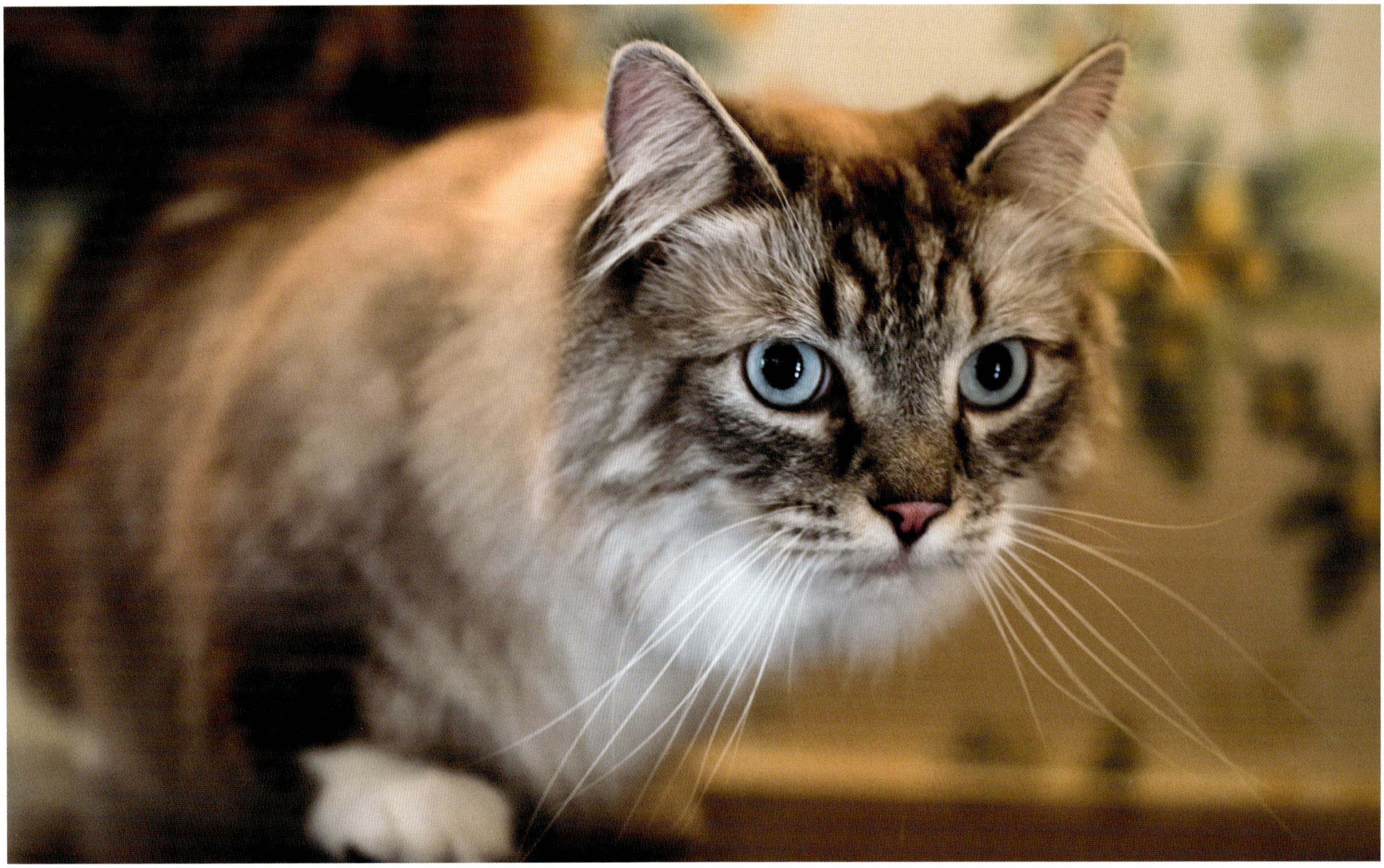
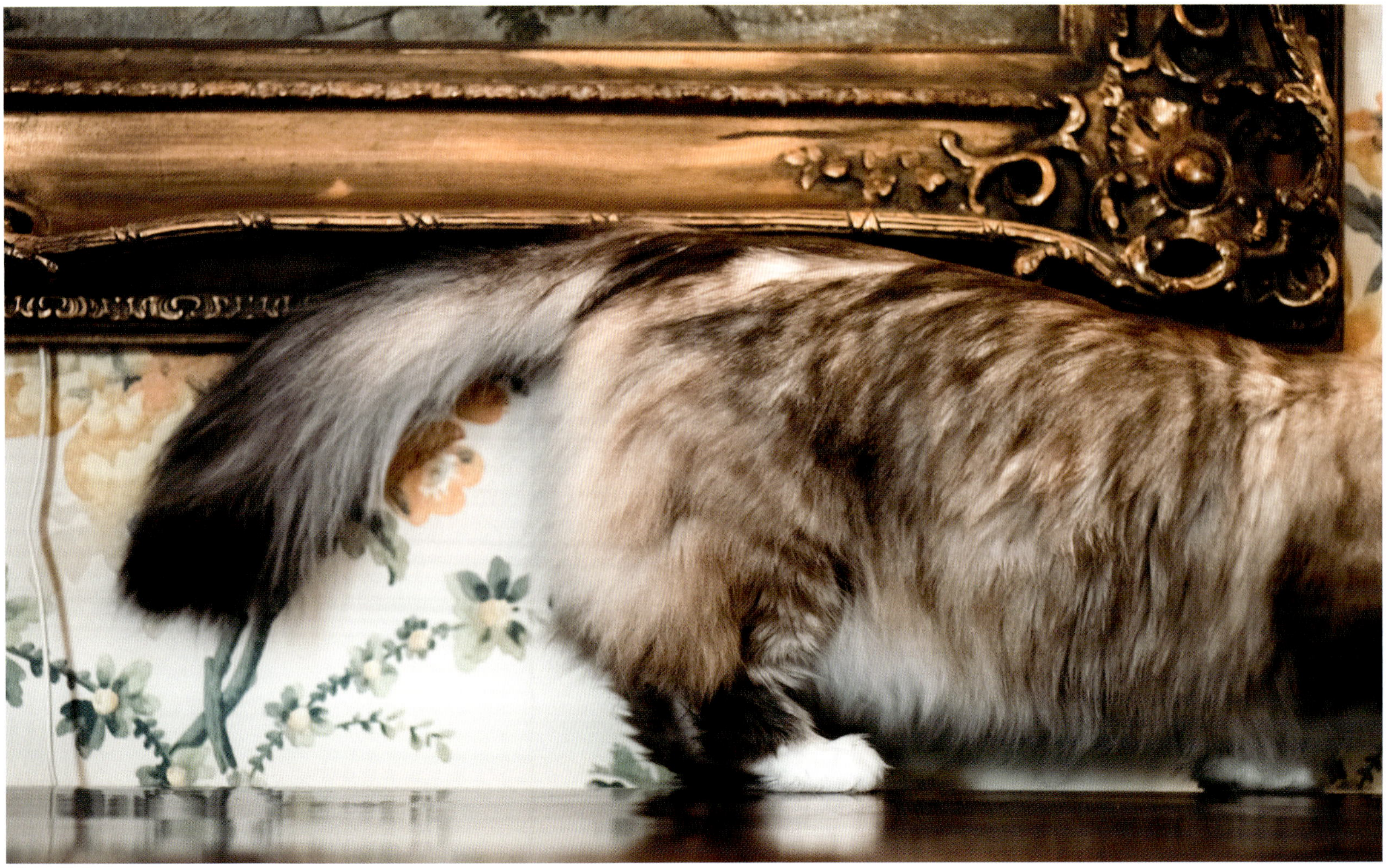

MUNCHKIN
マンチカン

近現代 — アメリカ — 比較的多い

APPEARANCE | 外見
被毛はショートヘアかセミロングで、身体はややがっしりしている。四肢が短く、足先は小さくて丸い。前肢が後肢より長いため、背は肩から尾にかけて高くなる。頭部は丸みのあるくさび型で、頬骨が高い。目はクルミ型で、その色と毛色に関連性はない。耳は頭部とバランスのとれた大きさで、先端が丸い。尾は胴体と同じ長さで、先が細く丸い。

SIZE | 大きさ
小型

COAT | 被毛
短毛種の被毛は豊かで弾力がある。長毛種の被毛はやわらかく、首回りに適度な飾り毛が見られる。あらゆる毛色およびパターンが認められる。

PERSONALITY | 性格
非常にエネルギッシュで遊び好き。社交的で愛情深く、陽気。

マンチカンの小さな身体からは、光り輝く個性があふれ出ている。マンチカンは自然発生の猫種であるが、四肢が非常に短い点を除けば他の猫種と別段変わったところはない。持ち前の陽気とエネルギーで短い脚で動きまわり、よく遊ぶ。運動能力も高く、楽しいことが大好きなマンチカンは愛情もたっぷりで、飼い主を幸せな気分にさせてくれること請け合いだ。

マンチカンの猫種認定についてはいまだ論争中で、主要な登録団体のすべてが公認しているわけではない。しかし時が経てば、その状況も変わるだろう。TICA遺伝学委員会会長を務めるソルバイク・フルーガー博士は、1990年代に行った研究の結果、マンチカンの短い脚は、四肢の長骨［訳注：人で言う上腕や大腿に相当する箇所の長い骨］に影響を与える優性遺伝子の突然変異によるものだと断定した。両親のどちらかがこの遺伝子を保因していれば、脚の短いマンチカンと普通の子猫が生まれる確率がそれぞれ50％となる。

自然発生であることを考えると、脚の短い猫は古くから存在していたという可能性も十分にある。脚の短い猫に関する最も古い記録は、1944年にイギリスのH・E・ウィリアムズ＝ジョーンズ博士が『Veterinary Record（獣医学録）』に寄せた論文だ。その中で博士は、脚の短い猫は4世代続いていて、8歳の黒い雌を含めて、みんないたって健康体であったと書いている。しかし、この血筋は残念ながら第二次世界大戦下で途絶えてしまったと思われる。

また、ドイツではハンブルクのマックス・フォン・イーゴン・ティエルが、1953年にスターリングラードで脚の短い猫を見かけたこと、その猫が現在のマンチカンと同じようにぺたんとお尻をつけ、前肢を宙に浮かせた格好で座っていたことを3年後の1956年に記録にとどめている。さらに1970年には、アメリカのニューイングランドでも同じタイプの猫が目撃されている。

脚の短い猫が計画的に交配されるようになったのは1983年のアメリカ、ルイジアナ州レイビルでのこと。きっかけは、音楽教師のサンドラ・ホケンデルが、愛車の小型トラックの下に脚の短い猫が2匹隠れているのを見つけたことだった。彼女はその2匹を自宅に連れて帰ると、『オズの魔法使い』に登場する背の小さいマンチキン族になぞらえてマンチカンと呼び、黒のほうをブラックベリー、グレーのほうをブルーベリーと名づけた。どうやら2匹とも妊娠しているようだったが、ホケンデルはブラックベリーだけを手元に残して、ブルーベリーは知り合いに譲った。

やがてブラックベリーは短い脚の子猫を産む。そのうちのトゥールーズと名づけた子を、彼女はルイジアナ州モンローに住む友人、ケイ・ラフランスに譲った。その後、トゥールーズは自宅周辺の飼い猫や野良猫と自然交配を繰り返したため、その界隈ではマンチカンの野良猫が多く見られるようになったという。

猫種公認の論争が活発化する1994年、TICAは新種開発プログラムの対象種としてマンチカンを指定し、その後2003年にチャンピオンシップ・ステータスに昇格させた。マンチカンには非公認種のイエネコとの異種交配も認められており、その結果、被毛の長さや色、パターンに多くのバリエーションが生まれることになった。また、脚が極端に短いことから脊椎や臀部、四肢に問題を抱えやすいのではないかと考える向きもあったが、高齢のマンチカンでも特にそのような症状は見られないとブリーダーたちは報告している。

この脚の短い猫種は、主要な登録団体のすべてで公認されているわけではないが、それでもマンチカンには温かい居場所がある。熱心な愛好家たちのペットとして、あるいはショーに出場するショー・キャットとして、人気が高まりつつあるのだ。

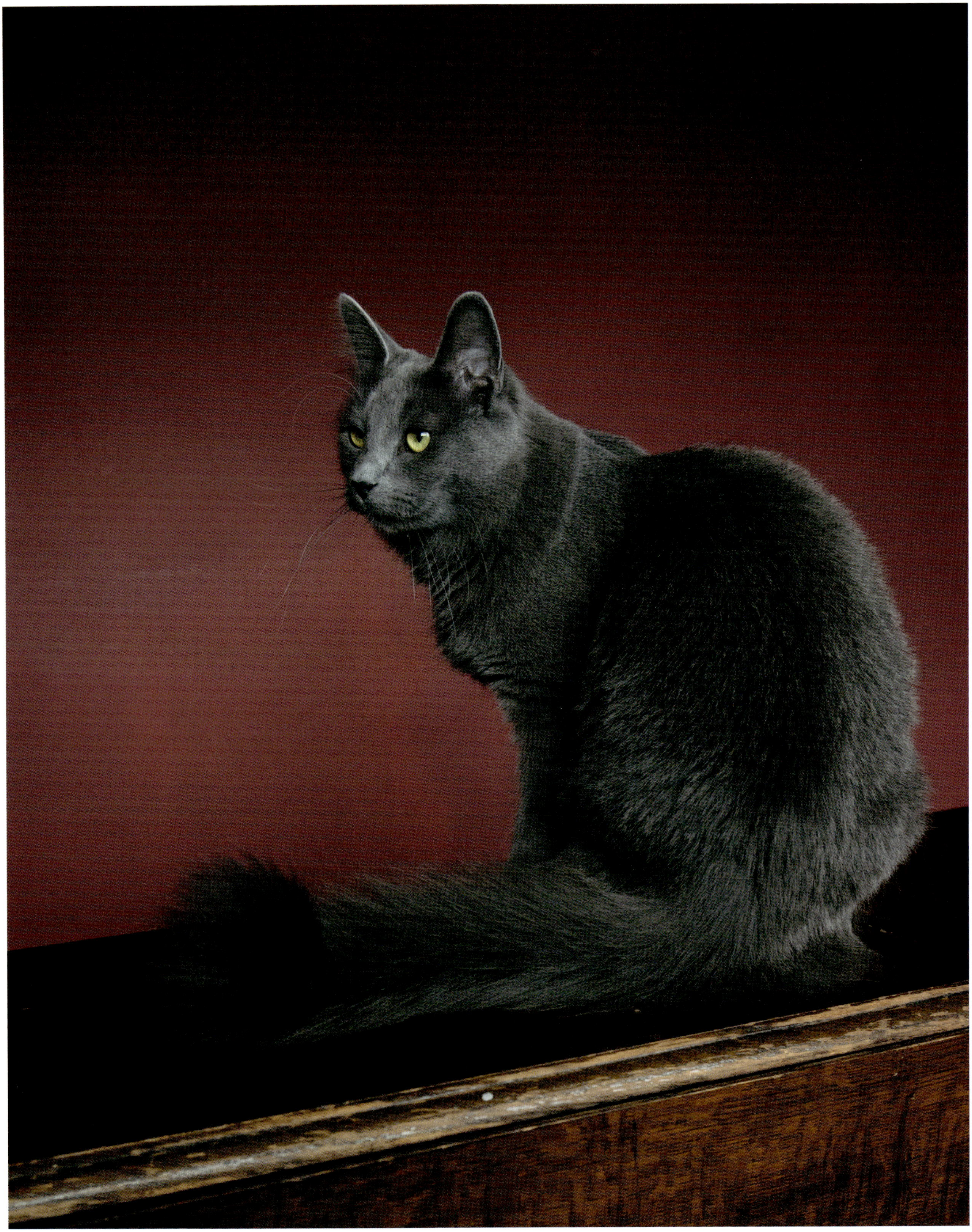

NEBELUNG
ネベロング

近現代―アメリカ・ロシア―希少

APPEARANCE｜外見

ブルーの長毛とグリーンもしくはイエローグリーンの目を持つ。やや長めの胴は中くらいの骨格で、優美な体つき。四肢はすらりと長く、足先は中くらいの大きさで、指の間に飾り毛が見られる。頭部はくさび型で、顎がややシャープな印象。大きな耳は先端がとがっており、目はアーモンド型。尾は胴と同じ長さだが、胴を覆う毛よりも尾を包む毛のほうが長い。

SIZE｜大きさ

中型

COAT｜被毛

ダブルコートの長毛。アウターコートは細くて手触りがなめらか。色は光沢があるシルバー・ティップド［訳注：毛先がシルバー］のブルー。

PERSONALITY｜性格

人見知りだが、飼い主にはよくなつく。活発で遊び好き。知的で忍耐強い。

神秘的な美しさを身にまとったネベロングはとても愛情深く、飼い主と強い絆を結ぶことができる。激しく人見知りをするのは、非常に知能が高いからかもしれない。見知らぬ顔を見分けると、必ずと言ってよいほど安全なところまで逃げ、距離を取りながらしばし様子をうかがう。そして危険がないとわかれば一転、すぐに打ち解けて愛嬌を振りまくようになる。また、輝くようなブルーの長毛と美しい目もネベロングの魅力だ。

ネベロングという猫種名は「霧」を意味するドイツ語の「nebel（ニーベル）」と、『ニーベルンゲンの歌 (Nibelungenlied)』に由来する。『ニーベルンゲンの歌』は、巨竜を退治したジークフリートを主人公とするドイツの英雄叙事詩だ。ネベロング自体はロシアと深い関係を持つのに、ドイツにちなんだ名がつけられたのは不思議な気もするが、名づけ親はアメリカで品種開発を進めたコーラ・コッブというブリーダーだった。猫種確立の基礎となった猫たちの中にも、『ニーベルンゲンの歌』の登場人物から名前をもらった猫がいる。

たとえば、1984年生まれの雄はジークフリートという。コッブの息子が飼っていたエルザという名のブラックの短毛猫を母親に、ブラックのアンゴラに似た長毛猫を父親に持つジークフリートには、2匹の姉妹がいた。いずれも短毛のブラックの雌だったが、ジークフリートは長毛で、それ以外はロシアンブルーに似たカリスマ性を感じさせる猫だった。数カ月後、エルザは再びジークフリートの父親との間に7匹の子猫を産む。そのうちの2匹が長毛の雌で、1匹はブラック、もう1匹はブルーだった。ブルーの子猫は被毛も体つきもジークフリートにそっくりで、個性がきらりと光る猫だった。コッブはこの雌に、やはり『ニーベルンゲンの歌』に登場するイースラント（アイスランド）の女王と同じブリュンヒルトという名をつけた。

コッブはコロラド州デンバーからテキサス州エル・パソに住まいを移すときにも、ジークフリートとブリュンヒルトを連れていった。このペアの間に1986年に3匹の子猫が誕生するが、いずれもブルーの長毛でロシアンブルーに似た体型だった。この時点で新種確立の可能性を確信したコッブは、TICAに連絡を取り、計画交配の進め方と新種登録の方法について指南を求める。そして翌1987年には、ニュー・ブリード・ステータスに認定されることとなった。

コッブはさらにTICAの遺伝学者であるソルバイク・フルーガー博士のアドバイスに従い、この新種をロングヘアのロシアンブルーとすることと、ロシアンブルーのスタンダードをもとに猫種スタンダードを作成することを決めた。

猫種公認までの過程で、健全な遺伝子プールを保持するために、コッブは他のブリーダーたちにも協力を要請した。一方で、この新しい猫種を広く一般に知ってもらうために、シャツィという名の猫をキャット・ショーの新種カテゴリーに出陳。そして、その会場で知り合ったロシアンブルーのブリーダーと、チャンピオンに輝いたロシアンブルーをシャツィと交配させる約束を取りつける。この交配により生まれた子猫たちはすべてブルーの短毛だったが、その次の世代はみな長毛だった。

コッブは次の段階として、1匹のロシアンブルーを入手する。ユニバーサル・コンコードという名のこの雄は通常よりも長い被毛を持ちながら、ロングヘアには分類されていなかった。そしてこの猫こそが、黎明期にあったネベロングに多大な影響を与えることになる。この頃には、CKキャテリーのカリーナ・カールソ、ジョン・フルザ、キム・ディ・ニュビロなどのブリーダーたちも繁殖に乗り出していたが、彼らのネベロングはその後、猫伝染性腹膜炎の流行に巻き込まれて死んでしまう。悲劇はそれだけではなかった。コッブのジークフリートが交通

事故で亡くなり、ブリュンヒルトも原因不明の死を遂げたのだ。それでもコップはくじけることなく、国内外を問わずキャット・ショーに出かけていっては新種カテゴリーへの出陳を続け、手塩にかけた猫種の普及に努めた。

1992年に再びデンバーに戻った後もコップは交配を続け、新種カテゴリーへの出陳も繰り返した。その努力が実り、やがてコップの猫たちは栄冠を手にし、世間にも知られるようになった。コップの名がヨーロッパでも知れわたるようになると、オランダのブリーダー、レティ・ファン・デン・ブロックから彼のもとに1本の連絡が入った。そして、レティが所有するティモフュスがロシアで誕生したネベロングだという事実が発覚する。

これは、ネベロングの起源はロシアにあり、ロシアンブルーから突然変異によって生まれたのだとする説の裏づけとなりえる話だった。実際、ネベロングはロシアンブルーの長毛種と見られることがあるし、国によってはそのように規定もしている。しかし、当時のロシアンブルーのブリーダーの間では、長毛種の存在に否定的な意見が根強かった。

そうした中、コップはTICAにネベロングのチャンピオンシップ・ステータスへの認定を求めるが、この申請は却下されてしまう。1995年のことだ。しかし同じ頃、コップは古くからの友人であり、エル・パソ・コンパドレス・キャット・クラブの創設者であるスー・バウアーから、モスクワでネベロングが出陳されていたとの情報を得る。そこで翌年、コップはシルバー・ストリークという名のネベロングをロシアのサンクトペテルブルクで開かれたキャット・ショーに出陳。そしてシルバーは、新種カテゴリーでベスト・チャンピオン［訳注：チャンピオン・クラスの上位に与えられる賞］に選ばれたばかりでなく、すべてのカテゴリーの中でもベスト・チャンピオンに輝くという栄誉を手にしたのだ。

そうしてコップは1997年に再び、生後5カ月の雌ジグルドリファを伴ってTICAに足を運んだ。すると今度は、TICAの役員会は満場一致でチャンピオンシップ・ステータスへの認定を決めたのだった。なお、ロシアンブルーはネベロングという猫種を確かなものにし、健全な遺伝子プールを保持するため、今も異種交配に用いられるなど、大きく貢献しつづけている。

世界中でブリーダーたちの熱意に支えられながら発展を続けるネベロングだが、その数はまだまだ少ない。イギリスでは2011年にようやくGCCFへの登録が認められ、翌2012年にプレリミナリー・ステータスとして認定を受けている。ヨーロッパ各国のブリーダーたちは今日も、この愛らしい猫の普及活動に奔走している。

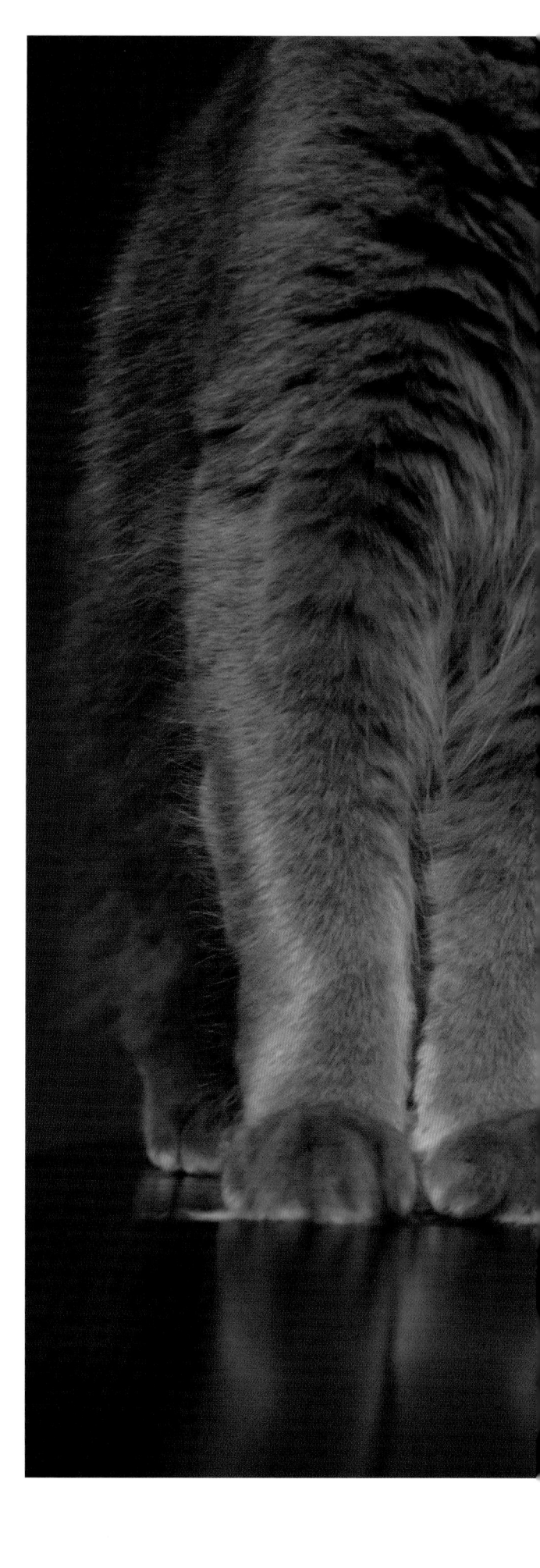

NEBELUNG | ネベロング

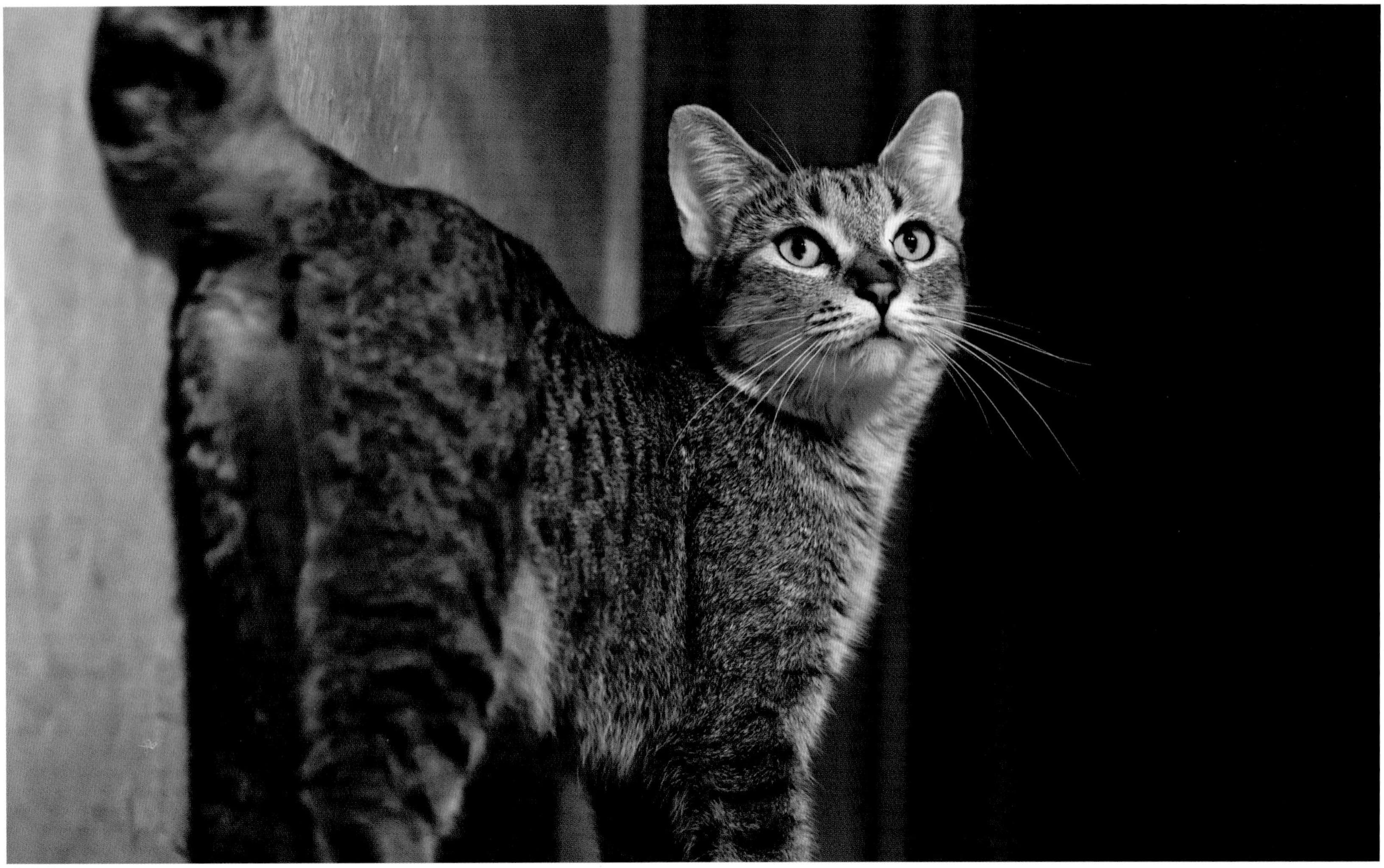

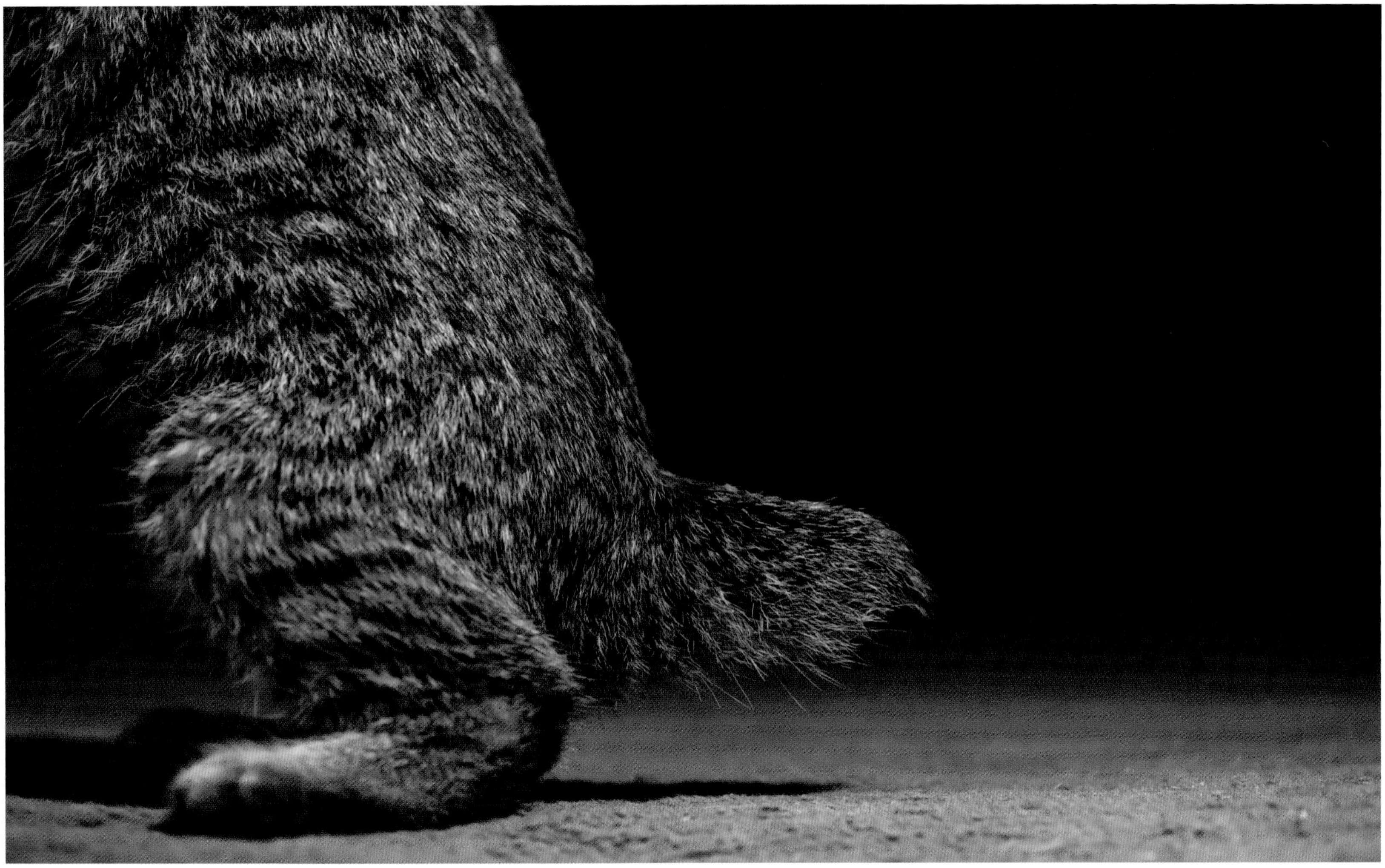

PIXIEBOB
ピクシーボブ

近現代 – アメリカ – 少ない

APPEARANCE | 外見
ボブキャットのような野性的な外見が特徴的。身体は筋肉質で細長い。四肢は骨太で長く、後肢が前肢よりやや長い。足先は大きく、肉づきのよい指は7本までの多指症が認められる。尾は短いもので5cm、長ければホックに届くことがあり、ねじれがあったり巻いたりすることもある。中くらいからやや大きめの頭部は逆さにした洋ナシのような形で、眉が目立ち、顎の肉づきがよい。耳は基部が幅広で、奥行きがある。耳の先には飾り毛があるのが望ましい。まぶたが深くかぶさった目は三角形で、色はゴールドがかったブラウンか、グースベリーのような淡いグリーン。

SIZE | 大きさ
中型～大型

COAT | 被毛
長毛種と短毛種があり、共にダブルコートで、厚い被毛が立ち上がるように生えている。短毛種に比べ、長毛種のほうが手触りがややわらかくなめらか。色はすべてのブラウン系が認められるが、理想はブラウン・スポッテッド・タビー。

PERSONALITY | 性格
知的で愛情深く、飼い主に従順。社会性が高く、活動的。

アメリカに生息する野生のボブキャットそっくりのピクシーボブ。そのワイルドな容姿とは裏腹に、「犬のような猫」と言われるのも納得の従順さと愛情深さ、知性の高さを持つ。家族に深い愛情を注ぐし、大好きな飼い主の後をついて歩くことも。トレーニング次第では、犬のようにリードをつけての散歩も不可能ではない。また、おおらかでマイペースだが、ユーモアを忘れることはない。

ピクシーボブの起源は記録によると、もともとは自然発生種の猫を種として定着させるため、ワシントン州のキャロル・アン・ブリュワーが繁殖させたものだとされる。同じくワシントン州のベーカー山のふもとに、1組の夫婦が多指症で尾の短い雌猫と一緒に住んでいた。1985年のある日のこと、納屋の外で騒がしい音がするので夫妻が何事かと駆けつけてみると、ボブキャットらしき動物と夫妻の飼い猫が激しい取っ組み合いをしていた。それからしばらくして夫妻の猫は子猫を産むが、父親はそのときのボブキャットだと思われた。その子猫のうち、母親と同じ多指症かつ短尾で、スポット模様のある雄を引き取ったのがブリュワーだった。

数カ月後、ブリュワーは大柄な猫をもう1匹入手し、ケバと名づけた。ケバは野性味あふれる容姿の愛情深い猫だったが、やはり多指症で尾が短かった。先に引き取った子猫とケバの珍しい共通点を見て、「新種かもしれない」と感じたブリュワーがいろいろと調べてみると、北米大陸の太平洋岸北西部で同じようにワイルドな容姿の猫が目撃されていることがわかった。しかし起源については詳しいことがわからず、ブリュワーはそれらの猫を「レジェンド・キャット（伝説の猫）」と呼ぶことにした。

その後、ケバは近所の飼い猫と自然交配し、それにより生まれた子猫のうち、雌の1匹をブリュワーは手元に置いておいた。ピクシーと名づけられたその美しい子猫こそが、その後ピクシーボブの血統の基礎となった猫だ。その後ブリュワーは、ピクシーのような愛らしい猫を増やそうと計画交配に着手する。交配に用いる猫は、性格的にも外見的にもピクシーに似ていることを基準にして選ばれた。その結果、さまざまな猫の多種多様な遺伝的要素が取り入れられ、ピクシーボブには長毛種と短毛種が誕生したばかりでなく、とても健康な猫種としても成長を遂げたのだった。

ブリュワーがスタンダードを完成させ、猫種名をピクシーボブとしたのは1989年のこと。1993年には公認を受けるため、TICAと接触。その努力は、1996年にニュー・ブリード＆カラー・ステータスへの認定という形で結実し、さらに1998年にはチャンピオンシップ・ステータスへの昇格を果たしている。

イギリスにピクシーボブが初上陸したのは2004年のことだった。この年、イングランド南西部のエクスムーアの外れにアルスームス・ピクシーボブ・キャテリーが創設され、ブリュワーが愛したピクシーの子孫にあたる猫たちが招き入れられた。このキャテリーはその後、実に7匹ものチャンピオン猫を輩出し、ヨーロッパ各国にピクシーボブを輸出するまでになっている。

イギリスをはじめとする世界中で人気が上昇中のピクシーボブだが、残念ながら現時点では、主要な登録団体すべての公認を得るには至っていない。それでもなお、ブリーダーたちの公認取得に懸ける情熱は冷めることなく、またピクシーボブの魅力が衰えることもない。したがってその数も、公認する登録団体の数も、これからどんどん増えていくことだろう。

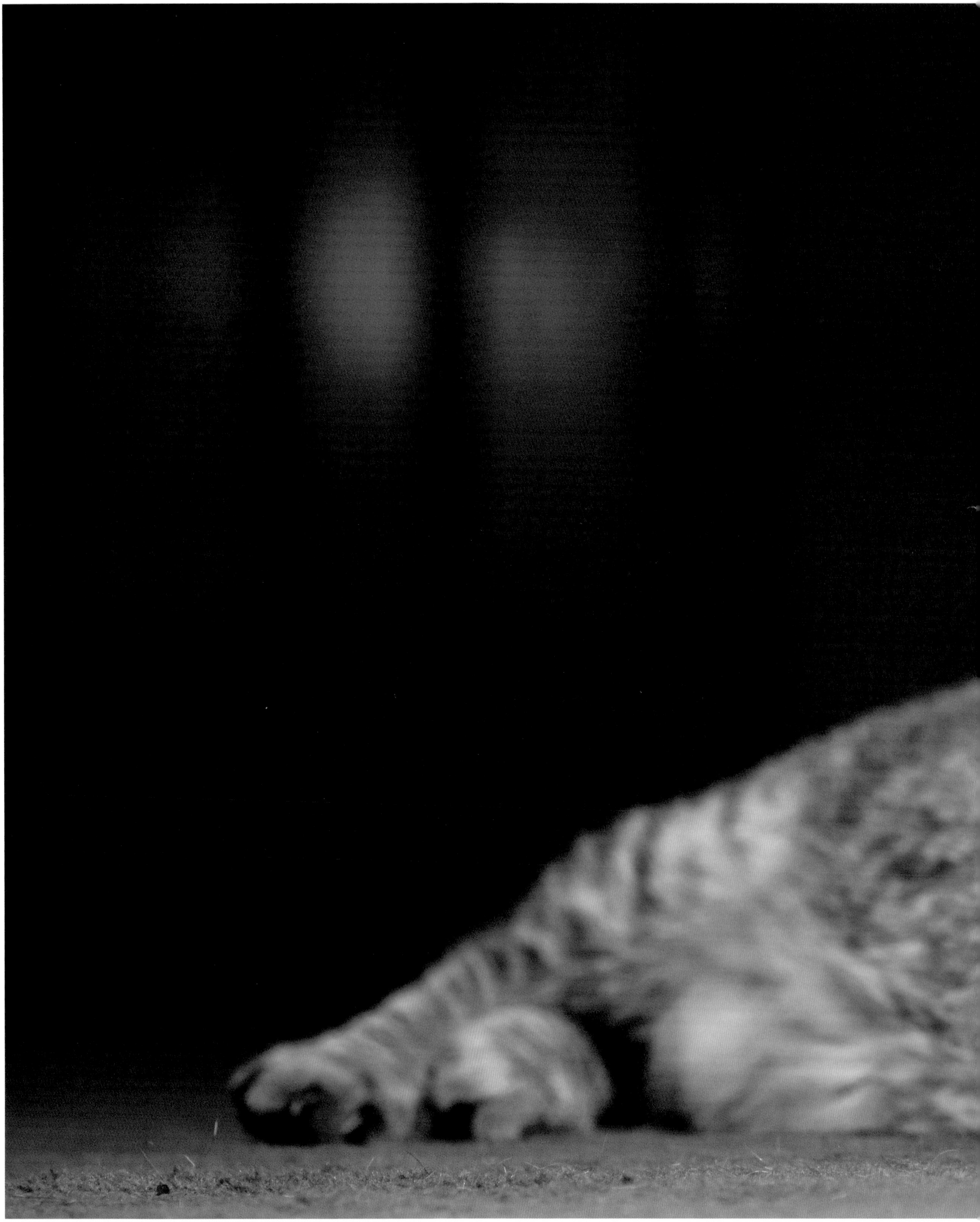

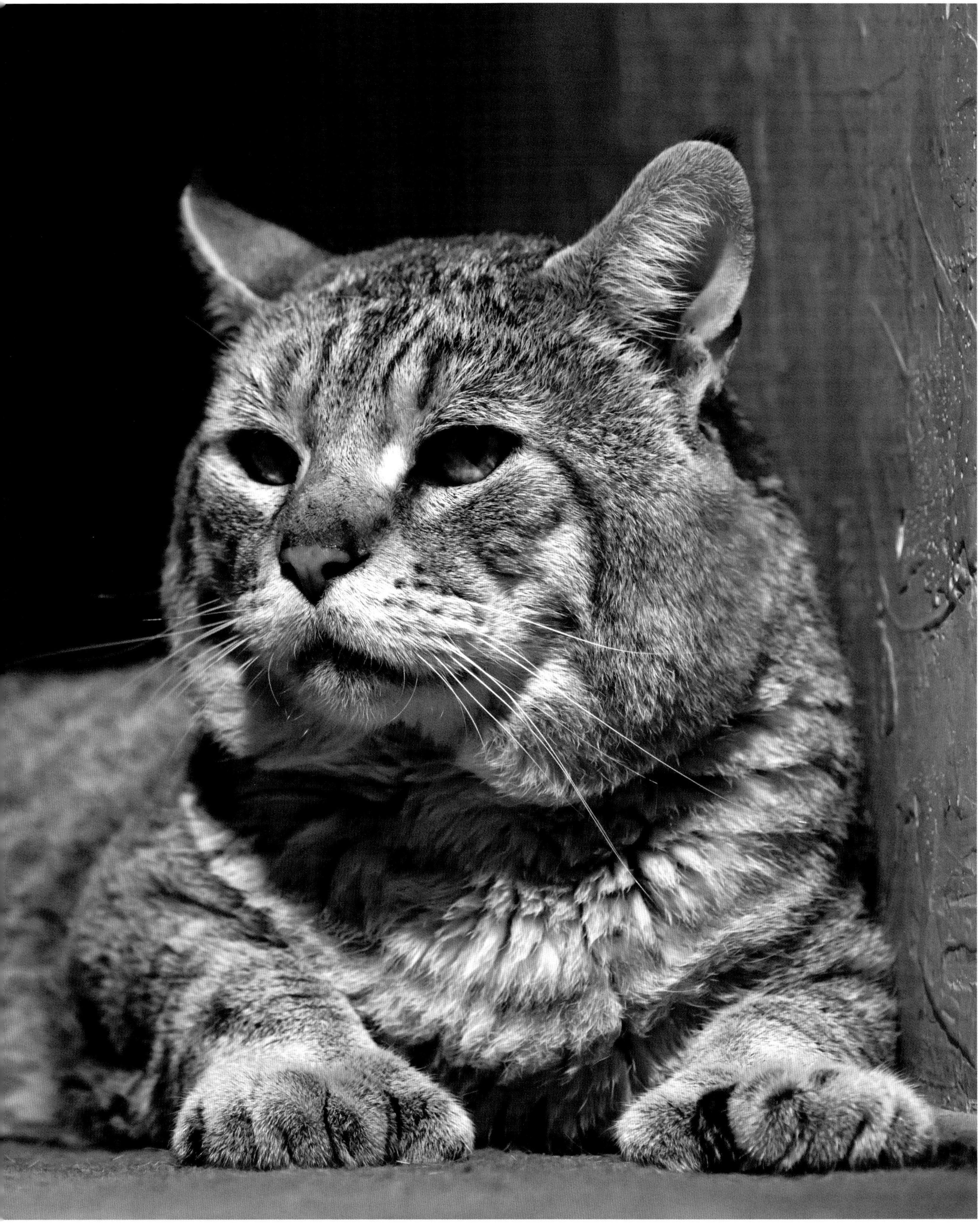

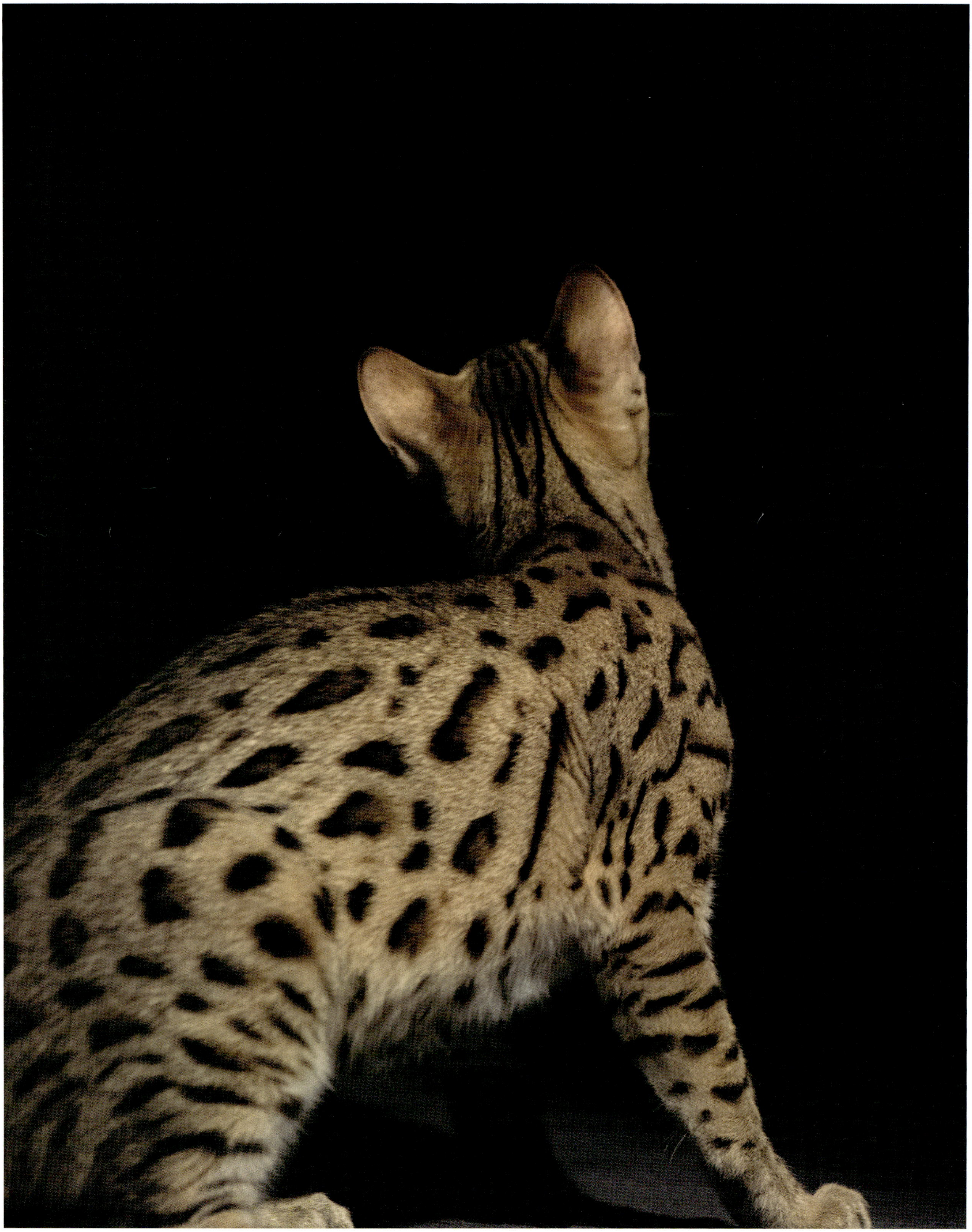

SAVANNAH
サバンナ

近現代 – アメリカ – 希少

APPEARANCE | 外見
ヤマネコに似た野性的な容姿を持つ。身体はスレンダーで筋肉質。四肢が非常に長いので、背も高い。足先は中くらいの大きさで楕円形。三角形の頭部は身体の大きさに比べてやや小さめ。鼻は幅広で、鼻孔が低い位置にある。耳は基部が幅広でとても大きく、頭の高い位置にピンと立っており、飾り毛が見られる個体もいる。目は小さめから中くらいの大きさで、まぶたがやや下がりぎみ。「チーターティア（チーターの涙）」と呼ばれる涙の跡のような模様が目尻から下方に延びているのが印象的。尾は長さ、太さともに中くらいで、先端が細く丸い。

SIZE | 大きさ
中型～大型

COAT | 被毛
短毛から中毛で、やわらかいアンダーコートを持つ。色はブラック・ブラウン・スポッテッド・タビー、ブラック・シルバー・スポッテッド・タビー、ブラック・スモークがあり、パターンはスポッテッドのみが認められる。スポットははっきりとした濃いブラウンからブラックで、丸型、楕円形あるいは細長い丸型でなければならない。

PERSONALITY | 性格
外向的で、非常に活動的。好奇心と冒険心が旺盛で、よく遊ぶ。人なつこく、飼い主に従順。

野性味あふれるサバンナは、ありふれた日常生活にちょっとしたスパイスを加えてくれる。ほっそりとした野生のアフリカンサーバル（中型のネコ科動物）を思わせる印象的な容姿に違わず、運動能力が高く、ジャンプ力はそんじょそこらのイエネコなど到底足元にも及ばない。まるで家全体が巨大なジャングルジムであるかのように、室内でも元気に飛び回る。

しかし、実はとても人なつこく、飼い主に従順な猫で、上手にしつければリードをつけてうれしそうに散歩もするし、飼い主が帰宅すると「お帰りなさい」と言いたげな様子で出迎えてくれる。それゆえ、犬好きの家庭のペットに選ばれることも多い。そんなサバンナは、ブリーダーたちが時間と手間を惜しまずに努力を重ねた結果、イエネコにふさわしい穏やかで社交的な性質と、美しくワイルドな容姿を併せ持つ素晴らしい猫になったのだ。

サバンナは、実際に野生のアフリカンサーバルとイエネコを交配させることで誕生した。開発の初期段階では、ヤマネコの外見を持たせることに重点を置くとともに、イエネコの性質を持たせることも意識して交配が進められた。この考え方は、1980年代のトイガー、それ以前のベンガル、チャウシー、オシキャットが開発されたときと共通している。

そうした計画的な交配によりサバンナ第1号が誕生したのは1986年のことだった。ベンガルのブリーダーであったジュディー・フランクが、自身が飼っていたシール・ポイントのシャムとアフリカンサーバルの雄を交配させて生まれたその子猫は、母親からグレーがかったブラウンの地色を、父親からは濃い色のスポットを受け継いでいた。そして、この子猫を引き取ったスージー・ウッドというブリーダーがサバンナと名づけ、その名がのちに猫種名としてそのまま定着することになったのだ。

しかし、交配種の繁殖にはさまざまな問題が立ちはだかる。たとえば、野生のアフリカンサーバルは通常、イエネコとは交配しないので、イエネコとともに育ったか、ある程度の期間をイエネコと一緒に暮らしたアフリカンサーバルを用いなければ計画交配は成立しない。また、アフリカンサーバルはイエネコよりずっと大きく、妊娠期間もイエネコより最大で10日間ほど長いといったことなども、ブリーダーたちの悩みの種であった。

なかでも最大のハードルとなったのは、雄の生殖機能障害という問題だった。交配種の第1世代（F1）は死亡率が高い上に、生き延びたとしても雄は生殖能力を持たないのだ。一方、雌はF1から繁殖能力を持つので、イエネコと交配して第2世代（F2）を産むことができる。F2が生んだ第3世代（F3）の段階でも雄は生殖機能を持たないことが多いのだが、世代を追うごとに生殖能力は潜在的に高くなり、F4でようやく繁殖能力を持つ子のほうが多くなる。このことからも、サバンナのような交配種を安定化させるのが非常に困難かつ時間がかかる作業であることがわかるだろう。

なお、サバンナ同士の交配が3世代以上繰り返されており、その間にイエネコとの異種交配が行われていないものをスタッド・ブック・トラディショナル・サバンナ（SBTサバンナ）と呼ぶ。F1、F2などの初期世代のサバンナはSBTサバンナよりも大きく、アフリカンサーバルの特性が強く残ることがある。そのようなサバンナも魅力的ではあるが、サバンナの飼育経験と正しい知識を持つ人でなければ、なかなか扱いが難しいだろう。

話をスージー・ウッドに戻そう。ウッドはサバンナと名づけた雌猫がたくさんのF2を産み、繁殖能力を持っていることがわかると、この猫に新種としての可能性があると確信した。そこでサバンナに関する記事をいくつか発表してみたところ、その1つがパトリック・ケリーの目に留まる。ケリーは、ヤマネコのようなスポットを持つ、まさにサバンナのような新種を開発したいと考えていたのだ。

ケリーはウッドのサバンナが産んだ雌の子猫を何匹か買い取り、イエネコと交配させてF3を産ませると同時に、アフリカンサーバルのブリーダーたちに接触し、新種開発プロジェクトへの参加を持ちかけた。一方、ウッドは諸事情により、間もなく繁殖活動から退いていった。

その後の新種確立の立役者となったのは、ケリーのプロジェクトに賛同したブリーダーのジョイス・スルーフだ。A1サバンナというキャテリーを所有していたスルーフは、サバンナの世代間の交配を続け、ついに生殖能力を持つ雄を誕生させた（なお、A1サバンナキャテリーは今も活動も続けているが、スルーフは第一線を退く際に経営からも離れている）。1996年にはケリーと共同で初めて猫種スタンダードを作成し、TICAの委員会に提出。さらに翌1997年、スルーフはニューヨーク州で開催されたウェストチェスター・キャット・ショーにサバンナを出陳し、衆目を集めた。一方、ケリーは愛猫家向けの雑誌でサバンナについての記事を多数発表し、インターネットを通じた普及活動にも努めた。

猫種公認と異例のスピード昇格に一役買ったのは、ブリーダーであり、TICAでサバンナ・ブリード・コミッティーの初代委員長を務めたローレ・スミスだ。スミスは他のブリーダーたちと協力して、スタンダードの更新と改善を進めたほか、サバンナに関する初めての本も執筆している。そういったブリーダーたちの尽力が実り、サバンナは2012年にチャンピオンシップ・ステータスに昇格を果たした。スミスは現在もこの猫種に深く関わっているが、サバンナ・ブリード・コミッティー委員長の座はサバンナの昇格と同時に、キレンボ・サバンナ・キャテリーのブリジット・カウエルに譲っている。

サバンナは今やアメリカをはじめ、カナダ、日本、イギリスをはじめとするヨーロッパ各国など、世界中でペットとして飼われるようになっている。しかし、ヨーロッパではまだ比較的数が少ない。一方アメリカでは、サバンナは2011年のTICAの登録数で第4位にランクインしている。

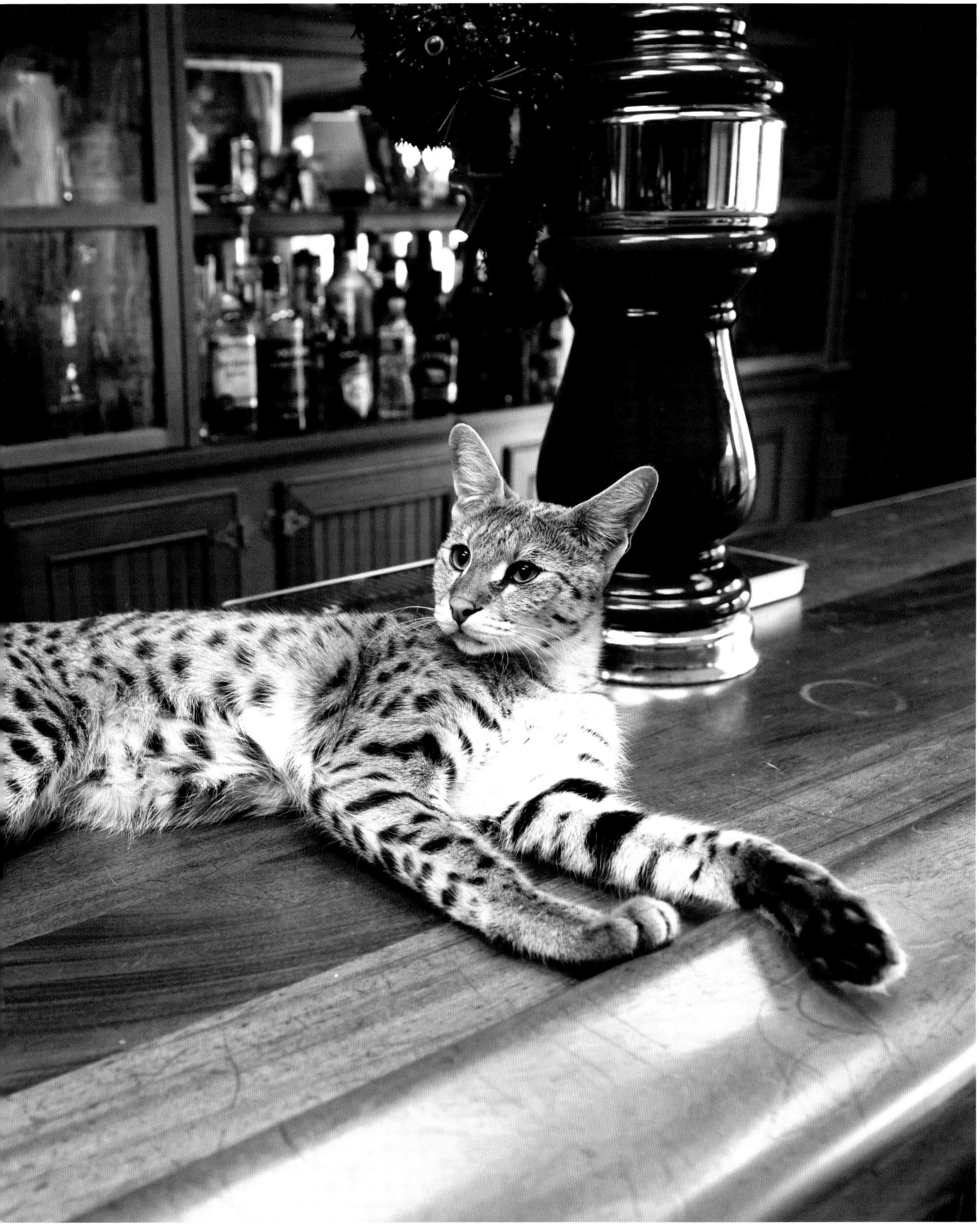

1970 TO PRESENT | 1970年から現在の血統

SAVANNAH | サバンナ

DON SPHYNX
ドンスフィンクス
近現代－ロシア－希少

APPEARANCE | 外見

むき出しの皮膚に深いしわが刻まれている。体つきはがっしりとしており、全体的に筋肉質で骨太。胸部と臀部の幅が広く、腹部が丸い。前肢が後肢よりもやや短く、足先は楕円形。細長い指と指の間には水かきがあり、前肢の親指が内側に曲がっている。頭部は大きくもなく小さくもなく、やや長めのくさび型。額は平らで、頬骨がはっきりと出ている。マズルは中くらいの長さで、鼻は横から見るとワシ鼻のよう。大きく幅の広い耳はやや前方に傾いている。中くらいから大きめの目はアーモンド型で、その色と毛色に関連性はない。尾は平均的な長さで、先端は細くて丸い。

SIZE | 大きさ

中型

COAT | 被毛

ラバーボールド、フロックド、ベロア、ブラッシュの4タイプ。ラバーボールドは無毛。フロックドは無毛に見えるが、スエードのような起毛生地の手触り。ベロアは生まれたときには頭頂に濃い色のスポットがあり、身体は巻き毛に覆われているが、次第に抜け落ちる。ブラッシュはやわらかい縮れ毛か巻き毛に身体の大部分が覆われており、キャット・ショーへの出陣資格はない。

PERSONALITY | 性格

社交的で愛情深く、飼い主に忠実。高い知性を持ち、エネルギッシュによく遊ぶ。

むき出しの皮膚に刻まれた深いしわ——その独特な外見にカリスマ性をにじませるドンスフィンクスは、いとも簡単に人々を虜にする。遊ぶのが大好きで、ひとりでもエネルギッシュに遊びつづけるけれど、愛する飼い主の膝の上で過ごす時間も同じくらい大好き。そして社交的で人なつこいので、他の動物や知らない人ともすぐに仲よくなることができる。そんなドンスフィンクスの身体をなでれば、優しい温もりを手のひらに感じるだろう。

外見的な特徴は何と言っても、その被毛……というより、被毛がないこと。同じ無毛でも、スフィンクスの場合は劣性遺伝、ドンスフィンクスの場合は優性遺伝による。つまり、スフィンクスとドンスフィンクスには遺伝的な関連性がまったくないのだ。ドンスフィンクスの被毛はラバーボールド、フロックド、ベロア、ブラッシュの4タイプに分けられる。生まれつき無毛なのがラバーボールド。無毛のように見えるが、触ってみるとスエードのような起毛があるのがフロックド。頭頂の皮膚に濃い色のスポットがあり、身体を巻き毛に覆われて生まれるものの、次第に抜け落ちるのがベロア。そして、身体の大部分がやわらかい巻き毛または縮れ毛で覆われているのがブラッシュだ。

皮膚も特徴的で、かなり伸縮性があり、顎や顎の下、頬にはっきりとしたしわが見られる。額にもしわはあり、両耳の間から特徴的な縦じわが数本、下に延びてきて、目の上あたりで横じわにつながる。さらに首の付け根、胸部、尾の付け根、下腹部、四肢の前側と裏にもしわが入る。皮膚がむき出しになっているのは人間と同じで、日焼けには気をつけたい猫種だ。

ドンスフィンクスは偶然から生まれた。その偶然を呼び寄せたのは、エレーナ・コバレワの思いやりだった。現在のロシア、ロストフ州の州都ロストフ・ナ・ドヌにある教育大学で教授を務めていたコバレワは、1986年のある日、職場からの帰り道で少年たちがボール代わりにずた袋でサッカーをしているところに出くわした。すると、激しく鳴く子猫の声が聞こえるではないか！　すぐにコバレワは少年たちから袋を取り上げ、中に入っていたトータシェルの子猫を出してやった。

その子猫をコバレワは自宅に連れ帰り、バルバラと名づけた。バルバラはおそらく生後3〜4カ月の雌で、ひどくおびえていることを除けばいたって健康だった。しかし、しばらくするとバルバラの全身の毛が抜け始めた。心配したコバレワはその原因を突き止めようと獣医に通いつめ、バルバラにさまざまな検査と治療を受けさせたが、当のバルバラはきわめて元気で、ついには獣医もしばらく様子を見るほかないと判断したのだった。

それから2、3年が過ぎてもバルバラの毛は抜けつづけたが、相変わらず健康状態は良好だった。そんなバルバラをコバレワは、まさに「猫かわいがり」した。そして1989年、コバレワは地元でキャット・ショーが開催されることを聞きつけ、友人のイリーナ・ネミキナにバルバラのショーへの出陣を手伝ってくれるよう頼み込んだ。こうして初めてキャット・ショーに登場したバルバラだったが、評価は思いのほか低く、コバレワとネミキナは肩を落として会場を後にした。

それでもコバレワはめげず、次のショーには1人でバルバラを連れていき、出陣することにした。この頃にはバルバラの毛はほとんど抜け落ちていて、尾と脚、耳の後ろに申し訳程度に残っているだけだった。カナダでスフィンクスという無毛の猫が開発されていると聞いていたコバレワは、この2回目のショーでバルバラを「スフィンクス」と紹介し

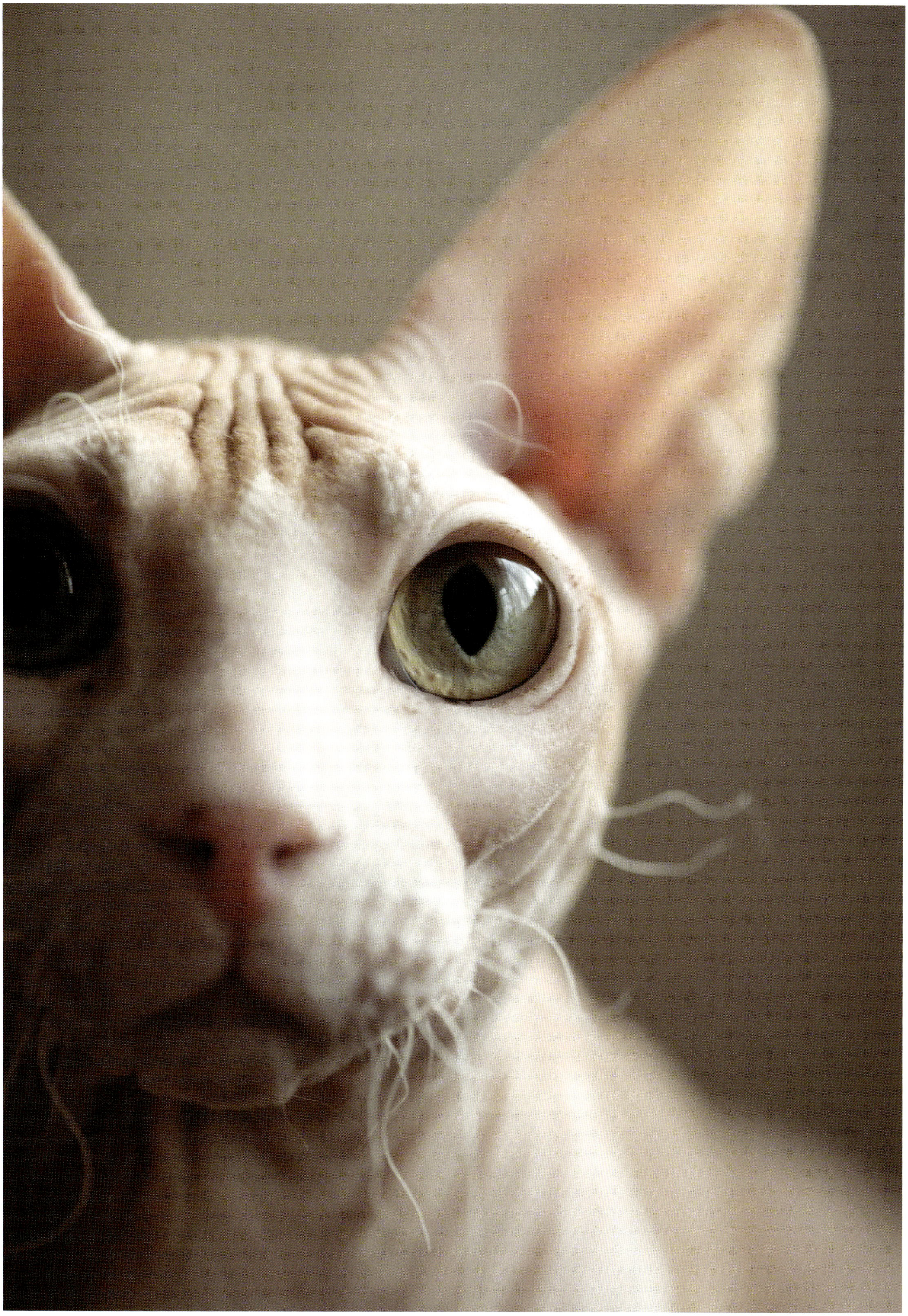

た。だが、スフィンクス自体の認知度が低く、コバレワの言葉をまともに取り合う人はいなかった。

翌1990年、バルバラは近所で飼われていたヨーロッパ系のショートヘアのイエネコと交配し、出産する。コバレワはその中からもじゃもじゃの被毛に包まれた雌をネミキナに譲った。ネミキナがチータと名づけたその猫も、さらには兄弟猫のパッチーもなんと、しばらくすると毛が抜け始めた。そこでコバレワとネミキナは3度目の正直とばかりに、バルバラ、チータ、パッチーの3匹を同時にキャット・ショーに出陳した。すると今度は、無毛は健康上の問題によるものではなく、新しい特性であると認められ、賞まで与えられたのだった。

これをきっかけに、ネミキナはチータを用いて無毛の新種を開発しようと一念発起し、まず雄の野良猫と交配させて4匹の子猫を産ませた。子猫はすべて雄で、チータと同じもじゃもじゃの被毛をまとって生まれてきたが、生後2カ月ほどでやはり毛が抜け始めた。次にネミキナは、チータをディマという名のスモーキー・ブルーのタビーと3度にわたって交配させた。子猫はまた同じような被毛で生まれ、同様にしばらくすると無毛になったのだが、3度目の出産で生まれた子猫の中に1匹だけ例外がいた。その雌の子猫は生まれたときから無毛だったのだ。

チータの子、アントン・ミフを譲り受けて飼っていたサンクトペテルブルク在住のイリーナ・カッツェルは、その無毛の雌も引き取り、アントンと同系交配させた。すると、生まれた子の中にやはり無毛の雄がおり、その子猫をカッツェルはバイカウント・ミフと名づけた。この頃になると、無毛の猫は他のブリーダーたちからも関心を集めるようになり、徐々に猫種確立に向けた気運も高まっていった。

そうした中、ネミキナは、バルバラがコバレワに救われた場所がドン川の近くであったことと、アメリカとカナダで開発された無毛猫の名にちなみ、猫種名をドンスフィンクスとした。なお、今では遺伝的に系統の違うスフィンクスと区別するために、ドンスコイ、ドンヘアレス、ロシアンヘアレスと呼ぶブリーダーたちもいるが、ドンスフィンクスという呼び名のほうが広く使われている。登録団体も、TICAだけがドンスコイとしてプレリミナリー・ニュー・ブリードに認定しているものの、そのほかの団体はドンスフィンクスとしている。

ドンスフィンクスの子猫は非常に繊細だ。目が開いた状態で生まれるし、毎日体重を測定し、必要に応じては乳瓶でミルクを与えながら体重を維持しなければならない。また、親兄弟の絆が強く、父親は出産前の母親をいたわり、生まれてきた子猫が生後3カ月になる頃までたっぷりと愛情を注いで世話をする。さらに、血のつながりがなくても年長者は雌雄を問わず、とてもよく子猫の面倒を見るのだ。

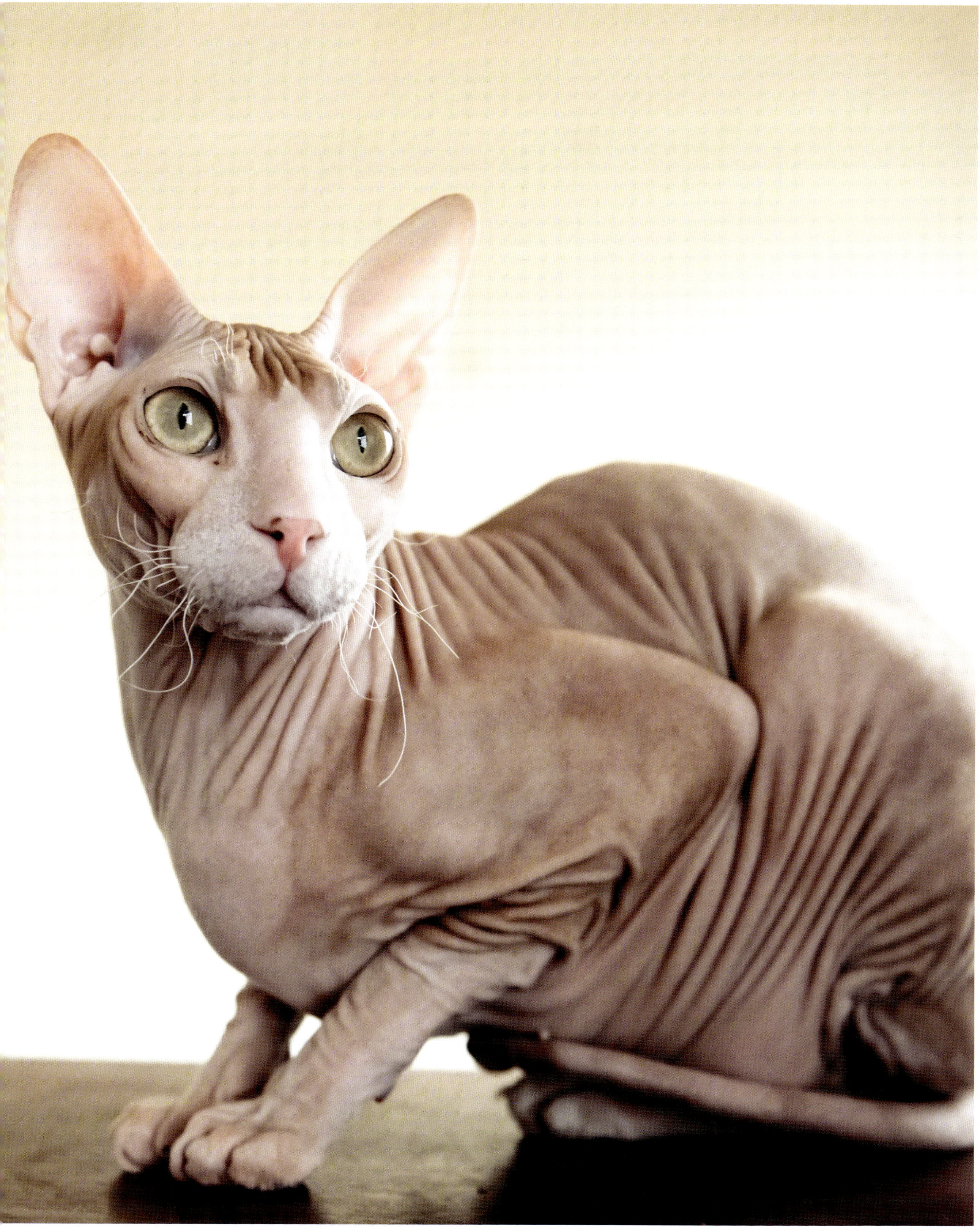

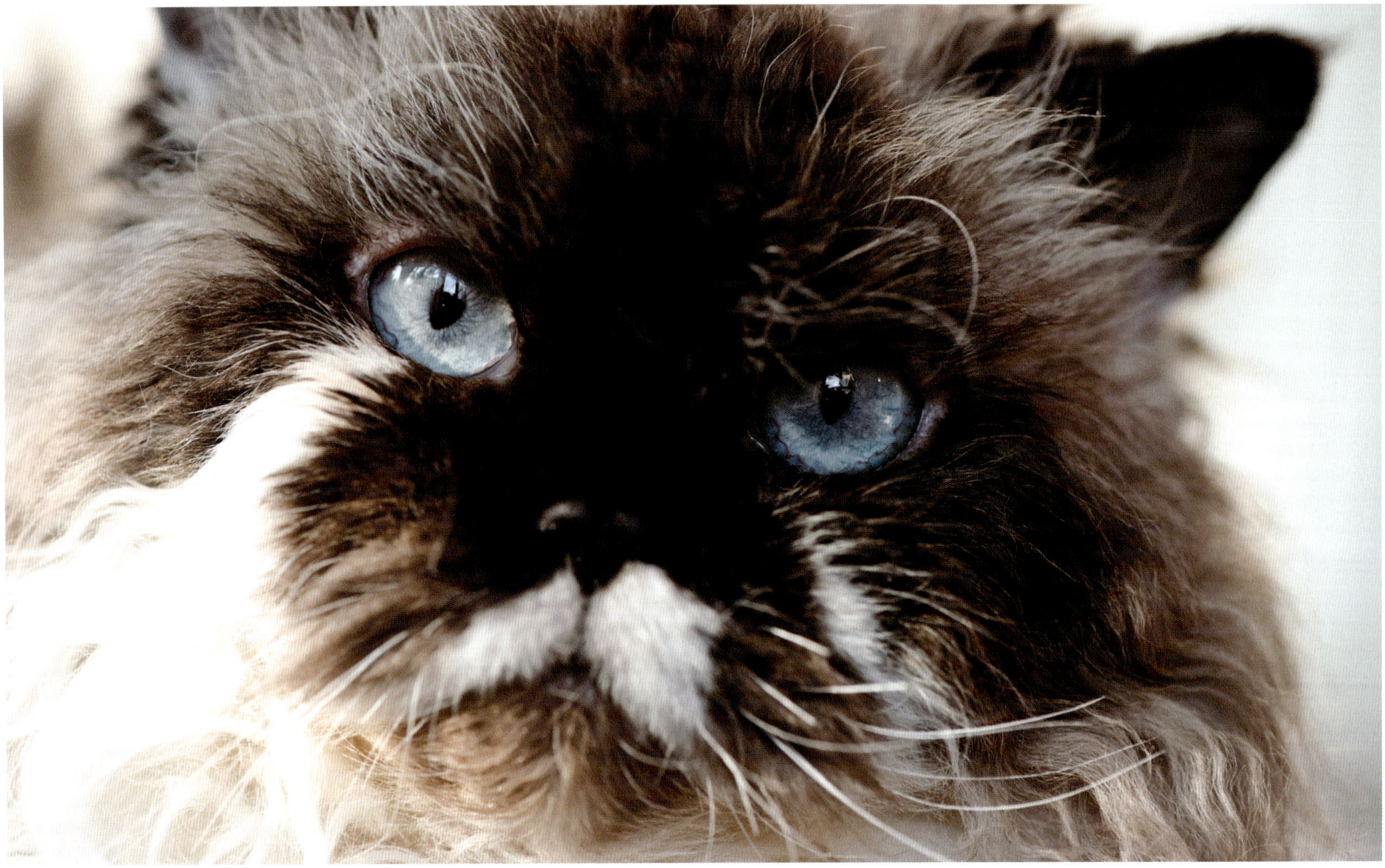

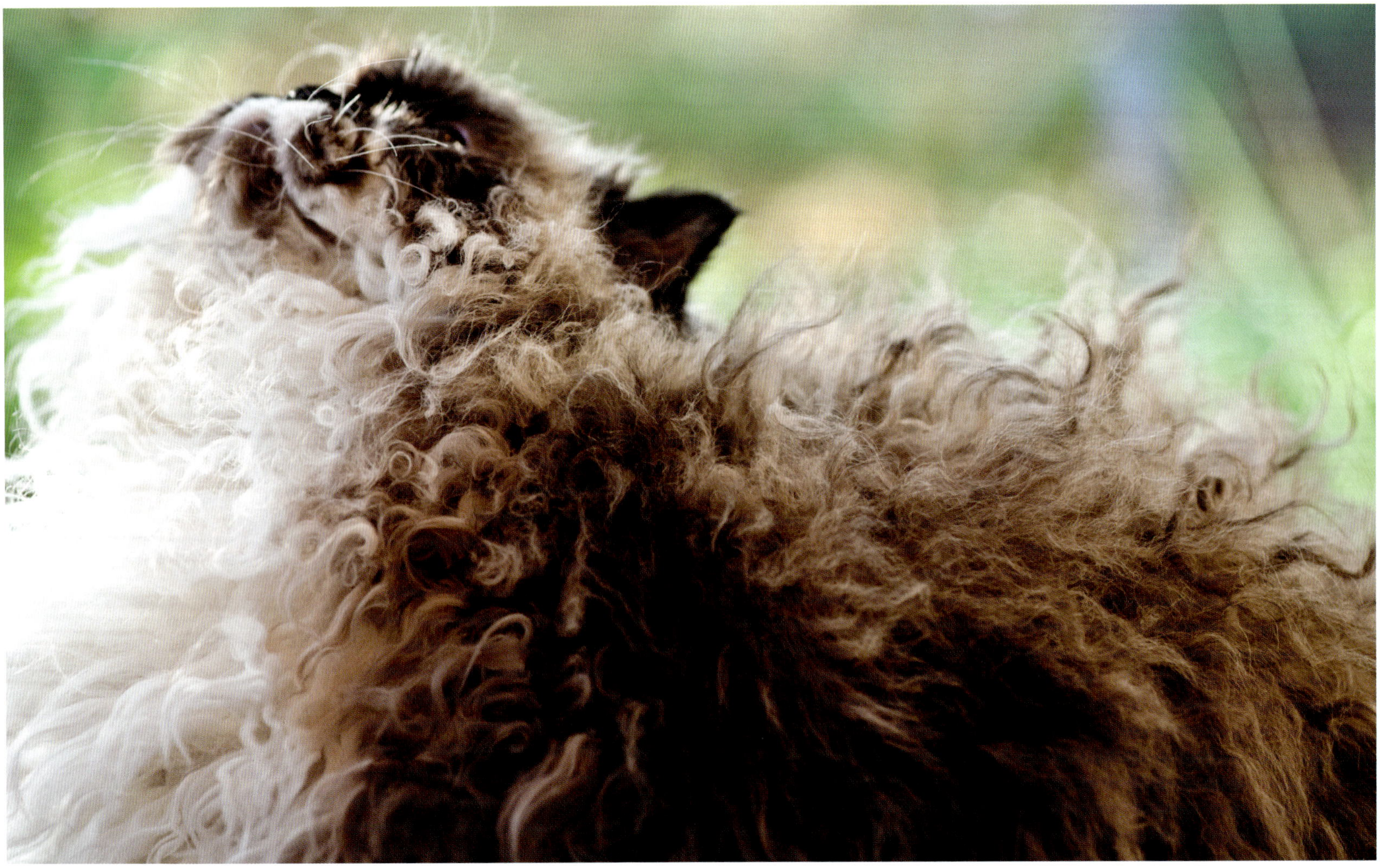

SELKIRK REX
セルカークレックス
近現代－アメリカ－少ない

APPEARANCE | 外見
身体はかなりがっしりしていて、筋肉質で骨太。胴は長方形で、四肢は中くらいの長さ。前肢が後肢よりもやや短く、足先は大きくて丸い。頭部は幅広で丸く、短いマズルは四角形に近い。耳は中くらいの大きさで、離れてついている。目は大きくて丸く、その色と毛色に関連性はない。尾は中くらいの長さで、先端が丸くて細い。

SIZE | 大きさ
中型

COAT | 被毛
短毛種と長毛種がある。いずれも、やわらかな毛が密生し、ゆるやかにカールしている。

PERSONALITY | 性格
辛抱強く、穏やか。社交的で愛情深く、人間や他の猫たちと一緒に過ごすのが大好き。

セルカークレックスは短毛種、長毛種ともに、やわらかな巻き毛が特徴的だ。繁殖の初期にブリティッシュショートヘアとアメリカンショートヘア、その後ペルシャとエキゾチックの血筋を取り入れ、美しい被毛と愛情深い性格を受け継いだ。辛抱強い猫だが、ひとりでいるのが苦手で、人間や他の猫たちと一緒に過ごすのが大好きだ。

この猫種の確立には、アメリカのモンタナ州リビングストンでペルシャのブリーダーをしていたジェリ・ニューマンの貢献があった。1987年のある日、ニューマンは巻き毛の子猫の里親を探しているという連絡を動物保護施設から受けた。その子猫を引き取ったニューマンは、TVドラマ『こちらブルームーン探偵社』の登場人物、カーリーヘアのアグネス・デペスト［訳注：1986年から放送された日本語版では「ドピスト」］にちなみ、ミス・デペスト（通称ペスト）と名づけた。

ニューマンは、ペストは突然変異で生まれた新種であり、コーニッシュレックスやデボンレックスとは違うと感じていた。その後しばらくして、遺伝学者のロイ・ロビンソンが、それぞれの猫種が異なる遺伝子を持つことを発見し、CFAに報告。ニューマンの考えが正しかったことが証明されたのだった。

ペストの巻き毛と穏やかな性質を受け継ぎつつ、もっと体格のよい猫を作出したいと考えたニューマンは、計画交配に着手。フォトフィニッシュ・オブ・ディーケイという名のペルシャのチャンピオン猫と交配させると、ペストは巻き毛の子と、直毛の子を3匹ずつ産んだ。このことは、ペストの巻き毛は優性遺伝によるものであり、劣性遺伝子によって巻き毛が発現するコーニッシュ、デボンの両レックス種とは遺伝的な関連性を持たないことを意味する。

6匹の子猫の中に、どっしりとした体格で、被毛はブラック＆ホワイト、ひげも眉毛もカールしている雄猫がいた。ニューマンはノーフェイス・オスカー・コワルスキと名づけたこの子を、ペルシャ、ブリティッシュショートヘア、エキゾチック、そして母親のペストと交配させた。その結果、ペストは4匹の子を産むが、うち3匹が巻き毛で、1匹が直毛だった。そして巻き毛のうちの1匹、ノーフェイス・グレイシー・スリックがフランスの愛猫雑誌『Atout Chat（猫の魅力）』に掲載され、フランスの愛猫家界に一大センセーションを巻き起こす。その後、グレイシーはクロ・デザンジュ・キャテリーのレジーヌ・ロールに買い取られ、フランスにおけるセルカークレックスの礎となった。ドイツで猫種確立の基礎となったのも、グレイシーの血統だ。

アメリカのペストに話を戻そう。ペストが出産したのはわずか5回。その子猫のうちCFAに登録されたのは、たったの15匹だった。ニューマンをはじめとするブリーダーたちは、がっしりした体型が一貫して現れるよう慎重に交配を行っていた。ちなみに、セルカークレックスという猫種名を考えたのはニューマンだ。継父の名字「セルカーク」に、巻き毛を表す「レックス」という語をつけ加えたのだ。

セルカークレックスは、1990年にTICAのニュー・ブリード＆カラーに、そして1994年にはチャンピオンシップ・ステータスに認定された。一方、CFAは1992年にミセラニアス・クラスに、2000年にチャンピオンシップ・ステータスに認定している。

セルカークレックスのイギリス初上陸は2002年。オーストリアのブリーダー、クリスティアナ＆カール・アイクナー夫妻から輸入された3匹だ。そのうち雌の1匹が、トゥルーブルー・キャテリーのリサ・ピーターソンの手に渡り、イギリスにおけるセルカークレックスの基礎をつくった。ピーターソンは現在、オーストリアのイスラレー・キャテリーでセルカークレックスの繁殖を続けている。イギリスに渡ったセルカークレックスは2003年にGCCFの公認を受け、2009年にはチャンピオンシップ・ステータスへの昇格を果たしている。

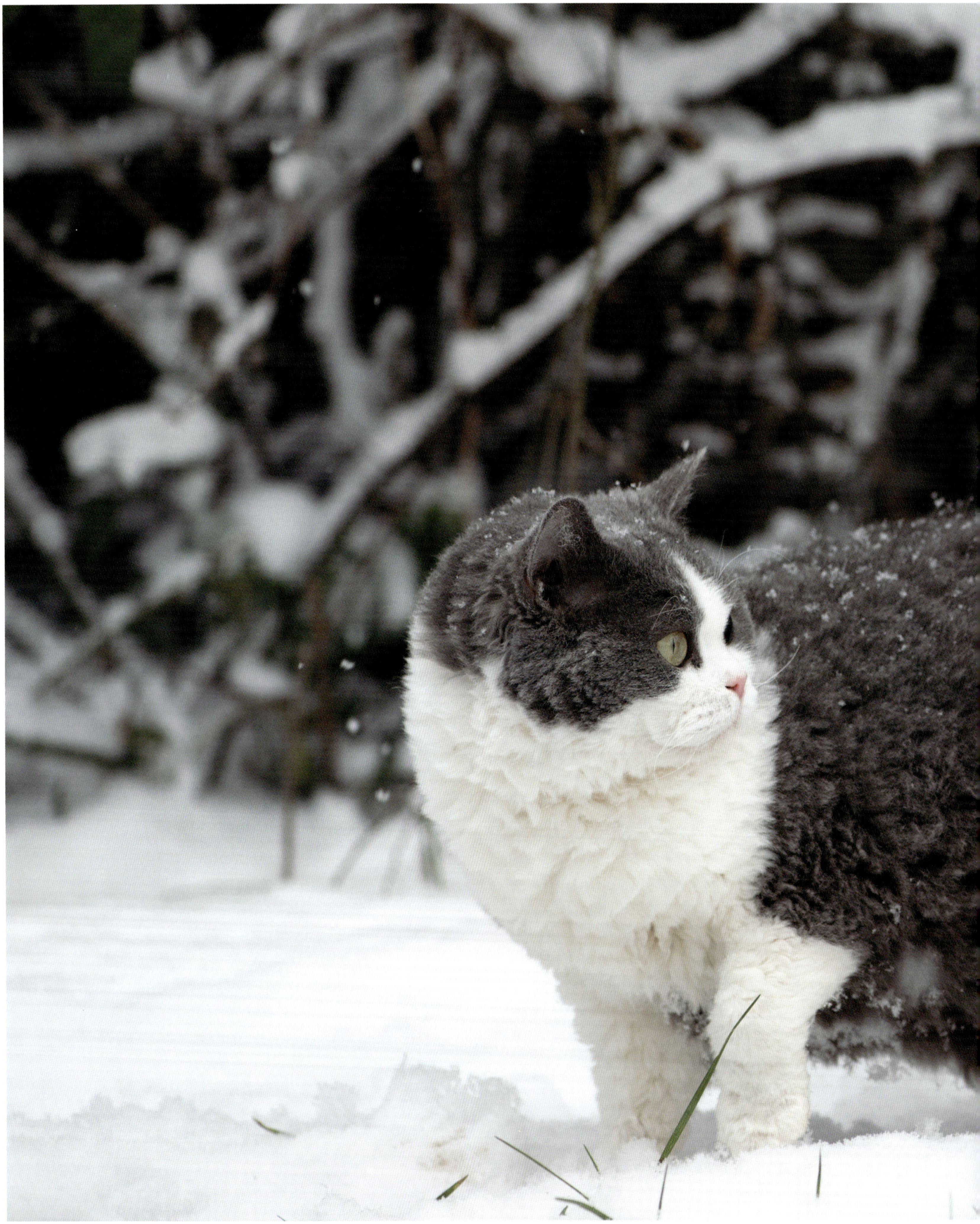

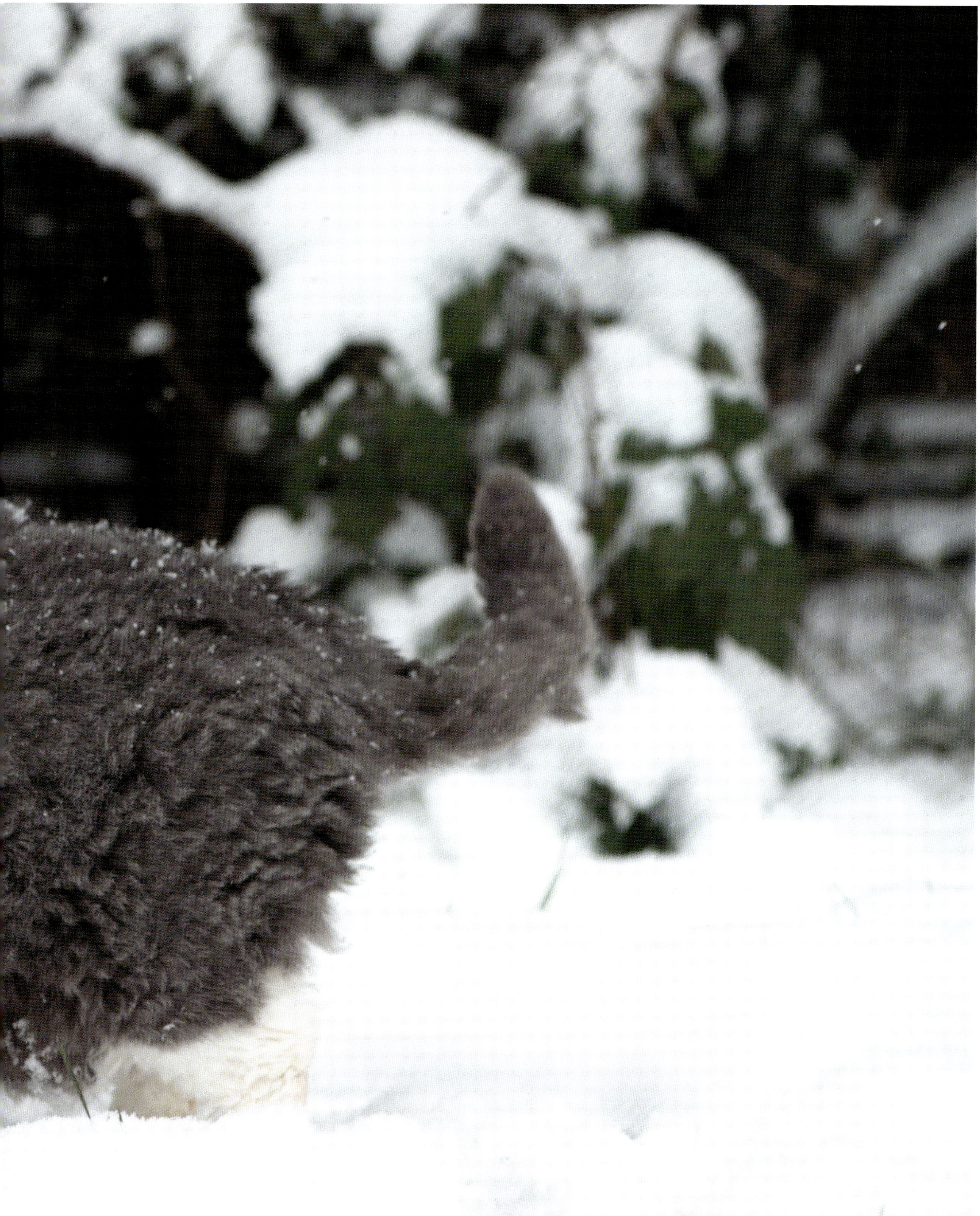

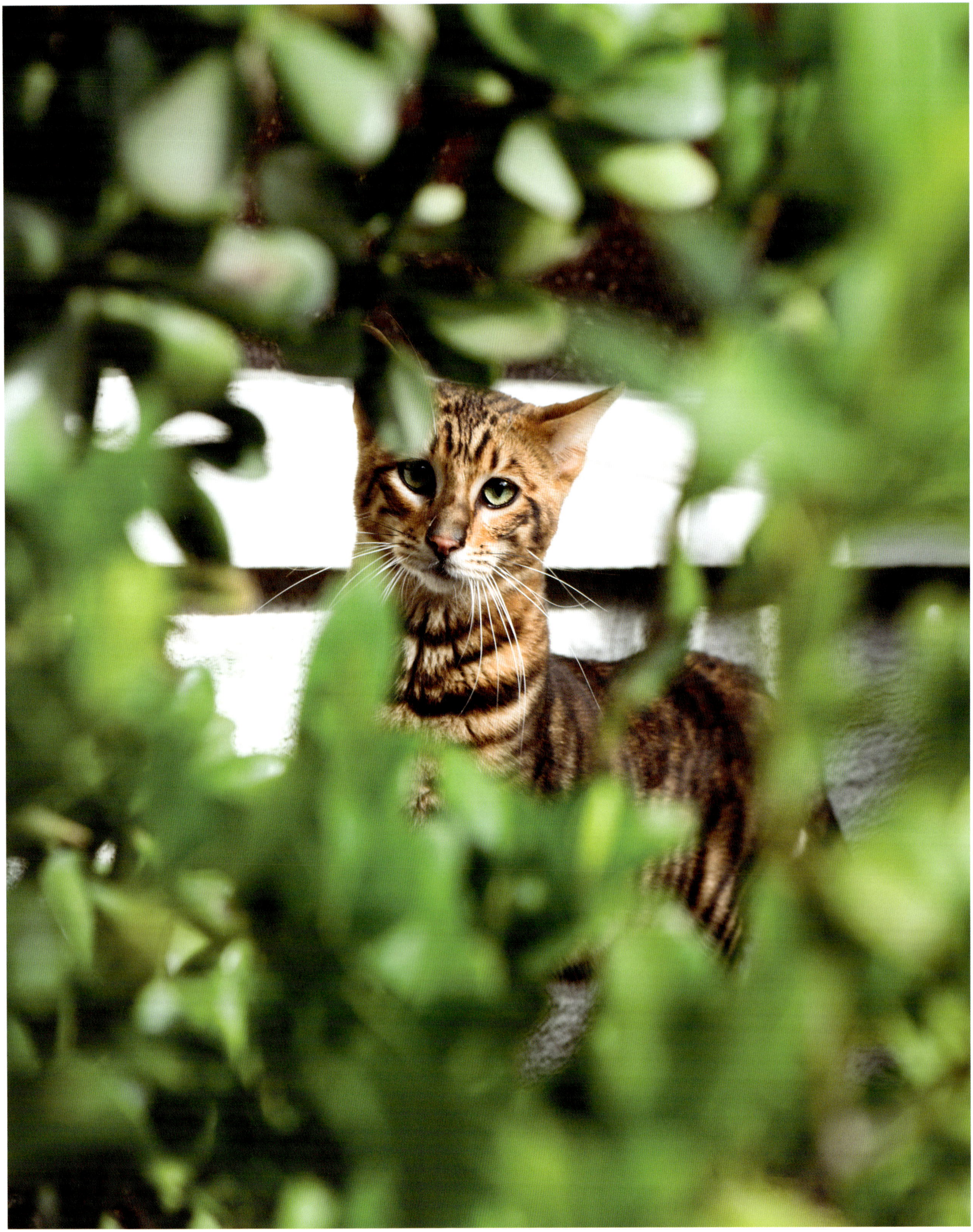

TOYGER
トイガー

近現代―アメリカ―希少

APPEARANCE | 外見

美しく輝く被毛は、まるでトラのぬいぐるみのよう。長い身体は筋肉が発達しており、胸が厚い。首も長くて筋肉質。四肢は中くらいの長さで、指が長いため足先が大きく見える。逆ハート型のマズルとふくよかなウィスカーパッドを持ち、顔は細長い。小さな耳は先端が丸く、厚い毛に覆われている。小さめから中くらいの大きさの目は丸く、まぶたがかぶさっていて、深みのある色をしている。尾は長く、先端が丸い。

SIZE | 大きさ

中型

COAT | 被毛

やわらかく厚い短毛で、「グリッター」と言う金色に輝く毛が混じる。色は鮮やかなオレンジの地色に濃い色の模様が入っているブラウン・マッカレル・タビーか、薄いシルバーにブラックの模様が入ったシルバー系。垂直方向にランダムに入るストライプは途切れるところがあるか、または枝分かれしている。頬に輪状の模様、額に山型の模様が入っている。

PERSONALITY | 性格

非常に頭が良く、おおらか。人なつこくて愛情深い。社交的でエネルギッシュによく遊ぶ。

トイガーは慎重な計画交配によって作り出された、いわば「デザイナーズキャット」だ。猫の中ではトイガーだけが持つ印象的なストライプ模様、被毛の輝き、尾を下げた独特な歩き方——そのどれを取っても、まるで小さなトラだ。そんなワイルドな外見のトイガーだが、とても愛らしい性格と高い知性で飼い主を楽しませてくれる。おおらかで人なつこく、他の猫や犬ともすぐに仲よくなれるし、遊びも大好き。活発で聡明なトイガーは猫の中でもしつけやすい種で、うまくしつければリードをつけて散歩をしたり、投げたボールを取りに走ったりできるようになる。

ベンガル種の開発に尽力したのはアメリカの著名なブリーダー、ジーン・サグデン・ミル。そしてトイガーを誕生させたのは、ミルの娘であるイーヤー・キャテリーのジュディー・サグデンだ。ミルをはじめとするブリーダーたちがベンガルの計画交配を本格化させた1980年代、ジュディーもマッカレル・タビーの際立つイエネコを繁殖しようと奮闘を続けていた。人々が野生のヤマネコの美しい被毛に魅了され、ペットとして飼いたいと熱望していた時代だ。実際に野生のヤマネコを飼い始めた人もいたが、そのほとんどがエサや手入れやしつけなど、扱いに苦労していた。

一方で、この頃は毛皮を目的とした密猟とペットにするための乱獲が原因で、野生種の数が激減していた。そうした状況の中、ジュディーやミルのようなブリーダーたちは、人々の欲求を満たしつつ、野生種を保護するという目標のもと、ヤマネコに似たワイルドな容姿を持つイエネコの作出に乗り出したのだ。

トイガー開発の初期段階で大きな役割を果たした2匹の猫がいる。1匹は短毛で、胴体に美しく均一なストライプが入ったタビーのイエネコ、スクラップメタル。もう1匹は大きなベンガル、ミルウッド・ランプルド・スポットスキンだ。

ジュディーはさらに1993年、インド亜大陸北西部のカシミール地方から、耳の間に美しいスポットが入ったジャムブルーという名の珍しい雄猫を取り寄せ、計画交配に加えた。トラに似たトイガーの野性的な容姿は、野生の血を取り入れて作り出されたものではない。ジュディーは、ジャングル・トラックス・キャテリーのアンソニー・ハッチャーソンや、ウィンドリッジ・キャテリーのアリス・マッキーらの協力を得て、独特の模様と理想的な体型を目指し、慎重な計画交配を続けた。

カリフォルニアトイガーと呼ばれていたこの新種はその後、1993年にTICAに認定された。しかし、チャンピオンシップ・ステータスへの昇格は、2007年まで待たなければならなかった。それでも、この間に少しずつではあるが、世界中でブリーダーが増え、慎重かつ計画的な交配によって、トラのような美しいパターンを確実なものにするための努力が続けられている。

アメリカ国外でトイガーを初めて繁殖させたのは、イギリスのクイーンアン・キャテリーのオーナーであるゲイナー・ジーン＝ルイスだ。彼女は2004年、イーヤー・サンダーという雄猫と、イーヤー・アグローという雌をサグデンから直接輸入した。アグローはアメリカを出るときにはすでに妊娠しており、イギリスに到着してすぐに4匹の美しい子猫を産んだ。そのうちのクイーンアン・トアビスという名の雄猫は、オーストラリアでエクスクイジット・トイガーズ・キャテリーを運営するディー・ジマーのもとへと送られた。そうしてジマーはオーストラリアで初めてトイガーの繁殖を手掛けた人物となった。

トイガーは依然として希少な種ではあるが、計画交配は現在、世界中で進行している。

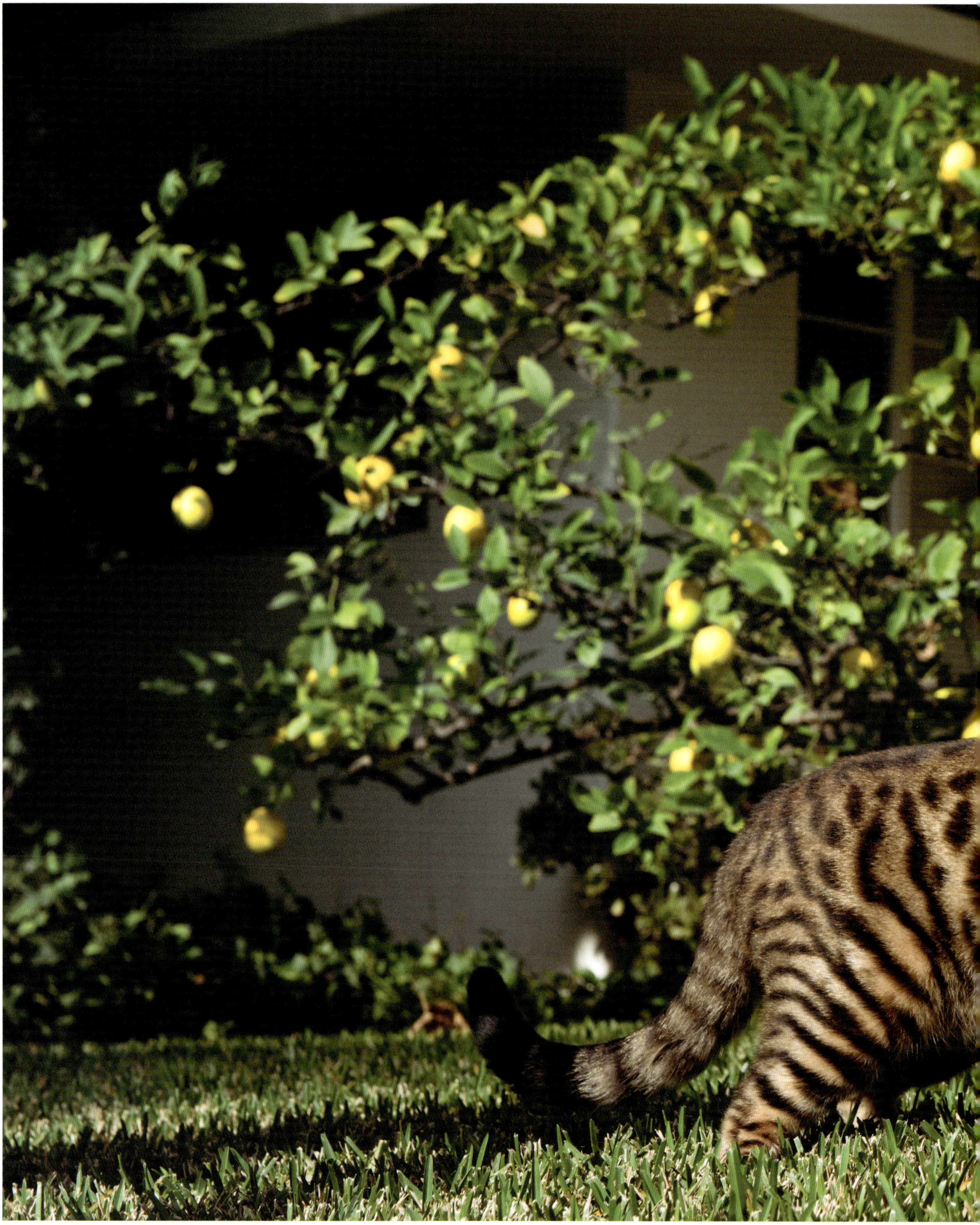

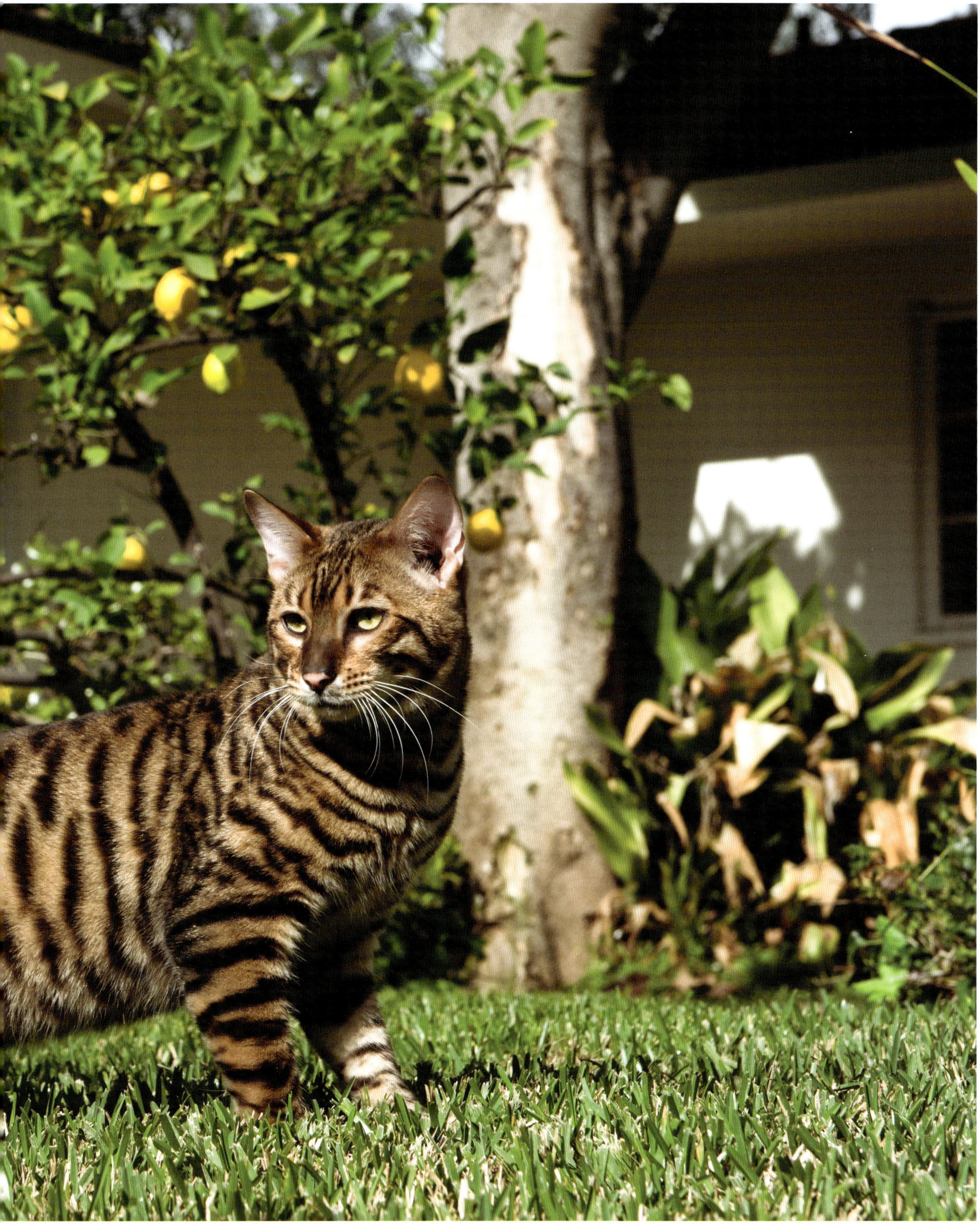

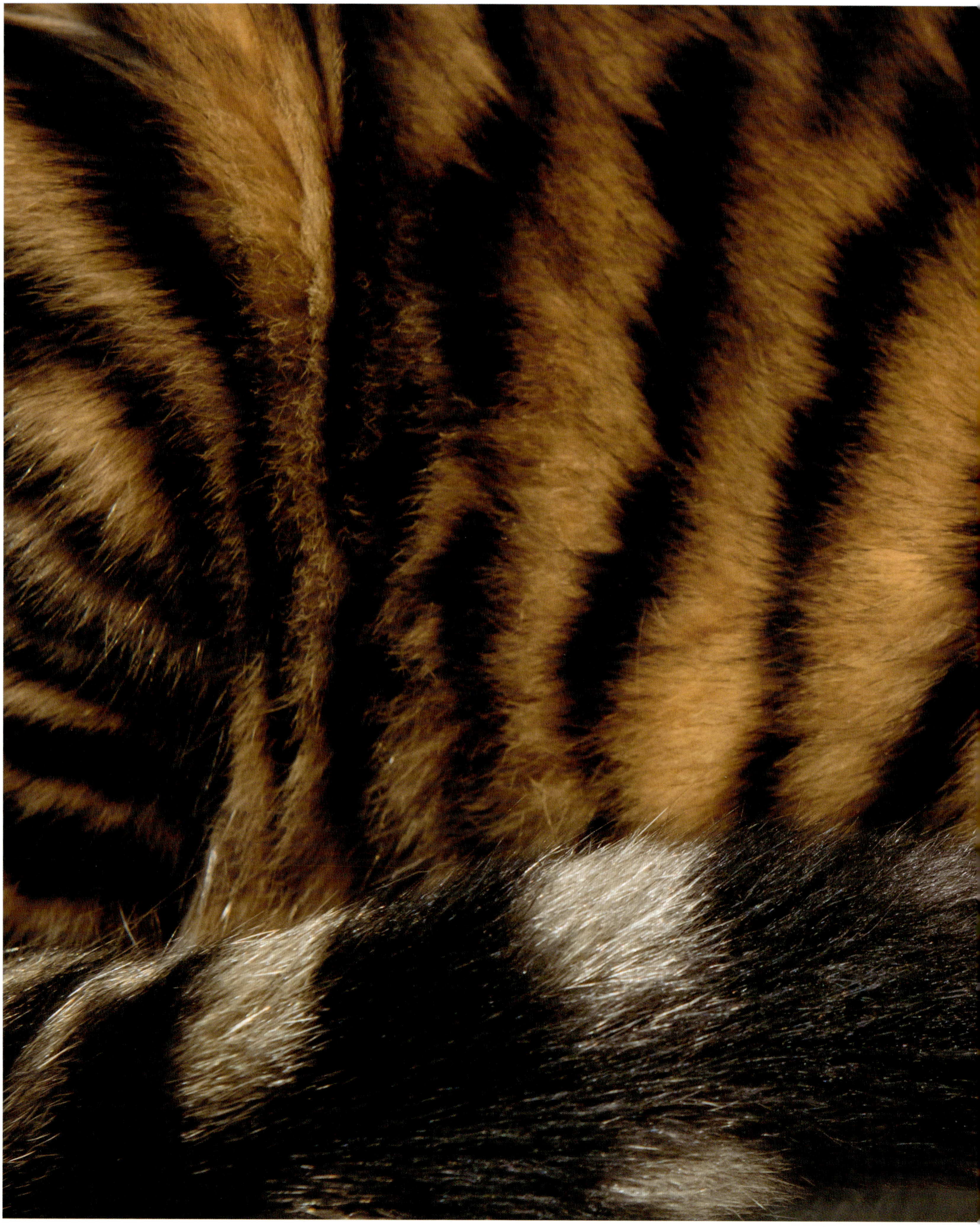

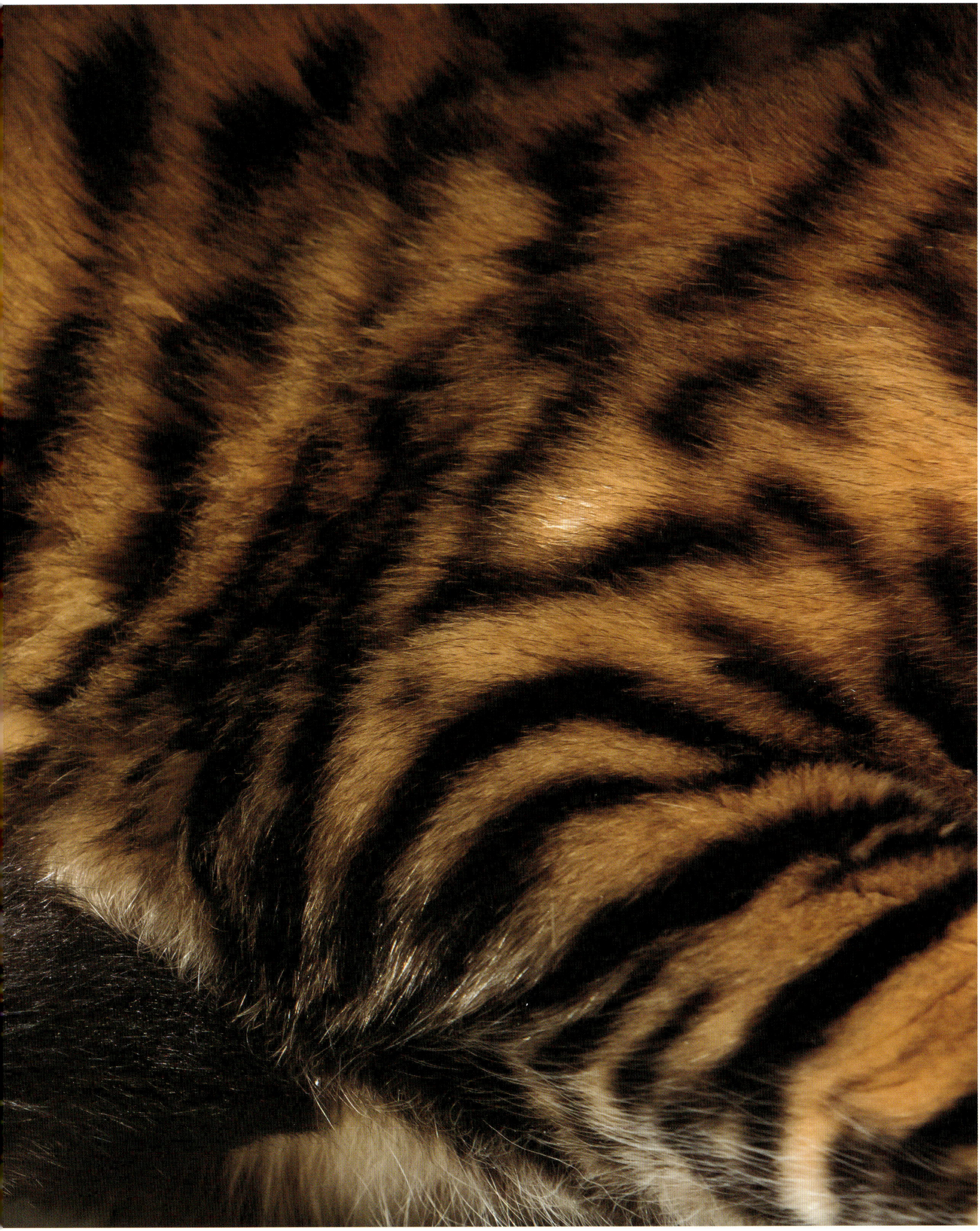

PETERBALD
ピーターボールド

近現代 — ロシア — 希少

APPEARANCE | 外見

長くスレンダーな体つきで、一見無毛に見える。引き締まった身体からしっかりとした骨格の四肢が伸びている。後肢が前肢よりもやや長く、中くらいの大きさの足先は楕円形で、長い指が目立つ。頭部は長めの逆三角形で、額は平らで頬骨が高い。大きな耳は基部が幅広で、先端がとがっている。中くらいの大きさの目はほぼアーモンド型で、その色と毛色に関連性はない。尾は細くて長く、ムチのよう。

SIZE | 大きさ

中型

COAT | 被毛

無毛種にはウルトラボールド（完全に無毛）、フロックド（90％が無毛）、ベロア（70％が無毛）の3タイプがある。有毛種は独特の質感の針金のような毛が密に生えたブラッシュ・タイプ。

PERSONALITY | 性格

陽気で愛情深く、知性と社会性がきわめて高い。よく遊び、コミカルなしぐさを見せることも。

ピーターボールドの一番の特徴は、何と言ってもその被毛だろう。といっても、毛はまったくないか、ほとんどなく、皮膚がむき出しになっている。あるいは、針金のようなごわごわした毛が密に生えている。

だが、愛すべきはその外見だけではない。性格も愛らしく、飼い主と一緒に遊び疲れるまで元気に遊び、気が済むと飼い主の膝や肩の上によじのぼって丸くなる。ユーモアのセンスも抜群で、助走をつけてジャンプして見せたり、踊るようなしぐさを見せたりと、飼い主の目を大いに楽しませてくれる。さびしがり屋でひとりでいるのが苦手なピーターボールドは、家族みんなから注目を一身に浴びたがる。しつこく何かをねだったり、わがままを言ったりはしないけれど、気がつけば猫の望みどおり。それも、家族みんなに愛されているからこそだろう。

ピーターボールドの被毛タイプを決定するのは無毛の遺伝子ではなく、脱毛の原因となる遺伝子だ。また、前述のように針金のような毛が生えたブラッシュ・タイプの個体もいる。ピーターボールドらしい無毛にはウルトラボールド、フロックド、ベロアの3タイプがある。

ウルトラボールドは生まれたときから眉毛、ひげを含めて体毛を一切持たず、一生を無毛のまま過ごす。手触りはやわらかくて温かいスエードのようで、指に吸いつくようにしっとりしている。フロックドは全身の約90％が無毛で、なめらかな手触り。四肢に産毛が薄く生えていて、眉とひげはカールしているか縮れている。遠目にはまったくの無毛に見えるベロアは全身の約70％が無毛で、手触りはスエードのよう。被毛が密に生えている箇所はつややかに輝いて見えるが、年齢とともに体毛が抜け落ちることもある。

無毛ではないブラッシュ・タイプは、長さが5mmに満たないワイヤーヘアが全身を密に覆う。その独特の被毛は波打つ程度のものから巻き毛までさまざまで、手触りもごわついたところがあったり、なめらかなところがあったりと一定ではない。時折、四肢がブラッシュで身体がフロックドなど、身体の部位によって被毛のタイプが異なることもある。また、ごくまれに脱毛遺伝子を持たない個体もおり、その場合の被毛は直毛になる。

ピーターボールドが誕生したのは1990年代のサンクトペテルブルク。ロシアのブリーダー、オルガ・S・ミノロワがロシア生まれの猫ドンスフィンクス（ブラウン・マッカレル・タビーの雄）とオリエンタル（トータシェルの雌）を交配させると、4匹の子猫が生まれた。そのうちノクターンと名づけられた雄と、純血のオリエンタルやシャムの雌を交配させて生まれた目新しい猫が高い評価を得て、やがてピーターボールドという猫種名で呼ばれるようになったのだ。

このピーターボールドは1996年にロシアのSFF（Selectional Feline Federation＝選抜猫種連盟）に公認され、翌1997年にはTICAのニュー・ブリード・ステータスに、そして2005年に昇格してチャンピオンシップ・ステータスに認定された。また、ブラッシュ・タイプのピーターボールドも、2008年5月にチャンピオンシップ・ステータスに認められている。

ピーターボールドはまだまだ新種と言ってもよいだろう。その遺伝子プールを健全に保つため、今なおドンスフィンクスやオリエンタル、シャムとの異種交配が行われ、そのおかげで体色のバラエティも豊かになった。ただし、スフィンクスとの異種交配は認められていない。スフィンクスとピーターボールドの共通点は無毛であるということだけ。体型が違うし、そもそも遺伝子的な関連性がまったく認められないのだ。たとえば、スフィンクスが劣性遺伝によって無毛になるのに対し、ピーターボールドは基本的に優性遺伝により無毛になる。そのため、この2種を交配させてもどちらの遺伝子も生かされることはなく、身体が豊かな被毛に包まれた子が生まれる。どちらの種にとっても良いことは何もないのだ。

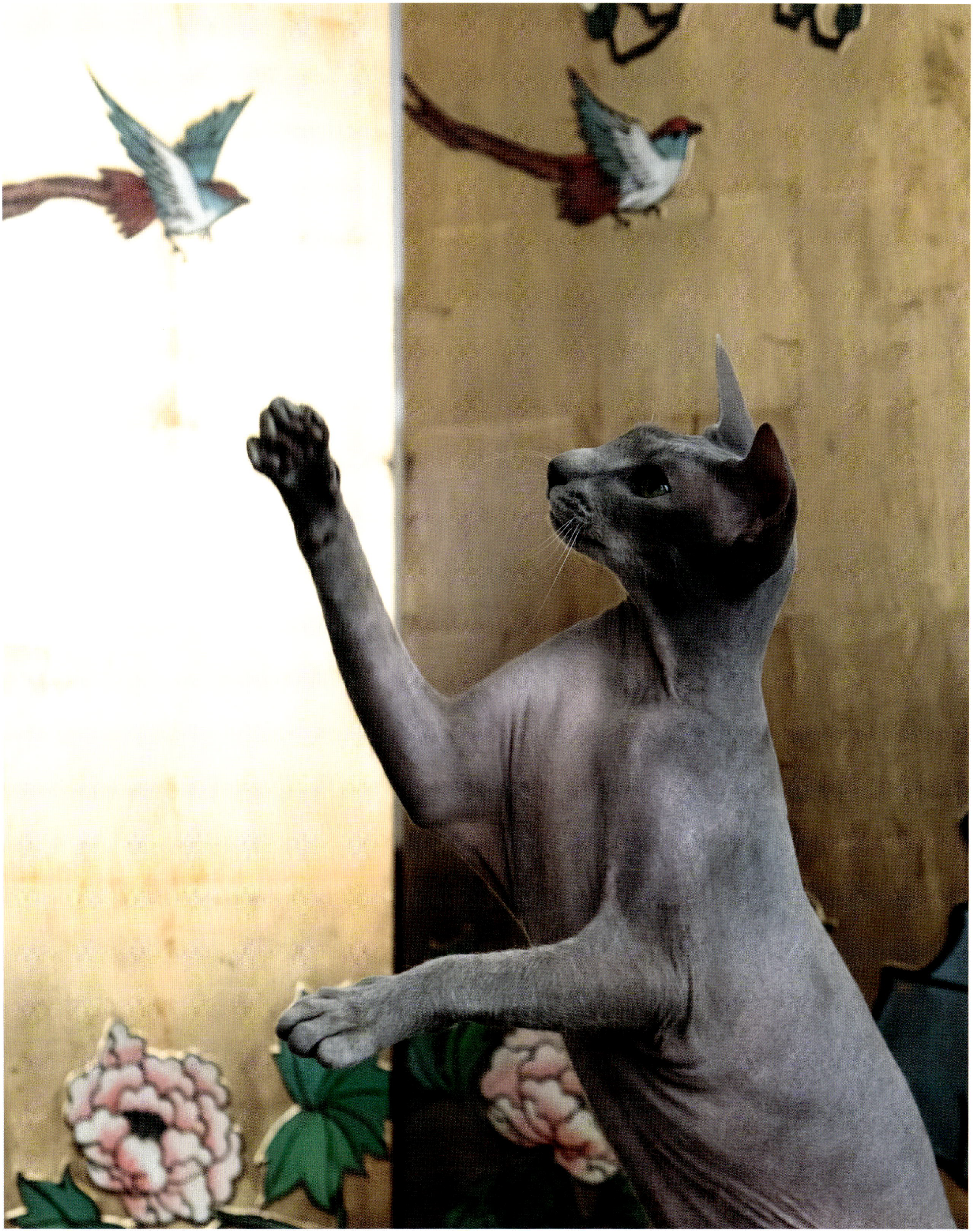

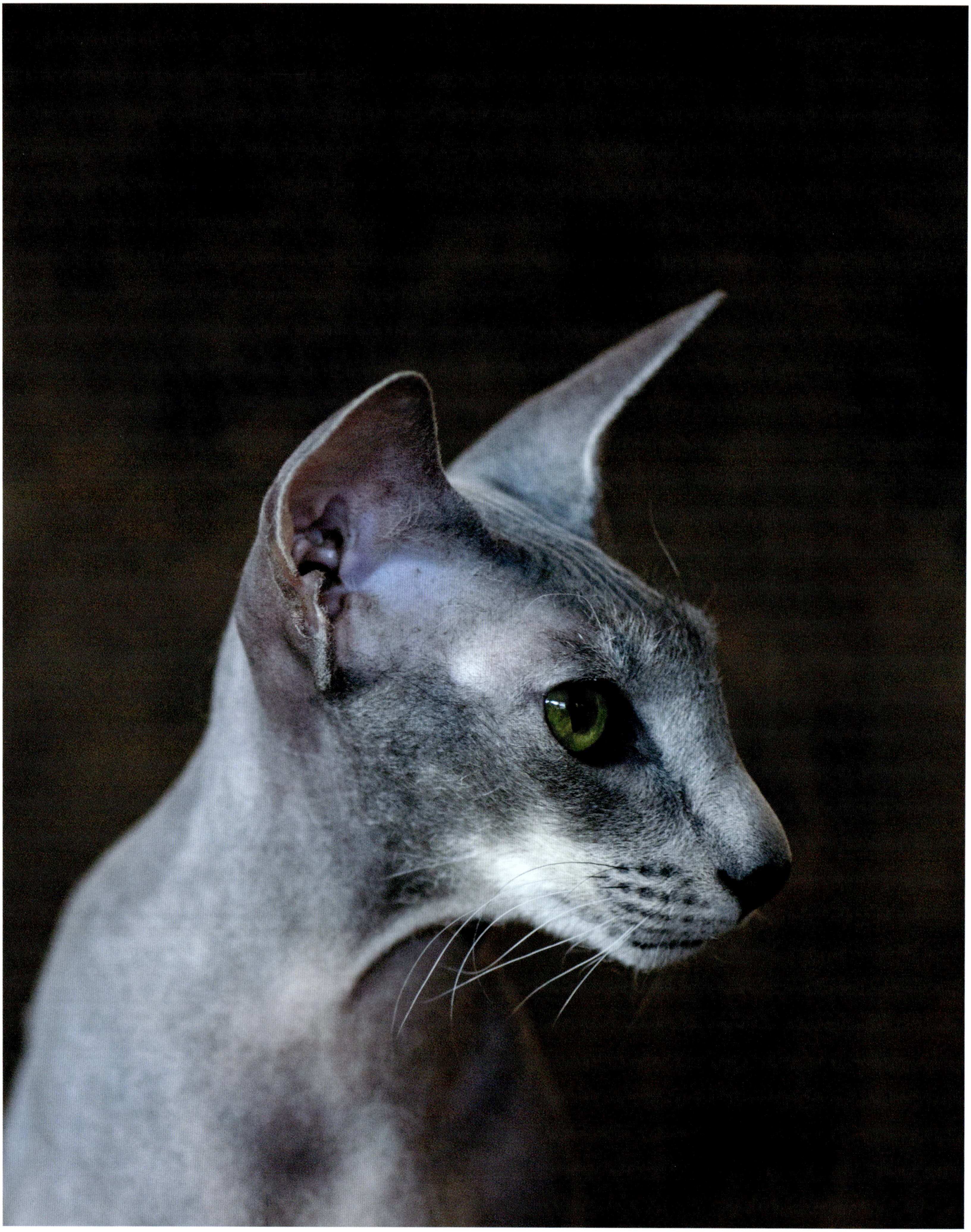

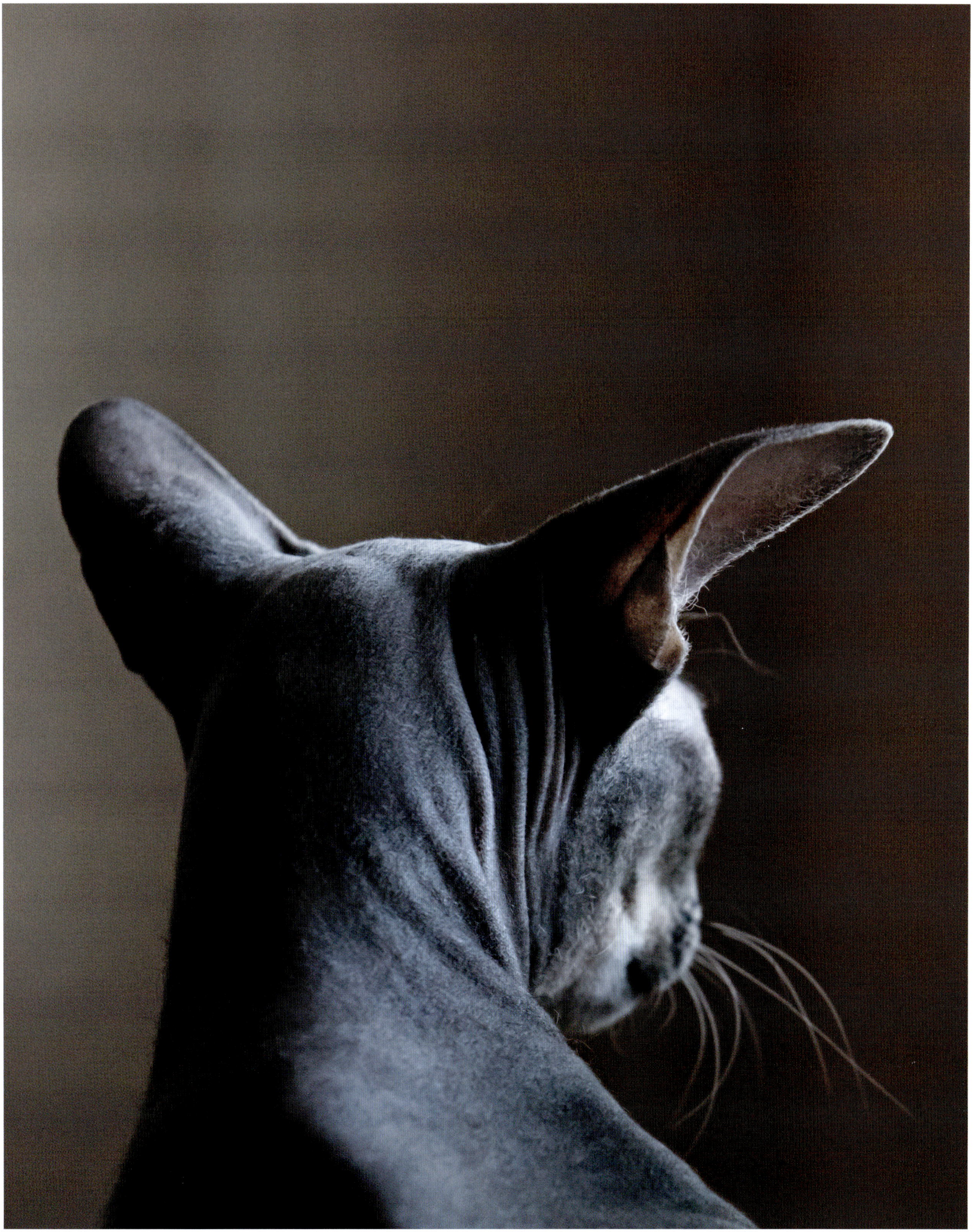

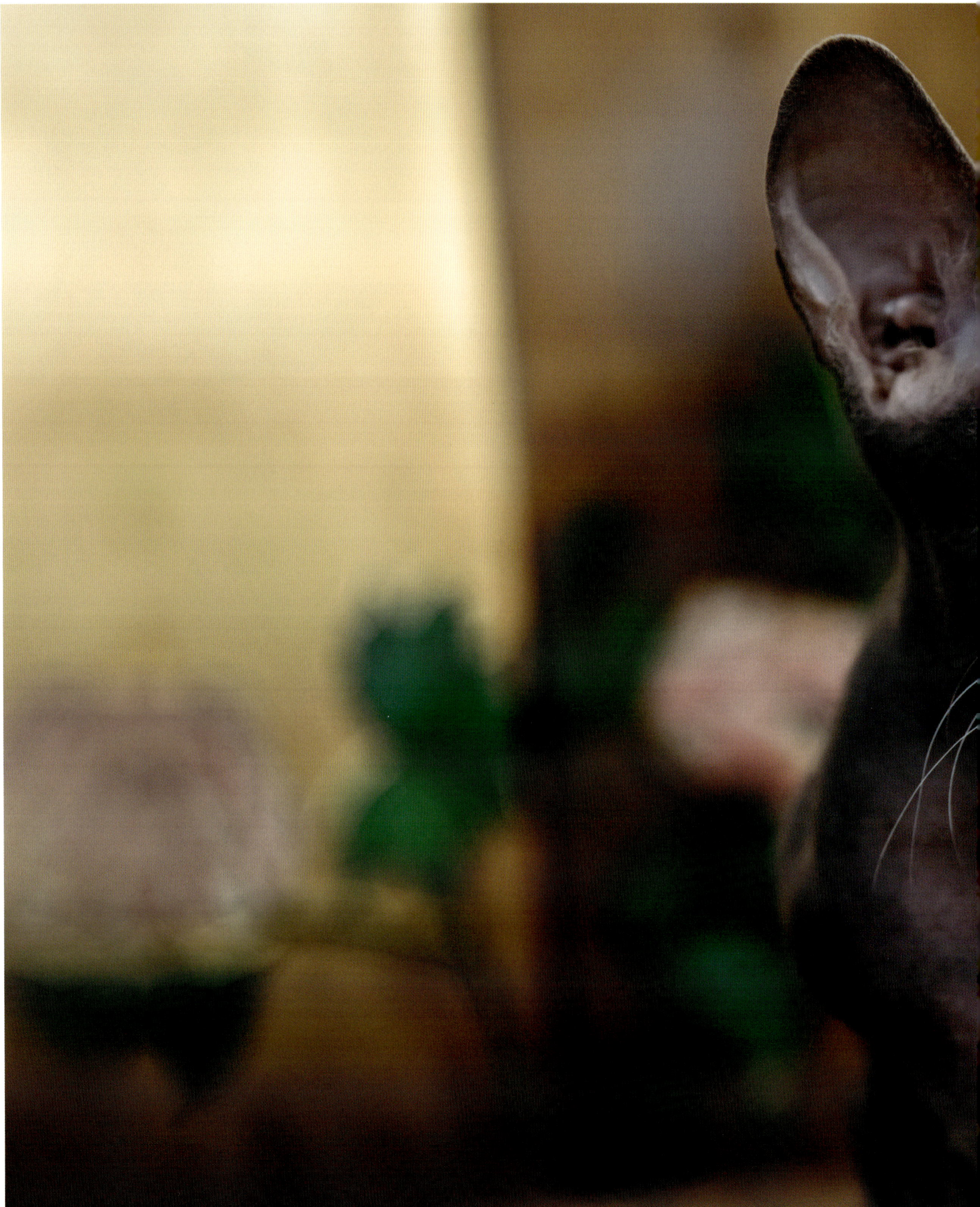

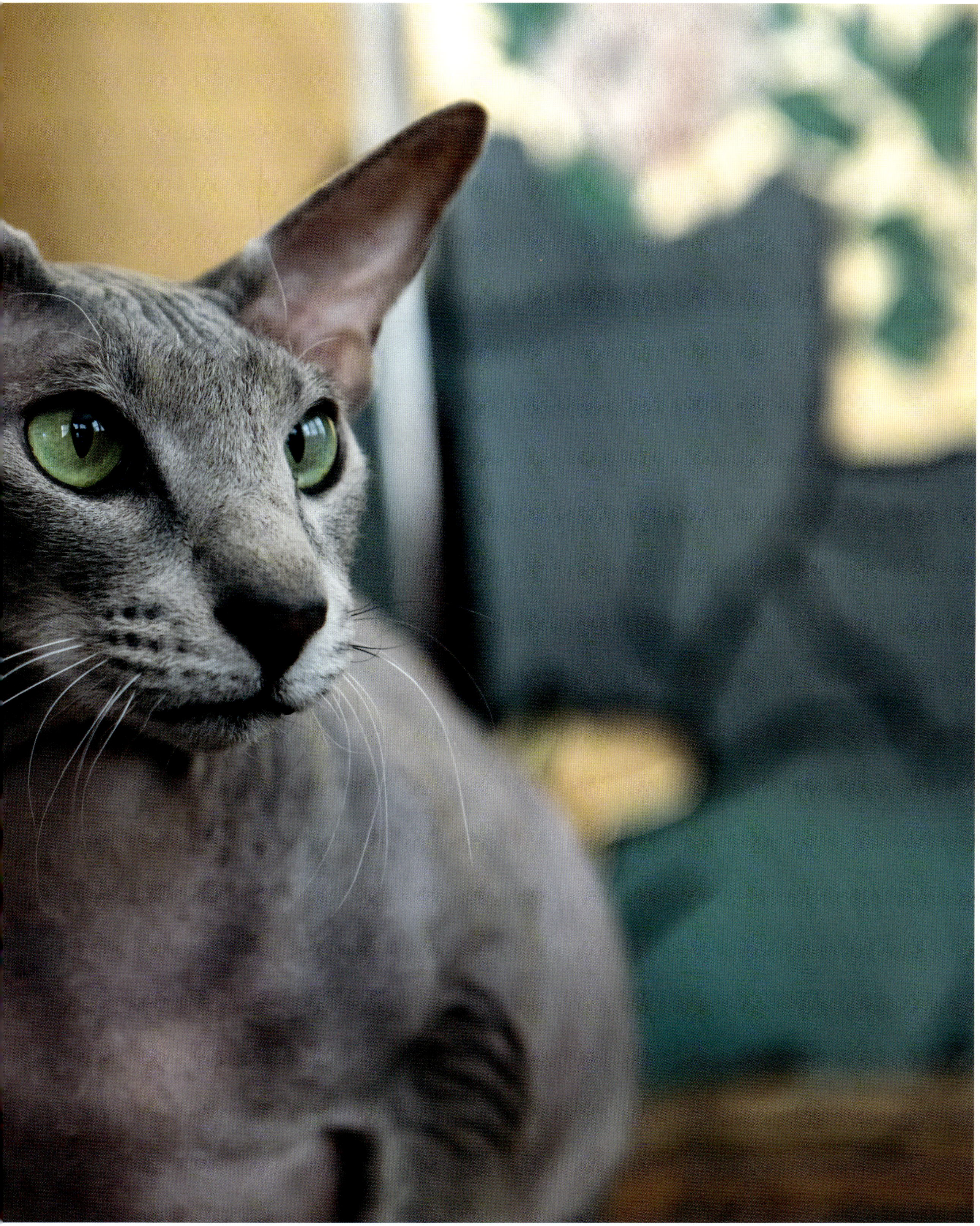

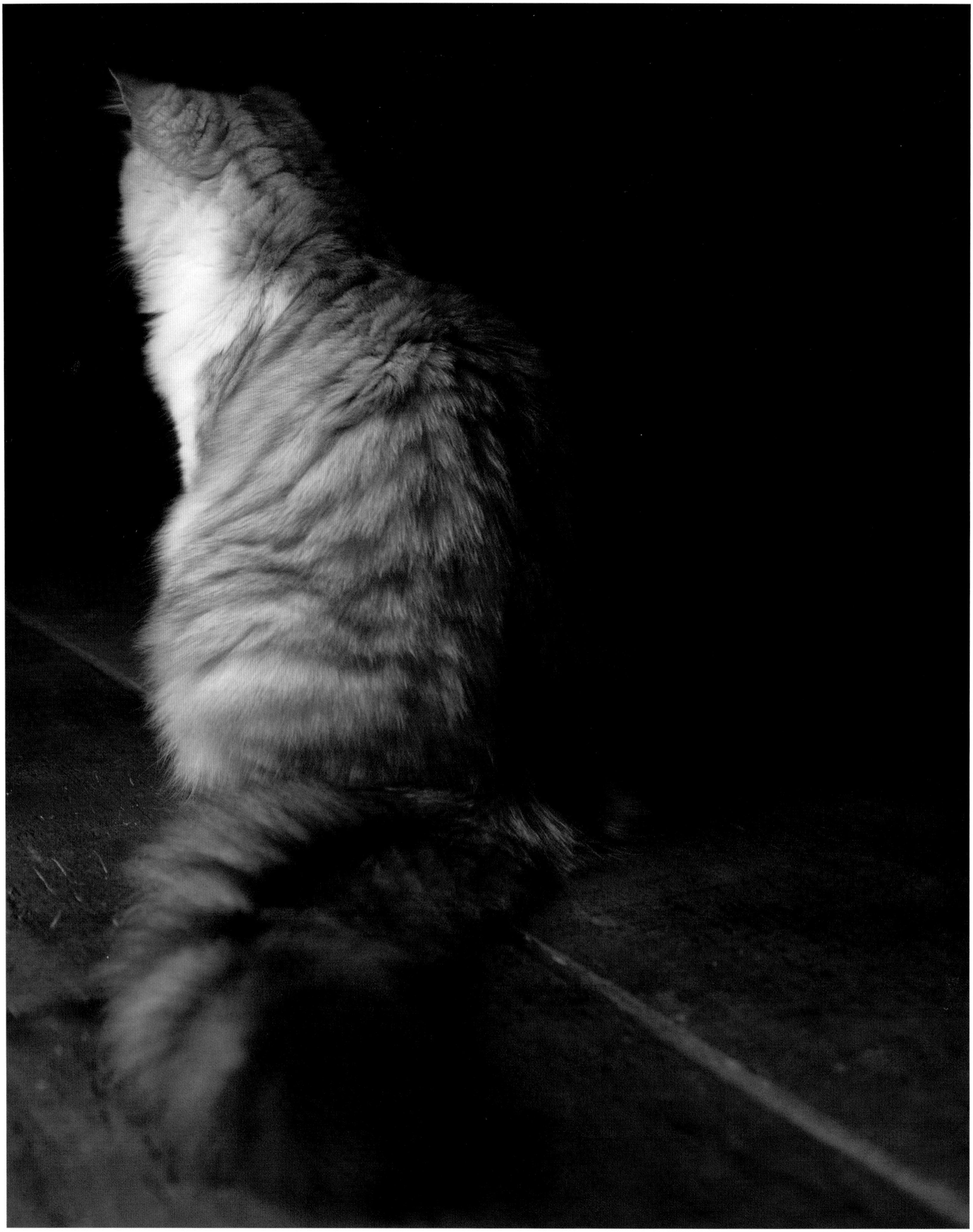

RAGAMUFFIN
ラガマフィン

近現代 - アメリカ - 比較的多い

APPEARANCE | 外見

大きくがっしりした筋肉質な身体を、豊かな被毛が包み込む。骨太で胸が厚く、肩幅も広い。下腹部からあばら、そして背骨にかけて肉づきがよく、肉球も厚みがある。四肢は中くらいからやや長めで、後肢が前肢よりもやや長い。足先は大きくて丸っこく、指の間にはふさふさとした毛が生えている。頭部は幅広で、やや丸いくさび型。短めのマズルも幅広で、頬とウィスカーパッドはふっくらしている。横から見ると、鼻にはっきりとしたへこみがある。中くらいの大きさの耳は少し前方に傾いており、飾り毛が生えている。クルミ型をした大きな目は鮮やかな色が好ましい。長い尾も豊かな毛で覆われ、まるで羽根飾りのよう。

SIZE | 大きさ

大型

COAT | 被毛

中くらいからやや長めの被毛は分厚く、なめらかでやわらかい手触り。首回りには長い飾り毛が見られる。前肢の毛は後肢の毛よりも長い。色とパターンは限定されない（ただし登録団体により異なる）。

PERSONARITY | 性格

優しくおおらかで、愛情深い。社会性が高く、遊ぶのが大好き。

かわいらしく鳴く毛玉のようなラガマフィン。愛猫家なら一目で心を奪われてしまうだろう。大きな身体は4歳頃にようやく完成し、通常は雌よりも雄のほうが大きくなる。身体を包む豊かなやわらかい被毛は、見かけによらず手入れが簡単だ。性質的にもペットに最適。非常におおらかで、穏やか。かつ愛情深く、飼い主に従順で、遊ぶのが大好き。そして全力で遊んだ後は、丸くなってたっぷりと眠る。身体は大きいが、なんとも愛らしい猫なのだ。

ラガマフィンは、ラグドールと共通の起源を持つ。前述のようにラグドールは、1960年代に黒いペルシャのブリーダーであったアン・ベイカーがカリフォルニア州リバーサイドで誕生させた。その後ベイカーは、この新しい猫種に関わるすべての権利を独占すべく、独自の登録機関であるIRCAを設立し、ラグドールの繁殖と登録に関する厳しい規定を設けた。これに反発したブリーダーたちが、やがてベイカーと袂を分かつことになる。こうしてベイカーのもとを去ったブリーダーたちがさらなる開発を続けたことにより、ラグドールは広く一般に認められるようになったのだ。

一方のベイカーは、それでも頑として方針を曲げることはなかったが、1994年、ついにIRCAのメンバーであるジャネット・クラーマンやカート・ジェム、キム・クラークらから引退を迫られる。クラーマンらはIRCAを引き継ぎ、ラグドールの猫種としての歩みを健全な方向に引き戻そうと考えたのだ。だが、ベイカーはその要求を受け入れなかったため、クラーマンらもとうとうIRCAを去ることを決断する。ただし、IRCAから脱退すると、ベイカーが商標登録していたラグドールという猫種名が使えなくなるので、新たな名前を考える必要があった。こうして、その頃にはさまざまな色とパターンが見られるようになっていたラグドールに、ラガマフィンという新しい猫種名がつけられたのだ。ちなみに、これは実は当初、カート・ジェムが冗談でつけた名前だった。しかし、名前の響きがこの愛らしい猫にぴったりだという声が多く、結局そのまま正式な猫種名となったのだった。

このラガマフィンの遺伝子プールを拡大させるため、ブリーダーたちはペルシャやヒマラヤン、長毛種のイエネコとの異種交配を慎重に行った。その結果、ラガマフィンは体型など、ラグドールとの外見の違いが顕著に現れるようになり、さらにはより丈夫な猫種へと成長を遂げた。そして1997年、クラーマンらはRAG（RagaMuffin Associated Group ＝ ラガマフィン連合会）を発足させ、クラーマンが2008年まで初代会長を務めた。

ラガマフィンを最初に公認した猫種登録団体はUFO（United Feline Organization ＝ 全米猫組合）で、ACFAもそれに続いた。さらに、ラグタイム・キャッツ・キャテリーのローラ・グレゴリーの尽力により、CFAの公認も取得した。CFAは2003年にミセラニアス・クラスに認定した後、2009年のプロビジョナルを経て、2011年にチャンピオンシップ・ステータスに昇格させている。CFAではラグドールと明確に差別化するため、ポインテッドのラガマフィンを認めていない。また、ラグドールと似すぎているという理由で、主要な登録団体でもラガマフィンを公認していないところがある。

イギリスでもラガマフィンは支持を広げ、英国ラガマフィン・キャット・ソサエティが普及に努めている。その結果、2010年にGCCFのプレリミナリー・ニュー・ブリードに認定され、ブリーダーたちは現在、チャンピオンシップ・ステータスへの昇格を目指して活動を続けている。なお、ラガマフィンとラグドールの違いを際立たせるため、両種間の交配は認められていない。

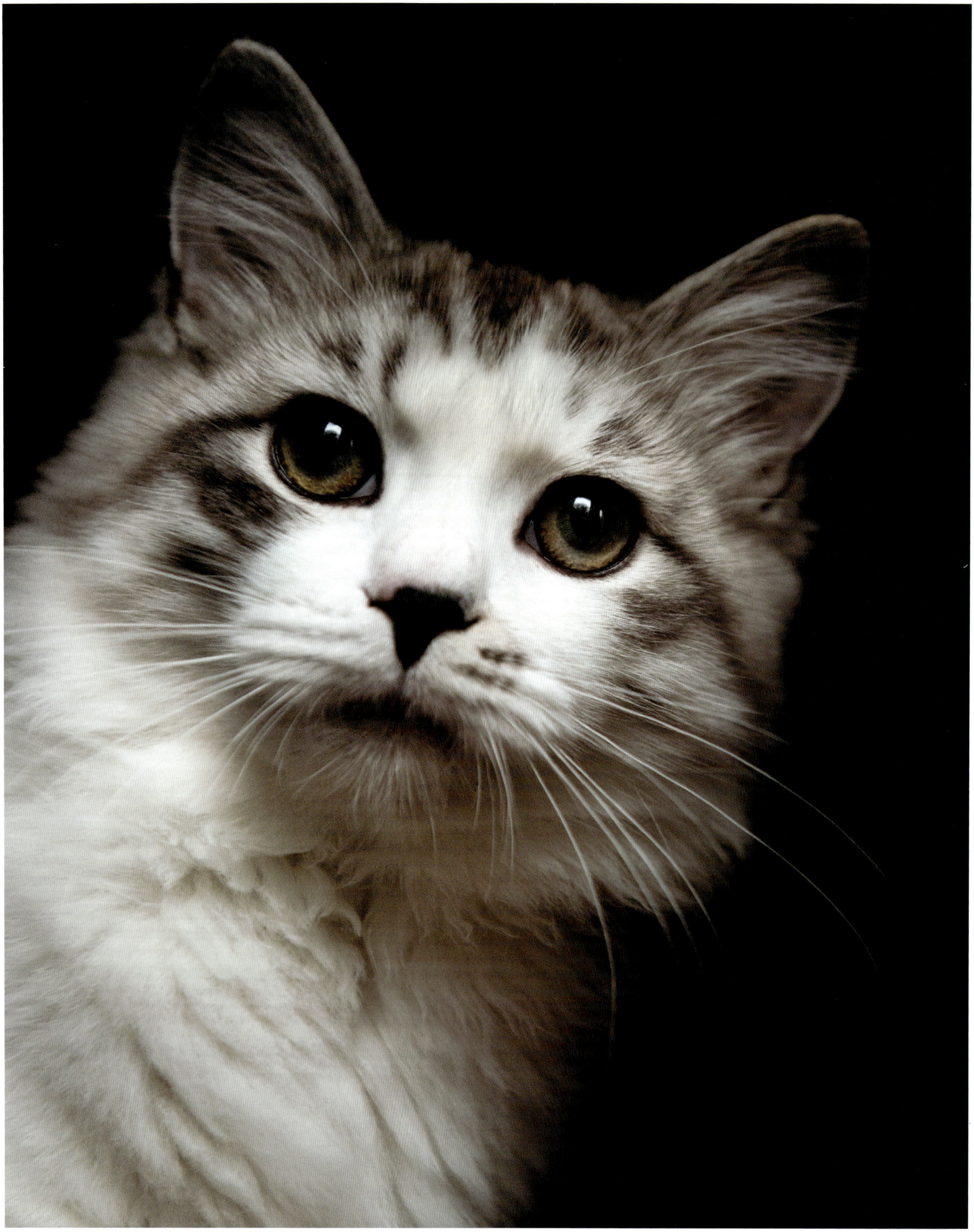

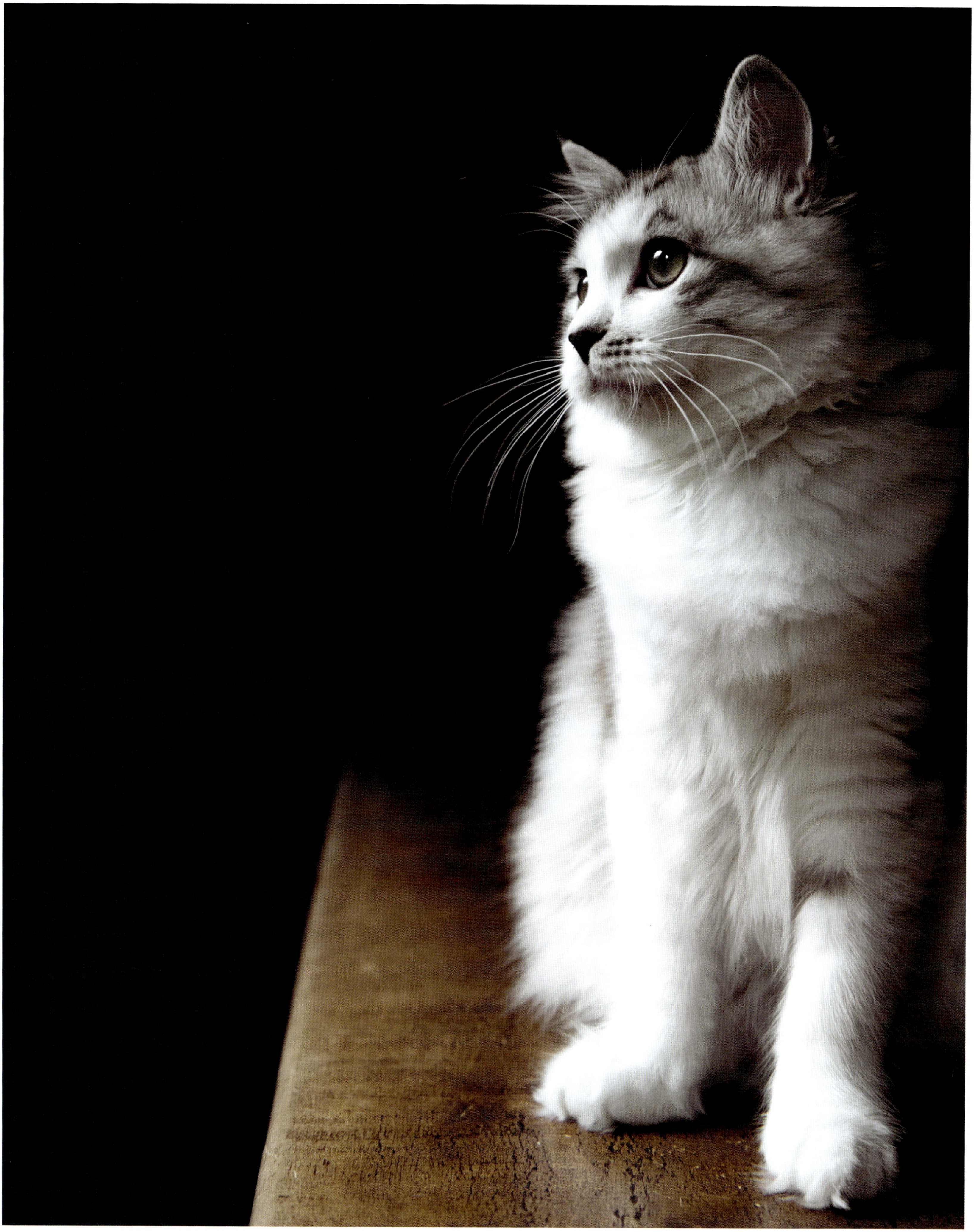

1970 TO PRESENT | 1970年から現在の血統

SERENGETI
セレンゲティ

近現代 – アメリカ – 希少

APPEARANCE | 外見
堂々とした威厳のあるたたずまいと、ピンと立った大きな耳が印象的。身体は筋肉質で引き締まっている。四肢は長く、足先は中くらいの大きさの楕円形。首も長く太い。頭部は縦長のくさび型で、鼻は幅広。目は丸くて大きく、色はゴールドかイエローが好ましいが、ヘーゼルからライトグリーンも認められる。耳も大きく、基部が幅広で先端が丸い。太めの尾はやや短く、先端が少し細い。

SIZE | 大きさ
中型

COAT | 被毛
短毛で、なめらかな手触り。色とパターンはブラウン系のスポッテッド・タビーで、地色とスポットのコントラストが高いこと。グリッターが見られることもある。ソリッド・ブラックにはゴースト・マーキング[訳注：ごく薄い模様]が入ることがある。シルバー・スモークは、シルバーの地色にブラックのスポットが入る。

PERSONALITY | 性格
好奇心旺盛で、活発によく遊ぶ。とても愛情深く、飼い主に忠実だが、人見知りをする。

　優美な身体に底知れぬ愛情を秘めるセレンゲティ。大きな耳をピンと立てて堂々とたたずむその姿は、古代の彫刻を思わせる。輝く被毛に美しいパターンをまとったセレンゲティは、家の中にヤマネコが迷い込んできたかのような印象を与えるが、交配に野生種を使ったサバンナとは違って、イエネコ同士の交配で人為的に作り出された猫種だ。

　セレンゲティは必ずや家庭に大きな喜びを運んでくれる。恥ずかしがり屋で人見知りだが、それは必ずしも悪いことではない。家族には惜しげもなく深い愛情を注ぐし、いつも家族と一緒にいたい、たくさん愛情を注いでほしいと思っている。特に気の置けない人の前では、相手が聞いていようが聞いていまいがお構いなしに、大きな声でおしゃべりを楽しむ。また、見た目を裏切らない運動能力の高さと活発さで、時には「見て見て！」と言わんばかりにアピールしながらよく遊ぶ。

　このセレンゲティは、カリフォルニア州にあるキングズマーク・キャテリーのオーナー、カレン・サウスマンのもとで産声を上げた。保全生物学者でもあったサウスマンは、野生種を用いずにアフリカンサーバルのようなワイルドな外見を持つイエネコを誕生させたいと考え、1994年に計画交配を開始した。しかし、綿密な計画のもとで交配を進めていたにもかかわらず、予想外の出来事からセレンゲティは生まれた。サウスマンはアンディースキャッツ・シェタニという雄のオリエンタルを飼育していたのだが、生後わずか5カ月のときにシェタニが彼女の目を盗んで、ベンガルの雌と自然交配していたのだ。そうして生まれた子がまさにサウスマンが求めていた猫だった。結果的にシェタニは、セレンゲティの猫種確立に大きく貢献することとなったのだった。

　サウスマンは主にベンガルとオリエンタルショートヘアを交配に用いたが、セレンゲティの特徴として望ましいと思われる特性を持つ他の猫も取り入れている。基本となったのは、ベンガルのレオパードレーン・ズリーカ、キングズマーク・エミール、ジョイカッツ・ブラック・ジャグ、そしてオリエンタルのアンディースキャッツ・シェタニ、アンディースキャッツ・マグパイ、アンディースキャッツ・ドブロ・マン、ピザズ・スウィート・ミスターの7匹だった。

　セレンゲティのワイルドな容姿は、野生のベンガルヤマネコとさまざまなイエネコとの交配により誕生したベンガルから受け継がれたものだ。特にサウスマンは、ベンガルの中でも四肢が長く、目が大きくて丸く、くっきりとしたスポットがランダムに入った個体を、オリエンタルに関してもスポッテッド、エボニー・シルバー（黒っぽいシルバー）、またはエボニー（ブラック）のソリッドで、なおかつオリエンタルで理想とされるよりも高い位置に耳がある個体をあえて選んだ。

　新種の確立には長い時間と細心の注意、そして計り知れない努力を要するが、セレンゲティの開発も同じで、今なお継続中だ。サウスマンは長い四肢と高い位置についた耳を持つ猫を理想として思い描いていたが、そのような特性が発現し固定するまで何度も交配を繰り返し、何世代も経なければならなかった。最も骨が折れたのは、オリエンタル側の特性であるティッキングが邪魔をして、なかなかコントラストの高いスポットを発現させられない点だった。そのためサウスマンは交配計画を立ち上げると同時に、遺伝子プールを拡大することと、猫種を確立させることを念頭に、他のブリーダーたちにも協力を要請していた。

　なかでも、モンタナ州ボーズマンにあるミスティック・ヒルズ・ベンガル・キャテリーのオーナーで、初期段階からサウスマンのプロジェ

クトに参加していたリン・パルマーは、TICAに参加するブリーダーの中心的存在でもあり、セレンゲティの発展に多大な貢献をした。そのほか、スーザン・カラカシュ、ミシェル・ブライアント、スーザン・セーン、ライズ・ミコロウスキ、パット・キルマイアー、アンソニー・ハッチャーソンらの協力も、大きな後押しとなった。

2000年代初め、イギリスでもポール・スターリング・オザレットなどのブリーダーたちが、セレンゲティの作出に乗り出した。彼らはブリティッシュベンガルとオリエンタルショートヘアを用いて独自の計画交配を進めた。また、初期の頃にはシャムも交配に取り入れていたが、それはTICAが当初、セレンゲティにシャムの血統も認めていたためだ（現在はこの異種交配を禁じている）。

2004年にオザレットが他界すると、ネバーネバーランド・キャテリーとリトルファンシー・キャテリーのレスリー＆エミリー・ダート夫妻がオザレットの猫たちを引き継いだ。レスリーは2003年に初めて目にしたときから、すっかりセレンゲティに魅了されていたのだ。そして、2007年にセレンゲティは初めてイギリスに渡るが、その中にはレスリーがサウスマンから買い受けたキングズマーク・シャケリア・スターダストという雌のセレンゲティもいた。この雌はイギリスに到着して間もなく出産している。

なお、サウスマンは2008年と2010年にも、キングズマーク・バカラやキングズマーク・スポットソンザレイク・クーガーなどのセレンゲティをイギリスに輸出している。イギリスにおけるセレンゲティの発展に貢献したブリーダーはほかにもスー・スラプルトン、ジャニス・ボーデンなどがいる。サウスマンはまた、2006年以降、ドイツやオーストリア、ロシア、カナダにも自身の計画交配で誕生したセレンゲティを輸出している。

現在、TICAのプレリミナリー・ニュー・ブリードに登録され、数多くのキャット・ショーに出陳されているセレンゲティは、その威厳に満ちた姿で審査員や観覧者たちを魅了している。そして、ブリーダーたちはセレンゲティのチャンピオンシップ・ステータス獲得に向けて今も精力的に活動を続けている。

SERENGETI | セレンゲティ

索引

【あ】

アビシニアン▶
　21, 51, 85, 91, **114-117**, 119, 121, 136, 148, 161, 187-188
アムステルダム▶222
アメリカンカール▶221, **228-231**
アメリカンショートヘア▶
　46, 84, **96-99**, 154, 156, 161, 167, 170, 179, 183, 188, 205, 259
アメリカンボブテイル▶161, **192-193**
アメリカンワイヤーヘア▶161, **204-205**
アレルギー▶40, 154, 162, 194, 205, 206
遺伝子研究▶20, 21, 23
　アビシニアン▶115
　アメリカンカール▶228-231
　アメリカンワイヤーヘア▶205
　コーニッシュレックス▶152
　スコティッシュフォールド▶161, 169, 170
　セルカークレックス▶259
　ソコケ▶30
　バーミーズ▶130
　ペルシャ▶77
　マンチカン▶239
　ラグドール▶174
遺伝子変異▶
　77, 121, 161, 164, 170, 221
遺伝的浮遊▶22
ヴァン・ヴァクテン、カール
　『The Tiger in the House(家の中のトラ)』▶119
ウィアー、ハリソン▶
　40, 45, 78, 91, 115, 118, 212
　『Our Cats and All About Them(私たちの猫とそのすべて)』▶
　40, 78, 115, 118
ウィンスロー、ヘレン
　『Concerning Cats(猫について)』▶40, 81
ウェールズ▶34, 82
ウェイン、ルイス▶118
ウォルポール、ホレス▶85
宇宙猫▶160
ウルジー枢機卿、トマス▶84
映画に登場する猫▶163, 221
エイジアン・グループ▶30, 156
エキゾチックショートヘア▶**178-181**
エジプシャンマウ▶21-22, **24-27**, 216
エルミタージュ美術館、サンクトペテルブルク▶222
オオヤマネコ▶37, 104
オシキャット▶60, 161, **186-191**, 249
オシキャットクラシック▶188
オセロット▶161, 187, 215

オバマ、バラク▶222
泳ぐ猫▶29, 112
オリエンタル▶
　60, 121, **140-145**, 184, 222, 268, 279-280
オリエンタルロングヘア▶141-142

【か】

カーター、ジミー▶60
蚕▶23
カナディアンヘアレスキャット▶
　「スフィンクス」を参照
カラーポイントショートヘア▶
　60, 121, 127, **136-139**, 141
カラーポイントペルシャ▶75, 135
カラーポイントロングヘア▶60, 135
カリュー＝コックス、コンスタンス▶91, 116
カレリアンボブテイル▶112
玩具を取りに行く猫▶
　25, 33, 40, 51, 59, 112, 148, 156, 193, 228, 263
キーツ、ジョン▶85
キムリック▶23, **32-35**
キャッツ・プロテクション・リーグ▶162
キャット・ショー▶
　18, 25-26, 30, 33-34, 38, 40-43, 45-46, 54-56, 59-60, 67, 75, 78-81, 85, 86-89, 91-92, 96, 100, 107, 115, 118-119, 121, 122, 125-127, 135, 141-142, 147, 154, 156, 160-161, 164-167, 169, 174-177, 184, 187-188, 197, 198-201, 205, 206-209, 216, 221, 225-226, 228, 232-235, 239, 241-242, 250, 254-256, 280
キャロル、ルイス
　『不思議の国のアリス』▶45
去勢▶162, 164, 187, 222, 225
クリスタル・パレス・キャット・ショー▶
　40, 45, 59, 78, 91, 115, 118
クリリアンボブテイル▶**112-113**
クリントン、ビル▶222
グレイ、トマス▶84
毛皮▶82, 91, 100, 212, 263
ゲザーズ、ピーター
　『パリに恋した猫』▶170
血統書▶46, 59, 116
ケネディ、ジョン・F▶162
ケリー、パトリック▶250
コーニッシュレックス▶
　121, **152-155**, 164, 197, 205, 221, 232, 259
コール、リンダ▶232

小型ほ乳類の被害▶223
黒死病(ペスト)▶17, 82
古代エジプト▶
　20-22, 25, 45, 77, 115, 119, 187
古代エジプトに生息した斑点模様のスナドリネコ(絶滅種)▶187
古代ギリシャ▶21, 25
コックス、ベリル▶164
コップ、コーラ▶241-242
コトフェイ・キャット・クラブ▶43
コバレワ、エレーナ▶254-256
コラット▶23, **66-71**, 129
コンロイ、マーガレット▶198-201

【さ】

サーバル▶220, 249-250, 279
サイベリアン▶22, **40-43**, 77, 86
サウサンプトン伯爵▶84
サウスマン、カレン▶279-280
ザ・キャット・クラブ(英)▶181
サッカレー、ウィリアム・メイクピース▶85
サバンナ▶220, **248-253**, 279
サファリ▶215
ジェームズ6世／1世▶83
ジェニングス、ジョン
　『Domestic and Fancy Cats(愛すべきイエネコ)』▶40
シェリー、パーシー・ビッシュ▶85
シャクルトン、アーネスト▶120
ジャパニーズ▶60, 121, 127, 136
ジャパニーズボブテイル▶
　22-23, **50-53**, 77, 112, 193
シャム▶
　23, **58-65**, 75, 92, 118-121, 122, 125-127, 129-130, 135, 136, 141-142, 147, 152-154, 161, 167, 183, 187-188, 198-201, 212, 249, 268, 280
シャム王ラーマ5世▶67
シャルトリュー▶46, 82, **100-103**
ジャングルキャット▶161, 206-209
十字軍▶22, 29, 82, 100
ジョンソン、サミュエル▶84
シンガプーラ▶221, **224-227**
シンプソン、フランシス▶
　34, 81, 91, 119, 194
スコグカット▶
　「ノルウェージャンフォレストキャット」を参照
スコット、サー・ウォルター▶85
スコットランド▶83, 161, 169
スコティッシュフォールド▶
　161, **168-173**, 228
スターリング＝ウェブ、ブライアン▶135, 141, 152-154, 164

ストゥルルソン、スノッリ
　『Prose Edda(散文のエッダ)』▶37
スノーシュー▶60, 161, **182-185**
スフィンクス▶
　161, 167, **194-197**, 221, 254-256, 268
スルーフ、ジョイス▶250
スレイター、ジェニー▶30
窃盗法、1968年▶162
セルカークレックス▶221, 232, **258-261**
セレンゲティ▶221, **278-281**
センターウォール、ウィラード▶212-215
ソコケ▶20, **30-31**
ソビエト猫連盟▶43
ソマリ▶
　116, 121, **148-151**, 187, 235

【た】

ダーウィン、チャールズ▶77
ターキッシュアンゴラ▶
　78, 83, **86-89**, 174
ターキッシュバン▶22, **28-29**
ターナー、J・M・W▶34
タイ(国名)▶
　23, 59, 67-69, 121, 122-123, 129, 141, 198
タイ(猫種名)▶60, 121, **122-123**
大英博物館、ロンドン▶22, 25, 119
ダ・ヴィンチ、レオナルド▶84
ダンテ・アリギエーリ▶82
小さい猫
　シンガプーラ▶221, 224-227
　マンチカン▶221, 238-239
チェスナットフォーリンショートヘア▶141, 147
チャーチル、サー・ウィンストン▶120, 162-163
チャウシー▶161, **206-211**, 249
チャンピオン、D・B
　『Everybody's Cat Book(みんなの猫の本)』▶81
中国▶
　17, 22-23, 51, 54-56, 75, 78, 82, 85, 169
ディケンズ、チャールズ▶85
デイリー、バージニア▶161, 187-188
デッラ・バッレ、ピエトロ▶77, 86
デボンレックス▶
　161, **164-167**, 197, 205, 221, 232, 259
デュマ、アレクサンドル▶85
トイガー▶221, 249, **262-267**
トウェイン、マーク▶85
動物宿泊施設法▶162

動物の遺棄に関する条例, 1960年▶162
動物福祉法(アメリカ)▶162
突然変異▶
　18, 33, 81, 148, 152, 160-161, 164, 169, 193, 194, 205, 220-221, 228, 235, 239, 242, 259
トプセル, エドワード
　『The History of Four-footed Beasts(四足獣の歴史)』▶83
ドブネズミ▶85
ドメスティックショートヘア▶96
ドラゴンリー(チャイニーズリーファ)▶23, 54-57
鳥の被害▶223
トリプルコートの猫
　サイベリアン▶22, 40-43, 77, 86
トルベツコイ, ナタリー▶25-26
トンキニーズ▶60, 129, 161, 198-203
ドンスコイ▶256
ドンスフィンクス▶221, 254-257, 268
トンプソン, ジョゼフ▶129

【な】
ナイチンゲール, フローレンス▶85
ナショナル・キャット・クラブ(英)▶
　18, 118-119
『ニーベルンゲンの歌』▶241
ニュージーランド▶
　120, 148, 156, 223, 235
ニューマン, ジェリ▶259
猫愛護団体▶85
猫伝染性腹膜炎▶241
猫白血病▶212
ネズミ駆除▶
　17, 20, 22-23, 82, 84-85, 119-120, 222
　アビシニアン▶116
　アメリカンショートヘア▶96
　クリリアンボブテイル▶112
　サイベリアン▶40
　ジャパニーズボブテイル▶51
　シャルトリュー▶100
　ドラゴンリー▶54
　ノルウェージャンフォレストキャット▶37
　バーマン▶72
　ブリティッシュショートヘア▶45
　メインクーン▶104
　ロシアンブルー▶91
ネベロング▶221, 240-243
野良猫▶
　30, 82, 85, 161, 163, 164, 169, 193, 216, 221-223, 225-226, 239, 256
ノルウェージャンフォレストキャット▶22, 36-39, 86, 104
ノルダン, カール・フレデリック▶38

【は】
『ハーパーズ・ウィークリー』紙▶115
バーマン▶23, 72-75
**バーミーズ▶
　46, 60, 121, 128-133, 152-154, 156, 161, 167, 179, 198-201, 225**
パーラメント・キャット▶222
ハイイロネコ▶54
バイキング▶23, 33, 37, 104
バイロン男爵, ジョージ▶85
ハインド, C・ルイス
　『Turner's Golden Visions(ターナーの金視野)』▶34
ハウェル良王▶82
迫害▶82-83
パスツール, ルイ▶85
バステト▶21-22, 25
バタシー・ドッグズ&キャッツ・ホーム▶120
ハツカネズミ▶20
**ハバナブラウン▶
　121, 142, 146-147, 154, 198**
パラス, ペーター・ジーモン▶77
ハリディ, ソニア▶29
**バリニーズ▶
　60, 121, 124-127, 136, 142**
バリモア, ジョン▶120
斑点模様の猫
　エジプシャンマウ▶
　　21, 22, 24-27, 216
　オシキャット▶60, 161, 186-191, 249
　サバンナ▶220, 248-253, 279
　セレンゲティ▶221, 278-281
　ピクシーボブ▶221, 244-247
　ベンガル▶
　　161, 212-219, 249, 263, 279
ピーターボールド▶221, 268-273
ピアース, F・R▶107
ピクシーボブ▶221, 244-247
ビクトリア女王▶78
美術品▶
　20-21, 23, 25, 51, 78, 84, 115
避妊▶162, 222
**ヒマラヤン▶
　43, 60, 77, 121, 134-135, 179, 275**
被毛の種類：短毛種
　アビシニアン▶
　　21, 51, 85, 91, 114-117, 119, 121, 136, 148, 161, 187-188
　アメリカンカール▶221, 228-231
　アメリカンショートヘア▶
　　46, 84, 96-99, 154, 156, 161, 167, 170, 179, 183, 188, 205, 259
　アメリカンボブテイル▶
　　161, 192-193
　アメリカンワイヤーヘア▶
　　161, 204-205
　エキゾチックショートヘア▶
　　178-181
　エジプシャンマウ▶
　　21-22, 24-27, 216
　オシキャット▶
　　60, 161, 186-191, 249
　オリエンタル▶
　　60, 121, 140-145, 184, 222, 268, 279-280
　カラーポイントショートヘア▶
　　60, 121, 127, 136-139, 141
　クリリアンボブテイル▶112-113
　コーニッシュレックス▶
　　121, 152-155, 164, 197, 205, 221, 232, 259
　コラット▶23, 66-71, 129
　サバンナ▶220, 248-253, 279
　ジャパニーズボブテイル▶
　　22-23, 50-53, 77, 112, 193
　シャム▶
　　23, 58-65, 75, 92, 118-121, 122, 125-127, 129-130, 135, 136, 141-142, 147, 152-154, 161, 167, 183, 187-188, 198-201, 212, 249, 268, 280
　シャルトリュー▶46, 82, 100-103
　シンガプーラ▶221, 224-227
　スコティッシュフォールド▶
　　161, 168-173, 228
　スノーシュー▶60, 161, 182-185
　スフィンクス▶
　　161, 167, 194-197, 221, 254-256, 268
　セルカークレックス▶
　　221, 232, 258-261
　セレンゲティ▶221, 278-281
　ソコケ▶20, 30-31
　タイ▶60, 121, 122-123
　チャウシー▶161, 206-211, 249
　デボンレックス▶
　　161, 164-167, 197, 205, 221, 232, 259
　トイガー▶221, 249, 262-267
　ドラゴンリー(チャイニーズリーファ)▶
　　23, 54-57
　トンキニーズ▶
　　60, 129, 161, 198-203
　バーミーズ▶
　　46, 60, 121, 128-133, 152-154, 156, 161, 167, 179, 198-201, 225
　ハバナブラウン▶
　　121, 142, 146-147, 154, 198
　ピクシーボブ▶221, 244-247
　ブリティッシュショートヘア▶
　　22, 33, 44-49, 91, 96, 100, 152-154, 156, 167, 169-170, 259
　ベンガル▶
　　161, 212-219, 249, 263, 279
　ボンベイ▶121, 156-159, 167
　マンクス▶
　　23, 32-35, 51, 91, 118, 193
　マンチカン▶221, 238-239
　ラパーマ(ラパーム)▶221, 232-237
　ロシアンブルー▶
　　46, 85, 90-95, 100, 118, 141, 147, 179, 221, 241-242
被毛の種類：長毛種
　268, 279-280
　アメリカンカール▶221, 228-231
　アメリカンボブテイル▶
　　161, 192-193
　オリエンタル▶
　　60, 121, 140-145, 184, 222, 268, 279-280
　キムリック▶23, 32-35
　クリリアンボブテイル▶112-113
　サイベリアン▶22, 40-43, 77, 86
　ジャパニーズボブテイル▶
　　22-23, 50-53, 77, 112, 193
　スコティッシュフォールド▶
　　161, 168-173, 228
　ソマリ▶
　　116, 121, 148-151, 187, 235
　ターキッシュアンゴラ▶
　　78, 83, 86-89, 174
　ターキッシュバン▶22, 28-29
　ネベロング▶221, 240-243
　ノルウェージャンフォレストキャット▶
　　22, 36-39, 86, 104
　バーマン▶23, 72-75
　バリニーズ▶
　　60, 121, 124-127, 136, 142
　ピクシーボブ▶221, 244-247
　ヒマラヤン▶
　　43, 60, 77, 121, 134-135, 179, 275
　ブリティッシュロングヘア▶46
　ペルシャ▶
　　22, 34, 45-46, 75, 76-81, 85, 86-89, 100, 104, 118, 121, 130, 135, 174, 179, 212, 259, 275
　マンチカン▶221, 238-239
　メインクーン▶84-85, 104-111
　ラガマフィン▶221, 274-277
　ラグドール▶
　　161, 174-177, 184, 221, 275
　ラパーマ(ラパーム)▶221, 232-237
被毛の種類：無毛種
　ドンスフィンクス▶
　　221, 254-257, 268
　ピーターボールド▶221, 268-273
ビュフォン伯
　『ビュフォンの博物誌』▶100
ヒンドリー, グレタ▶122
フェニキア人▶22-23, 33
フォード, ジェラルド▶60
フォーリンホワイト▶141-142
フリーレット, エリザベス▶51
**ブリティッシュショートヘア▶
　22, 33, 44-49, 91, 96, 100, 152-154, 156, 167, 169-170, 259**
ブリティッシュロングヘア▶46
ブリュワー, キャロル・アン▶245
フルーガー, ソルバイク▶
　228, 235, 239, 241
ペーレスク, ニコラ=クロード・ファブリ・ド▶86

ベイカー，アン▶174, 275
ヘイズ，ラザフォード・B▶60
ペット化，古代▶22
ペトラルカ，フランチェスコ▶82
ペルシャ▶
　22, 34, 45-46, 75, **76-81**, 85,
　86-89, 100, 104, 118, 121, 130,
　135, 174, 179, 212, 259, 275
ヘロドトス▶21
ベンガル▶
　161, **212-219**, 249, 263, 279
ベンガルヤマネコ▶
　161, 212-216, 279
ヘンリー8世▶84
ボードレール，シャルル▶85
ホーナー，ニッキー▶156
ホケンデル，サンドラ▶239
ホテルに住む猫たち▶120
ボブキャット▶104, 193, 221, 245
ボブテイルの猫
　アメリカンボブテイル▶
　　161, 192-193
　クリリアンボブテイル▶112-113
　ジャパニーズボブテイル▶
　　22-23, 50-53, 77, 112, 193
　ピクシーボブ▶221, 244-247
ホランド，シルビア▶125
ボンベイ▶121, **156-159**, 167

【ま】
マーグ，エブリン▶148
埋葬▶20-22, 82, 206
巻き毛の猫
　アメリカンワイヤーヘア▶161, 204-205
　コーニッシュレックス▶
　　121, 152-155, 164, 197, 205,
　　221, 232, 259
　セルカークレックス▶
　　221, 232, 258-261
　デボンレックス▶
　　161, 164-167, 197, 205, 221, 232,
　　259
　ラパーマ▶221, 232-237
魔女狩り▶17, 82-84
マヌルネコ▶77
招き猫▶23, 51
漫画に登場する猫▶163, 221
マンクス▶
　23, **32-35**, 51, 91, 118, 193
マンチカン▶221, **238-239**
水遊びをする猫
　クリリアンボブテイル▶112
　サイベリアン▶40
　ジャパニーズボブテイル▶51
　ターキッシュバン▶29
　チャウシー▶206
　ベンガル▶212
　マンクス▶33
　メインクーン▶104
ミル，ジーン・サグデン▶
　26, 212-216, 263

ムーンストーンキャット▶
　「スフィンクス」を参照
ムハンマド▶86
無尾の猫
　マンクス▶
　　23, 32-35, 51, 91, 118, 193
メイフラワー号▶84, 96
メインクーン▶84-85, **104-111**
メドウ夫妻，ハル＆トミー▶225-226
モールドラップ，グロリア▶30
モンクリフ，フランソワ＝オーギュスタン・ド・パラディ・ド『Histoire des Chats(猫の歴史)』▶85

【や】
ヤマネコ
　オセロット▶161, 187, 215
　古代エジプトに生息した斑点模様のスナドリネコ▶187
　サーバル▶220, 249-250, 279
　ジャングルキャット▶161, 206-209
　ハイイロネコ▶54
　ベンガルヤマネコ▶
　　161, 212-216, 279
　ボブキャット▶104, 193, 221, 245
　マヌルネコ▶77
　リビアヤマネコ▶20, 25, 77, 115
郵便局で飼われていた猫▶17, 119

【ら】
『ライフ』誌▶152
ライラック・カラーのハバナブラウン▶147
ラガマフィン▶221, **274-277**
ラグドール▶
　161, **174-177**, 184, 221, 275
ラシングトン，ローラ▶29
ラッド，ケビン▶222
ラパーマ(ラバーム)▶221, **232-237**
リア，エドワード▶85
リシュリュー枢機卿▶83, 86
リビアヤマネコ▶20, 25, 77, 115
ルナス，エデル▶38
レッド・リスト▶206
ローマ，現代の▶222
ローマ帝国▶17, 22, 45
ロシアンブルー▶
　46, 85, **90-95**, 100, 118, 141,
　147, 179, 221, 241-242
ロシアンロングヘア▶89
ロックストン，ハワード
　『Guide to the Cats of the World (世界の猫たち)』▶169
ロビンソン，ロイ▶205, 228-231, 259

【わ】
ワイアット，サー・ヘンリー▶84

【欧文】
ACA(全米猫協会)▶18, 119, 183
ACFA(全米愛猫協会)

　シンガプーラ▶226
　デボンレックス▶167
　ベンガル▶215
　ラガマフィン▶275
ANCATS(オーストラリア・ナショナル・キャッツ)▶182
CAA(愛猫分会，中国)▶54
CCA(カナダ猫協会)▶201
CFA(愛猫協会，米)▶18, 119
　アメリカンカール▶228-231
　アメリカンショートヘア▶96
　アメリカンワイヤーヘア▶205
　エキゾチックショートヘア▶179
　エジプシャンマウ▶26
　オシキャット▶188
　オリエンタル▶142
　カラーポイントショートヘア▶136
　コーニッシュレックス▶154
　ジャパニーズ▶127, 136
　ジャパニーズボブテイル▶51
　シャム▶122
　シンガプーラ▶225-226
　スコティッシュフォールド▶170
　スノーシュー▶183
　スフィンクス▶194-197
　セルカークレックス▶259
　ソマリ▶148
　ターキッシュアンゴラ▶89
　デボンレックス▶167
　ドラゴンリー▶54-56
　トンキニーズ▶201
　バーマン▶75
　バーミーズ▶129-130
　ハバナブラウン▶147
　バリニーズ▶125-127
　ヒマラヤン▶135
　ベンガル▶215-216
　ボンベイ▶156
　マンクス▶34
　メインクーン▶107
　ラガマフィン▶275
　ラグドール▶177
　ラパーマ▶232-235
　ロシアンブルー▶92
CFF(愛猫家連盟，米)
　スノーシュー▶183
　バリニーズ▶125
DNA▶212
FIFe(国際猫種協会)▶18, 119
　スノーシュー▶184
　ソコケ▶30
　ノルウェージャンフォレストキャット▶38
　ベンガル▶216
GCCF(育猫管理評議会，英)▶18, 119
　オシキャット▶188
　オリエンタル▶141-142
　コーニッシュレックス▶154
　ジャパニーズボブテイル▶51
　シャム▶59-60
　シンガプーラ▶226
　スコティッシュフォールド▶169

　スノーシュー▶184
　スフィンクス▶197
　セルカークレックス▶259
　ターキッシュバン▶29
　デボンレックス▶167
　トンキニーズ▶201
　ネベロング▶242
　ノルウェージャンフォレストキャット▶38
　バーマン▶75
　バーミーズ▶130
　ハバナブラウン▶147
　バリニーズ▶127
　ヒマラヤン▶135
　ブリティッシュショートヘア▶46
　ペルシャ▶77
　ベンガル▶216
　メインクーン▶107
　ラガマフィン▶275
　ラグドール▶177
　ロシアンブルー▶91
IUCN(国際自然保護連合)▶206
『Journal of Heredity(遺伝学会誌)』▶
　129, 231
NCFA(全米愛猫協会)▶174
SFF(選抜猫種連盟，露)▶268
『Tamra Maew(猫の詩)』▶
　23, 59, 67, 122, 129
TICA(国際猫協会，米)▶18, 119
　アメリカンカール▶231
　アメリカンボブテイル▶193
　エキゾチックショートヘア▶179
　オリエンタルロングヘア▶142
　コーニッシュレックス▶154
　サバンナ▶250
　シンガプーラ▶225
　スコティッシュフォールド▶170
　スノーシュー▶183
　スフィンクス▶197
　セルカークレックス▶259
　セレンゲティ▶280
　ソコケ▶30
　タイ▶122
　チャウシー▶209
　デボンレックス▶164-167
　トイガー▶263
　ドンスフィンクス▶256
　ネベロング▶241-242
　ハバナブラウン▶147
　ピーターボールド▶268
　ピクシーボブ▶245
　ヒマラヤン▶135
　ベンガル▶216
　ボンベイ▶156
　マンチカン▶239
　ラグドール▶177
　ラパーマ▶235
UFO(全米猫組合)▶275
WCF(世界猫連盟，独)
　クリリアンボブテイル▶112
　タイ▶122

クレジット

見返し
Coco (British Domestic)
Owners: Mr. & Mrs. D. Brewerton

2 *Honey & Ariel* (Ocicat)
JumpnSpots Honey Nugget & JumpnSpots Ariel
Cattery: JumpnSpots Ocicats
Owner: Mrs. S. Klusman
jumpnspots@verizon.net
www.JumpnSpotsOcicats.com

5 (*Siamese*)
Cattery: Mapu Siamese
Owner: Mrs. G. Baughan
www.mapusiamese.co.uk

6 *Bart* (Kurilian Bobtail)
Ainu Bartholomew
Cattery: Ainu Cattery
Owner: T. Gurevich
tgurevich@gmail.com
www.ainucattery.com

7 *Coco* (British Domestic)
Owners: Mr. & Mrs. D. Brewerton

8–9 *Gherkin* (Pixie Bob)
CH Special Agent Grand Canyon
Cattery: Special Agent Pixie Bobs
Owners: J. & P. Deacon
wind@agentcats.com
www.agentcats.com

10 *Oshie* (Nebelung)
DGCA Brumeux Oscian
Cattery: Brumeux Nebelungs & TrueVine Cattery
Owner: K. Stewart
kristi@truevinecattery.com
www.facebook.com/NebelungCats

11 *Kennedy* (Oriental)
SGC Purrsia Jackie Oh Kennedy
Cattery: Purrsia Cattery
Breeders/owners: Mr. & Mrs. S. Shon
purrsiaoriental@yahoo.com
www.purrsiaoriental.com

12 *Coley* (Bengal)

13 *Bali* (Ocicat)
JumpnSpots Bali Hai
Cattery: JumpnSpots Ocicats
Owner: Mrs. S. Klusman
jumpnspots@verizon.net
www.JumpnSpotsOcicats.com

14 *Dewey Miller* (Siberian)
Cattery: Usta Siberians Cattery
Owners: Mr. & Mrs. Miller
jhirsch27@gmail.com

16 *Zen* (Chausie)
Sarsenstone Pusennes
Cattery: Sarsenstone Cattery
Owner: Dr. C. Bird
sarsenstone@pacific.net
www.chausie-kittens.com

19 *Sunshine* (American Shorthair)
Char's Rae of Sunshine
Owner: C. Swanson
summertymeblues@charter.net
www.catterycorner.com/char/char.html

20–21 *Rikki Tikki Tavi* (Korat)
Cattery: Ithacats
Owner: Mrs. J. Wiegand
jmwiegand@verizon.net

22–23 *Khyssa* (Egyptian Mau)
Maunarch Khyssa ni Erin
Cattery: Maunarch Cattery
Owner: Mr. C. Caines
cc@christophercainesdance.org
www.christophercainesdance.org

24, 26, & 27 *Khyssa* (Egyptian Mau)
Maunarch Khyssa ni Erin
Cattery: Maunarch Cattery
Owner: Mr. C. Caines
cc@christophercainesdance.org
www.christophercainesdance.org

28 *Mika* (Turkish Van)

31 *Kianu* (Sokoke)
Sunbright Kianu
Cattery: Sokoke Cats
Owner: L. Schafer Russell
sokokecats@yahoo.com
www.sokokecats.org

32, 34, & 35 *Murray* (Manx)
Danzante White Fire
Owner: Mrs. M. Della
marilyn.della@btinternet.com

36, 38, & 39 *Osi, Lago & Hugo* (Norwegian Forest Cat)
GB* Jotunkatts Osiana Rose, GB* Adkelekatts Lago, & GB* Adkelekatts Hugo
Cattery: Adkelekatts
Owner: Mrs. C. Harrison
adkelekatts@hotmail.com
www.adkelekatts.co.uk

41–43 *Denny Miller* (Siberian)
Cattery: Usta Siberians Cattery
Owners: Mr. & Mrs. Miller
jhirsch27@gmail.com

44 & 46–49 *Izzie* (British Shorthair)
Isabelle
Breeder: G. Denny
Owners: Mr. & Mrs. James

50, 52, & 53 *Tabitha & Juliet** (Japanese Bobtail)
GC GP Ginchika Juliet Burke*
Owner: J. Reding
jennifer@janipurr.com
www.janipurr.com

55–57 *China* (Chinese Li Hua)
Lihua China Zhong Guo of C2C
Breeder: Li Yu Zhang

Owner: Z. Liyu & J. & E. White
ranchapurr@yahoo.com

58 & 60–65 *Maiko, Pippa, Lady & Rosie* (Siamese)
CH Mafdet Maiko, Mapu Pippa, Mapu Lady Arwin, & CH Mapu Rosie
Cattery: Mapu Siamese
Owner: Mrs. G. Baughan
www.mapusiamese.co.uk

66 & 68–71 *Rikki Tikki Tavi* (Korat)
Cattery: Ithacats
Owner: Mrs. J. Wiegand
jmwiegand@verizon.net

73 & 74 (*Birman*)
Cattery: Birman Cat La Pommeraye
Owner: Mr. L. Triqueneaux
omertri@aol.com
www.birmanlapommerayc.com

76 & 80 *Ruby* (Persian)
Owner: Mrs. J. Rilon

79 *Tigger* (Persian)
Cattery: Kismet Kittens
Owners: Mr. & Mrs. Myers
persiankittyinfo@aol.com
www.kismetkittens.org

82–83 *Copper* (Chartreux)
RW GP Charleval's Copper of House of Blues—Charleval
Owners: D. Giannoni & M. Yaneza
dgiannoni@yahoo.com
www.houseofbluescattery.com

84–85 *Billy* (Maine Coon)
Owners: P., G., & P. Reidy

87 & 88 *Pascha & Thunder* (Turkish Angora)
Stenbury Pascha & Stenbury Thunderball
Cattery: Stenbury Cats
Owner: Mrs. T. Barker
stenbury@yahoo.co.uk
www.stenburycats.co.uk

90 & 92–95 *Angel & Enchantress* (Russian Blue)
GCH Valnika's Angeloina of Cynful
CH Cynful's Enchantress
Cattery: Cynful Cats Russian Blues
Owner: Mrs. C. Wagner
cynfulcats@aol.com

97–99 *Sunshine* (American Shorthair)
Char's Rae of Sunshine
Owner: C. Swanson
summertymeblues@charter.net
www.catterycorner.com/char/char.html

101–103 *Copper & Gerber* (Chartreux)
RW GP Charleval's Copper of House of Blues—Charleval & RW GP House of Blues Gerber—House of Blues (CFA)
Owners: D. Giannoni & M. Yaneza
dgiannoni@yahoo.com

www.houseofbluescattery.com

105, 106 & 110–111* *Rita & kittens** (Maine Coon)
CH Whatatrill Lovely Rita of CaliCats
Cattery: CaliCats Maine Coons
Owner: M. Thorsness
mthorsness@aol.com
www.CaliCats.net

108 & 109 *Chelsea* (Maine Coon)
Chelsea of Malibu

113 *Morgan & Bart* (Kurilian Bobtail)
Ainu Morgan & Ainu Bart
Cattery: Ainu Cattery
Owner: T. Gurevich
tgurevich@gmail.com
www.ainucattery.com

114, 116, & 117 *Pharlap* & Sea Biscuit* (Abyssinian)
*Breeder: Amberize Abyssinians
Owner: J. Moran
amberizecats@msn.com
www.amberizeabyssinians.com

118–119 *Gemmie* (Thai)
RW SGC Pangaea Argemone of Sarsenstone
Cattery: Sarsenstone Cattery
Owner: Dr. C. Bird
sarsenstone@pacific.net
www.siamesekittens.info

120–121 *Willow* (Oriental)
Willow Waltz D'Arnaid of Topeng
Cattery: Topeng Cattery
Owner: M. Siconolfi
topengcattery@gmail.com
www.topengcattery.com

123 *Gemmie* (Thai)
RW SGC Pangaea Argemone of Sarsenstone
Cattery: Sarsenstone Cattery
Owner: Dr. C. Bird
sarsenstone@pacific.net
www.siamesekittens.info

124 & 126–127 *Cookie* (Balinese)
Bali Dancer Captain Hook of Topeng
Cattery: Topeng Cattery
Owner: M. Siconolfi
topengcattery@gmail.com
www.topengcattery.com

128 & 130–133 *Coffee* (Burmese)
Coffee Cream
Owners: Mr. & Mrs. R. Garran

134 *Darci* (Himalayan)
Prancenpaws Darci
Cattery: Prancenpaws Himalayan
Owners: R. Avery & V. King
rhondajavery@yahoo.com
www.himalayans.org

CREDITS | クレジット

137, 138, & 139 *Be* (Colorpoint Shorthair)
Penelane Be
Cattery: Penelane
Owner: M. Lukic
mpkl@aol.com
www.penelane.com

140, 144, & 145 *Kennedy* (Oriental)
SGC Purrsia Jackie Oh Kennedy
Cattery: Purrsia Cattery
Breeders/owners: Mr. & Mrs. S. Shon
purrsiaoriental@yahoo.com
www.purrsiaoriental.com

142–143 *Willow* (Oriental)
Willow Waltz D'Arnaid of Topeng
Cattery: Topeng Cattery
Owner: M. Siconolfi
www.topengcattery.com

146 *Gatsby* (Havana Brown)
Ch St Evroult Gatsby
Cattery: Eastpoint Havanas
Owner: Mrs. L. Spendlove
lindaspendlove1@aol.com
www.eastpointsiamese.co.uk

149, 150, & 151 *George* (Somali)
Owner: Mrs. E. Minden
johnminden@dancer.com

153 & 154–155 *Far Out* (Cornish Rex)
RW GC Ranchapurr Far Out of Roseric
Owners: C. Page & J. & E. White
ranchapurr@yahoo.com

157 & 158–159 *Loony* (Bombay)
GCH Typha Huntersmoon
Cattery: Typha Typhast
Owners: Mr. & Mrs. Alger-Street
barrieandrosie@typha-typhast.co.uk
www.typha-typhast.co.uk

160–161 *Nibbler* (Ocicat)
JumpnSpots Zodiak
Cattery: JumpnSpots Ocicats
Owner: Mrs. S. Klusman
jumpnspots@verizon.net
www.JumpnSpotsOcicats.com

162–163 *Sarsenstone Tarn* (Chausie)
Cattery: Sarsenstone Cattery
Owner: Dr. C. Bird
sarsenstone@pacific.net
www.chausie-kittens.com

165 & 166–167 *Macey & Carmella* (Devon Rex)
RW QGC LuvbySu Macey Grey of Nada & DGC Nada Carmella Apples
Breeders: S. Henley & C. Kerr
Owner: C. Kerr
nadasphynx@gmail.com
www.sphynx.us.com

168 & 170–173 *Poppy & Humphrey* (Scottish Fold)
Sheephouse Poppy & Mister Humphrey of Sheephouse
Cattery: Sunrise Folds
Owner: Mrs. J. Bradley
jandybull@btinternet.com
www.sheephouse.co.uk

175 & 176–177 *Matilda* (Ragdoll)
The Algonquin Hotel, Times Square, NYC
matildaalgonquincat@algonquinhotel.com

178 & 180–181 *Kirsti & Katya* (Exotic Shorthair)
Zendique Kersti (SH) & Zendique Katya (LH)
Breeder: Ms. J. Allen
Owner: Miss. S. Balston
balston09@btinternet.com
www.zendique.com

182 & 184–185 *Flash* (Snowshoe)
Glittakitz Flash
Breeder: Mrs. T. Rhodes
Owner: Mrs. V. Jobbins
jobbinsford@yahoo.co.uk
www.snowdustsnowshoes.co.uk

186 & 188–191 *Sebastian, Honey & Shakira* (Ocicat)
JumpnSpots Merlin Black Magic, JumpnSpots Honey Nugget, & Jumpnspots Shakira
Cattery: JumpnSpots Ocicats
Owner: Mrs. S. Klusman
jumpnspots@verizon.net
www.JumpnSpotsOcicats.com

192 *Chase* (American Bobtail)
Magicbobs Chasing My Blues Away
Owner: G. Hayes
gwynethayes@hotmail.com

195, 196, & 197 *Jack & kitten* (Sphynx)
GC RW PinUpCats Pirate Flag
Cattery: PinUpCats Sphynx Cattery
Owner: C. Gause
gauseabode@charter.net
www.pinupcats.com

199 & 200–203 *Lucy, Jules, Barbie & Midge* (Tonkinese)
RW SGC Elvessa's Lucy Ricardo, RW SGCA Channelaire Julie Newmar of Elvessa, Elvessa's Barbara Roberts, & Elvessa's Midge Hadley
Cattery: Elvessa
Owner: L. Schiff & M. Yates
elvessa@fatpet.com
www.fatpet.com/elvessa

204 *Pia* (American Wirehair)
Owner: C. Swanson
summertymeblues@charter.net
www.catterycorner.com/char/char.html

207–211 *Zen* (Chausie)
Sarsenstone Psusennes
Cattery: Sarsenstone Cattery
Owner: Dr. C. Bird
sarsenstone@pacific.net
www.chausie-kittens.com

213 & 214 *Khan* (Bengal)
Cattery: Giradelle Bengals
Owner: Mr. & Mrs. M. Cauvain
www.giradellecats.com

216 & 217 *Leo* (Bengal)
Leonidas
Breeder/Cattery: B. Boizard-Neil/ Bambino Bengals
Owner: O. Garran & T. Boon
olieygarran@gmail.com

218–219 *Pollock* (Bengal)

220–221 *Ruby* (Singapura)
RubyRose of Tamangambira
Cattery: Tamangambira
Owner: M. Thomas
www.singapuracats.org

222–223 *Oshie* (Nebelung)
Brumeux Oscian
Cattery: Brumeux Nebelungs & TrueVine Cattery
Owner: K. Stewart
kristi@truevinecattery.com
www.facebook.com/NebelungCats

224 *Snowy* (Singapura)
SnowWhite of Singville
Cattery: Singville Cattery
Owner: M. Bolonkowska
mbolonkowska@aol.com
www.singapuracats.org

226–227 *Ruby* (Singapura)
RubyRose of Tamangambira
Cattery: Tamangambira
Owner: M. Thomas
www.singapuracats.org

229 & 230–231 *Ektorp* & Sundae* (American Curl)
Procurl Harem Ernest Curlingway* & America Runs on Duncurl
Cattery: Procurl Harlem
Owners: A .Delphine*, C. Scott, & M. Tucker
caroline9@earthlink.net
www.procurlharem.com

233, 234–235, & 236–237 *Mouse & Beau** (La Perm)
Quincunx Fliberrstygibbet & Quincunx Beau*
Cattery: Quincunx Cats
Owner: Mr. A. Nichols & M. Weston*
anthony@quincunxcats.co.uk
www.quincunxcats.co.uk

238 *Max* (Munchkin)
Creators Lilboy To The Max
Breeder: M. Gardiner
Owner: S. Rivero
sueb68@aol.com

240 & 242–243 *Oshie & Brindie* (Nebelung)
Brumeux Oscian & Brumeux Brindie
Breeder Cattery: Brumeux Nebelungs
Owner: K. Stewart
kristi@truevinecattery.com
www.facebook.com/NebelungCats

244 & 246–247 *Seal, Mystery & Sniper* (Pixiebobs)
Special Agent Seal Six
Special Agent Canyon Sniper (fondly known as "The Diva")
RW SGC Special Agent Sniper (Sniper)
Cattery: Special Agent Pixie Bobs
Owners: J. & P. Deacon
wind@agentcats.com
www.agentcats.com

248 & 250–253 *Jassy & Lightning* (Savannah)
Jas Queen (F1) & SGC A1 Savannahs Lightning (F5 SBT)
Owner: J. Spain
alistsavannahs@yahoo.com

255 & 256–257 *Smeagol* (Don Sphynx)
Anatollja Rijhik
Breeder: G. Khudyakova
Owner: K. Demeanour
kat@sphynxcatassociation.co.uk
www.sphynxcatassociation.co.uk

258 *Iffy* (Selkirk Rex)
Kicsi-Macska Iffy of Elegance
Owner: S. Rauch

260–261 *Whisty* (Selkirk Rex)
Gr Ch Sheephouse Whisteria
Cattery: Sunrise Folds
Owner: Mrs. J. Bradley
jandybull@btinternet.com
www.sheephouse.co.uk

262 & 264–267 *Taitan & Hercules* (Toyger)
Eeyaa Taitan & Eeyaa Hercules
Breeder/owner: J. Sugden
eeyaa@uia.net
www.toygers.com

269–273 *Nikolas* (Peterbald)
SGC Purrsia au Contraire
Cattery: Purrsia Cattery
Breeders/owners: Mr. & Mrs. S. Shon
purrsiaoriental@yahoo.com
www.purrsiaoriental.com

274, 276, & 277 *Flower* (Ragamuffin)
Finesthour My Boy Flower
Cattery: Finest Hour Cats
Owner: Mrs. T. Chennell
tam@ralph768.orangehome.co.uk
www.finesthourcats.webs.com

278 & 280–281 *Emmi* (Serengeti)
Kingsmark Silver Emiri
Cattery: Kingsmark Serengeti Cats
Owner: K. Sausman
kserengeti@aol.com
www.kingsmarkfarms.com

謝 辞

　アメリカ、イギリス両国の各猫種の専門家、ブリーダー、キャットクラブ、猫種登録団体による多大なサポートとアドバイスを得て、初めて本書の出版が可能となった。また、特定の団体を支持するものではなく、各団体、特にTICA、CFA、GCCF、FIFeの活動に賛辞を贈りたい。なお、各猫種に関する本書の記述は最も一般的なものであり、特定の団体の考え方やスタンダードに限定されるものではない。

　マーク・フレッチャー、ジェーン・レイン、ディーン・マーティン、エルスペス・ベイダスをはじめとするクアトロ社の諸氏には並々ならぬ忍耐とサポート、そして専門知識の高さに頭が下がる思いだ。また、ボビー・トゥーロの賢明なるアドバイス、イニス＆ジョン・マッキーチンの尽力、スティーブン・リューの継続的な支援と忍耐にも感謝したい。さらに、以下の諸氏にも感謝の意を表したいと思う。

アレクシス・ミッチェル	エレン・V・クロケット	リン・ミラー
アンドレア＆デビッド・ブルワートン	エリカ・タダジョウスキー	マーシャ・オーウェン
アナベル・カイルズ	エスター＆ジョーン・ホワイト	マリリン・デラ
アン・マッカロク	エブリン・ジェイコブズ	マリオン・イェーツ
アネット・ウィルソン	ゲイナー・ジーン＝ルイス	マーティーナ・ゲイツ
ブリジット・カウエル	ハロルド・ブルジョワ	メアリー・デズモンド
カール＆マリオン・エインズコー	ヘレン・パウンズ	ミシェル・プンゼル
キャロライン・スコット	アイリス・ジィンク	ニキ・エスドーン
シェリル・ヘイグ	ジュディス・マッキー	ノーマ＆ロン・セアー
クレア・ウィラビー	ジュディー・ハーパー	ノーマ・プラッキ
コリーン＆アンドリュー・ブラウン	ジュディー・サグデン	ノーマン＆マーサ・アウスピッツ
コーラ・コップ	ジュリー・キーヤー	ロビン・ヒギンズ
クリスティ・バード	カーラ・フォックス	サリー・パッチ
シンシア・トゥネッロ	カレン・ビショップ	サンドラ・ベル
デニス＆ジュディー・ガノー	カレン・サウスマン	シャロン・アン・パラディス
デニス・ガンノー	キャサリーン・ボック	シェリ・マコネル
ダイアン・カストール	キャサリーン・マーシャル・ラタン	スザンナ・タリー
ドンナ・マディソン	キャサリン・シルビア	バージニア・ウィールドン
ドンナ・バーバ	キャシー・ブラック	
エレーヌ・グリーソン	ローラ・グレゴリー	（敬称略）

【著 者】

タムシン・ピッケラル（Tamsin Pickeral）

幼少期をイギリスの片田舎で猫や犬、フェレット、馬、獣医師である父が助けたリスなど、さまざまな動物に囲まれながら過ごす。のちに研究のテーマとなったのは動物の進化および動物と人間との関わりの歴史。ヨーロッパとアメリカで獣医科の看護師として働いた後、作家活動に専念。動物をテーマとする著作は幅広い言語に翻訳されている。本書のフォトグラファーであるアストリッド・ハリソンとの共著に『世界で一番美しい犬の図鑑』と『世界で一番美しい馬の図鑑』（共にエクスナレッジ）がある。

【写真家】

アストリッド・ハリソン（Astrid Harrisson）

2008年初めにアルゼンチン北西部の高地にある牧場で働きながら動物の写真を撮り始める。その後、アメリカやアンデス山脈のふもと、キューバ、スイス、モザンビーク、アイスランド、地中海に浮かぶミノルカ島など、世界各地の風景や動物を写真に収めている。

世界で一番美しい猫の図鑑

2014年6月20日　初版第1刷発行
2022年8月31日　　　第9刷発行

著　者	タムシン・ピッケラル
写真家	アストリッド・ハリソン
訳　者	五十嵐友子
発行者	澤井聖一
発行所	株式会社エクスナレッジ 〒106-0032 東京都港区六本木7-2-26 https://www.xknowledge.co.jp/

編　集	Tel：03-3403-1381／Fax：03-3403-1345 mail：info@xknowledge.co.jp
販　売	Tel：03-3403-1321／Fax：03-3403-1829

無断転載の禁止
本書の内容（本文、図表、イラストなど）を当社および著作権者の承諾なしに無断で転載（翻訳、複写、データベースへの入力、インターネットでの掲載など）することを禁じます。

Printed in China